技工院校实训基地人才培养一体化模块教材

焊工实训
（初级模块）

人力资源和社会保障部教材办公室组织编写

中国劳动社会保障出版社

简　介

本书主要内容包括焊条电弧焊、CO_2 气体保护焊、氩弧焊、埋弧焊、气焊、钎焊、电阻焊、压力焊、气割以及职业技能鉴定焊工初级考核模拟试卷。

图书在版编目(CIP)数据

焊工实训：初级模块/郑新浪主编．—北京：中国劳动社会保障出版社，2015
技工院校实训基地人才培养一体化模块教材
ISBN 978-7-5167-2146-9

Ⅰ.①焊…　Ⅱ.①郑…　Ⅲ.①焊接-技工学校-教材　Ⅳ.①TG4

中国版本图书馆 CIP 数据核字(2015)第 285888 号

中国劳动社会保障出版社出版发行
(北京市惠新东街 1 号　邮政编码：100029)
*
北京鑫海金澳胶印有限公司印刷装订　　新华书店经销
787 毫米 ×1092 毫米　16 开本　20 印张　446 千字
2015 年 12 月第 1 版　2025 年 1 月第 7 次印刷
定价：37.00 元

营销中心电话：400－606－6496
出版社网址：http: // www.class.com.cn
http: // jg.class.com.cn

技工院校实训基地人才培养一体化模块教材编委会名单

编审人员

本书主编：郑新浪
本书参编：许为柏　华茂青　李希兵　龚爱民　邢利胜
吴　杰　王玉生

前言

Preface

为了进一步发挥技工院校在技能人才培养方面的作用，切实满足企业对技能型人才的需求，人力资源和社会保障部教材办公室组织有关学校的骨干教师和行业、企业专家，在充分调研技工院校实训基地人才培养和培训模式以及企业技能人才需求的基础上，吸收和借鉴当前较为成熟的人才培养理念，编写了技工院校实训基地人才培养一体化模块教材。

使用说明

本套教材分为基础模块和专业核心模块（见下图）。其中专业核心模块教材根据国家职业技能鉴定标准中的初级、中级和高级要求设计有相对应的初级模块教材、中级模块教材和高级模块教材。实训基地可根据需要按照“基础模块＋专业核心模块”组合模式选择相应的教材。

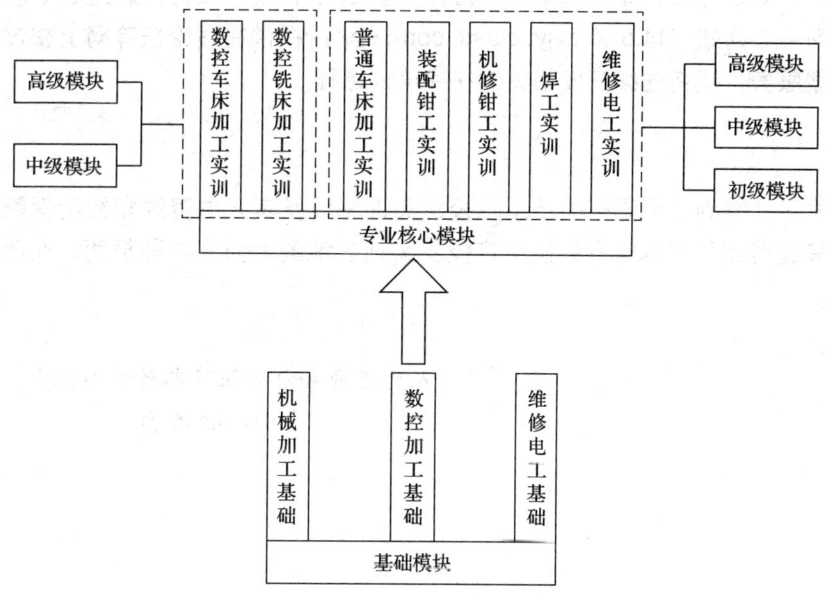

编写特色

◆与职业技能鉴定接轨

教材的编写以车工、数控车工、数控铣工、装配钳工、机修钳工、焊工、维修电工等国家职业技能标准为依据，涵盖国家职业技能标准（初、中、高级）的知识和技能要求，内容具有权威性。为了帮助学员熟悉职业技能鉴定考核形式及考题类型，每种专业核心模块教材均附有 3 ~ 5 套职业技能鉴定模拟试卷（包含理论知识试卷和技能操作试卷），并配有相应的参考答案。

◆与企业需求接轨

教材在编写中充分考虑企业的培训和用人需求，尽量选取企业真实的、有代表性的操作案例，整合相应的知识和技能，构建一体化教学模块，实现理论与操作技能的统一，既符合职业教育和职业培训的基本规律，又有利于培养学员分析问题和解决问题的综合职业能力。

◆保证先进性和规范性

教材根据相关专业领域的最新发展，编入了新知识、新技术、新设备、新材料等方面的内容，保证教材的先进性。同时采用最新的国家技术标准，使教材更加科学和规范。

读者对象

本套教材既可作为技工院校实训基地技能人才培养和培训用书，还可作为企业、社会培训机构的技能培训用书以及职业技术院校师生的专业用书。

后续拓展

作为补充，我们将陆续开发各专业高新技术应用方面的拓展模块教材，通过职业教育教学资源和数字学习中心网站（http://zyjy.class.com.cn/）提供在线论坛等网上交流以及相关教学资源下载服务，还将陆续开发相关的在线培训课程。

致谢

本套教材的开发工作得到了全国有关技工院校、实训基地及其人力资源和社会保障主管部门的支持，尤其是得到了江苏省有关技工院校及实训基地的大力支持和帮助，在此我们表示诚挚的谢意。

人力资源和社会保障部教材办公室

2014年10月

目　录
CONTENTS

模块一　焊条电弧焊

模块二　CO_2气体保护焊

模块三　氩弧焊

模块四　埋弧焊

模块十　职业技能鉴定焊工初级考核模拟试卷

模块一
焊条电弧焊

课题1　焊条电弧焊及弧焊电源

学习目标

1. 了解焊条电弧焊的工作原理和基本焊接电路。
2. 熟悉焊条电弧焊设备的使用方法。
3. 了解焊条性能、规格以及基本组成。
4. 了解焊接常用的焊工劳动防护用品知识。
5. 掌握焊接工具以及正确使用方法。

焊条电弧焊是手工操作焊条进行焊接的一种方法，它适用于结构形状复杂、焊缝短小且不规则及各种空间位置的焊缝焊接，是所有焊接方法的基础。

一、焊条电弧焊的工作原理

焊条电弧焊是利用电弧放电时所产生的热量作为热源，加热并熔化焊条和焊件，并使之相互熔合，形成牢固接头的焊接过程。

焊条电弧焊原理如图1—1—1所示。焊接时将焊条与焊件接触短路，引燃电弧，电弧的高温将焊条与焊件局部熔化，熔化的焊芯以熔滴的形式过渡到局部熔化的焊件表面，熔合在一起形成熔池。药皮在熔化过程中产生的气体和液态熔渣，不仅起着保护液态金属的作用，而且与熔化的焊芯、焊件发生一系列冶金反应，保证了所形成焊缝的力学性能。随着电弧沿焊接方向不断移动，熔池液态金属逐步冷却结晶，形成焊缝。

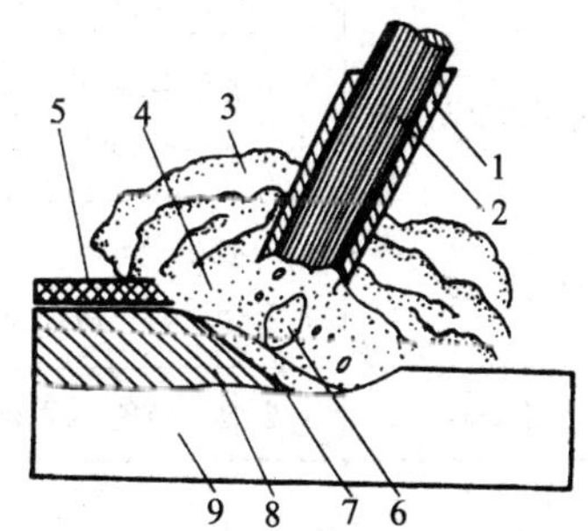

图1—1—1　焊条电弧焊原理
1—焊芯　2—焊条药皮　3—保护气体
4—液态熔渣　5—固态熔渣　6—熔滴
7—熔池　8—焊缝　9—焊件

二、焊条电弧焊的基本焊接电路

焊条电弧焊的基本焊接电路由弧焊电源、焊钳、焊接电缆、焊条、电弧、焊件等组成，如图 1—1—2 所示。

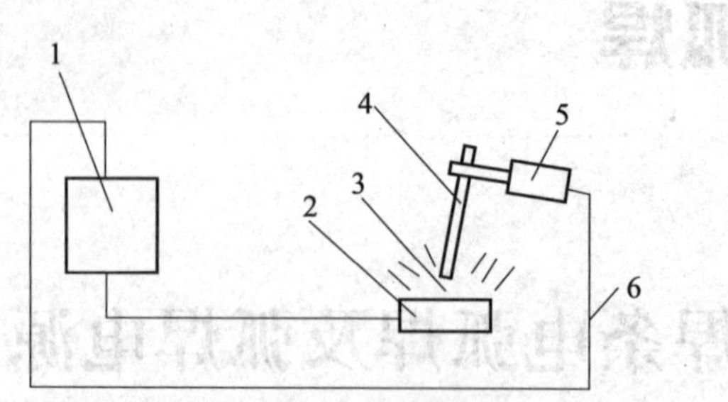

图 1—1—2　基本焊接电路

1—弧焊电源　2—焊件　3—电弧　4—焊条　5—焊钳　6—焊接电缆

三、焊接设备

1. 弧焊电源

弧焊电源是在焊接电路中为电弧提供电能的装置。弧焊电源可分为交流弧焊电源、直流弧焊电源、脉冲弧焊电源和弧焊逆变器四大类型。各种弧焊电源的特点及适用范围见表 1—1—1。

表 1—1—1　　各种弧焊电源的特点及适用范围

类型	特点	适用范围
交流弧焊电源（弧焊变压器）	结构简单、耐用、成本低、磁偏吹小、空载损耗小、噪声小，与直流弧焊电源相比电弧稳定性较差	酸性焊条电弧焊、埋弧焊及钨极氩弧焊等
直流弧焊电源	电能消耗较少、电弧稳定性比交流弧焊电源好、飞溅小、工作噪声小	各种电弧焊
脉冲弧焊电源	功率高，可以在较宽的范围内调节。对于热敏感性大的高合金材料、薄板及全位置焊接，具有独特优点	各种电弧焊
弧焊逆变器	高效、节能、质量轻、体积小、焊接性能优良	各种电弧焊

我国弧焊电源型号按国家标准《电焊机型号编制方法》（GB/T 10249—2010）编制。弧焊电源型号采用汉语拼音字母及阿拉伯数字组成，其编排次序如图 1—1—3 所示。

图 1—1—3 中型号 1、2、3、6 各项用汉语拼音字母表示，4、5、7 各项用阿拉伯数字表示，型号中 3、4、6、7 项若不用时，其他各项紧排。

以交流弧焊机（弧焊变压器）为例，其型号中各字母及数字含义见表 1—1—2。

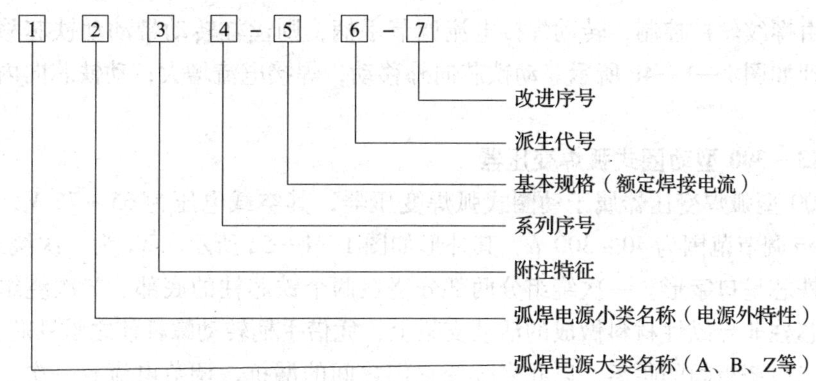

图 1—1—3　弧焊电源型号的编排次序

表 1—1—2　　交流弧焊机型号含义

代表字母	大类名称	代表字母	小类名称	代表字母	附注特征	数字序号	系列序号
B	交流弧焊机（弧焊变压器）	X P	下降特性 平特性	L	高空载电压	省略 1 2 3 4 5 6	磁放大器或饱和电抗器式 动铁芯式 串联电抗器式 动圈式 晶闸管式 变换抽头式

下面介绍三种常用典型弧焊电源的相关知识。

（1）BX1—250 型动铁芯式弧焊变压器

BX1—250 型弧焊变压器是目前国内使用较广的一种弧焊电源，其外形如图 1—1—4a 所示。它属于动铁芯式，空载电压为 60 ~ 70 V，工作电压为 30 V，电流调节范围为 60 ~ 300 A。BX1—250 型弧焊变压器的内部结构如图 1—1—4b 所示。绕组分别放置在动铁芯两侧，一次绕组和二次绕组分成上下两部分，移动动铁芯即可改变一次绕组和二次绕组的漏抗，实现焊接电流的调节，以适应施焊要求。

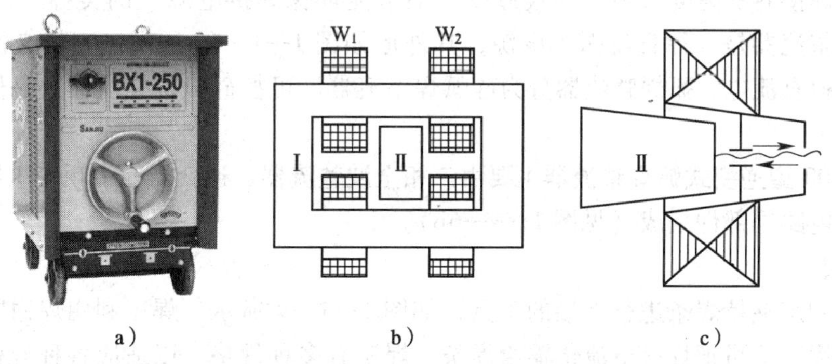

图 1—1—4　动铁芯式弧焊变压器

a）BX1—250 型弧焊交流变压器外形　b）内部结构示意图　c）焊接电流调节原理

Ⅰ—固定铁芯　Ⅱ—动铁芯　W_1—一次绕组　W_2—二次绕组

动铁芯由螺纹丝杠控制，转动焊接电流调节手柄，则丝杠转动带动动铁芯移动，焊接电流调节原理如图 1—1—4c 所示。动铁芯向外移动，焊接电流增大；动铁芯向内移动，焊接电流减小。

(2) BX3—300 型动圈式弧焊变压器

BX3—300 型弧焊变压器属于动圈式弧焊变压器，其空载电压为 65 ~ 75 V，工作电压为 30 V，电流调节范围为 40 ~ 300 A，其外形如图 1—1—5a 所示。W_1 为一次绕组，W_2 为二次绕组，铁芯呈口字形。一次绕组分两部分绕在两个铁芯柱的底部。二次绕组也分两部分，装在铁芯柱非导磁性材料做成的活动支架上，凭借手柄转动螺杆使之沿铁芯上下移动，改变一次、二次绕组间的距离，以此来改变它们之间的漏抗，调节电流。一次、二次绕组间的距离越大，漏抗越大，焊接电流越小，其内部结构和焊接电流调节原理如图 1—1—5b 所示。

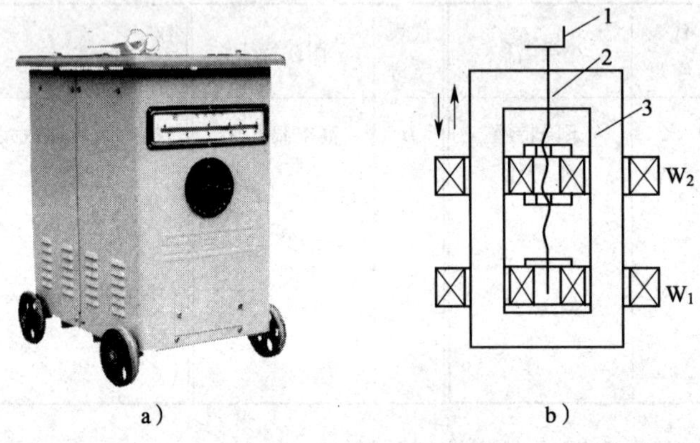

图 1—1—5　动圈式弧焊变压器

a) BX3—300 型弧焊交流变压器外形　b) 内部结构和焊接电流调节原理

1—手柄　2—调节杆　3—铁芯

(3) ZX7—400 型逆变式弧焊整流器

逆变式弧焊整流器是 20 世纪 70 年代末出现的一种新型电源，它的结构及原理都与传统焊接电源不同。由于具有体积小、质量轻、高效、节能等优异特点，它的出现立即引起了世界各国焊接界的高度重视，并被冠以“最节能环保焊接电源”的美称。ZX7—400 型逆变式弧焊整流器是一种直流弧焊电源，其外形如图 1—1—6a 所示。它将交流电进行变压、整流获得直流电。弧焊整流器分为硅弧焊整流器、可控硅弧焊整流器、晶体管式弧焊整流器三种。

ZX7—400 型逆变式弧焊整流器主要由三相全波整流器、逆变器、中频变压器、电抗器及电子控制电路等部件组成（见图 1—1—6b）。

2. 焊钳

焊钳是用来夹持焊条进行焊接的工具，如图 1—1—7 所示。焊工利用焊钳既能控制焊条的夹持角度，又可把焊接电流传输给焊条。焊钳有多种规格，以适应各种规格的焊条直径。每种规格的焊钳是根据所夹持的最大直径焊条需用的电流设计的。常用的市售焊钳有 300 A 和 500 A 两种规格，其技术指标见表 1—1—3。

a）

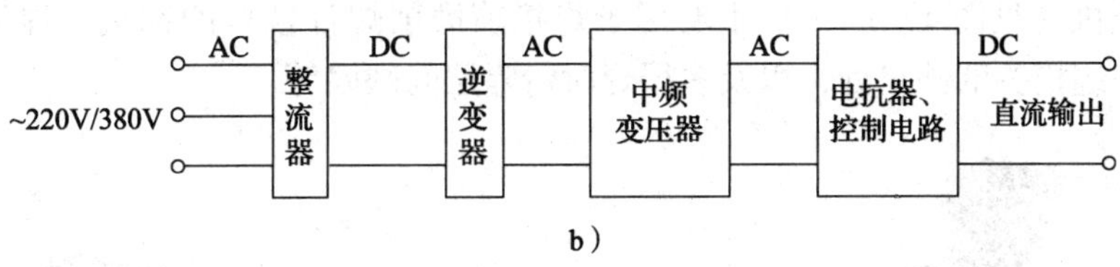

b）

图 1—1—6　逆变式弧焊整流器

a）ZX7—400 型逆变式弧焊整流器外形　b）逆变式弧焊整流器的组成

图 1—1—7　焊钳外形

表 1—1—3　　焊钳技术指标

型号	额定焊接电流（A）	适用的焊条直径（mm）	质量（kg）	外形尺寸（mm × mm × mm）
G352	300	2～5	0.5	250 × 80 × 40
G582	500	4～8	0.7	290 × 100 × 45

焊接时对焊钳有如下要求：

（1）焊钳必须有良好的绝缘性与耐热能力。

（2）使用大电流焊接时，焊钳的手柄容易发烫，此时禁止将过热的焊钳浸在水中冷却后使用。

3. 焊接电缆

焊接电缆的作用是传导焊接电流。在生产中选择焊接电缆时，一般是根据所用焊接电缆长度和焊接电流大小来确定焊接电缆截面尺寸。例如当电缆长度为 15 m、最大焊接电流为 200 A 时，可选择电缆截面积为 30 mm^2；若最大焊接电流为 300 A，可选择电缆截面积为 50 mm^2。

四、焊接常用工具

1. 焊条保温筒

焊条从烘箱内取出后放在焊条保温筒内继续保温，以保持焊条药皮在使用过程中的干燥度。焊条保温筒如图1—1—8所示。焊条保温筒的使用方法是先将保温筒的电源线连接在弧焊电源的输出端，在弧焊电源空载时通电加热到150～200℃后再放入焊条。装入焊条时，应将焊条斜向滑入筒内，防止直入冲击保温筒底。并且在焊接中断时，要及时接入弧焊电源的输出端，以保持焊条保温筒的工作温度。

2. 角向磨光机

角向磨光机（见图1—1—9）主要用于焊接前磨削焊件坡口的钝边、焊件表面除锈，焊接后磨削焊缝接头的凸出处，以及多层焊时清除层间缺陷等。

图1—1—8　焊条保温筒

图1—1—9　角向磨光机

3. 敲渣锤和锉刀

敲渣锤是清除焊缝焊渣的工具，焊工应随身携带。敲渣锤有尖头形（见图1—1—10）和扁铲形两种，常用的是尖头形，注意清渣时焊工应佩戴平光镜。

锉刀用于修整焊件坡口钝边、毛刺和焊件根部的接头，如图1—1—11所示。

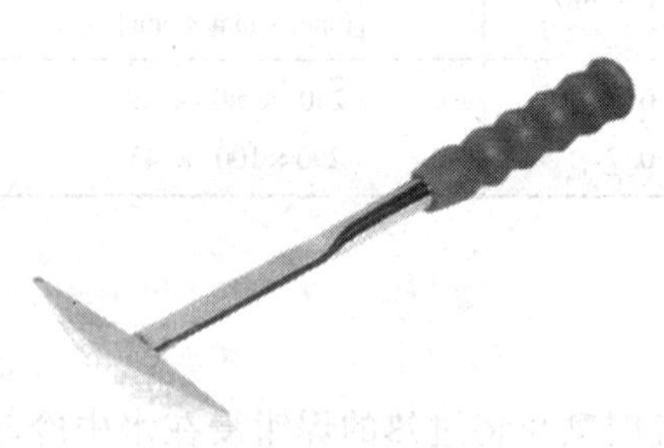

图1—1—10　尖头形敲渣锤

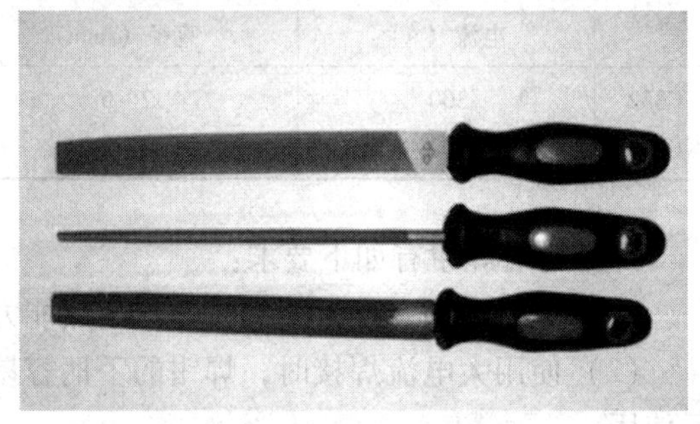

图1—1—11　锉刀

五、焊接常用防护用具

1. 防护面罩

防护面罩是用于防止焊接时产生的飞溅、弧光及其他辐射对焊工面部及颈部造成损害的一种遮蔽工具。防护面罩分为手持式和头盔式两种，如图 1—1—12 所示。头盔式面罩多用于需要双手作业的场合。

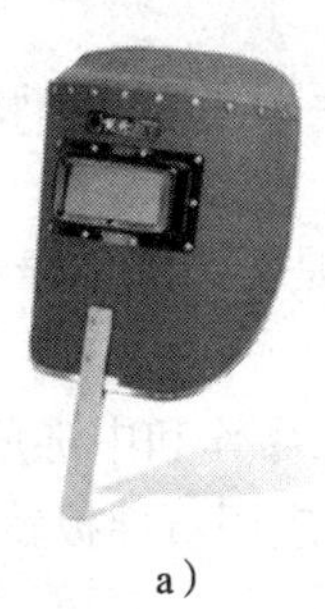
a）

b）

图 1—1—12　防护面罩
a）手持式面罩　b）头盔式面罩

防护面罩上有滤光镜片，用来过滤弧光，避免眼睛受弧光灼伤。使用防护面罩时，将滤光镜片与另一块透明玻璃一起安放在面罩正面。滤光镜片可按表 1—1—4 选用。

表 1—1—4　　滤光镜片选用参考表

色号	适用电流（A）	尺寸（mm × mm × mm）
7 ~ 8	≤100	2 × 50 × 107
8 ~ 10	100 ~ 300	2 × 50 × 107
10 ~ 12	≥300	2 × 50 × 107

2. 防护手套

防护手套是焊工焊接时进行安全防护的用具，它具有耐磨、抗割、防火及隔热性能，能阻挡辐射，同时还有一定的绝缘性能，如图 1—1—13 所示。

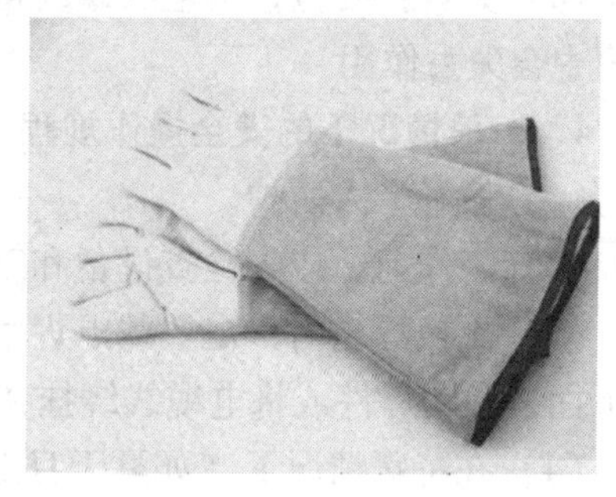
图 1—1—13　防护手套

六、技能操作

1. 设备的安全检查

（1）检查电源的一次、二次绕组绝缘与接地情况。应检查绝缘的可靠性、接线的正确性、电网电压与电源的铭牌吻合。

（2）检查电源接地可靠性。

（3）检查噪声和振动情况。

（4）检查焊接电流调节装置的可靠性。

（5）检查是否有绝缘烧损。

（6）检查是否短路，焊钳是否放在被焊工件上。

2. 焊接场地检查的基本内容

（1）设备、工具、材料是否排列整齐。

（2）焊接场地的通道中，车辆通道宽度不小于 3 m，人行通道不小于 1.5 m。

（3）胶管、电缆线如有缠绕必须分开；气瓶用后是否已移出工作场地，在工作场地各种气瓶不得随便横躺竖放。

（4）焊工作业面积不应小于 4 m^2；地面应干燥；工作场地要有良好的自然采光或局部照明，以保证工作面照度达 50 ~ 100 lx。

（5）焊割场地周围 10 m 范围内，各类可燃易爆物品是否清除干净。

（6）室内作业：通风是否良好。

（7）室外作业：登高作业现场是否符合安全要求；无爆炸和中毒危险，禁止用明火及其他不安全的方法进行检查；对附近敞开的孔洞和地沟，应用石棉板盖严，防止火花进入。

3．工具、夹具的安全检查

（1）电焊钳：焊接前应检查电焊钳与焊接电缆接头处是否牢固。若两者接触不牢固，焊接时将影响电流的传导，甚至会产生火花。另外，若接触不良，将使接头处产生较大的接触电阻，造成电焊钳发热、变烫，影响焊工的操作。要检查钳口是否完好，有无损坏，以免影响焊条的夹持。

（2）面罩和护目镜片：主要检查面罩和护目镜片是否遮挡严密，有无漏光的现象。

（3）角向磨光机：要检查砂轮转动是否正常，有无漏电的现象；砂轮片是否已经安装牢固，是否有裂纹、破损，要杜绝使用过程中飞出伤人。

（4）锤子：要检查锤头是否有松动，避免在打击中锤头飞出伤人。

（5）扁铲、錾子：应检查其边缘有无毛刺、裂痕，若有应及时清除，防止使用中碎片飞出伤人。

（6）夹具：要检查其上的螺纹是否转动灵活，若已锈蚀则应除锈，并加以润滑。否则使用中会失去作用。

4．一般情况下的安全操作规程

（1）做好个人防护。

（2）工作前，应先检查设备和工具是否安全可靠。

（3）更换焊条时一定要戴电焊手套，不得赤手操作。在带电情况下，不要将焊钳夹在腋下而去搬动焊件或将电缆线绕挂在脖颈上。

（4）在特殊情况下（如夏天身上大量出汗，衣服潮湿时），切勿倚靠在带电的工作台、焊件上或接触焊钳等，以防发生事故。在潮湿地点焊接作业，地面上应铺上橡胶板或其他绝缘材料。

（5）焊工推拉闸刀时，要侧身向着电闸，防止电弧火花烧伤面部。

（6）下列操作应在切断电源开关后才能进行：改变焊机接头；更换焊件需要改接二次线路；移动工作地点；检修焊机故障和更换熔断丝。

（7）焊机安装、修理和检查应由电工进行，焊工不得擅自拆修。

（8）焊接前，应将作业现场 10 m 以内的易燃易爆物品清除或妥善处理，以防止发生火灾或爆炸事故。

（9）工作完毕离开作业现场时须切断电源，清理好现场，防止留下事故隐患。

（10）使用行灯照明时，其电压不应超过 36 V。

5. 评分标准（见表1—1—5）

表1—1—5　　焊接工具及防护用品的使用评分表

项目	分值	评分标准	得分	备注
焊钳安装和使用	10	使用方法不正确扣1～10分		
保温筒使用	10	酌情扣分		
角向磨光机使用	10	酌情扣分		
敲渣锤和锉刀使用	20	酌情扣分		
防护面罩安装和使用	20	酌情扣分		
防护手套使用	10	酌情扣分		
有关安全操作规程规定	10	违反有关规定扣分		
时间定额20 min	10	超过时间定额扣分		
合计	100			

课后练习

一、填空题

1. 弧焊电源可分为______、______、______和______。

2. 焊条电弧焊的基本焊接电路由______、______、______、______、______、______等组成。

3. 焊接常用工具包括______、______、______、______、______和______等。

4. 焊接常用防护用具包括______、______、______、______、______和______等。

二、判断题

1. 在潮湿的地点进行焊接作业时，地面应铺上绝缘物作垫板。（　　）
2. 带压设备焊接或切割前，不用解除压力。（　　）
3. 焊接盛放过易燃、易爆介质的容器时，可不用清洗，直接进行操作。（　　）
4. 焊工离开工作岗位时，不得将焊钳放在焊件上。（　　）
5. 在容器内部焊接时，常使用氧气而不是压缩空气作通风气源。（　　）
6. 推拉电源刀开关时，要戴绝缘手套，动作要快，且应站在电源刀开关的对面拉闸。（　　）
7. 雨天、雪天或雾天不准在露天进行焊接作业。（　　）
8. 焊工正确使用防护用品和搞好卫生保健工作是加强焊接劳动保护的主要措施。（　　）

三、名词解释

1. BX1—250
2. BX3—300

3. ZX7—400

四、简答题

1. 简述焊条电弧焊的工作原理。
2. 焊钳、面罩、保温筒、电焊手套各有何作用?

课题2　焊条电弧焊平焊式蹲姿

学习目标

1. 了解焊接过程中存在的各种危险因素。
2. 掌握焊接劳动保护用品的使用方法。
3. 掌握焊接时的正确姿势。

焊接过程中会产生有毒气体、有害粉尘、弧光辐射、高频电磁场、噪声和射线等。这些危害因素在一定条件下可能引起爆炸、火灾，可能危及设备、厂房和周围人员安全，给国家和企业带来不应有的损失，如可能造成焊工烫伤、引发急性中毒（锰中毒）、血液疾病、电光性眼炎和皮肤病等职业病。因此，我国把焊接、切割作业定为特种作业。为保护焊工的身体健康和生命安全，必须加强焊接劳动保护教育，学会正确使用焊接劳动保护用品。表1—2—1列出了焊接过程中存在的各种危险因素。

表1—2—1　焊接过程中存在的各种危险因素

工艺方法	有害因素						
	电弧辐射	高频电磁场	烟尘	有毒气体	金属飞溅	射线	噪声
酸性焊条电弧焊	○		○○	○	○		
低氢型焊条电弧焊	○		○○○	○	○○		
高效铁粉焊条电弧焊	○		○○○○	○	○		
碳弧气刨	○		○○○	○			○
镀锌铁焊条电弧焊	○		○○○○	○	○		
电渣焊			○				
埋弧焊			○○	○			
实心细丝 CO_2 气体保护焊	○		○	○	○		
实心粗丝 CO_2 气体保护焊	○○		○○	○	○○		
钨极氩弧焊（铝、铁、铜、镍）	○○	○○	○	○○	○	○	
钨极氩弧焊（不锈钢）	○○	○○	○	○	○	○	
熔化极氩弧焊（不锈钢）	○○		○	○○	○		

注：○表示强烈程度。其中○轻微，○○中等，○○○强烈，○○○○最强烈。

一、焊接劳动保护用品的种类和使用要求

图 1—2—1 所示为焊接操作现场，从中可以仔细观察焊工的着装保护。

图 1—2—1　焊接操作现场

1. 工作服

焊接工作服的种类很多，最常用的是棉白帆布工作服。白色对弧光有反射作用，棉帆布有隔热、耐磨、不易燃烧、可防止烧伤等性能。焊接与切割作业的工作服不能用一般合成纤维织物制作。

2. 焊工防护手套

焊工防护手套一般为牛（猪）革制手套或以棉帆布和皮革合成材料制成，具有绝缘、耐辐射、抗热、耐磨、不易燃和防止高温金属飞溅物烫伤等作用。在可能导电的焊接场所工作时，所用手套应经耐压 3 000 V 试验，合格后方能使用。

3. 焊工防护鞋

焊工防护鞋应具有绝缘、抗热、不易燃、耐磨损和防滑的性能，焊工防护鞋的橡胶鞋底经 5 000 V 耐压试验合格（不击穿）后方能使用。如在易燃、易爆场合焊接时，鞋底不应有鞋钉，以免产生摩擦火星。在有积水的地面焊接切割时，焊工应穿经过 6 000 V 耐压试验合格的防水橡胶鞋。

4. 焊接防护面罩

电焊防护面罩上有符合作业条件的滤光镜片，起防止焊接弧光、保护眼睛的作用。镜片颜色以墨绿色和橙色为多。面罩壳体应选用阻燃或不燃的且不刺激皮肤的绝缘材料制成，应遮住脸面和耳部，结构牢靠，无漏光，起防止弧光辐射和熔融金属飞溅物烫伤面部和颈部的作用。在狭窄、密闭、通风不良的场合，还应采用输气式头盔或送风式头盔。

5. 焊接护目镜

气焊、气割的防护眼镜片，主要起滤光、防止金属飞溅物烫伤眼睛的作用。应根据焊接、切割工件板的厚度选择。

6. 防尘口罩和防毒面具

在焊接、切割作业时，当采用整体或局部通风仍不能使烟尘浓度降低到容许浓度标准

以下时，必须选用合适的防尘口罩和防毒面具，过滤或隔离烟尘和有毒气体。

7. 耳塞、耳罩和防噪声头盔

国家标准规定工业企业噪声一般不应超过 85 dB，最高不超过 90 dB。为了消除和降低噪声，应采取隔声、消声、减振等一系列噪声控制技术。当仍不能将噪声降低到允许标准以下时，则应采用耳塞、耳罩或防噪声头盔等个人噪声防护用品。

二、劳动保护用品的正确使用

（1）穿工作服时要把衣领和袖口扣好，上衣不应扎在工作裤里边。工作服不应有破损、孔洞和缝隙，不允许沾有油脂。不应穿潮湿的工作服。

（2）在仰位焊接、切割时，为了防止火星、熔渣从高处溅落到头部和肩上，焊工应在颈部围毛巾，穿着用防燃材料制成的护肩、长套袖、围裙和鞋盖。

（3）电焊手套和焊工防护鞋不应潮湿和破损。

（4）正确选择电焊防护面罩上护目镜的遮光号以及气焊、气割防护镜的眼镜片。

（5）采用输气式头盔或送风式头盔时，应经常使口罩内保持适当的正压。若在寒冷季节，应将空气适当加温后再供人使用。

（6）佩戴各种耳塞时，要将塞帽部分轻轻推入外耳道内，使它和耳道贴合，不要用力太猛和塞得太紧。

（7）使用耳罩时，应先检查外壳有无裂纹和漏气，使用时务必使耳罩软垫圈与周围皮肤贴合。

三、技能操作——焊条电弧焊蹲姿

1. 平焊蹲姿训练

蹲姿要自然，两脚夹角为 70°～85°，两脚距离为 240～260 mm，与肩膀同宽，右手持焊钳，要悬空无依托地操作，左手持面罩，胳膊伸直，如图 1—2—2 所示。

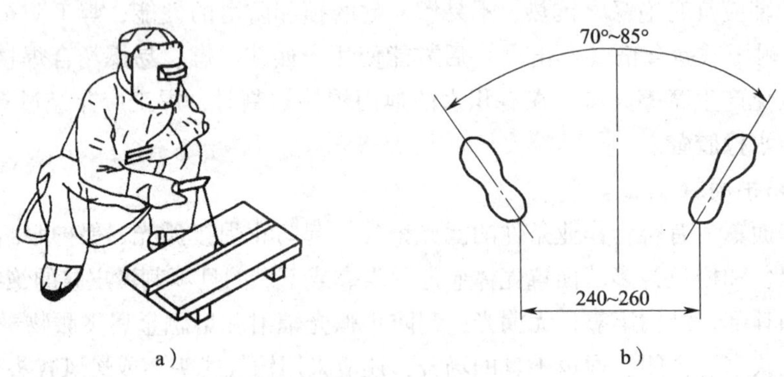

图 1—2—2　平焊操作姿势

a）蹲式操作姿势　b）两脚的位置

2. 操作要领及注意事项

（1）把握好人体的重心，身体不前倾、不后移。

（2）两脚距离不宜过小或过大，保持 240～260 mm，与肩膀同宽，距离过小会蹲不稳，并且脚会产生麻木感觉。

（3）蹲姿自然、挺直、不弯曲。

（4）蹲姿训练时可在地面上划直线，右手拿着焊条沿直线方向往返移动，同时焊条端部至地面之间保持 2 ~ 4 mm 距离。每到休息时不要立即站直。

（5）训练时间为开始 20 ~ 30 min、30 ~ 40 min、60 min 作为考核。

（6）不准脚后跟抵臀部或用其他东西垫在下面。

3. 评分标准（见表 1—2—2）

表 1—2—2　　平焊蹲姿训练评分表

项目	分值	评分标准	得分	备注
设备、工具的安装和使用	10	使用方法不正确扣 1 ~ 10 分		
两脚距离	10	每超差 10 cm 扣 3 分		
两脚夹角	10	每超差 10°扣 3 分		
控制好人体的重心	20	每超差 10 cm 扣 3 分		
蹲姿自然、挺直、不弯曲	20	不自然、挺直、不弯曲扣 3 分		
有关文明生产规定	10	扣 5 分		
有关安全操作规程规定	10	违反有关规定扣 1 ~ 10 分		
时间定额 30 min	10	少于时间定额扣 1 ~ 10 分		
合计	100			

课后练习

一、填空题

1. 蹲姿要自然，两脚夹角为____________，两脚距离为____________，与肩膀同宽，右手持____________，要悬空无依托地操作，左手持____________，胳膊伸直。

2. 焊接过程中会产生____________、____________、____________、____________、____________和____________等危害因素。

3. 焊接工作服的种类很多，最常用的是____________工作服。

二、判断题

1. 为了防止爆炸和火灾的发生，在焊接作业场地 2 m 范围内严禁存放易燃、易爆物品。（　　）

2. 为预防弧光辐射，焊工在焊接时须使用面罩。（　　）

3. 焊工在焊接过程中，紫外线对眼睛的伤害是会引起电光性眼炎。（　　）

4. 红外线对焊工眼睛的伤害是会引起电光性眼炎。（　　）

5. 在容器内焊接时，不用防止触电事故的发生。（　　）

6. 在高空作业或特别潮湿的场所，安全电压不超过 12 V。（　　）

三、选择题

1. 在距基准面________m 以上的高处进行的焊接作业称为高处焊接作业。

A. 2　　B. 5　　C. 10

2. 使用工作照明灯的安全电压不应超过________V。

A. 36　　B. 60　　C. 110

3. 易燃、易爆物品距离电焊场所的距离不得小于________m。

A. 5　　B. 10　　C. 2

4. 发现焊工触电时，应立即________。

A. 报告领导　　B. 切断电源　　C. 将人拉开

5. 焊接设备的安装、修理和检查应由________来进行。

A. 车间主任　　B. 电工　　C. 焊工本人

6. 焊工患有________时，应禁止登高进行焊割作业。

A. 高血压、肠炎　　B. 心脏病、胃病　　C. 高血压、心脏病

四、简答题

焊工的工作服为什么用白色棉帆布制作？

课题3　焊条电弧焊引弧

1. 了解焊接电弧的基本概念。
2. 了解电弧稳定性的影响因素，掌握防止电弧偏吹的措施。
3. 掌握引弧的方法要领。

一、焊接电弧的概念及特性

焊接时，将焊条与焊件接触后很快拉开，在焊条端部和焊件之间立即会产生具有强光和高温的电弧，称为焊接电弧，如图1—3—1所示。焊接电弧实质上是由焊接电源供给的，具有一定电压的两电极间或电极与焊件间，在气体介质中产生的强烈而持久的放电现象。

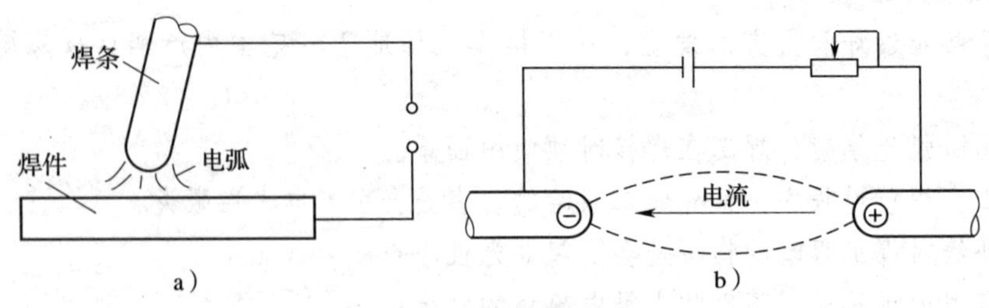

图1—3—1　焊接电弧示意图

在焊接前，焊条和焊件不直接接触，而且二者之间的空气也呈中性，无带电介质。但焊接时，焊接电弧能在不直接接触的焊条和焊件间形成，原因就是气体介质电离（使中性

的气体分子或原子释放电子形成正离子的过程）和阴极金属表面电子发射（阴极的金属表面连续向外发射电子的现象）的结果。

焊接时，气体的电离是产生电弧的重要条件，但是如果只有气体的电离而阴极不能发射电子，没有电流通过，那么电弧还是不能形成。因此，阴极电子发射和气体电离两者都是电弧产生和维持的必要条件。

二、焊接电弧的构造及静特性

1. 焊接电弧的构造

焊接电弧按其构造可分为阴极区、阳极区和弧柱三部分，如图 1—3—2 所示。

(1) 阴极区

电弧紧靠负电极的区域称为阴极区，阴极区很窄，为 $10^{-6}\sim10^{-5}$ cm。在阴极区的阴极表面有一个明亮的斑点，称为阴极斑点。它是阴极表面上电子发射的发源地，也是阴极区温度最高的地方。阴极区的温度一般可达到 2 130 ~ 3 230℃，放出的热量占焊接电弧总热量的36%左右。阴极温度的高低主要取决于阴极的电极材料。

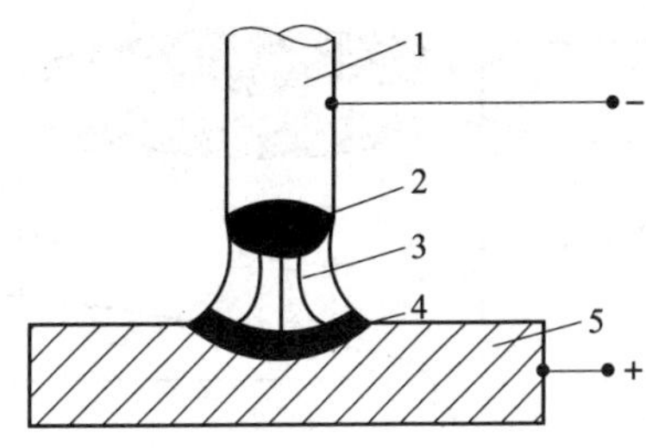

图 1—3—2　焊接电弧的构造
1—焊条　2—阴极区　3—弧柱
4—阳极区　5—焊件

(2) 阳极区

电弧紧靠正电极的区域称为阳极区，阳极区较阴极区宽，为 $10^{-4}\sim10^{-3}$ cm，在阳极区的阳极表面也有光亮的斑点，称为阳极斑点。它是电弧放电时，正电极表面上集中接收电子的微小区域。

阳极不发射电子，消耗能量少，因此，当阳极与阴极材料相同时，阳极区的温度要高于阴极区。阳极区的温度一般可达 2 330 ~ 3 930℃，放出的热量占焊接电弧总热量的 43%左右。

(3) 弧柱

电弧阴极区和阳极区之间的部分称为弧柱。由于阴极区和阳极区都很窄，因此，弧柱的长度基本上等于电弧长度。弧柱中心温度可达 5 370 ~ 7 730℃，放出的热量占焊接电弧总热量的 21%左右。弧柱的温度与弧柱气体介质和焊接电流大小等因素有关，焊接电流越大，弧柱中电离程度也越大，弧柱温度也越高。

这里有两个必须注意的问题：一是不同的焊接方法，其阳极区、阴极区温度的高低并不一致，各种焊接方法的阴极与阳极温度比较见表 1—3—1。二是以上分析的是直流电弧的热量和温度分布情况，而交流电弧由于电源的极性是周期性改变的，所以两个电极区的温度趋于一致，近似于它们的平均值。

表 1—3—1　　各种焊接方法的阴极与阳极温度比较

焊接方法	焊条电弧焊	钨极氩弧焊	熔化极氩弧焊	CO_2气体保护电弧焊	埋弧焊
温度比较	阳极温度 > 阴极温度		阴极温度 > 阳极温度		

(4) 电弧电压

电弧两端(两电极)之间的电压称为电弧电压。当弧长一定时,电弧电压分布如图 1—3—3 所示。电弧电压(U_f)由阴极压降(U_i)、阳极压降(U_y)和弧柱压降(U_z)组成。

2. 电弧的静特性

在电极材料、气体介质和弧长一定的情况下,电弧稳定燃烧时,焊接电流与电弧电压变化的关系称为电弧静特性,一般也称伏—安特性。表示它们关系的曲线叫作电弧的静特性曲线,如图 1—3—4 中曲线 2 所示。

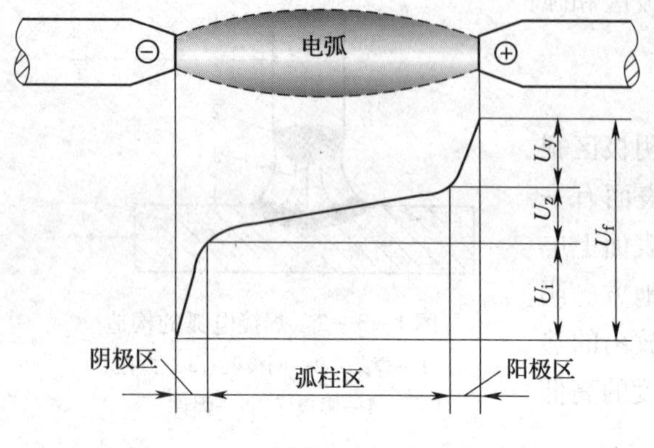

图 1—3—3 电弧结构与电压分布示意图

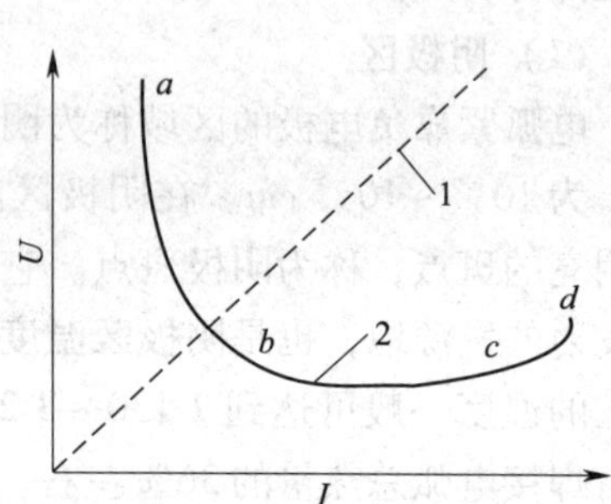

图 1—3—4 普通电阻静特性与电弧的静特性
1—普通电阻静特性 2—电弧的静特性

(1) 电弧静特性曲线

焊接电弧是焊接回路中的负载,它与普通电路中的普通电阻不同,普通电阻的电阻值是常数,电阻两端的电压与通过的电流成正比($U=IR$),遵循欧姆定律,这种特性称为电阻静特性,表现为一条直线,如图 1—3—4 中的曲线 1。焊接电弧也相当于一个电阻性负载,但其电阻值不是常数。电弧两端的电压与通过的焊接电流不成正比关系,而呈 U 形曲线关系,如图 1—3—4 中的曲线 2。

电弧静特性曲线分为三个不同的区域,当电流较小时(见图 1—3—4 中的 *ab* 区),电弧静特性属下降特性区,即随着电流增加电压减小;当电流稍大时(见图 1—3—4 中的 *bc* 区),电弧静特性属平特性区,即电流变化时,电压几乎不变;当电流较大时(见图 1—3—4 中 *cd* 区),电弧静特性属上升特性区,电压随电流的增加而升高。

电弧静特性曲线与电弧长度密切相关,当电弧长度增加时,电弧电压升高,其静特性曲线的位置也随之上升,如图 1—3—5 所示。

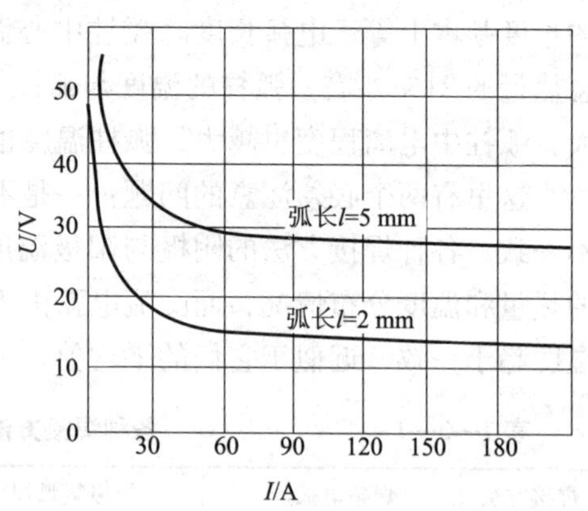

图 1—3—5 不同电弧长度的电弧静特性曲线

(2) 电弧静特性曲线的应用

不同的电弧焊方法，在一定的条件下，其静特性只是曲线的某一区域。静特性的下降特性区由于电弧燃烧不稳定而很少采用。

焊条电弧焊、埋弧焊一般工作在平特性区，即电弧电压只随弧长而变化，与焊接电流关系很小。

钨极氩弧焊、等离子弧焊一般也工作在平特性区，当焊接电流较大时才工作在上升特性区。

熔化极氩弧焊、CO_2气体保护焊和熔化极活性气体保护焊（MAG 焊）基本上工作在上升特性区。

三、焊接电弧的稳定性

焊接电弧的稳定性是指电弧保持稳定燃烧（不产生断弧、飘移和偏吹等）的程度。电弧的稳定燃烧是保证焊接质量的一个重要因素，因此，维持电弧稳定性是非常重要的。电弧不稳定的原因除焊工操作技术不熟练外，还与下列因素有关：

1. 弧焊电源的影响

采用直流电源焊接时，电弧燃烧比交流电源稳定。此外，具有较高空载电压的焊接电源不仅引弧容易，而且电弧燃烧也稳定。这是因为焊接电源的空载电压高，则电场作用强，电离及电子发射强烈，所以电弧燃烧稳定。

2. 焊接电流的影响

焊接电流越大，电弧的温度就越高，则电弧气氛中的电离程度和热发射作用就越强，电弧燃烧也就越稳定。通过实验测定电弧稳定性的结果表明：随着焊接电流的增大，电弧的引燃电压就降低；同时随着焊接电流的增大，自然断弧的最大弧长也增大。所以焊接电流越大，电弧燃烧越稳定。

3. 焊条药皮或焊剂的影响

焊条药皮或焊剂中加入 K、Na、Ca 等元素的氧化物，能增加电弧气氛中的带电粒子，这样就可以提高气体的导电性，从而提高电弧燃烧的稳定性。

如果焊条药皮或焊剂中含有不易电离的氟化物、氯化物时，会降低电弧气氛的电离程度，使电弧燃烧不稳定。

4. 焊接电弧偏吹的影响

在正常情况下焊接时，电弧的中心轴线总是保持着沿焊条（丝）电极的轴线方向。即使当焊条（丝）与焊件有一定倾角时，电弧也跟着电极轴线的方向而改变，如图 1—3—6 所示。但在实际焊接中，由于气流的干扰、磁场的作用或焊条偏心的影响，会使电弧中心偏离电极轴线的方向，这种现象称为电弧偏吹。图 1—3—7 所示为磁场作用引起的电弧偏吹。一旦发生电弧偏吹，电弧轴线就难以对准焊缝中心，从而影响焊缝成形和焊接质量。

(1) 焊接电弧偏吹的原因

1）焊条偏心产生的偏吹。焊条的偏心度是指焊条药皮沿焊芯直径方向偏心的程度。焊条偏心度过大，使焊条药皮厚薄不均匀，药皮较厚的一边比药皮较薄的一边熔化时需吸

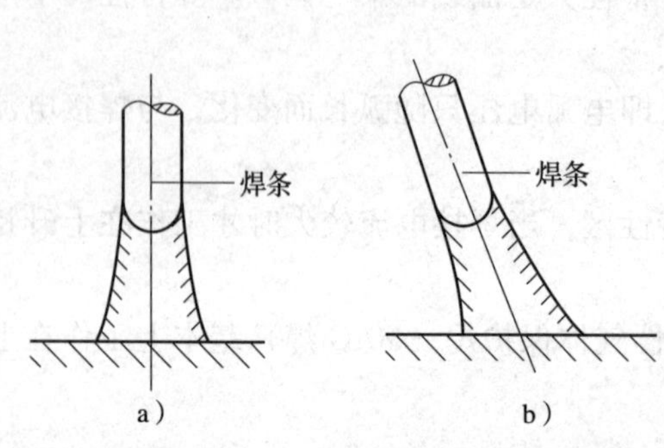

图 1—3—6　正常焊接时的电弧

a）焊条与焊件垂直　b）焊条与焊件倾斜

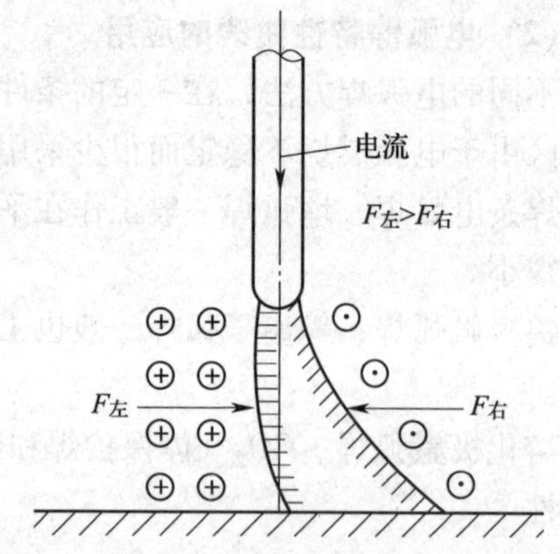

图 1—3—7　磁场作用引起的电弧偏吹

收更多的热量，因此，药皮较薄的一边，很快熔化而使电弧外露，迫使电弧往外偏吹，如图 1—3—8 所示。因此，为了保证焊接质量，在焊条生产中对焊条的偏心度有一定的限制。

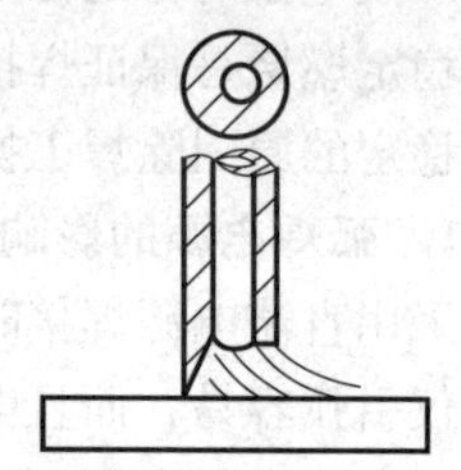
图 1—3—8　焊条药皮偏心引起的偏吹

2）电弧周围气流产生的偏吹。电弧周围气体的流动会把电弧吹向一侧而造成偏吹。造成电弧周围气体剧烈流动的因素很多，主要是大气中的气流和热对流的影响。如在露天大风中操作时，电弧偏吹状况很严重；在进行管子焊接时，由于空气在管子中流动速度较大，形成所谓“穿堂风”，使电弧发生偏吹；在开坡口的对接接头第一层焊缝的焊接时，如果接头间隙较大，在热对流的影响下也会使电弧发生偏吹。

3）焊接电弧的磁偏吹。直流电弧焊时，因受到焊接回路所产生的电磁力的作用而产生的电弧偏吹称为磁偏吹。它是由于直流电所产生的磁场在电弧周围分布不均匀而引起的电弧偏吹。

造成电弧产生磁偏吹的因素主要有下列几种：

①导线接线位置引起的磁偏吹。如图 1—3—9 所示，导线接在焊件一侧（接“+”），焊接时电弧左侧的磁力线由两部分组成：一部分是电流通过电弧产生的磁力线，另一部分

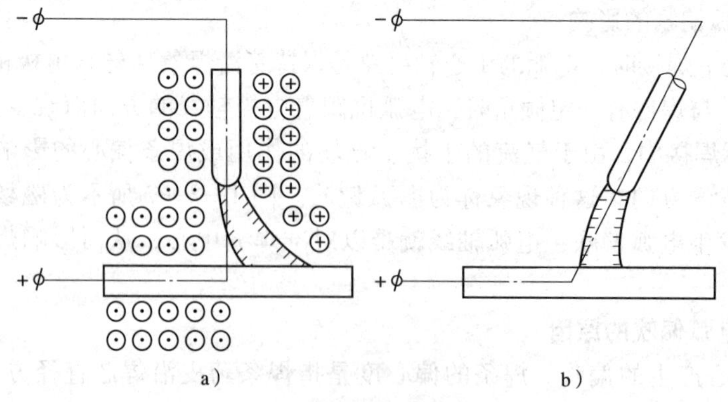

图 1—3—9　导线接线位置引起的磁偏吹

是电流流经焊件产生的磁力线。而电弧右侧仅有电流通过电弧产生的磁力线，从而造成电弧两侧的磁力线分布极不均匀，电弧左侧的磁力线较右侧的磁力线密集，电弧左侧的电磁力大于右侧的电磁力，使电弧向右侧偏吹。

②铁磁物质引起的磁偏吹。由于铁磁物质（如钢板、铁块等）的导磁能力远远大于空气，因此，当焊接电弧周围有铁磁物质存在时，在靠近铁磁物质一侧的磁力线大部分都通过铁磁物质形成封闭曲线，使电弧同铁磁物质之间的磁力线变得稀疏，而电弧另一侧的磁感线就显得密集，造成电弧两侧的磁感线分布极不均匀，电弧向铁磁物质一侧偏吹，如图1—3—10所示。

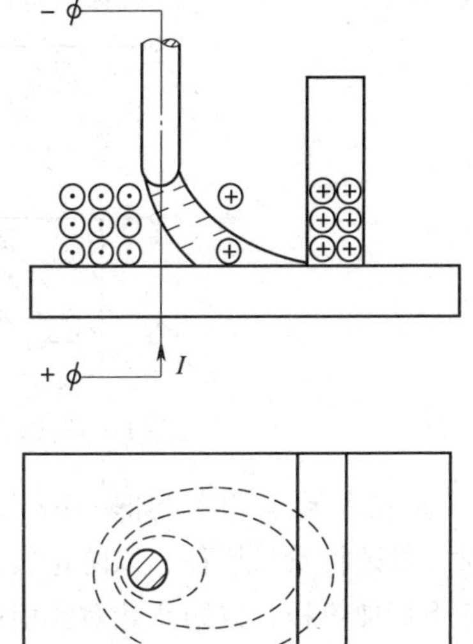

图1—3—10　铁磁物质引起的磁偏吹

③电弧运动至焊件的端部时引起的磁偏吹。当在焊件边缘处开始焊接或焊接至焊件端部时，经常会发生电弧偏吹，而当逐渐靠近焊件的中心时，电弧的偏吹现象就逐渐减小或消失。这是由于电弧运动至焊件的端部时，导磁面积发生变化，引起空间磁感线在靠近焊件边缘的地方密度增加，产生了指向焊件内部的磁偏吹，如图1—3—11所示。

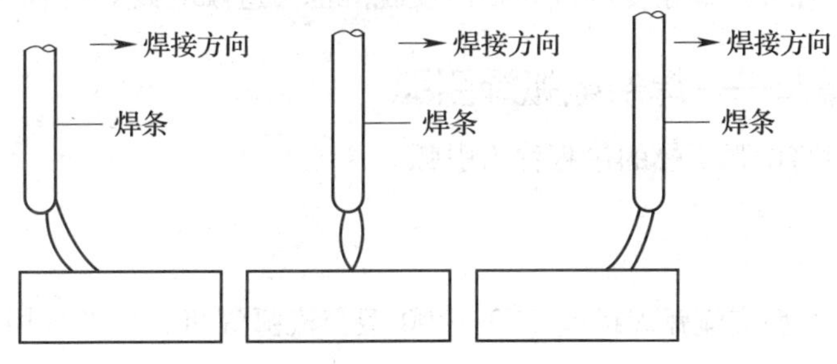

图1—3—11　电弧在焊件端部焊接时引起的磁偏吹

（2）防止或减少焊接电弧偏吹的措施

1）焊接时，在条件许可的情况下尽量使用交流电源焊接。

2）调整焊条角度，使焊条偏吹的方向转向熔池，即将焊条向电弧偏吹方向倾斜一定角度，这种方法在实际工作中应用得较广泛。

3）采用短弧焊接，因为短弧时受气流的影响较小，而且在产生磁偏吹时，如果采用短弧焊接，也能减小磁偏吹程度，因此采用短弧焊接是减少电弧偏吹的较好方法。

4）改变焊件上导线接线部位或在焊件两侧同时接地线，可减少因导线接线位置引起的磁偏吹，如图1—3—12所示。图中虚线表示克服磁偏吹的接线方法。

5）在焊缝两端各加一小块附加钢板（引弧板及引出板），使电弧两侧的磁力线分布均匀并减少热对流的影响，以克服电弧偏吹。

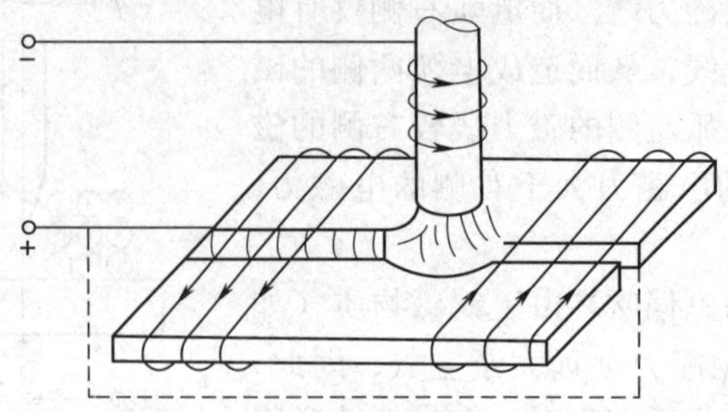

图 1—3—12　改变焊件导线接线位置以克服磁偏吹

6）在露天操作时，如果有大风则必须用挡板遮挡，对电弧进行保护。在进行管子焊接时，必须将管口堵住，以防止气流对电弧的影响。在焊接间隙较大的对接焊缝时，可在接缝下面加垫板，以防止热对流引起的电弧偏吹。

7）采用小电流焊接，这是因为磁偏吹的大小与焊接电流有直接关系，焊接电流越大，磁偏吹越严重。

5. 其他影响因素

电弧长度对电弧的稳定性也有较大的影响，如果电弧太长，电弧就会发生剧烈摆动，从而破坏了焊接电弧的稳定性，而且飞溅也增大，所以应尽量短弧焊接。焊接处如有油漆、油脂、水分和锈层等存在时，也会影响电弧燃烧的稳定性，因此，焊前做好焊件表面的清理工作十分重要。此外，焊条受潮或焊条药皮脱落也会造成电弧燃烧不稳定。

四、技能操作——焊条电弧焊引弧

焊条电弧焊时将电弧引燃的过程称为引弧。

1. 焊前准备

（1）焊机

选用 BX1—315 型交流弧焊机或 BX3—300 型交流弧焊机，或者选用 ZX7—400 型直流弧焊机。

（2）焊条

E4303 型或 E5015 型焊条，直径为 3. 2 mm 或 4. 0 mm。

（3）焊件

采用低碳钢板，尺寸（长 × 宽）为 150 mm × 150 mm，厚度为 4 ~ 6 mm。

2. 操作要领

引弧方法为手持面罩，看准引弧位置，然后用面罩挡住面部，将焊条对准引弧位置，用划擦引弧法或直击引弧法引弧，使电弧燃烧 3 ~ 5 s，再熄灭电弧。反复做引弧和熄弧动作。

（1）划擦引弧法（见图 1—3—13a）

先将焊条末端对准焊件，然后像划火柴似地使焊条在焊件表面划擦一下并提起 2 ~ 3 mm 的高度即引燃电弧。引燃电弧后，保持电弧长度不超过所用焊条的直径就能保持电弧稳定燃烧。

(2) 直击引弧法(见图 1—3—13b)

先将焊条垂直于焊件，然后使焊条碰击焊件，出现弧光后迅速将焊条提起 2~3 mm，产生电弧后使电弧稳定燃烧。

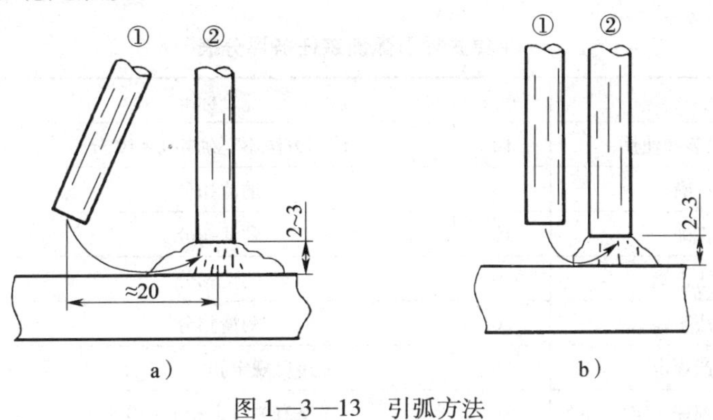

图 1—3—13 引弧方法

a) 划擦引弧法 b) 直击引弧法

划擦引弧法便于初学者掌握，但容易损坏焊件表面。当位置狭窄或焊件表面不允许有损伤时，就要采用直击引弧法。

3. 操作过程

(1) 引弧堆焊

首先在焊件的引弧位置用粉笔画一个直径为 13 mm 的圆，然后用直击引弧法在圆圈内撞击引弧。引弧后，保持适当电弧长度，在圆圈内做画圆动作 2~3 圈后灭弧。待熔化的金属凝固冷却之后，再在其上引弧堆焊，这样反复操作，直到焊点堆起高度约为 50 mm 为止，如图 1—3—14 所示。

(2) 定点引弧

先在焊件上按图 1—3—15 所示用粉笔画线，然后在直线的交点处用划擦引弧法引弧。引弧后，焊成直径为 13 mm 的焊点后灭弧。这样不断重复操作完成若干个焊点的引弧训练。

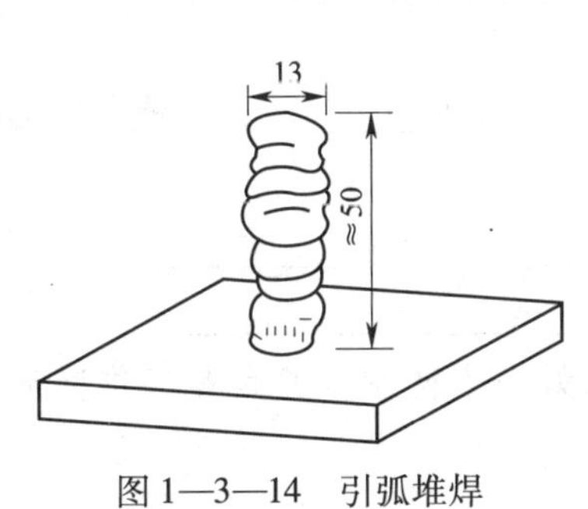

图 1—3—14 引弧堆焊

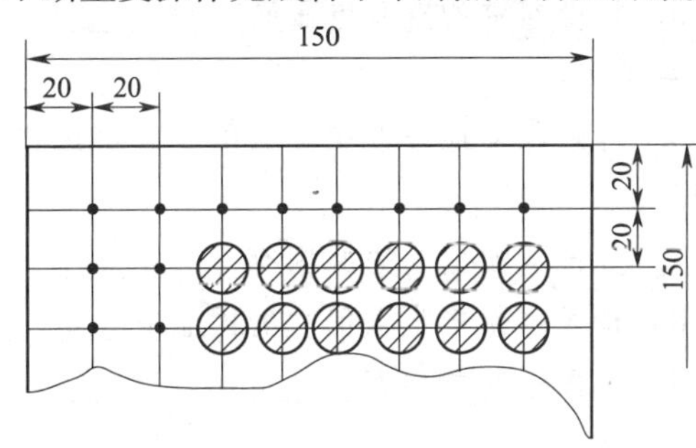

图 1—3—15 定点引弧

4. 操作注意事项

(1) 在引弧过程中，如果焊条与焊件粘在一起，通过晃动不能取下焊条时，应该立即将焊钳与焊条脱离，待焊条冷却后，焊条就能容易地扳下来。

(2) 引弧前，如果焊条端部有药皮套筒，可以用手(应戴手套)将套筒去除，这样引弧较快捷。可以使用 E4303 型和 E5015 型焊条，分别使用交、直流弧焊机引弧，如 E4303

型焊条适用于交、直流两用弧焊电源，而 E5015 型焊条只适用于直流弧焊电源。

(3) 无论是划擦引弧法还是直击引弧法，都应注意手腕的运动灵活性。

5. 评分标准（见表 1—3—2）

表 1—3—2　　平焊式焊引弧训练任务评分表

项目	分值	评分标准	得分	备注
设备、工具的安装和使用	10	使用方法不正确扣 1 ~ 10 分		
操作姿势正确	10	酌情扣分		
引弧方法正确	10	酌情扣分		
引弧堆焊方法正确	20	酌情扣分		
定点引弧方法正确	20	酌情扣分		
有关文明生产规定	10	违反规定扣 1 ~ 10 分		
有关安全操作规程规定	10	违反有关规定扣 1 ~ 10 分		
时间定额 20 min	10	超过时间定额扣 1 ~ 10 分		
合计	100			

课后练习

一、填空题

1. 焊接电弧是由________供给的，具有________的两电极间或电极与母材间，在气体介质中产生的____________________的放电现象。

2. 焊接电弧按其构造可分为________、________和________三个区域。

3. 焊接电弧的产生和维持需要的两个条件是________________和____________。

4. 电弧的稳定燃烧是保证____________________的一个重要因素。

5. 焊接电源的空载电压高，________________作用强，________________强烈，则电弧燃烧稳定。

6. 焊条药皮或焊剂中含有氟化物及氯化物时，由于它们较难________，会使电弧燃烧不稳定。

7. 焊接电弧偏吹的原因有______________、______________和______________。

8. 造成电弧产生磁偏吹的因素有________、________和________________。

9. 电弧辐射能引起________________，操作时要做好个人防护，并且各工位间应设____________________。

二、判断题

1. 弧焊时，电弧拉长，则电弧电压降低；电弧缩短，则电弧电压增加。（　）

2. 焊接电弧中，阳极斑点的温度总是高于阴极斑点的温度。（　）

3. 气体电离的必要条件是有电场或热能的作用。（　）

4. 焊条电弧焊运条时，主要应保持电弧长度不变。（　）

5. 采用碱性焊条焊接时，应用短弧焊接。（　）

6. 电弧辐射能引起电光性眼炎，操作时各工位间应设防护屏。 （ ）
7. 电弧的偏吹是由焊条药皮偏心引起的。 （ ）
8. 焊接电弧磁偏吹的方向与连接焊件导线的位置有关。 （ ）
9. 增加焊接电流可以有效地减少磁偏吹。 （ ）

三、选择题

1. 电弧区域温度分布是不均匀的，（ ）区的温度最高。

A. 阴极 B. 阳极 C. 弧柱

2. （ ）区对焊条与母材的加热和熔化起主要作用。

A. 阴极 B. 阳极 C. 弧柱 D. 阴极和阳极

3. 采用直流电源进行电弧焊时，磁偏吹的强烈程度随着（ ）的增加而显著地增加。

A. 电流强度 B. 焊条直径 C. 电弧电压

4. 操作中减少电弧偏吹的方法是（ ）。

A. 改变运条方法 B. 调节焊条角度 C. 增加焊接电流值

5. 在焊接过程中，因焊条偏心、气流干扰和磁场的作用，常会使焊接电弧的中心偏离焊条轴线，这种现象称为（ ）。

A. 电弧偏吹 B. 电弧吹力 C. 气流作用

6. 焊条偏心引起的偏吹是焊条制造中的质量问题，在施焊前如发现，应（ ）。

A. 将焊接电流调小些B. 改变地线接法 C. 更换偏心焊条

7. 气流的干扰是作业环境的影响，在狭小通道内或大风天气进行焊接作业时，可采取（ ）的措施保护。

A. 遮挡穿堂风 B. 改变焊条角度 C. 更换偏心焊条

8. 磁场的作用是只有在使用（ ）时，才会产生电弧偏吹。

A. 交流弧焊机 B. 直流弧焊机 C. 短弧焊

9. 焊接电流（ ），磁偏吹现象（ ）。

A. 越大 越严重 B. 越小 越严重 C. 越大 越不严重

四、简答题

1. 简述常用的引弧方法及其操作要点。
2. 什么是焊接电弧？简述其产生条件。
3. 什么是电弧磁偏吹？简述其产生原因。

课题4 平敷焊

学习目标

1. 掌握焊条的组成、作用、分类、型号、选用和保管方法。
2. 掌握焊道的起头、运条、接头、收尾操作方法。

3. 掌握平敷焊焊条三个运动方向操作要领和操作注意事项。

一、焊条的组成及作用

焊条由焊芯和药皮组成，如图 1—4—1 所示。焊条前端药皮有 45°左右的倒角，以便于引弧，在尾部有段裸焊芯，长 10 ~ 35 mm，便于焊钳夹持和导电。焊条长度一般为250 ~ 450 mm。焊条直径是以焊芯直径来表示的，常用的有 ϕ2 mm、ϕ2.5 mm、ϕ3.2 mm、ϕ4 mm、ϕ5 mm、ϕ6 mm 等几种规格。

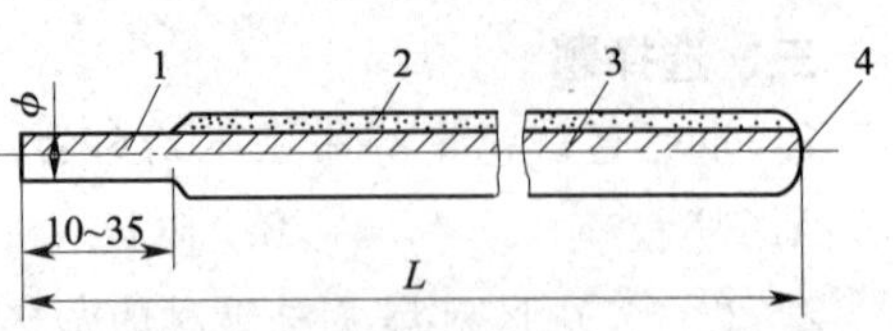

图 1—4—1　焊条组成示意图

1—夹持端　2—药皮　3—焊芯　4—引弧端

1. 焊芯

(1) 焊芯的作用

焊条中被药皮包覆的金属芯称为焊芯，焊芯一般是一根具有一定长度及直径的钢丝。焊接时焊芯有两个作用：一是传导焊接电流，产生电弧把电能转换成热能；二是焊芯本身熔化作为填充金属与液体母材金属熔合形成焊缝。

焊条电弧焊时，焊芯金属占整个焊缝金属的 50% ~70%，所以焊芯的化学成分直接影响焊缝的质量。制作焊芯的钢丝都是经特殊冶炼的。这种焊接专用钢丝用作制造焊条就是焊芯，如果用于埋弧焊、气体保护电弧焊、电渣焊、气焊的填充金属，则称为焊丝。

(2) 焊芯中各合金元素对焊接质量的影响

焊芯中各合金元素对焊接质量的影响见表 1—4—1。

表 1—4—1　　合金元素对焊接质量的影响

合金元素	合金元素对焊接质量的影响
碳（C）	碳是一种良好的脱氧剂，在高温时与氧化合生成的一氧化碳和二氧化碳气体，能将电弧区和熔池周围空气排除，减少空气中的氧、氮有害气体对熔池的不良作用，减少焊缝金属中氧和氮的含量。但含碳量过高，还原作用剧烈，会引起较大的飞溅和气孔，同时会明显提高焊缝强度、硬度，降低塑性。所以焊芯中的含碳量一般不大于 0.1%
锰（Mn）	锰是一种较好的合金剂和脱氧剂。锰既能减少焊缝中氧的含量，又能与硫化合形成硫化锰起脱硫作用，减少焊缝热裂纹倾向。故锰可作为合金元素提高焊缝的力学性能。一般碳素结构钢焊芯的含锰量为 0.30% ~0.55%，用于某些特殊用途焊接的钢丝，其含锰量可高达 1.70% ~2.10%
硅（Si）	硅是一种较好的合金剂，适量的硅能提高焊缝的强度、弹性及抗酸性能。硅也是一种较好的脱氧剂，比锰的脱氧能力还强，与氧作用形成二氧化硅。但它会提高熔渣的黏度，促使非金属夹杂物生成，且过多的硅会降低塑性和韧性，还会增加焊接熔化金属的飞溅。因此，焊芯中的含硅量一般限制在 0.03% 以下
铬（Cr）	铬是一种重要的合金元素，用它来冶炼合金钢和不锈钢，能够提高钢的硬度、耐磨性和耐腐蚀性。对于低碳钢来说，铬是一种杂质，主要是易于氧化，形成难熔的三氧化二铬，不仅使焊缝产生夹渣而且使熔渣黏度提高，降低流动性。因此，焊芯中的含铬量限制在 0.20% 以下

续表

合金元素	合金元素对焊接质量的影响
镍（Ni）	镍对低碳钢来说，是一种杂质。因此，焊芯中的含镍量要求小于0.30%。镍对钢的韧性有比较显著的影响，一般低温冲击值要求较高时，可适当掺入一些镍
硫（S）	硫是一种有害杂质，能使焊缝金属力学性能降低。硫的主要危害是随着硫含量的增加，将增大焊缝的热裂纹倾向。因此，焊芯中硫的含量不得大于0.04%，在焊接重要结构时，硫含量不得大于0.03%
磷（P）	磷是一种有害杂质，能使焊缝金属力学性能降低。磷的主要危害是使焊缝产生冷脆现象，造成焊缝金属的韧性特别是低温冲击韧性下降。因此，焊芯中磷含量不得大于0.04%，在焊接重要结构时，磷含量不得大于0.03%

（3）焊芯的分类及牌号

焊芯应符合国家标准 GB/T 14957—1994《熔化焊用钢丝》及 YB/T 5092—1996《焊接用不锈钢焊丝》，用于焊芯的专用钢丝可分为碳素结构钢、合金结构钢、不锈钢三类。

焊芯的牌号编制方法为：字母“H”表示焊丝；“H”后的一位或两位数字表示含碳量；化学元素符号及其后的数字表示该元素的近似含量，当某合金元素的含量低于1%时，可省略数字，只记元素符号；尾部标有“A”或“E”时，分别表示为“优质品”或“高级优质品”，表明硫、磷等杂质含量更低。

例如：

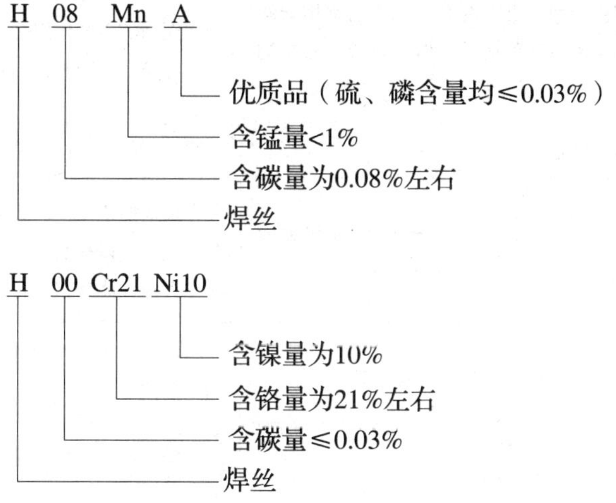

2. 药皮

压涂在焊芯表面上的涂料层称为药皮。焊条药皮在焊接过程中起着极为重要的作用，是决定焊缝金属质量的主要因素之一。生产实践证明，焊芯和药皮之间要有一个适当的比例，这个比例就是焊条药皮与焊芯（不包括夹持端）的质量比，称为药皮的质量系数，用K_b表示。K_b值一般为40%～60%。

（1）焊条药皮的作用

1）机械保护作用。利用焊条药皮熔化后产生大量的气体和形成的熔渣，起隔离空气作用，防止空气中的氧、氮侵入，保护熔滴和熔池金属。

2）冶金处理渗合金作用。通过熔渣与熔化金属冶金反应，除去有害杂质（如氧、氢、硫、磷等）和添加有益元素，使焊缝获得合乎要求的力学性能。

3）改善焊接工艺性能。焊接工艺性能是指焊条使用和操作时的性能，它包括稳弧性、脱渣性、全位置焊接性、焊缝成形、飞溅大小等。好的焊接工艺性能使电弧稳定燃烧、飞溅少、焊缝成形好、易脱渣，熔敷效率高，适用全位置焊接等。

（2）焊条药皮的组成

焊条药皮是由各种矿物类、铁合金和金属类、有机物类及化工产品等原料组成。药皮组成物的成分相当复杂，一种焊条药皮的配方，一般都由八种以上的原料组成。焊条药皮组成物按其在焊接过程中的作用可分为稳弧剂，造渣剂，造气剂，脱氧剂，合金剂，稀释剂，黏结剂及增塑、增弹、增滑剂八大类，其成分及作用见表1—4—2。

表1—4—2　　焊条药皮组成物的名称、成分及主要作用

名称	组成成分	主要作用
稳弧剂	碳酸钾、碳酸钠、钾硝石、水玻璃及大理石或石灰石、花岗石、钛白粉等	稳弧剂的主要作用是改善焊条引弧性能和提高焊接电弧稳定性
造渣剂	钛铁矿、赤铁矿、金红石、长石、大理石、花岗石、萤石、菱苦土、锰矿、钛白粉等	造渣剂的主要作用是能形成具有一定物理、化学性能的熔渣，产生良好的机械保护作用和冶金处理作用
造气剂	造气剂有有机物和无机物两类。无机物常用碳酸盐类矿物，如大理石、菱镁矿、白云石等；有机物常用木粉、纤维素、淀粉等	造气剂的主要作用是形成保护气氛，有效地保护焊缝金属，同时也有利于熔滴过渡
脱氧剂	锰铁、硅铁、钛铁等	脱氧剂的主要作用是对熔渣和焊缝金属脱氧
合金剂	铬、钼、锰、硅、钛、钨、钒的铁合金和金属铬、锰等纯金属	合金剂的主要作用是向焊缝金属中掺入必要的合金成分，以补偿已经烧损或蒸发的合金元素和补加特殊性能要求的合金元素
稀释剂	萤石、长石、钛铁矿、金红石、锰矿等	稀释剂的主要作用是降低焊接熔渣的黏度，增加熔渣的流动性
黏结剂	水玻璃或树胶类物质	黏结剂的主要作用是将药皮牢固地黏结在焊芯上
增塑、增弹、增滑剂	白泥、钛白粉增加塑性，云母增加弹性，滑石和纯碱增加滑性	增塑、增弹、增滑剂的主要作用是改善涂料的塑性、弹性和滑性，使之易于用机器压涂在焊芯上

（3）焊条药皮的类型

为了适应各种工作条件下材料的焊接，对于不同的焊芯和焊缝要求，必须有一定特性的药皮。药皮材料中主要成分不同，焊条药皮的类型也不同，其操作工艺性能和其他性能及特点也不同。如焊芯牌号相同，涂的药皮类型不同，则焊条的性能也不同。

根据国家标准，常用药皮类型的主要成分、性能特点、适应范围见表1—4—3。

表1—4—3　　常用药皮类型的主要成分、性能特点、适应范围

药皮类型	药皮主要成分	性能及特点	适应范围
钛铁矿型	30%以上的钛铁矿	熔渣流动性良好，电弧吹力较大，熔深较深，熔渣覆盖良好，脱渣容易，飞溅一般，焊波整齐。焊接电流为交流或直流正、反接，适用于全位置焊接	用于焊接较重要的碳钢结构及强度等级较低的低合金钢结构。常用焊条为E4301、E5001
钛钙型	30%以上的氧化钛和20%以下的钙或镁的碳酸盐矿	熔渣流动性良好，脱渣容易、电弧稳定，熔深适中，飞溅少，焊波整齐，成形美观。焊接电流为交流或直流正、反接，适用于全位置焊接	用于焊接较重要的碳钢结构及强度等级较低的低合金钢结构。常用焊条为E4303、E5003
高纤维素钠型	大量的有机物及氧化钛	焊接时有机物分解，产生大量气体，熔化速度快，电弧稳定，熔渣少，飞溅一般。焊接电流直流反接，适用于全位置焊接	主要焊接一般低碳钢结构，也可打底焊及立向下焊。常用焊条为E4310、E5010
高钛钠型	35%以上的氧化钛及少量的纤维素、锰铁、硅酸盐和水玻璃等	电弧稳定，再引弧容易。脱渣容易，焊波整齐，成形美观，焊接电流为交流或直流正接	用于焊接一般的碳钢结构，特别适合薄板结构，也可用于盖面焊。常用焊条为E4312
低氢钠型	碳酸盐矿和萤石	焊接工艺性能一般，熔渣流动性好，焊波较粗，熔深中等，脱渣性较好，可全位置焊接，焊接电流为直流反接。焊接时要求焊条干燥，并采用短弧。该类焊条的熔敷金属具有良好的抗裂性能和力学性能	用于焊接重要的碳钢结构及低合金钢结构。常用焊条为E4315、E5015
低氢钾型	在低氢钠型焊条药皮的基础上添加了稳弧剂，如钾水玻璃等	电弧稳定，工艺性能、焊接位置与低氢钠型焊条相似，焊接电流为交流或直流反接。该类焊条的熔敷金属具有良好的抗裂性能和力学性能	用于焊接重要的碳钢结构，也可焊接相适用的低合金钢结构。常用焊条为E4316、E5016
氧化铁型	大量氧化铁及较多的锰铁	焊条熔化速度快，焊接生产率高，电弧燃烧稳定，再引弧容易，熔深较大，脱渣性好，焊缝金属抗裂性好。但飞溅稍大，不宜焊薄板，只适宜平焊及平角焊，焊接电流为交流或直流	用于焊接重要的低碳钢结构及强度等级较低的低合金钢结构。常用焊条为E4320、E4322

二、焊条的分类及型号

1. 焊条的分类

(1) 按焊条的用途分

根据有关国家标准，焊条可分为非合金钢及细晶粒钢焊条（GB/T 5117—2012）、热强钢焊条（GB/T 5118—2012）、不锈钢焊条（GB/T 983—2012）、堆焊焊条（GB/T 984—2001）、铸铁焊条（GB/T 10044—2006）。

(2) 按焊条药皮熔化后的熔渣特性分类

可分为酸性焊条和碱性焊条两大类。

1）酸性焊条。其熔渣的成分主要是酸性氧化物，如药皮类型为钛铁矿型、钛钙型、高纤维素钠型、高钛钠型、氧化铁型的焊条。这类焊条的优点是工艺性好，容易引弧，并且电弧稳定，飞溅小，脱渣性好，焊缝成形美观，容易掌握施焊技术。由于熔渣含有大量酸性氧化物，焊接时易放出氧，因而对工件的铁锈、油污等污物不敏感，焊接时产生的有害气体少。酸性焊条可采用交流、直流焊接电源，适用于各种位置的焊接，焊前焊条的烘干温度较低。

酸性焊条的缺点是焊缝金属的力学性能差，尤其是焊缝金属的塑性和韧性均低于碱性焊条形成的焊缝。酸性焊条的另一主要缺点是抗裂性能差，这主要是由于酸性焊条药皮氧化性强，使合金元素烧损较多，以及焊缝金属含硫量和扩散氢含量较高造成的。由于上述缺点，酸性焊条仅适用于一般低碳钢和强度等级较低的普通低合金钢结构的焊接。

2）碱性焊条。其熔渣的成分主要是碱性氧化物和氟化钙，如药皮类型为低氢钠型、低氢钾型的焊条。这类焊条的优点是焊缝中含氧量较少，合金元素很少氧化，焊缝金属合金化效果好。碱性焊条药皮中碱性氧化物较多，故脱氧、脱硫、脱磷的能力比酸性焊条强。此外，药皮中的萤石有较好的去氢能力，故焊缝中含氢量低，所以也称低氢型焊条。使用碱性焊条，焊缝金属的力学性能，尤其是塑性、韧性和抗裂性能都比酸性焊条好。所以这类焊条适用于合金钢和重要碳钢结构焊接。

碱性焊条的主要缺点是工艺性差，对油污、铁锈及水分等较敏感。焊接时工艺不当，容易产生气孔。因此，除了焊前要严格烘干焊条并且仔细清理焊件坡口外，在施焊时应始终保持短弧操作。碱性焊条电弧稳定性差，不加稳弧剂时只能采用直流电源焊接。在深坡口焊接中，脱渣性不好。焊接时产生的烟尘量较多，使用时应注意保持焊接场所通风和防尘保护，以免影响人体健康。

2. 焊条型号

(1) 非合金钢及细晶粒钢焊条和热强钢焊条型号

按国家标准规定，非合金钢及细晶粒钢焊条和热强钢焊条型号是根据熔敷金属的力学性能、药皮类型、焊接位置和电流种类来划分的。

字母“E”表示焊条；前两位数字表示熔敷金属抗拉强度的最小值，单位为×10 MPa；第三位数字表示焊条的焊接位置，“0”及“1”表示焊条适用于全位置焊接，“2”表示焊条只适用于平焊及平角焊，“4”表示焊条适用于向下立焊；第三位数字和第四位数字组合时，表示焊接电流种类及药皮类型，见表1—4—4。

表 1—4—4 非合金钢及细晶粒钢和热强钢焊条型号的第三、四位数字组合的含义

<table>
<tr><th>焊条型号</th><th>药皮类型</th><th>焊接位置</th><th>电流种类</th></tr>
<tr><td>E××00</td><td>特殊型</td><td rowspan="12">平、立、横、仰</td><td rowspan="3">交流或直流正、反接</td></tr>
<tr><td>E××01</td><td>钛铁矿型</td></tr>
<tr><td>E××03</td><td>钛钙型</td></tr>
<tr><td>E××10</td><td>高纤维素钠型</td><td>直流反接</td></tr>
<tr><td>E××11</td><td>高纤维素钾型</td><td>交流或直流反接</td></tr>
<tr><td>E××12</td><td>高钛钠型</td><td>交流或直流正接</td></tr>
<tr><td>E××13</td><td>高钛钾型</td><td rowspan="2">交流或直流正、反接</td></tr>
<tr><td>E××14</td><td>铁粉钛型</td></tr>
<tr><td>E××15</td><td>低氢钠型</td><td>直流反接</td></tr>
<tr><td>E××16</td><td>低氢钾型</td><td rowspan="2">交流或直流反接</td></tr>
<tr><td>E××18</td><td>铁粉低氢型</td></tr>
<tr><td>E××20</td><td rowspan="2">氧化铁型</td><td rowspan="6">平、平角</td><td>交流或直流正接</td></tr>
<tr><td>E××22</td><td rowspan="3">交流或直流正、反接</td></tr>
<tr><td>E××23</td><td>铁粉钛钙型</td></tr>
<tr><td>E××24</td><td>铁粉钛型</td></tr>
<tr><td>E××27</td><td>铁粉氧化铁型</td><td>交流或直流正接</td></tr>
<tr><td>E××28</td><td rowspan="2">铁粉低氢型</td><td rowspan="2">交流或直流反接</td></tr>
<tr><td>E××48</td><td>平、横、仰、立向下</td></tr>
</table>

热强钢焊条附有后缀字母，为熔敷金属的化学成分分类代号，见表 1—4—5，并以短划“—”与前面数字分开；若还有附加化学成分时，附加化学成分直接用元素符号表示，并以短划“—”与前面后缀字母分开。焊条型号举例如下：

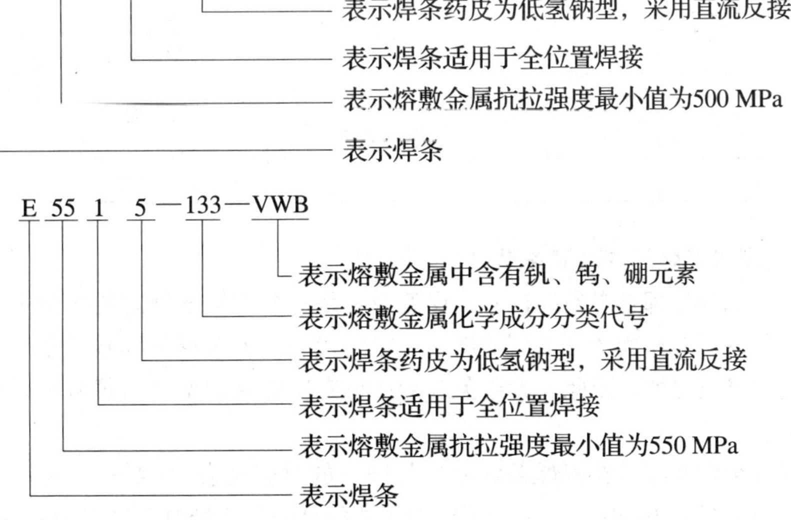

表 1—4—5　　热强钢焊条熔敷金属化学成分分类

化学成分分类	代号
碳钼钢焊条	E××××—A1
铬钼钢焊条	E××××—B1～B2
镍钢焊条	E××××—C1～C3
镍钼钢焊条	E××××—NM
锰钼钢焊条	E××××—D1～D3
其他低合金钢焊条	E××××—G、M、Mi、W

（2）不锈钢焊条型号

按国家标准 GB/T 983—2012《不锈钢焊条》规定，不锈钢焊条型号是根据熔敷金属的化学成分、药皮类型、焊接位置和电流种类来划分的。

字母“E”表示焊条；“E”后面的数字表示熔敷金属化学成分分类代号，如有特殊要求，该化学成分用元素符号表示，放在数字后面；数字后的字母“L”表示碳含量较低，“H”表示碳含量较高，“R”表示硫、磷、硅含量较低；短划“—”后面的两位数字表示焊条药皮类型、焊接位置及焊接电流种类，见表 1—4—6。焊条型号举例如下：

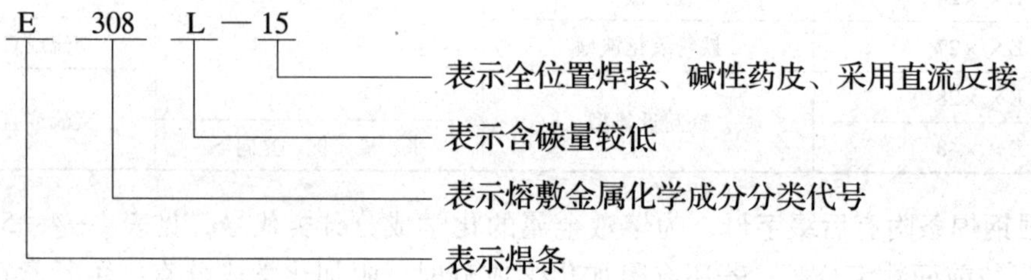

表 1—4—6　　焊接电流、药皮类型及焊接位置

焊条型号	焊接电流	焊接位置	药皮类型
E×××（×）—15	直流反接	全位置	碱性药皮
E×××（×）—25		平焊、横焊	
E×××（×）—16	交流或直流反接	全位置	碱性药皮或钛型、钛钙型
E×××（×）—17			
E×××（×）—26		平焊、横焊	

3. 焊条型号与牌号的对应关系

焊条型号和牌号都是焊条的代号，焊条型号是指国家标准规定的各类焊条的代号，牌号则是焊条制造厂对作为产品出厂的焊条规定的代号。虽然焊条牌号不是国家标准，但考虑到多年使用已成习惯，因此，为避免混淆现将常用焊条的型号与牌号加以对照，以便正确使用。

常用非合金钢及细晶粒钢焊条的型号与牌号的对照见表 1—4—7。常用热强钢焊条的型号与牌号对照见表 1—4—8。常用不锈钢焊条的型号与牌号对照见表 1—4—9。

表 1—4—7　常用非合金钢及细晶粒钢焊条型号与牌号对照

序号	型号	牌号	序号	型号	牌号
1	E4303	J422	5	E5003	J502
2	E4323	J422Fe	6	E5016	J506
3	E4316	J426	7	E5015	J507
4	E4315	J427			

表 1—4—8　常用热强钢焊条型号与牌号对照

序号	型号	牌号	序号	型号	牌号
1	E5015—G	J507MoNb J507NiCu	8	E5503—B1 E5515—B1	R202 R207
2	E5515—G	J557 J557Mo J557MoV	9	E5503—B2 E5515—B2	R302 R307
3	E6015—G	J607Ni	10	E5515—B—VWB	R347
4	E6015—D1	J607	11	E6015—B3	R407
5	E7015—D2	J707	12	E1—5MoV—15	R507
6	E8515—G	J857	13	E5515—C1	W707Ni
7	E5015—A1	R107	14	E5515—C2	W907Ni

表 1—4—9　常用不锈钢焊条型号与牌号对照

序号	型号（新）	型号（旧）	牌号	序号	型号（新）	型号（旧）	牌号
1	E410—16	E1—13—16	G202	8	E309—15	E1—23—13—15	A307
2	E410—15	E1—13—15	G207	9	E310—16	E2—26—21—16	A402
3	E410—15	E1—13—15	C217	10	E310—15	E2—26—21—15	A407
4	E308L—16	E00—19—10—16	A002	11	E347—16	E0—19—10Nb—16	A132
5	E308—16	E0—19—10—16	A102	12	E347—15	E0—19—10Nb—15	A137
6	E308—15	E0—19—10—15	A107	13	E316—16	E0—18　12Mo2—16	A202
7	E309—16	E1—23—13—16	A302	14	E316—15	E0—18—12Mo2—15	A207

三、焊条的选用及保管

1. 焊条的选用

焊条的种类很多，各有其应用范围，选用是否恰当将直接影响到焊接质量、劳动生产率和产品成本。生产实际中选用焊条时，除了根据钢材的化学成分、力学性能、工作环境（有无腐蚀介质，高温或低温）等要求外，还应对焊接结构的状况（刚度大小）、受力情况和设备条件（是否有直流电焊机）等因素进行综合考虑，以便做到合理地选用焊条。

在选用焊条时应遵循下列原则：

（1）按焊件的力学性能、化学成分选用

1）低碳钢、中碳钢和低合金钢可按焊件的抗拉强度来选用相应强度的焊条，只有在焊接结构刚度大、受力情况复杂时，才选用比钢材强度低一级的焊条。这样焊接后可保证焊缝既有一定的强度，又避免因结构刚度过大而使焊缝撕裂。但遇到焊后要进行回火处理的焊件，则应防止焊缝强度过低和焊缝中应有的合金元素达不到要求。

2）对于不锈钢、耐热钢焊接或堆焊选用焊条时，应从保证焊接接头的特殊性能出发，要求焊缝金属化学成分与母材相同或相近。

3）对于低碳钢之间、中碳钢之间、低合金钢之间及它们相互之间的异种钢焊接，一般根据强度等级较低的钢材按焊缝与母材抗拉强度相等或相近的原则选用相应的焊条。

（2）酸性焊条和碱性焊条的选用

在焊条的抗拉强度等级确定后，决定选用酸性焊条或碱性焊条时，一般要考虑以下几方面的因素：

1）当接头坡口表面难以清理干净时，应采用氧化性强，对铁锈、油污等不敏感的酸性焊条。

2）在容器内部或通风条件较差的条件下，应选用焊接时析出有害气体少的酸性焊条。

3）在母材中碳、硫、磷等元素含量较高，且焊件形状复杂、结构刚度和厚度大时，应选用抗裂性好的碱性焊条。

4）当焊件承受振动载荷或冲击载荷时，除保证抗拉强度外，应选用塑性和韧性较好的碱性焊条。

5）在酸性焊条和碱性焊条均能满足性能要求的前提下，应尽量选用工艺性能较好的酸性焊条。

（3）按简化工艺、生产率和经济性来选用

1）薄板焊接或定位焊宜采用 E4313 焊条，焊件不易烧穿且易引弧。

2）在满足焊件使用性能和焊条操作性能的前提下，应选用规格大、效率高的焊条。

3）在使用性能基本相同时，应尽量选用价格较低的焊条，降低焊接生产的成本。

2. 焊条的保管及使用

（1）焊条的烘干

焊条在存放时会从空气中吸收水分而受潮，受潮严重的焊条在使用时往往会使工艺性能变坏，造成电弧不稳、飞溅增大、烟尘增多等不利现象，并且还会影响焊缝内部质量，易产生气孔、裂纹等缺陷。因此焊条（特别是碱性焊条）在使用前必须烘干。

酸性焊条由于药皮中含有结晶水物质和有机物，烘干温度不能太高，一般规定为 75 ~ 150℃，保温 1 ~ 2 h；碱性焊条在空气中极易吸潮且药皮中没有有机物，因此，烘干温度较酸性焊条高些，一般为 350 ~ 400℃，保温 1 ~ 2 h。焊条累计烘干次数一般不宜超过 3 次。

（2）焊条的储存、保管

1）焊条必须分类、分型号、分规格存放，避免混淆。

2）焊条必须存放在通风良好、干燥的库房内。重要焊接结构使用的焊条，特别是低氢型焊条，最好储存在专用的库房内。库房内应设置温度计、湿度计，室内温度在 5℃以上，相对湿度不超过 60%。

3）焊条必须放在离地面和墙壁的距离均在 0.3 m 以上的木架上，以防受潮变质。

四、技能操作——平敷焊

平敷焊（见图 1—4—2）是在平焊位置堆敷焊道的一种操作方法，平敷焊是完成平焊位置其他焊接操作的基础。

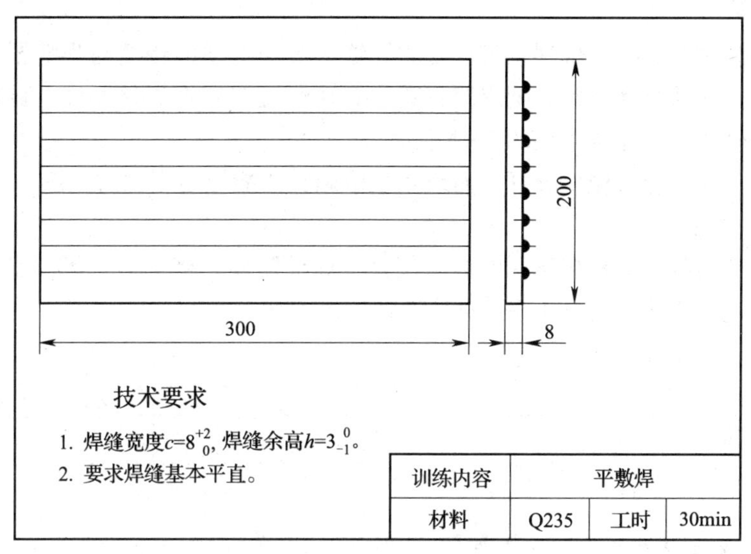

图 1—4—2　平敷焊焊件图

1. 焊前准备

（1）焊机：同引弧训练。

（2）焊件：低碳钢板，尺寸（长×宽×厚）为 300 mm×200 mm×8 mm。

（3）焊条：E4303 型和 E5015 型焊条，直径为 3.2 mm 和 4.0 mm。

2. 操作要领

（1）运条

电弧引燃后，焊条要有三个基本方向的运动，才能使焊缝成形良好。运条一般分为三个基本动作：沿焊条中心线向熔池送进、沿焊接方向移动、焊条横向摆动，如图 1—4—3 所示。

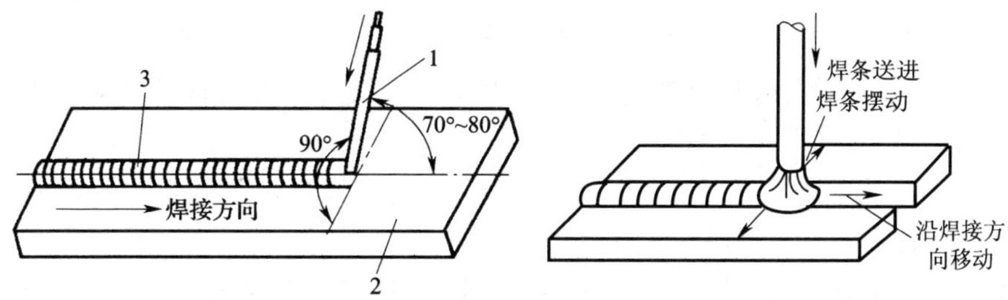

图 1—4—3　运条的三个基本动作

1—焊条　2—母材　3—焊道

焊条沿其中心线向熔池送进，目的是在焊条不断熔化的过程中保持弧长不变。焊条移动速度应与焊条的熔化速度相同。否则，会发生断弧或焊条与焊件黏结现象。另外，电弧长度对焊缝质量有很大的影响，电弧越长，空气越容易侵入，导致产生气孔、夹渣等缺陷。一般焊接时采用短弧焊接。

焊条沿焊接方向移动，是为了控制焊缝成形。随着焊条的不断熔化和移动，会逐渐形成一条焊缝。焊条移动速度过快或过慢会导致焊缝较窄、未焊透或焊缝过高、过宽，甚至出现烧穿等缺陷。

焊条横向摆动，是为了得到一定宽度的焊缝。焊条摆动的幅度与焊缝要求的宽度、焊条的直径有关。摆动幅度越大，则焊缝越宽，摆动幅度应依据焊件厚度、坡口大小等因素而定。一般焊缝宽度是焊条直径的2~5倍。

上述三个动作不能机械地分开，而应相互协调，才能焊出满意的焊缝。

(2) 运条方法

在焊接生产实践中，根据不同的焊缝位置、焊件厚度、接头形式等因素，有许多运条方法。常用的运条方法（见图1—4—4）及使用范围如下：

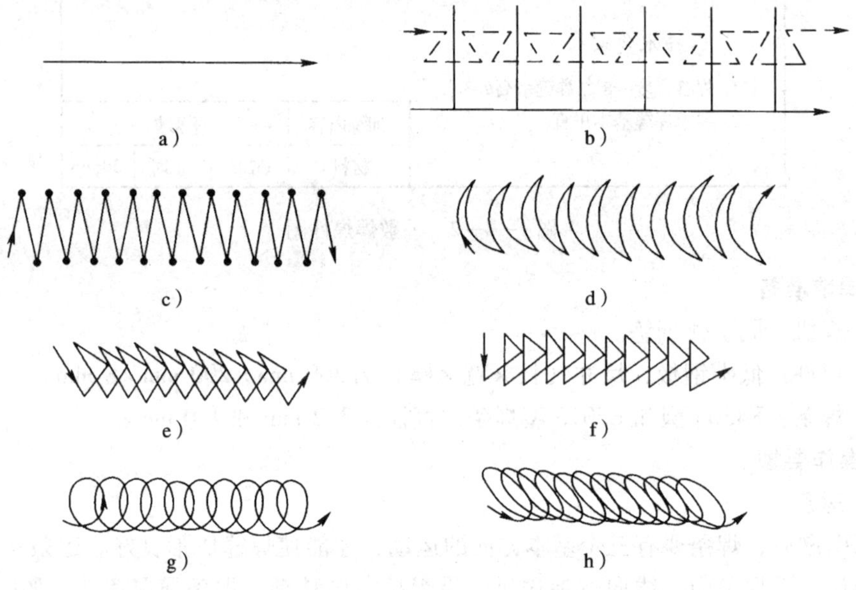

图1—4—4　常用的运条方法

a）直线运条法　b）直线往复运条法　c）锯齿形运条法　d）月牙形运条法　e）斜三角形运条法　f）正三角形运条法　g）正圆圈形运条法　h）斜圆圈形运条法

1）直线运条法。焊接时，焊条不做横向摆动，仅沿焊接方向移动（见图1—4—4a），常用于不开坡口的对接平焊、多层多道焊。

2）直线往复运条法。焊接时，焊条沿焊接方向来回做直线摆动（见图1—4—4b），适用于薄板和接头间隙较大的焊缝。

3）锯齿形运条法。焊接时，焊条做锯齿形连续摆动且沿焊接方向移动，并在两边稍作停顿（见图1—4—4c）。这种方法在生产中应用较广，多用于厚板的焊接。

4）月牙形运条法。焊接时，焊条做月牙形的来回摆动并沿焊接方向移动（见

图 1—4—4d)。它的适用范围和锯齿形运条法基本相同，但焊缝余高较高。

5）斜三角形运条法。焊接时，焊条做连续的三角形摆动并沿焊接方向移动（见图 1—4—4e)，适用于焊接平焊、仰焊位置的角焊缝和有坡口的横焊缝，可借助焊条的摆动来控制熔化金属的下坠。

6）正三角形运条法。运条方法基本上与斜三角形运条法相同（见图 1—4—4f)，适用于开坡口的对接接头和 T 形接头立焊，能一次焊出较厚的焊缝断面。

7）正圆圈形运条法。如图 1—4—4g 所示，只适用于焊接较厚焊件的平焊缝。

8）斜圆圈形运条法。如图 1—4—4h 所示，它的适用范围与斜三角形运条法相同。

(3) 起头

开始焊接时，由于焊件的温度很低，引弧后又不能迅速地使焊件温度升高，所以起点部位焊道较窄，余高略高，甚至会出现熔合不良和夹渣等缺陷。

为了解决上述问题，可以在引弧后稍微拉长电弧，对始焊点预热。从距离始焊点 10 mm 左右处引弧，回焊到始焊点（见图 1—4—5)，逐渐压低电弧，同时焊条微微摆动，从而达到所需要的焊道宽度，然后进行正常的焊接。

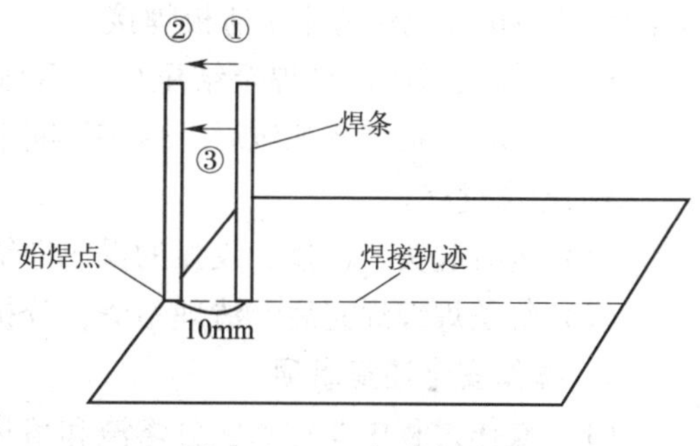

图 1—4—5　焊道的起头

(4) 连接

一条完整的焊缝一般是由若干根焊条焊接而成的，每根焊条焊接的焊道应完好地连接。焊道的连接方式一般有四种，如图 1—4—6 所示。

第一种连接方式（见图 1—4—6a）应用最多。方法是在先焊的焊道弧坑前面约 10 mm 处引弧，将拉长的电弧缓缓地移到弧坑处，当新形成的熔池外缘与弧坑外缘相吻合时，压低电弧，焊条再稍微转动，待填满弧坑后，焊条立即沿焊接方向移动进行正常焊接。

第二、三、四种连接方式（见图 1—4—6b、c、d）应用较少，一般用于长焊缝分段焊，采用焊道的头与头相接、尾与尾相接和尾头相接。它们的操作方法与第一种连接方式的操作方法基本相同，即利用长弧预热，适时而准确地压弧，保证接头平滑。

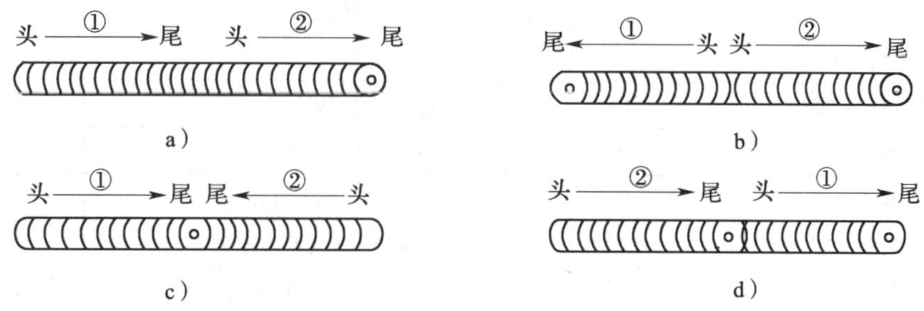

图 1—4—6　焊道的连接方式

(5) 收弧

收弧是指焊接一条焊道结束时的熄弧操作。如果收弧不当会出现过深的弧坑，甚至产生弧坑裂纹，所以收弧时必须填满弧坑。常用的收弧方法有三种，如图 1—4—7 所示。

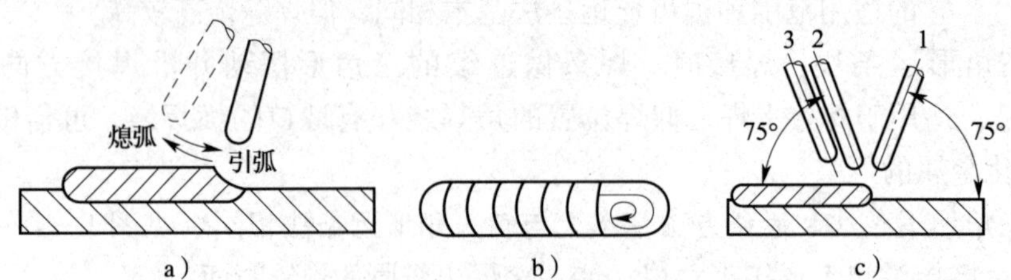

图 1—4—7　常用焊缝收弧方法

a）反复断弧收弧法　b）划圈收弧法　c）回焊收弧法

1）画圈收弧法。当焊至终点时，焊条作圆圈运动，直至填满弧坑再熄弧。此法适用于厚板焊接。

2）反复断弧收弧法。焊至终点，焊条在弧坑处作数次熄弧、引弧的反复操作，直到填满弧坑为止。此法适用于薄板焊接。

3）回焊收弧法。当焊至结尾处，不马上熄弧，而是按照原来的方向，回焊一小段距离（约 5 mm），待填满弧坑后，慢慢拉断电弧。碱性焊条常用此法收弧。

3. 操作过程

（1）进行起头、连接、收弧的操作训练。

（2）每条焊缝焊完后，清理熔渣，分析焊接中的问题，再进行另一条焊缝的焊接。

4. 操作安全注意事项

（1）操作过程中要注意区分熔渣和熔化金属。

（2）调节电流应在空载状态下进行。

5. 评分标准（见表 1—4—10）

表 1—4—10　　平敷焊评分表

项目	分值	评分标准	得分	备注
设备、工具的安装和使用	5	使用方法不正确扣 1 ~ 5 分		
操作姿势正确	5	酌情扣分		
引弧方法正确	5	酌情扣分		
运条方法正确	10	酌情扣分		
平敷焊道均匀	10	酌情扣分		
焊道起头圆滑	10	起头稍高或焊瘤不得分		
焊道接头平整	10	接头脱节或焊瘤不得分		
收尾无弧坑	10	出现弧坑不得分		
焊缝平直	5	焊缝不平直不得分		
焊缝宽度一致	10	焊缝宽度不一致不得分		
有关文明生产规定	10	违反规定扣 1 ~ 10 分		
有关安全操作规程规定	5	违反有关规定扣 1 ~ 5 分		
时间定额 20 min	5	超过时间定额扣 1 ~ 5 分		
合计	100			

课后练习

一、填空题

1. 焊条作为电极，用来传导________，又可作为______________与母材金属熔合，冷却凝固形成焊缝金属。焊条由______________和______________组成。焊条末端的药皮磨成倒角，便于焊接时________。焊条直径实际是指________的直径。

2. 在实际生产中通常可将焊条分为________和________两大类。

(1) 碱性焊条的颜色为________，型号是________，其长度为________。

(2) 酸性焊条的颜色为________，型号是________，其长度为________。

(3) ________焊条的力学性能和抗裂纹性能都较________焊条好。碱性焊条使用前要求对其在________℃下烘干 2 h。

(4) E5016 型焊条可以使用________电源；E5015 型焊条必须用________电源进行焊接。

3. 常用的收弧方法有______________、______________和______________三种。

4. 焊接操作时运条一般要同时完成三个基本运动：____________________、____________________、____________________。引弧时，需要同时完成______________的基本运动。采用直线形运条法时，同时完成______________和______________的基本运动。采用锯齿形运条法时，同时完成____________________、____________________的基本运动。

5. 发生断弧或焊条与焊件黏结现象是由于焊条______________与焊条的______________不相同造成的。

6. 出现焊道难以成形或焊道过厚、过宽等缺陷是由于焊条向前移动的速度______________或______________。

7. 运条的关键是运条时要平稳、均匀，______________相互协调。

8. 平敷焊训练时，常用________、________和________运条方法。

9. 焊芯有两个作用，一是______________，二是____________________________。

10. 焊条焊芯中的合金元素主要是____________________。

11. S、P 是两种极其有害的杂质元素，所以焊芯 H08 为________焊丝，H08A 为______________焊丝，H08E 为________焊丝。

12. 在焊芯牌号 H08A 中，H 表示________，08 表示________，A 表示________。

13. 在 H00Cr19Ni9 中，H 表示______________，00 表示______________，Cr19Ni9 表示______________。

14. 生产实践证明，焊条中的药皮质量与焊芯质量要有一个适当的比值，才能保证焊缝质量，这个质量比值称为________，一般在________之间。

15. 焊接专用钢丝用作制造焊条时就称为________。用于埋弧焊、气体保护焊、气焊等的填充金属时，则称为____________________。

16. 焊条药皮组成物按在焊接过程中所起的作用通常分为____________________________

____。

17. 焊条药皮中稳弧剂的作用是________和________，常用的稳弧剂是________、________等。

18. 造渣剂的作用是产生________和________。

19. 焊条药皮中造气剂的主要作用是有效地________和有利于________；造气剂有________和________两类。

20. 焊条型号 E4303 中的 E 表示________，43 表示________；0 表示________，03 连在一起表示________；这种焊条的牌号为________。

21. E5015 焊条的药皮是________型，其主要成分是________和________，其电源应选用________。E5016 焊条的药皮属于________型，它是在 E5015 焊条药皮基础上加入了________，故其使用的电源既可用________，又可用________。

22. 采用酸性焊条时，其力学性能比碱性焊条的力学性能要________，酸性焊条的抗裂性能比碱性焊条的抗裂性能要________。

23. 焊接 Q235 钢时，可选用型号为________的焊条，焊接 20 钢时可选用型号为________的焊条。

24. 碱性焊条药皮中是加入________来降低熔渣黏度的。

25. 焊接低碳钢、中碳钢和普通低合金钢时，是按母材的________来选用焊条的。

26. 焊接不锈钢、耐热钢时按母材的________来选用焊条。

27. 焊条药皮由________、________、________、________等原材料组成。

二、判断题

1. H08E 是表示碳素结构钢用高级优质的焊芯。（ ）
2. 焊条电弧焊时，在整个焊缝金属中，焊芯金属只占极少的一部分。（ ）
3. 使用碱性焊条焊接时的烟尘较酸性焊条少。（ ）
4. 焊条直径就是指焊芯直径。（ ）
5. 萤石是作为稳弧剂加入到焊条药皮中去的，所以用含有萤石的焊条焊接时，电弧特别稳定。（ ）
6. 锰铁、硅铁在药皮中既可作为脱氧剂，又可作为合金剂。（ ）
7. 水玻璃除在药皮中起黏结剂的作用外，同时还起到稳弧和造渣的作用。（ ）
8. 交、直流两用的焊条都是酸性焊条。（ ）
9. 焊条的型号就是焊条的牌号。（ ）
10. 酸性焊条对铁锈、水分、油污的敏感性小。（ ）
11. 焊接 Q235 钢与 Q345 钢时，应选用 E5015 型焊条。（ ）
12. 在焊接结构刚度大、受力情况复杂时，可选用比母材强度低一级的焊条。（ ）
13. 对于塑性、韧性、抗裂性能要求较高的焊缝，宜选用碱性焊条来焊接。（ ）
14. 对于低碳钢、低合金钢，应根据母材的抗拉强度来选择相应强度级别的焊条。（ ）
15. 碱性焊条对水分较敏感，如焊接时工艺不当易产生气孔。（ ）

16. 对于不锈钢、耐热钢，应根据母材的化学成分来选择相应的焊条。（ ）

17. 低氢型药皮的焊条使用时，只能用直流电源。（ ）

18. 凡是可以使用交流电源的焊条都属于交、直流两用焊条。（ ）

19. 酸性焊条药皮类型使用较多的是钛钙型，碱性焊条药皮类型使用较多的是低氢钠型。（ ）

20. E5015 型焊条是典型的碱性焊条。（ ）

21. E4303 型焊条是典型的酸性焊条。（ ）

22. E4303 型焊条适用于全位置焊接。（ ）

23. E5015 型焊条不适用于全位置焊接。（ ）

24. 从保障焊工身体健康的角度出发，应尽量选用酸性焊条。（ ）

三、选择题

1. 焊条的规格通常用（ ）来表示。

A. 长度 B. 颜色 C. 焊芯直径 D. 酸性及碱性

2. 焊条中锰的作用是（ ）。

A. 减少热裂纹 B. 减少冷裂纹 C. 增大硬度

3. 在焊条药皮中大理石的作用是（ ）。

A. 稳弧剂 B. 造气剂 C. 造渣剂 D. 脱氧剂

4. 氧化铁型焊条适用于（ ）位置焊接。

A. 平焊 B. 立焊 C. 横焊 D. 仰焊

5. 用 E5015 型焊条焊接时，其焊缝熔敷金属的抗拉强度为（ ）MPa。

A. 500 B. 15 C. 5 015 D. 5

6. E5003 型焊条药皮的类型为（ ）。

A. 钛钙型 B. 低氢钠型 C. 低氢钾型 D. 氧化铁型

7. 要求焊缝韧性高时，选用（ ）焊条。

A. 碱性 B. 酸性 C 铁粉

8. 在没有直流电源的情况下，应选用（ ）型焊条。

A. E4315 B. E4303 C. E5015

9. H08E 与 H08A 的区别在于（ ）。

A. 含硫量不同 B. 含碳量不同 C. 含硫、磷的量不同

10. 焊条电弧焊时，焊缝中焊芯金属占整个焊缝金属的（ ）。

A. 50%～70% B. 70%～100% C. 30%～50%

11. 焊芯牌号末尾注有“A”时，表示焊芯中含硫和磷的量小于或等于（ ）。

A. 0.025% B. 0.03% C. 0.04%

12. 进行立焊时，最好选用（ ）型药皮的焊条。

A. 纤维素 B. 石墨 C. 低氢钾

13. 不同强度等级的低碳钢与低合金钢焊接时，应该按强度等级（ ）的钢材来选择相匹配的焊条。

A. 高 B. 低 C. 平均值

四、简答题

1. 碱性低氢钠型焊条为何要采用直流反接？
2. 焊条中药皮的作用是什么？
3. 选用焊条时应遵循的基本原则是什么？
4. 焊芯中的 C、Mn、Si、S、P 对焊缝金属有何作用？
5. 解释下列焊条型号的意义：

E4315、E5002、E5515—B3—VWB。

6. 储存、保管焊条时应注意什么？

课题 5　T 形接头平角焊

学习目标

1. 掌握焊接接头的分类、焊缝空间位置及焊缝符号表示方法。
2. 掌握平角焊焊接基本操作方法和焊接参数选择方法。
3. 掌握单层焊、多层焊和多层多道焊的操作方法。

阅读图 1—5—1，识读焊接接头形式。

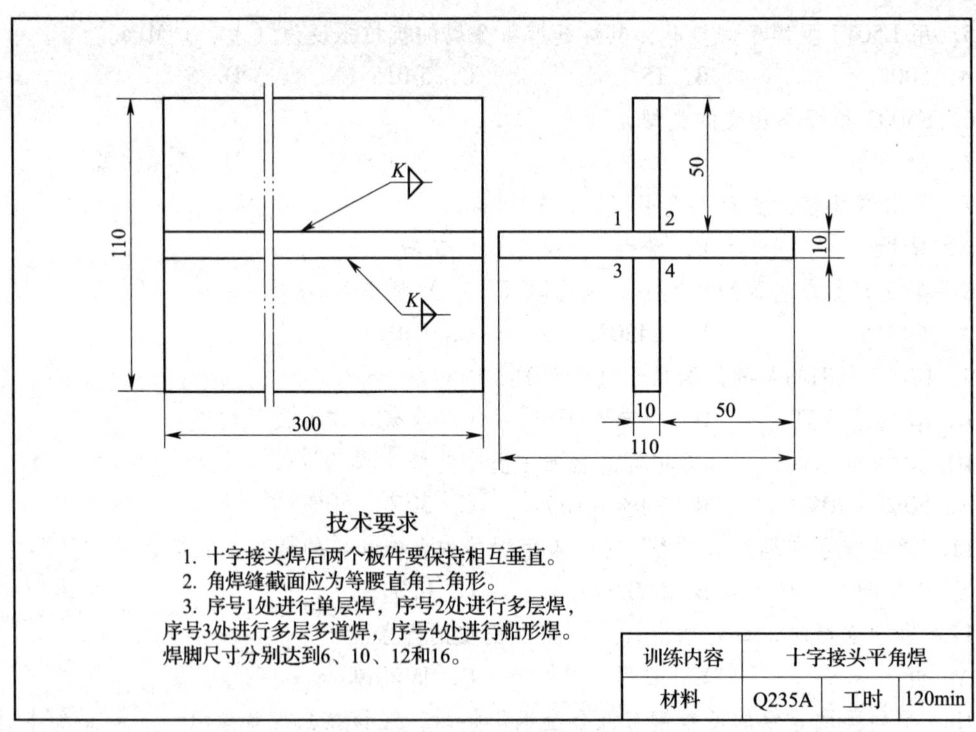

图 1—5—1　十字接头平角焊焊件图

一、焊接接头的分类

用焊接方法连接的接头称为焊接接头，焊接接头包括焊缝、熔合区和热影响区三部分，焊接接头的组成如图1—5—2所示。

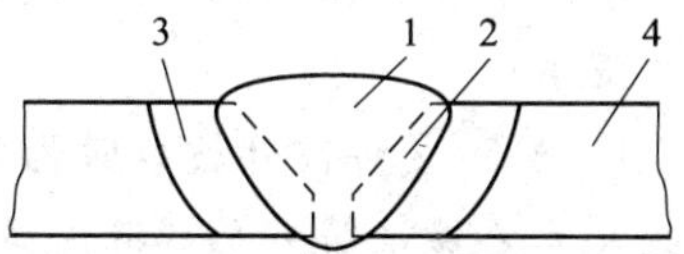

图1—5—2　焊接接头的组成
1—焊缝　2—熔合区
3—热影响区　4—母材

焊接接头的形式可分为对接接头、角接接头、T形接头及搭接接头等，焊接接头的基本形式如图1—5—3所示。

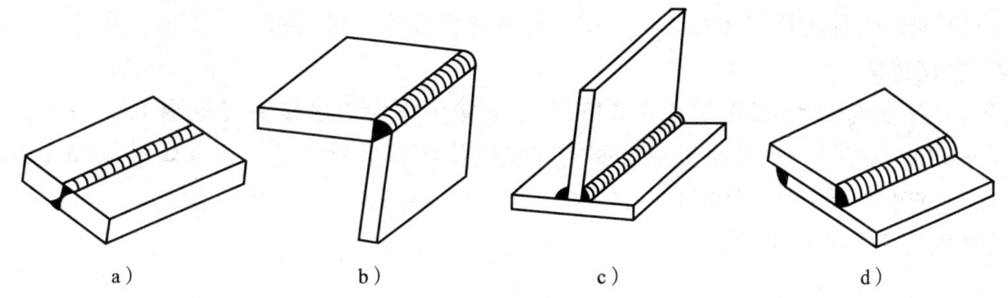

图1—5—3　焊接接头的基本形式
a）对接接头　b）角接接头　c）T形接头　d）搭接接头

1. 对接接头

两焊件端面相对、平行且在同一平面上焊接而成的接头称为对接接头，是焊接结构中使用最多的一种接头（见图1—5—3a）。对接接头的应力集中相对较小，能承受较大载荷。接头形式可分为开坡口和不开坡口两种。坡口就是根据设计或工艺需要，在焊件的待焊部位加工的具有一定几何形状的沟槽。

不开坡口（又称I形坡口）的对接接头（见图1—5—4），用于焊接板厚为1 ~ 6 mm的焊件，为了保证焊透并能起到调节焊缝金属中的母材和填充金属比例的作用。

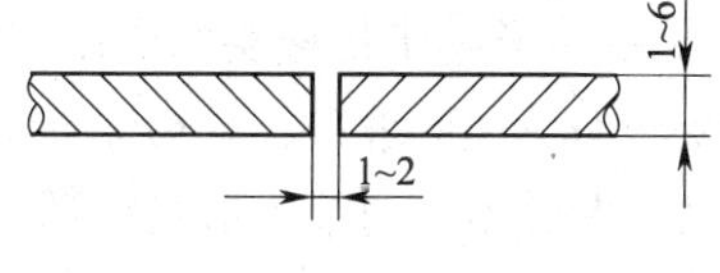

图1—5—4　I形坡口

板厚大于6 mm的焊件，为了保证焊透，焊前必须开坡口。一般板厚为6 ~ 40 mm时，采用V形坡口（见图1—5—5a），这种坡口的特点是加工容易，但焊件容易产生角变形。

板厚为12 ~ 60 mm时，可采用X形坡口（见图1—5—5b），这种坡口主要用于厚度大以及要求变形较小的结构中。

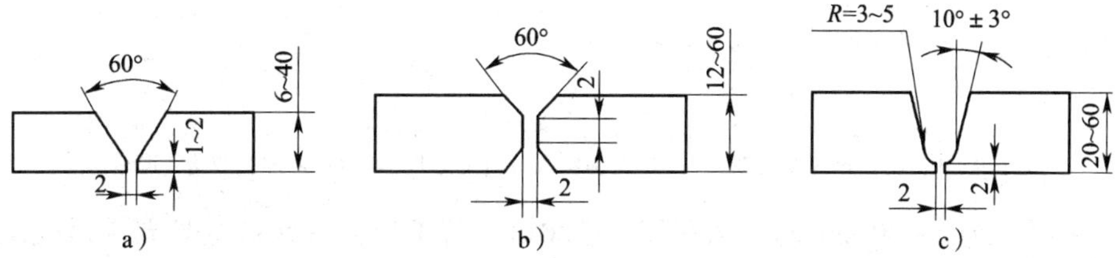

图1—5—5　对接接头的坡口形式
a）V形坡口　b）X形坡口　c）U形坡口

板厚为20～60 mm时，可采用U形坡口（见图1—5—5c），其特点是焊敷金属量最少，但由于加工较困难，一般较少使用，只用于较重要的焊接结构。

提示：

1. 钝边是焊件开坡口时沿焊件厚度方向未开坡口的端面部分，其作用是防止烧穿。钝边的尺寸要保证第一层焊缝能焊透。

2. 根部间隙是指在接头根部之间预留的间隙，这也是为了保证接头根部能焊透。接头处要留有1～2 mm的间隙，如图1—5—5所示。

开坡口是用机械加工、火焰加工或电弧加工等方法将两焊件的接头处加工出一个V形斜面，V形的角度称为坡口角度，其目的是保证电弧能深入接头根部，使接头根部焊透。

2. 角接接头

两焊件端面构成大于30°、小于135°夹角的接头称为角接接头（见图1—5—3b）。这种接头承载能力较差，一般用于不重要的焊接结构或箱形物体上。根据焊件的厚度不同，可采用I形坡口、单边V形坡口、带钝边V形坡口及带钝边双单边V形坡口，角接接头的基本形式如图1—5—6所示。

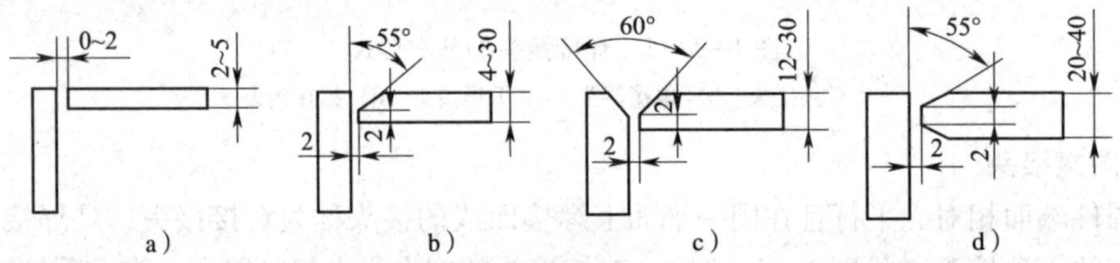

图1—5—6　角接接头的基本形式

a）I形坡口　b）单边V形坡口　c）带钝边V形坡口　d）带钝边双单边V形坡口

3. T形接头

一焊件端面与另一焊件表面构成直角或近似直角的接头称为T形接头（见图1—5—3c）。T形接头的应用仅次于对接接头，特别是在船体结构中应用得比较多。T形接头可分为I形坡口、单边V形坡口、带钝边双单边V形坡口或带钝边双边J形坡口四种形式，T形接头的基本形式如图1—5—7所示。

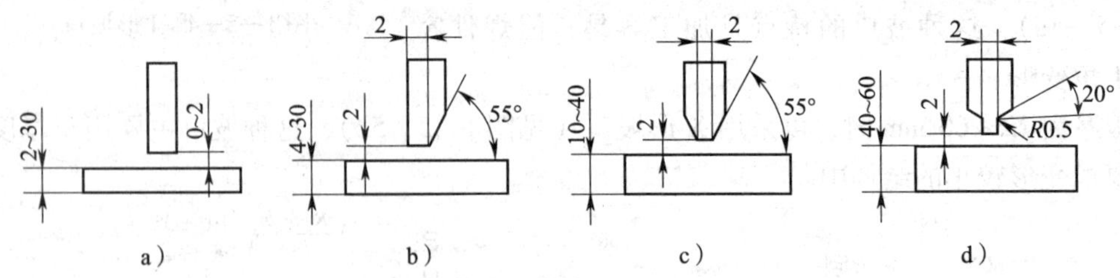

图1—5—7　T形接头的基本形式

a）I形坡口　b）单边V形坡口　c）带钝边双单边V形坡口　d）带钝边双边J形坡口

当钢板厚度为2～30 mm时，可采用I形坡口。若T形接头在焊缝处要求承受载荷时，则应按照钢板厚度和强度的要求，可分别考虑单边V形坡口、带钝边双单边V形坡口或带钝边双边J形坡口等形式，保证接头强度。

4. 搭接接头

两焊件部分重叠构成的接头称为搭接接头（见图 1—5—3d）。搭接接头应力分布不均匀，承载能力差，但由于搭接接头焊前准备和装配工作简单，焊后横向收缩量也较小，因此在焊接结构中仍得到应用。搭接接头根据其结构形式和对强度要求的不同，可分为不开坡口、塞焊缝和槽焊缝三种形式，搭接接头的基本形式如图 1—5—8 所示。

不开坡口的搭接接头，一般用于厚度 t 在 12 mm 以下的钢板，其重叠部分长度为（3 ~ 5）t，并采用双面焊接。这种接头承载能力低，所以用在不重要的焊接结构中。当重叠钢板的面积较大时，为了保证焊接结构强度，可根据需要分别选用塞焊缝或槽焊缝的形式。

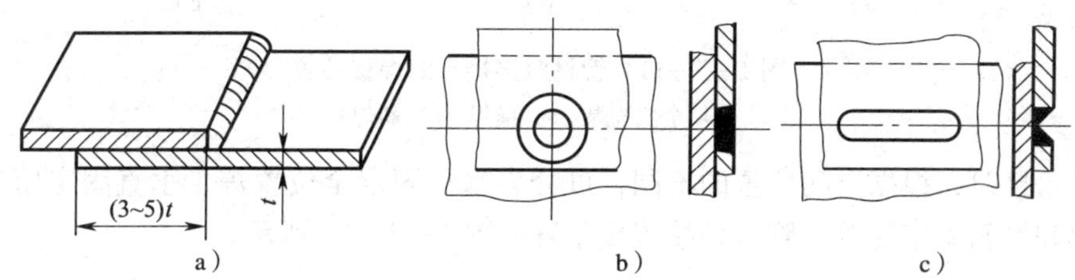

图 1—5—8　搭接接头的基本形式

a）不开坡口　b）塞焊缝　c）槽焊缝

二、焊缝空间位置

焊接时，焊缝所处的空间位置称为焊缝的空间位置（简称焊接位置）。按焊缝空间位置的不同，可分为平焊缝、立焊缝、横焊缝、仰焊缝和斜焊缝五种。

板材对接接头常见的焊接位置有平焊、横焊、立焊和仰焊四种，如图 1—5—9 所示。

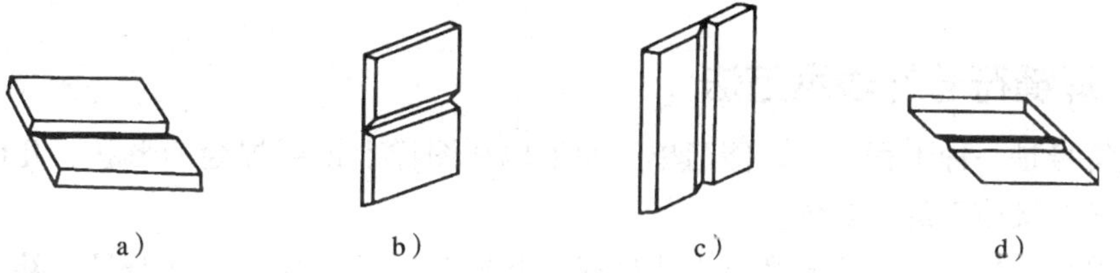

图 1—5—9　板材对接接头常见的焊接位置

a）平焊　b）横焊　c）立焊　d）仰焊

板材 T 形接头的焊接位置有平角焊、立角焊和仰角焊三种，如图 1—5—10 所示。

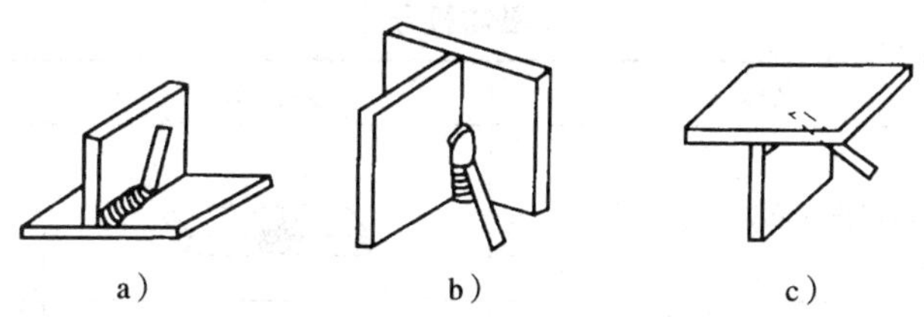

图 1—5—10　板材 T 形接头的焊接位置

a）平角焊　b）立角焊　c）仰角焊

管材对接接头的焊接位置有全位置焊（吊管）、横焊和斜焊三种，如图 1—5—11 所示。

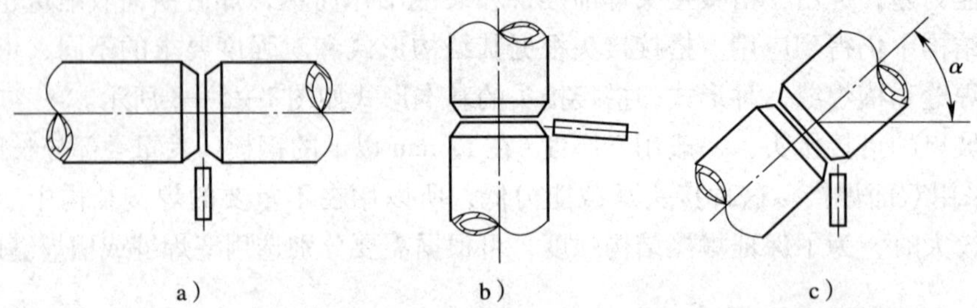

图 1—5—11　管材对接接头的焊接位置

a）全位置焊　b）横焊　c）斜焊

管板角接时，根据空间位置的不同，可分为水平固定全位置焊、垂直固定俯焊、垂直固定仰焊和倾斜固定焊等，管板角接焊接位置如图 1—5—12 所示。

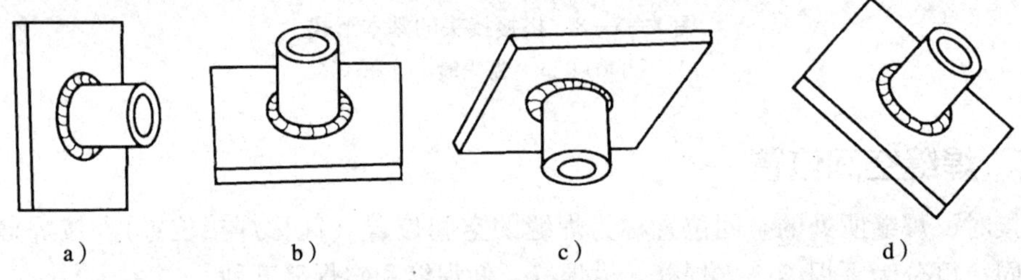

图 1—5—12　管板角接的焊接位置

a）水平固定全位置焊　b）垂直固定俯焊　c）垂直固定仰焊　d）倾斜固定焊

三、焊缝符号的表示方法

焊缝符号是一种工程语言，能简单、明了地在图样上说明焊缝的形状、几何尺寸和焊接方法，是焊接施工的主要依据。

焊缝符号一般由基本符号和指引线构成，必要时还可以加上辅助符号、补充符号和焊缝尺寸符号及数字。

1. 基本符号

基本符号是表示焊缝横截面形状的符号，见表 1—5—1。

表 1—5—1　　**基本符号**

序号	名称	示意图	基本符号
1	卷边焊缝（卷边完全熔化）		八
2	I 形焊缝		‖

续表

序号	名称	示意图	基本符号
3	V 形焊缝		
4	单边 V 形焊缝		
5	带钝边 V 形焊缝		
6	带钝边单边 V 形焊缝	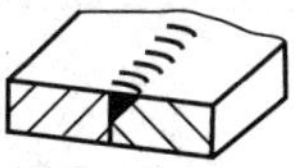	
7	带钝边 U 形焊缝	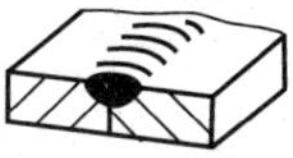	
8	带钝边 J 形焊缝	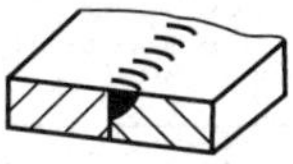	
9	封底焊缝		
10	角焊缝		
11	槽焊缝或塞焊缝	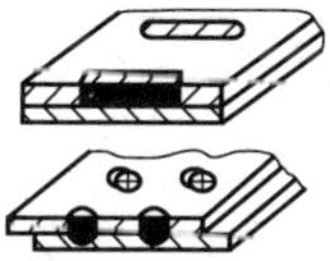	
12	点焊缝	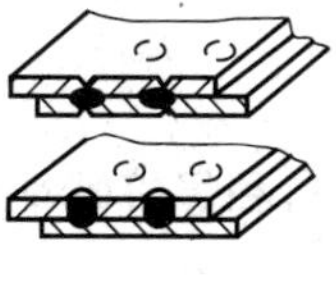	
13	缝焊缝	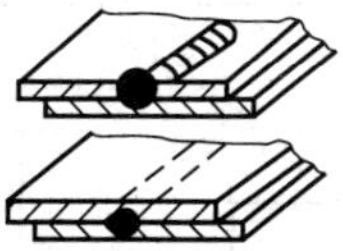	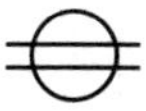

注：不完全熔化的卷边焊缝用 I 形焊缝符号表示，并加注焊缝有效厚度。

2. 辅助符号

辅助符号是表示焊缝表面形状特征的符号，见表 1—5—2。

表 1—5—2 辅助符号

序号	名称	示意图	辅助符号	说明
1	平面		—	焊缝表面平齐（一般通过加工）
2	凹面	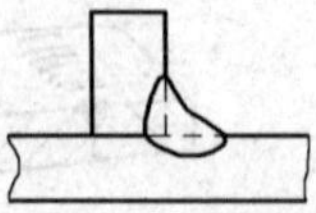	◡	焊缝表面凹陷
3	凸面		◠	焊缝表面凸起

3. 补充符号

补充符号是为了补充说明焊缝的某些特征而采用的符号，见表 1—5—3。

表 1—5—3 补充符号

示意图	标注示例	说明
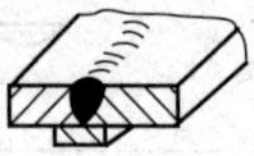	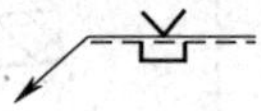	表示 V 形焊缝的背面底部有垫板
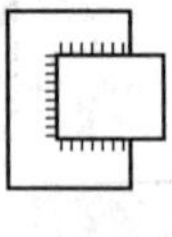	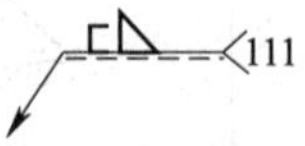 111	工件三面带有焊缝、焊接方法为焊条电弧焊
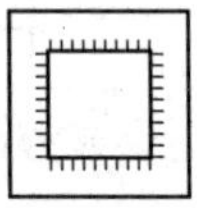	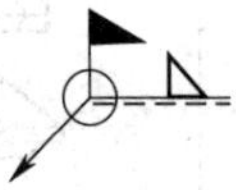	表示在现场沿焊件周围施焊

4. 焊缝尺寸符号

焊缝尺寸符号是表示坡口和焊缝特征尺寸的符号，见表 1—5—4。

表 1—5—4 焊缝尺寸符号

符号	名称	示意图	符号	名称	示意图
t	工件厚度	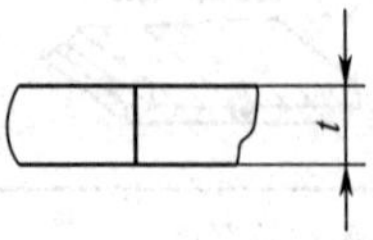 t	α	坡口角度	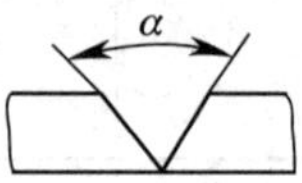 α

续表

符号	名称	示意图	符号	名称	示意图
b	根部间隙	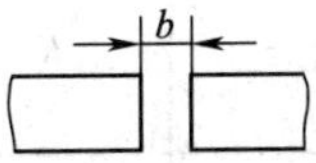 b	N	相同焊缝数量	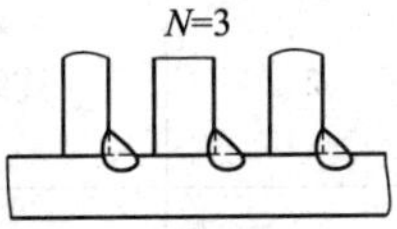 N=3
p	钝边	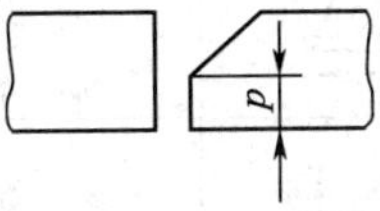 p	K	焊脚尺寸	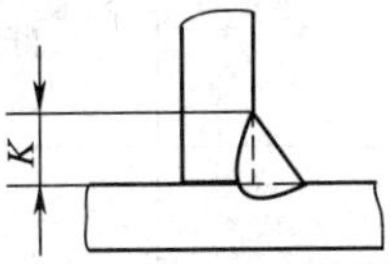 K
e	焊缝间距	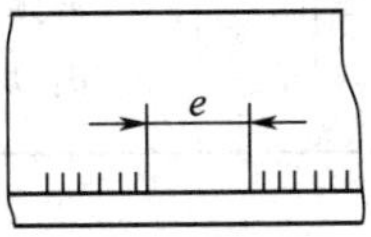 e	d	熔核直径	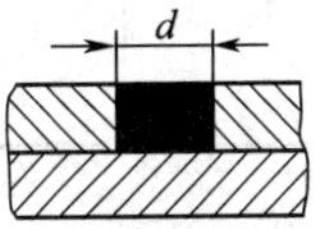 d
c	焊缝宽度	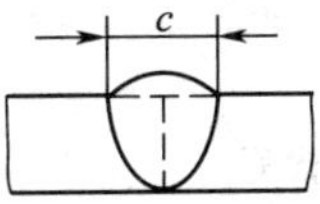 c	S	焊缝有效厚度	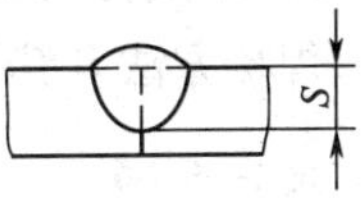 S
R	根部半径	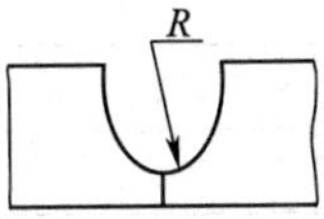 R	H	坡口深度	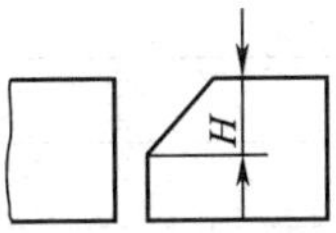 H
l	焊缝长度	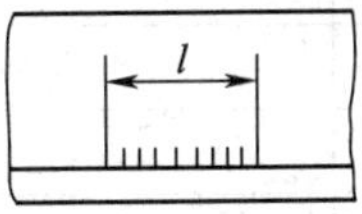 l	h	余高	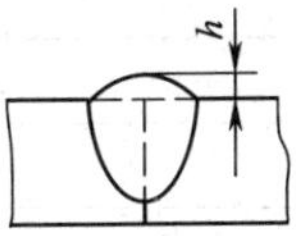 h
n	焊缝段数	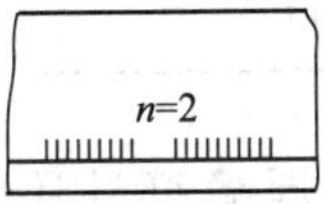 n=2	β	坡口面角度	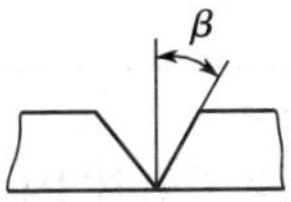 β

焊缝尺寸的标注示例见表 1—5—5。

表 1—5—5　　焊缝尺寸的标注示例

序号	名称	示意图	焊缝尺寸符号	标注示例
1	对接焊缝	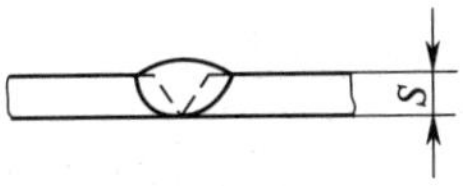 S	S：焊缝有效厚度	S ∨
		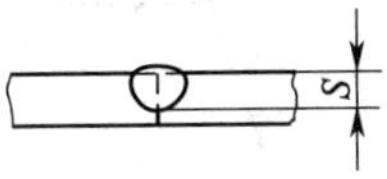 S		S ‖
		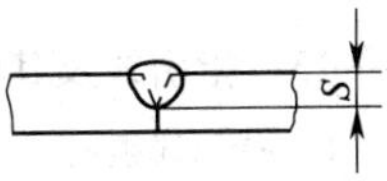 S		S Y

续表

序号	名称	示意图	焊缝尺寸符号	标注示例
2	连续角焊缝		*K*：焊脚尺寸	*K*◺
3	断续角焊缝		*l*：焊缝长度 *e*：焊缝间距 *n*：焊缝段数	*K*◺ *n*×*l*（*e*）
4	点焊缝		*n*：焊缝段数 *e*：焊缝间距 *d*：焊缝直径	*d*○*n*×（*e*）

5. 焊接方法及其代号

焊接方法及其代号见表1—5—6。

表1—5—6　焊接方法及其代号

焊接方法	代号
焊条电弧焊	111
埋弧焊	12
CO_2气体保护焊	135
非熔化极气体保护焊	141
电渣焊	72
电阻对焊	25
气焊	3

除了上述内容外，为了完整地表达焊缝，焊缝符号还包括指引线及其标注，如图1—5—13所示。

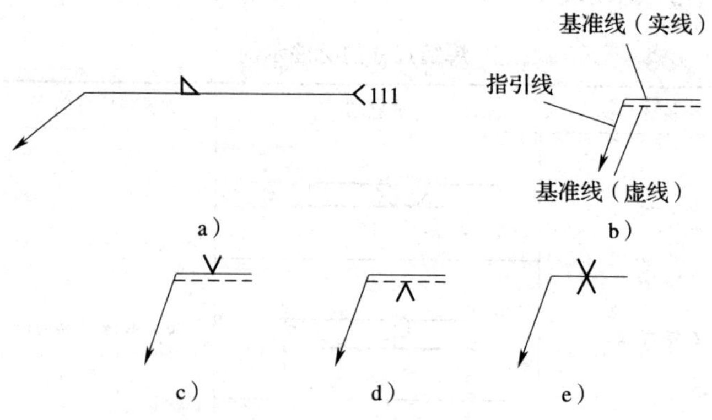

图1—5—13　指引线及其标注

a）角焊缝采用焊条电弧焊　b）指引线组成　c）焊缝在接头的箭头侧
d）焊缝在接头的非箭头侧　e）双面焊缝

四、平角焊操作要点及方法

平角焊时，一般焊条与两板成45°，与焊接方向成65°～80°。当两板板厚不等时，要相应地调整焊条角度，使电弧偏向厚板一侧，厚板所受热量增加，厚、薄两板受热趋于均匀，以保证接头良好熔合及焊脚高度和宽度相同。平角焊的焊条角度如图1—5—14所示。

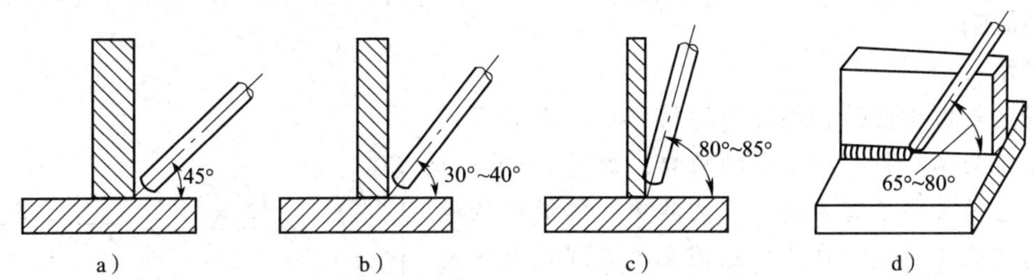

图1—5—14　平角焊的焊条角度

a）两板厚度相同　b、c）两板厚度不等　d）焊条与焊接方向的夹角

平角焊时，由于立板熔化金属有下淌趋势，容易产生咬边和焊缝分布不均，造成焊脚不对称。操作时要注意立板的金属熔化情况和液体金属流动情况，适时调整焊条角度和焊条的运条方法。

焊接时，引弧的位置超前10 mm，电弧燃烧稳定后，再回到始焊点，如图1—5—15所示。由于电弧对始焊点有预热作用，可以减少始焊点熔合不良的缺陷，也能够消除引弧的痕迹。

1. 单层焊

焊脚尺寸小于5 mm时，焊脚采用单层焊。根据焊件厚度不同，选择直径为3.2 mm或4.0 mm的焊条。由于电弧的热量沿焊件的三个方向传递，散热快，所以焊接电流比相同条件下的对接平焊增大10%左右。保持焊条角度与水平焊件成45°，与焊接方向成65°～80°。若角度过小，会造成根部熔深不足；若角度过大，熔渣容易跑到熔池前面而产生夹渣。运条时采用直线运条法，短弧焊接。

焊脚尺寸为5～8 mm时，可采用斜圆圈形运条法或锯齿形运条法，平角焊时的斜圆圈形运条规律如图1—5—16所示。即由 $a\to b$ 要慢速，以保证水平焊件的熔深；由 $b\to c$ 稍快，以防焊条熔化金属下淌，在 c 处稍作停留，以保证垂直立板的熔深，避免咬边；由 $c\to d$ 稍慢，以保证根部焊透和水平焊件熔深，防止夹渣；由 $d\to e$ 稍快，到 e 处稍作停留，按以上方式渐进，采用短弧操作，以保证良好的焊缝成形和焊缝质量。

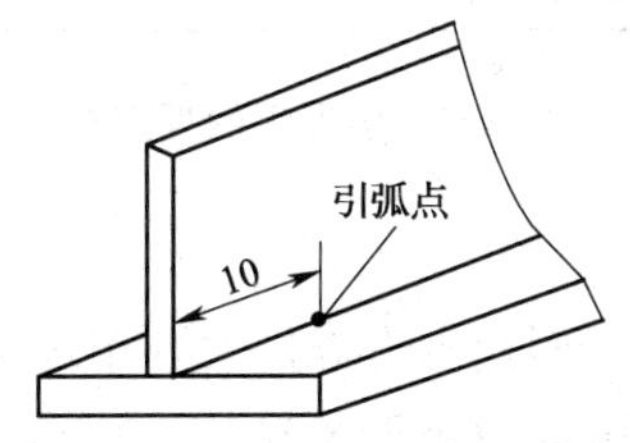

图1—5—15　平角焊起头的引弧位置

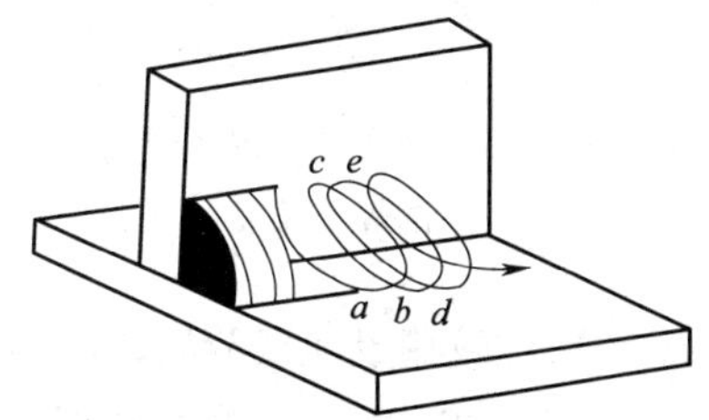

图1—5—16　平角焊时的斜圆圈形运条规律

2. 多层焊

当焊脚尺寸为 8 ~ 10 mm 时，宜采用两层两道焊法。第一层采用直径 3.2 mm 焊条，焊接电流稍大（100 ~ 120 A），以获得较大的熔深。运条时采用直线运条法，收弧时应填满弧坑。第二层施焊前清理第一层熔渣，若发现夹渣，应用小直径焊条修补后方可进行第二层施焊。第二层焊接时，采用斜圆圈形或锯齿形运条法，焊道两侧稍停留片刻，以防止产生咬边缺陷。

提示：

咬边是由于电弧将焊件边缘熔化后，没有得到焊条熔化金属的补充所留下的缺口，如图 1—5—17 所示。它的主要危害是造成应力集中、降低结构承受载荷的能力。咬边产生的原因主要是焊接电流太大以及运条速度不当等。

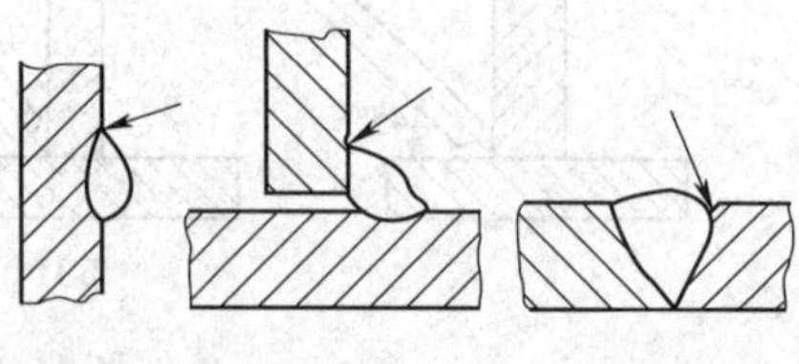

图 1—5—17 咬边

3. 多层多道焊

当焊脚尺寸为 10 ~ 12 mm 时，采用两层三道焊法，如图 1—5—18 所示。

第一道焊接时，可用直径为 3.2 mm 的焊条，电流稍大，采用直线运条法，收弧时填满弧坑，焊后彻底清渣，如图 1—5—18 中的①。焊接第二道时，应覆盖第一条焊道的 2/3，焊条与水平焊件夹角为 45° ~ 55°，如图 1—5—18 中的②，以使水平焊件能够较好地熔合焊道，焊条与焊接方向夹角为 65° ~ 80°。运条时采用斜圆圈形或锯齿形运条法，运条速度与多层焊接时基本相同，所不同的是在 c、e 两点位置（见图 1—5—15）不需停留。焊接第三道时，对第二条焊道覆盖 1/3 ~ 1/2。焊条与水平焊件的角度为 40° ~ 45°，采用直线运条法。若希望焊道薄一些，可以采用直线往复运条法，通过运条可将夹角处焊平整。最终整条焊缝应宽窄一致，平整圆滑，无咬边、夹渣和焊脚下偏等缺陷。

当焊脚尺寸大于 12 mm 时，可以采用三层六道、四层十道焊接。多层多道焊的焊道排列如图 1—5—19 所示。焊脚尺寸越大，焊接层次、道数就越多。

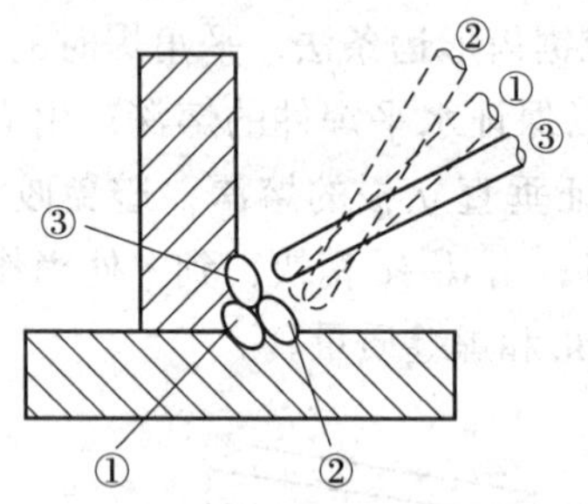

图 1—5—18 两层三道焊各焊道的焊条角度

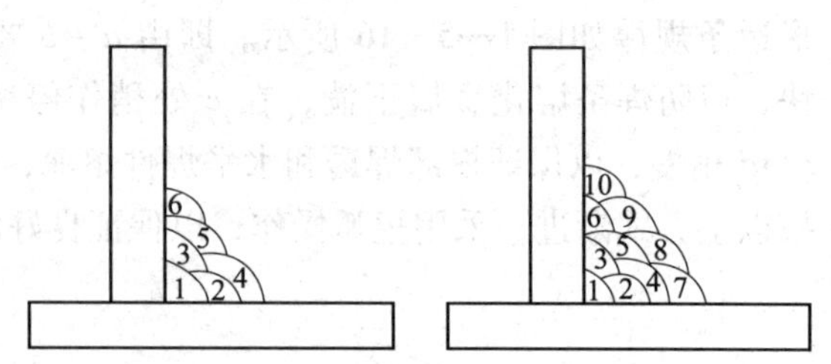

图 1—5—19 多层多道焊的焊道排列

对于承受重载荷或动载荷的较厚钢板角焊缝应开坡口，如在垂直焊件上开单边 V 形坡口，如图 1—5—20a 所示，单边 V 形坡口适用于厚度在 4 mm 以下的板结构，也可以在垂直焊件上开双单边 V 形坡口，如图 1—5—20b 所示。无论采用哪种坡口形式，其操作方法与两层三道焊相似，但要保证焊缝的根部焊透。

4. 船形焊

为克服平角焊时立板易产生咬边和焊道不均匀的缺陷，在生产实际中尽可能将焊件翻转45°，使焊条处于垂直位置的焊接叫船形焊，如图1—5—21所示。

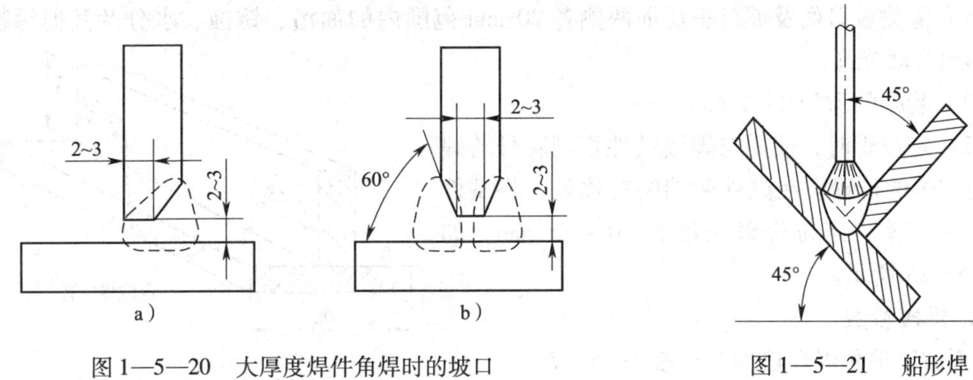

图1—5—20　大厚度焊件角焊时的坡口

a）单边V形坡口　b）带钝边双单边V形坡口

图1—5—21　船形焊

提示：

船形焊是将搭接接头、T形接头和角接接头由原来放置的位置旋转45°，使之成为船形焊位置的焊法，如图1—5—22所示。

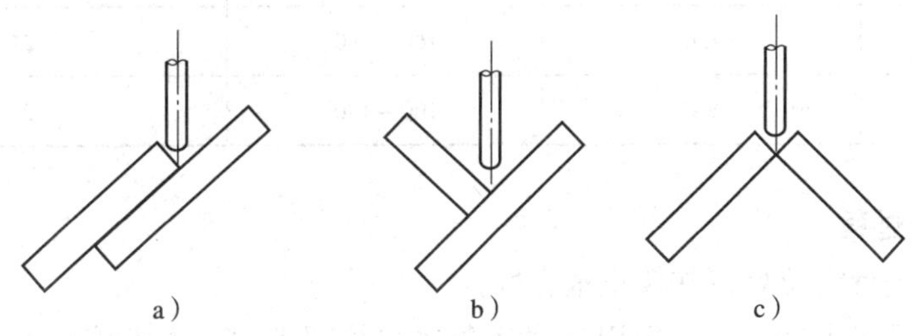

图1—5—22　各种接头的船形焊方法

a）搭接接头　b）T形接头　c）角接接头

船形焊可采用对接平焊的操作方法，有利于选用大直径焊条和较大的焊接电流，而且能一次焊成较大截面的焊缝，提高了焊接生产率，容易获得平整美观的焊缝。

船形焊采用月牙形或锯齿形运条法。焊接第一层焊道时采用小直径焊条及稍大的焊接电流，其他各层可使用大直径焊条。焊条做适当的摆动并在焊道两侧多停留一些时间，以保证焊缝两侧熔合良好。

五、技能操作——T形接头平角焊

1. 焊前准备

（1）试件材料

试件材料为Q235A。

（2）试件尺寸

300 mm × 110 mm × 10 mm 一块、300 mm × 50 mm × 10 mm 两块，I形坡口，如

图 1—5—1 所示。

(3) 焊接材料

E4315 型焊条，烘焙 350 ~ 400℃，恒温 2 h，随用随取。

2. 试件装配

(1) 清除坡口面及坡口正反面两侧各 20 mm 范围内的油污、锈蚀、水分及其他污物，直至露出金属光泽。

(2) 装配间隙为 0 ~ 2 mm。

(3) 定位焊时，使用与焊接试件相同牌号的焊条，定位焊的位置应在试件两端的对称处，将试件焊成十字接头，定位焊缝长度为 10 ~ 15 mm，如图 1—5—23 所示。

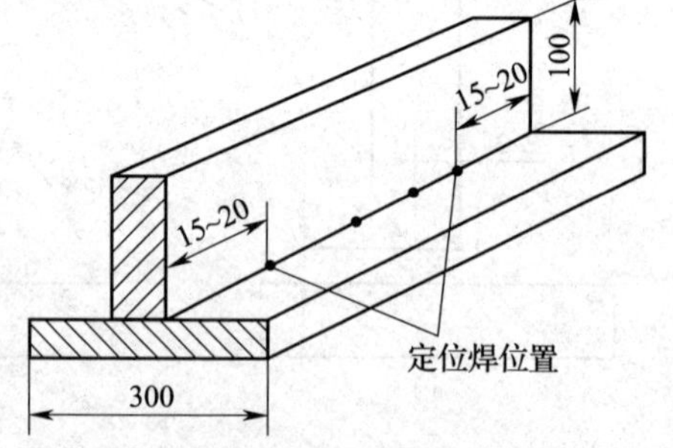

图 1—5—23　平角焊定位焊

3. 焊接参数

I 形坡口平角焊焊接参数见表 1—5—7。

表 1—5—7　　I 形坡口平角焊焊接参数

焊道层次	焊条直径（mm）	焊接电流（A）	电弧电压（V）
第一层	3.2	100 ~ 120	22 ~ 24
第二层	4.0	160 ~ 180	22 ~ 24
第三层	4.0	160 ~ 180	22 ~ 24

4. 焊接操作过程

(1) 按要求进行定位焊，并校正垂直度。

(2) 将试件置于水平位置，采用直线运条法焊接图 1—5—1 中接头 1，进行单层焊练习；采用直线运条法和斜圆圈形运条法焊接图 1—5—1 中接头 2，进行多层焊练习。

(3) 翻转试件 180°，焊接图 1—5—1 中接头 3，进行多层多道焊练习。

(4) 翻转试件 45°，使图 1—5—1 中接头 4 为船形焊位置，进行船形焊练习。

(5) 焊接多层多道焊的最外层各焊道时，每一条焊道焊完不清理熔渣，待焊接结束后，再一起清理熔渣，其目的是便于焊缝成形和保持焊缝表面的金属光泽。

5. 评分标准（见表 1—5—8）

表 1—5—8　　平角焊操作评分表

项目	分值	评分标准	得分	备注
焊脚尺寸 K	15	11 mm≤K≤13 mm，每超差一处扣 5 分		
焊缝宽度差 c'	15	0≤c'≤2 mm，每超差一处扣 5 分		
焊缝余高 h	15	0≤h≤3 mm，每超差一处扣 5 分		
焊缝余高差 h'	15	0≤h'≤2 mm，每超差一处扣 5 分		

续表

项目	分值	评分标准	得分	备注
咬边	15	缺陷深度≤0.5 mm，缺陷长度≤15 mm，每超差一处扣5分		
夹渣	15	每出现一处扣5分		
角变形 α	10	α≤3°，超差不得分		
合计	100			

提示：

角焊缝焊脚尺寸如图1—5—24所示。焊后残留在焊缝中的熔渣称为夹渣，如图1—5—25所示。夹渣的存在将减小焊缝的有效面积，降低焊接接头的塑性和强度。

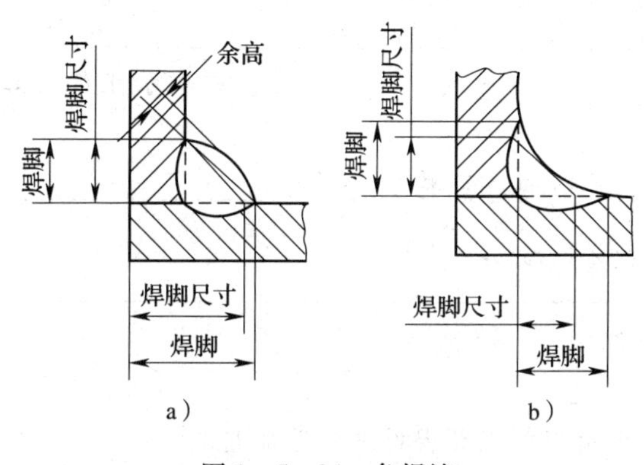

图1—5—24　角焊缝

a）凸形角焊缝　b）凹形角焊缝

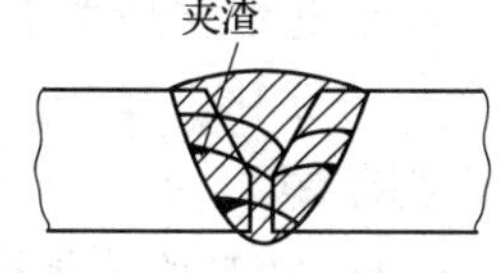

图1—5—25　夹渣

课后练习

一、填空题

1. 焊接接头的坡口根据其形状不同可分为________、________和________三类。

2. 焊接接头的基本型坡口有______________、______________、______________、______________、______________五种。

3. 待焊件上的________称为坡口面，两坡口面之间的夹角称为________。

4. 焊件开坡口时，沿焊件接头坡口根部的__________________叫钝边，钝边的作用是__________________。

5. ____称为根部间隙，又称为________，其作用是__________________。

6. 两焊件表面构成大于或等于________、小于或等于________夹角的接头称为对接接头。两焊件端部构成大于________、小于________夹角的接头称为角接接头。

7. 一焊件的端面与另一焊件表面构成________的接头称为T形接头。两焊件部分重叠构成的接头称为________。

8. 焊缝表面与母材的________________叫焊趾，焊缝表面两焊趾之间的距离称为________。

9. 超出母材表面连线上面的那部分焊缝金属的最大高度称为________。

10. 角焊缝的横截面中，从一个直角面上的焊趾到另一个直角面表面的最小距离称为________。在角焊缝的横截面中画出的最大等腰直角三角形中________的长度称为焊脚尺寸。

11. 熔焊时，焊件接缝所处的空间位置叫________，可用________和________来表示。

12. 用________________方法连接的接头称为焊接接头，焊接接头由________、________、________三部分组成。

13. 焊接接头的5种基本类型是________、________、________、________、________和________。

14. 对接接头常用的坡口形式有________、________、________、________。

15. 常用的坡口加工方法有________、________、________等，较难加工的坡口形式是________坡口。

16. 按施焊时焊缝在空间所处的位置不同，可将其分为__________、__________、________、________四种形式。

17. 按焊缝结合形式不同可分为__________、__________、__________、__________和__________五种。

二、判断题

1. 开坡口的目的是使根部焊透及便于清渣，以获得好的焊缝质量。（　）

2. 留钝边的目的是防止接头根部被烧穿。（　）

3. 焊条横向摆动的目的是获得一定宽度的焊缝。（　）

4. 在相同板厚的情况下，焊接平焊缝用的焊条直径要比焊接立焊缝、仰焊缝、横焊缝用的焊条直径大。（　）

5. 为了保证根部焊透，对多层焊的第一层焊道应采用大直径的焊条来进行。（　）

6. 多层焊时，每层焊缝的厚度不宜过大，否则对焊缝金属的塑性不利。（　）

7. 角接接头常用于重要的焊接结构中，所以角接接头是焊接结构中采用最多的一种接头形式。（　）

三、选择题

1. 焊缝倾角为0°，焊缝转角为90°的焊接位置是指（　）位置。

A. 平焊　B. 横焊　C. 立焊　D. 仰焊

2. 焊缝倾角为90°、270°的焊接位置是指（　）位置。

A. 平焊　B. 横焊　C. 立焊　D. 仰焊

3. 焊缝成形系数是（　）的比值，用ψ表示。

A. C与H　B. H与C　C. H与B

4. 船形焊是T形（十字）接头和角接接头处于（　）位置时进行的焊接。

A. 平焊　　　　　B. 立焊　　　　　C. 横焊　　　　　D. 仰焊

5. （　　）符号是表示焊缝表面形状的符号。

A. 基本　　　　　B. 辅助　　　　　C. 补充

6. 在焊缝基本符号左侧应标注（　　）。

A. 焊脚　　　　　B. 焊缝长度　　　C. 钝边

7. 在焊缝基本符号右侧应标注（　　）。

A. 坡口角度　　　B. 根部间隙　　　C. 焊缝长度

8. 在焊缝基本符号的上侧或下侧应标注（　　）。

A. 坡口角度　　　B. 根部间隙　　　C. 焊缝长度　　　D. 钝边

四、简答题

1. 开坡口的目的是什么？
2. 选择坡口形式时应考虑哪些因素？

课题 6　I 形坡口板板平对接焊

学习目标

1. 掌握弧焊电源外特性的要求。
2. 掌握定位焊要求，能合理选择焊接参数。
3. 掌握 I 形坡口双面焊接操作方法。

识读图 1—6—1，考虑完成该项训练的步骤。

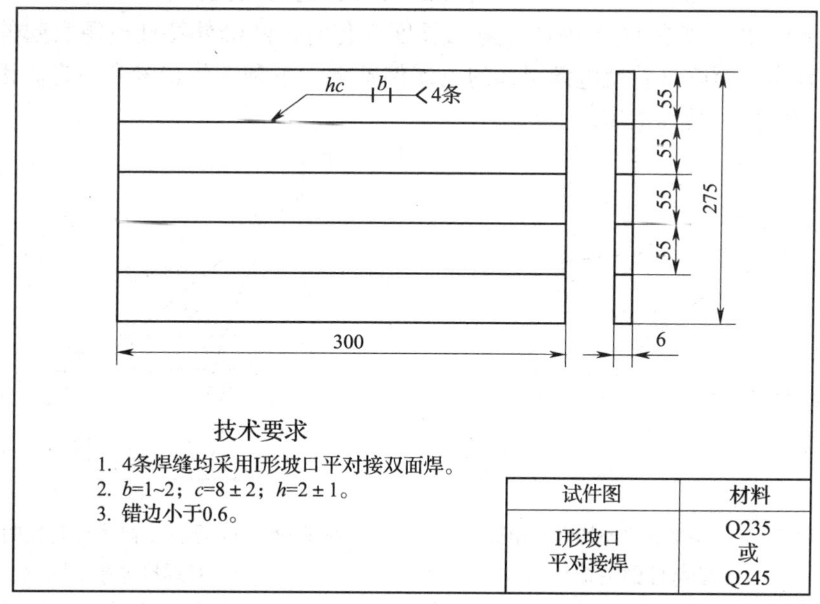

试件图	材料
I形坡口平对接焊	Q235 或 Q245

图 1—6—1　I 形坡口平对接焊焊件图

一、弧焊电源外特性的要求

1. 弧焊电源外特性的要求

（1）弧焊电源外特性的概念

电弧的稳定燃烧，一般是指在给定电弧电压和电流时，电弧长时间连续燃烧而不熄灭的状态。在其他参数不变的情况下，弧焊电源输出电压与输出电流之间的关系，称为弧焊电源的外特性。它可用如下关系式表示：

$$U=f(I)$$

式中，U 为弧焊电源的输出电压（V）；I 为弧焊电源的输出电流（A）。

弧焊电源的外特性亦称为弧焊电源的伏安特性或静特性。弧焊电源的外特性可由曲线来表示，这条曲线称为弧焊电源的外特性曲线，如图1—6—2 所示。

弧焊电源的外特性基本上有三种类型：一是下降外特性，即随着输出电流的增加，输出电压降低；二是平外特性，即输出电流变化时，输出电压基本不变；三是上升外特性，即随着输出电流增大，输出电压上升。

（2）弧焊电源外特性曲线形状的选择

1）焊条电弧焊。在焊接回路中，弧焊电源与电弧构成供电用电系统。为了保证焊接电弧稳定燃烧和焊接参数稳定，电源外特性曲线与电弧静特性曲线必须相交。因为在交点，电源供给的电压和电流与电弧燃烧所需要的电压和电流相等，电弧才能稳定燃烧。由于焊条电弧焊电弧静特性曲线的工作段在平特性区，所以只有下降外特性曲线才与其有交点，如图 1—6—2 中的 A 点，此时电弧可以在电压 U_A 和焊接电流 I_A 的条件下稳定燃烧。因此，具有下降外特性曲线电源能满足焊条电弧焊电弧的稳定燃烧。

图 1—6—3 为具有不同下降度的弧焊电源外特性曲线对焊接电流的影响情况。从图中可以看出，当弧长变化相同时，陡降外特性曲线 1 引起的电流偏差 ΔI_1 明显小于缓降外特性曲线 2 引起的电流偏差 ΔI_2。因此当电弧长度变化时，陡降外特性电源引起的电流偏差小，电弧较稳定，缓降外特性电源引起的电流偏差大，不利于焊接参数稳定。因此，焊条电弧焊应采用陡降外特性电源。

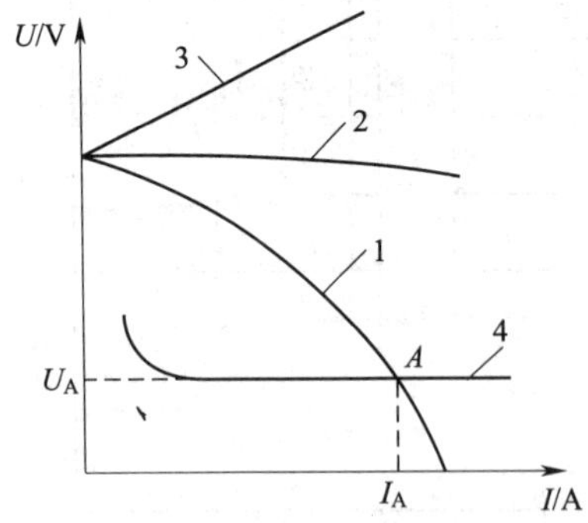

图 1—6—2　弧焊电源外特性与电弧静特性的关系

1—下降外特性　2—平外特性
3—上升外特性　4—电弧静特性

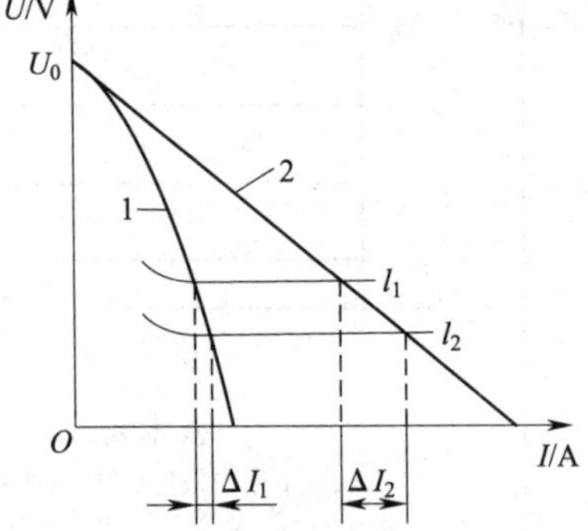

图 1—6—3　不同下降度外特性曲线对焊接电流的影响

1—陡降外特性曲线　2—缓降外特性曲线

2）钨极氩弧焊、等离子弧焊。钨极氩弧焊、等离子弧焊电弧静特性曲线工作在平特性区，与焊条电弧焊相似，它们应采用具有下降外特性的电源。由于影响它们稳定燃烧的主要参数是焊接电流，虽然弧长的变化不如焊条电弧焊那么大，但为了尽量减少由外界因素干扰引起的电流偏差，故应采用具有陡降外特性的电源，所以一般焊条电弧焊电源均可作为钨极氩弧焊、等离子弧焊电源使用。

3）CO_2气体保护电弧焊、熔化极活性气体保护电弧焊（MAG 焊）、熔化极氩气保护电弧焊。这些焊接方法由于电流密度较大，电弧静特性曲线工作在上升特性区，按照焊条电弧焊同样分析方法可知，采用平外特性、下降外特性电源均能保证电弧稳定燃烧。由于这些焊接方法采用等速度送丝式控制系统，当弧长发生变化时，采用平外特性电源引起的电流偏差较大，电弧自身调节作用强，自动恢复速度快。所以 CO_2气体保护电弧焊、MAG 焊、熔化极氩气保护电弧焊一般采用平外特性电源。

4）埋弧焊。由于埋弧焊电弧静特性曲线一般工作在平特性区，按照焊条电弧焊同样方法分析可知，下降的外特性曲线电源能满足焊接电弧的稳定燃烧。对于等速送丝式埋弧焊，当电弧长度变化时，由于缓降的外特性曲线引起的电流偏差大，电弧自身调节作用强，所以要求采用缓降外特性电源；对于电弧电压自动调节的变速送丝式埋弧焊，当弧长变化时，陡降外特性电源引起的电流偏差较小，有利于焊接参数稳定，所以应采用具有陡降的外特性电源。

2. 对弧焊电源空载电压的要求

当弧焊电源接通电网而焊接回路为开路时，弧焊电源输出端电压称为空载电压。

空载电压的确定应遵循以下几项原则：

（1）为保证引弧容易，需要较高的空载电压。

（2）从保证焊工人身安全的角度出发，空载电压低些为好。

（3）从降低制造成本的角度，应采用较低的空载电压。因为弧焊电源的容量与焊接电流和焊接电压的乘积成正比。

因此，在确保引弧容易、电弧稳定的前提下，应尽量降低空载电压。一般不大于 100 V。

对常用的交、直流弧焊电源规定如下：

交流弧焊电源：焊条电弧焊 U_o = 55 ~ 70 V；埋弧焊 U_o = 70 ~ 90 V。

直流弧焊电源：焊条电弧焊 U_o = 45 ~ 70 V；埋弧焊 U_o = 60 ~ 90 V。

3. 对弧焊电源稳态短路电流的要求

弧焊电源稳态短路电流是弧焊电源所能稳定提供的最大电流，即输出端短路（电弧电压 $U_h=0$）时的电流。在引弧和金属熔滴过渡时，经常发生短路。如稳态短路电流太大，焊条过热，易引起药皮脱落，并增加熔滴过渡时的飞溅；如稳态短路电流太小，则会因电磁收缩力不足而使引弧和焊条熔滴过渡产生困难。因此，对于下降外特性的弧焊电源，一般要求稳态短路电流：

$$I_{wd} = (1.25 \sim 2.0)\ I_h$$

式中，I_{wd}为稳态短路电流（A）；I_h为焊接电流（A）。

4. 对弧焊电源调节特性的要求

在焊接中，根据焊接材料的性质，厚度，焊接接头的形式、位置及焊条、焊丝直径等不同，需要选择不同的焊接电流。这就要求弧焊电源能在一定范围内对焊接电流作均匀、灵活的调节，以保证焊接接头的质量。

弧焊电源外特性曲线与电弧静特性曲线的交点，是电弧稳定燃烧点。因此，为了获得一定范围所需的焊接电流，就必须要求弧焊电源具有可以均匀改变的外特性曲线族，以便与电弧静特性曲线相交，得到一系列的稳定工作点，从而获得对应的焊接电流，这就是弧焊电源的调节特性，如图 1—6—4 所示。焊条电弧焊的焊接电流变化范围一般为 100 ~ 400 A。

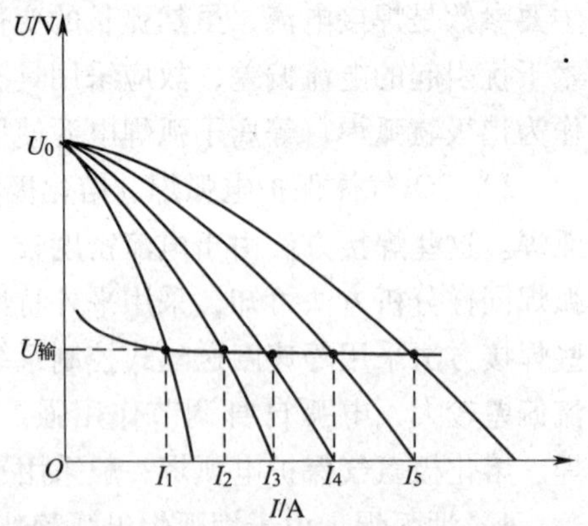

图 1—6—4　焊条电弧焊电源的调节特性

5. 对弧焊电源动特性的要求

弧焊电源的动特性是指弧焊电源对焊接电弧的动态负载所输出的电流、电压对时间的关系，它表示弧焊电源对动态负载瞬间变化的反应能力。动特性合适时，引弧容易、电弧稳定、飞溅小、焊缝成形良好。弧焊电源的动特性是衡量弧焊电源质量的一个重要指标。

二、板板对接定位焊要求

1. 定位焊缝的起头和收弧应圆滑过渡，以免正式焊接时焊不透。
2. 定位焊有缺陷时应将其清除后重新焊接，以保证焊接质量。
3. 定位焊所用的焊接材料应与试件焊接牌号相同。
4. 定位焊所用的电流比正式焊接大些，通常大 10% ~15%，以保证焊透。
5. 在焊缝交叉部位和焊缝方向急剧变化处不应进行定位焊，应离开其 50 mm 以上。
6. 若工件正式焊接时需要预热，定位焊也应按相同规范预热。

定位焊缝的尺寸可参照表 1—6—1。

表 1—6—1　**碳钢定位焊缝参考尺寸**　mm

工件厚度	定位焊缝		
	高	长	间隙
<4	<2	5 ~ 10	50 ~ 100
4 ~ 12	2 ~ 6	10 ~ 20	100 ~ 200
>12	>6	20 ~ 30	200 ~ 300

三、技能操作——I 形坡口板板平对接焊

1. 焊前准备

(1) 试件材料

Q235 钢或 Q345 钢（16Mn）。

(2) 试件尺寸

300 mm×275 mm×6 mm，如图 1—6—1 所示。

(3) 焊接要求

I 形坡口单面焊。

(4) 焊接材料

E4315（结 427）或 E5015（结 507），焊条烘焙 350～400℃，恒温 2 h，随用随取。E5015（结 507），选用 E5015 型焊条烘焙 350～400℃，恒温 1～2 h，随用随取。

(5) 焊机

BX3—300 型或 ZX5—400 型。

2. 试件装配

(1) 清除坡口面及坡口正反面两侧各 20 mm 范围内的油污、锈蚀、水分及其他污物，直至露出金属光泽。

(2) 装配。装配间隙 1～2 mm，错边量≤0.6 mm。

(3) 定位焊采用与焊接试件相同牌号焊条，焊缝长度为 10 mm。

3. 焊接参数

I 形坡口平对接焊焊接参数选择见表 1—6—2。

表 1—6—2　　I 形坡口平对接焊焊接工艺参数

焊接层次	焊条直径（mm）	焊接电流（A）	电弧电压（V）
正面（1）	3.2	10～130	22～24
正面（2）	4.0	140～160	22～26
背面（1）	4.0	140～160	22～26

4. 操作要点及注意事项

I 形坡口平对接焊焊接时，首先进行正面焊，采用直线形运条法或直线往返形运条法，选用直径 3.2 mm 焊条，应保证正面第一层焊缝的熔深达到板厚的 2/3，正面盖面焊缝采用直径 4.0 mm 焊条。正面焊缝焊完后，将背面熔渣清理干净，背面焊接时采用直径 4.0 mm 焊条，适当加大焊接电流，保证与正面焊缝内部熔合，以免产生未焊透的现象。为了获得较大的熔深和熔宽，运条速度可以慢一些或者焊条做微微搅动，焊条角度如图 1—6—5 所示。运条过程中，如发现熔渣与熔化金属混合不清时，可把电弧拉长，同时将焊条向前倾斜，利用电弧的吹力吹动熔渣，并做向熔池后方推送熔渣的动作，如图 1—6—6 所示。动作要快捷，以避免熔渣超前而产生夹渣等缺陷。

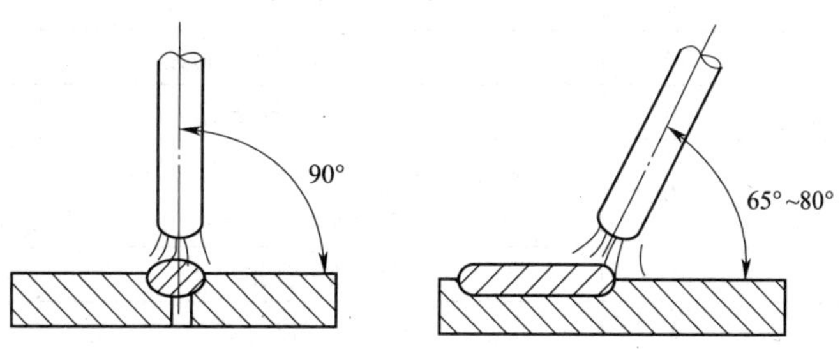

图 1—6—5　焊条角度

若焊接厚度≤3 mm 的薄焊件时，往往会出现烧穿现象，因此装配时可不留间隙，定位焊缝呈点状密集形式。操作中采用短弧的快速直线往返式运条法，为避免焊件局部温度过高，可以分段焊接。必要时也可以将焊件一端垫起，使其倾斜 15°～20°进行下坡焊（见图 1—6—7），以提高焊接速度、减少熔深、防止烧穿和减小变形。

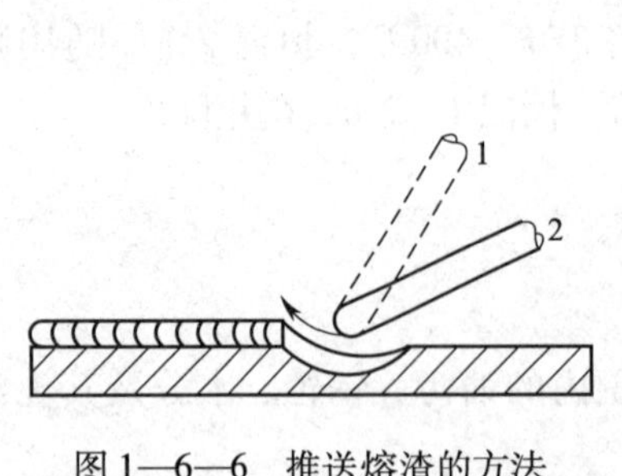

图 1—6—6　推送熔渣的方法

下坡焊
15°~20°

图 1—6—7　下坡焊

5. 操作过程

（1）清理试件，按装配要求进行试件分块装配，并且进行定位焊。

（2）采用直径 3.2 mm 焊条，直线形运条法焊接正面第一层焊道，并填满弧坑。第一层熔深超过 2/3 板厚。清理熔渣后，用 4.0 mm 直径的焊条，并按焊接参数调节焊接电流，采用直线运条，并稍作搅动，进行盖面焊接。

（3）把试件翻转过来，清除背面熔渣，采用直径 4.0 mm 焊条和直线形运条法焊接背面焊缝。焊缝的起头、收尾同平敷焊的要求。

（4）焊后清除熔渣，认真检查焊缝表面质量和外观尺寸，分析问题，总结经验，再进行另一面焊缝的焊接。

6. 评分标准（见表 1—6—3）

表 1—6—3　　I 形坡口平对接焊操作评分表

项目	分值	评分标准	得分	备注
焊缝宽度差 c'	10	$0 \leqslant c' \leqslant 2$ mm，每超差一处扣 5 分		
焊缝余高 h	10	$0 \leqslant h \leqslant 3$ mm，每超差一处扣 5 分		
焊缝余高差 h'	10	$0 \leqslant h' \leqslant 2$ mm，每超差一处扣 5 分		
错边量	10	≤0.5 mm，超差不得分		
气孔	10	出现不得分		
焊瘤	10	出现不得分		
未熔合	10	≤0.5 mm，超差不得分		
未焊透	10	出现不得分		
咬边	10	缺陷深度≤0.5 mm，缺陷长度≤15 mm，每超差一处扣 5 分		
夹渣	5	每出现一处扣 5 分		
角变形 α	5	$\alpha \leqslant 3°$，超差不得分		
合计	100			

课后练习

一、填空题

1. 电弧的静特性曲线呈________形，它有________个不同的区域：当电流较小时，电弧静特性属________区，即随着电流增加，电压________；当电流稍大时，电弧静特性属________区，即随电流变化，电压________；当电流较大时，电弧静特性属________区，电压随电流的增加而________。

2. 焊条电弧焊多半工作在静特性的________区，钨极氩弧焊、等离子弧焊多半工作在________区，熔化极氩弧焊、CO_2 气体保护焊、熔化极活性气体保护焊基本上工作在________区。

3. 焊机的空载电压越高，电弧燃烧的稳定性________，但容易使焊工________。

4. 在其他参数不变的情况下，弧焊电源________________与________之间的关系称为弧焊电源的外特性。

二、判断题

1. 一种焊接方法只有一条电弧静特性曲线。（　　）

2. 一种焊接方法具有无数条电弧静特性曲线。（　　）

3. 在焊机上调节电流实际上是调节电弧静特性曲线。（　　）

4. 电弧静特性曲线只与电弧长度有关，而与气体介质无关。（　　）

5. 一台焊机只有一条外特性曲线。（　　）

6. 在焊接回路中，弧焊电源输出的电流就是焊接电流。（　　）

7. 弧长对电弧稳定性没有影响。（　　）

8. 采用直流电源焊接时，电弧的燃烧比采用交流弧焊电源焊接时稳定。（　　）

三、选择题

1. 在下面几种元素中，能使电弧稳定燃烧的是（　　）。

A. K　　B. Na　　C. F　　D. Ar

2. 焊条电弧焊一般工作在电弧静特性曲线的（　　）。

A. 平特性区　　B. 上升特性区　　C. 下降特性区

3. 埋弧焊一般工作在电弧静特性曲线的（　　）。

A. 下降特性区　B. 上升特性区　　C. 平特性区

4. 在弧焊电源外特性曲线与电弧静特性曲线的交点，焊接电源的输出电压（　　）电弧电压。

A. 大于　　B. 等于　　C. 小于

5. 在弧焊电源外特性曲线与电弧静特性曲线的交点，焊接电源的输出电流（　　）焊接电流。

A. 等于　　B. 大于　　C. 小于

6. 焊接时，弧焊变压器的电缆盘成盘形，焊接电流（　　）。

A. 增大　　B. 减小　　C. 不变

四、简答题

简述板板对接定位焊要求。

课题7　V形坡口板板平对接焊

学习目标

1. 掌握焊条电弧焊的焊接参数、单面焊双面成形的概念。
2. 掌握定位焊的要求，能合理选择焊接参数。
3. 掌握V形坡口单面焊双面成形焊接操作方法。

识读图1—7—1，考虑完成该项训练的步骤。

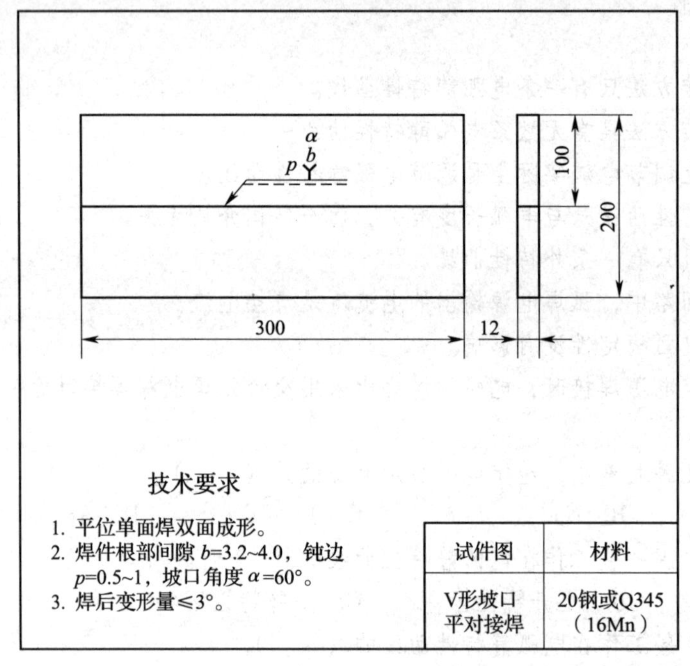

图1—7—1　V形坡口平对接焊焊件图

一、焊接参数的选择

焊接参数是指焊接时为保证焊接质量而选定的各物理量的总称。

焊条电弧焊的焊接工艺参数主要包括：焊条直径、电源种类和极性、焊接电流、电弧电压、焊接速度、焊接层数等。焊接参数选择得正确与否，直接影响焊缝的形状、尺寸、焊接质量和生产率，因此，选择合适的焊接参数是焊接生产中十分重要的一个问题。

1. 焊条直径

生产中，为了提高生产率，应尽可能选用较大直径的焊条，但是用直径过大的焊条焊接，会造成未焊透或焊缝成形不良的缺陷。因此必须正确选择焊条的直径。焊条直径的选择与下列因素有关：

（1）焊件的厚度

厚度较大的焊件应选用直径较大的焊条；反之，薄焊件的焊接，则应选用小直径的焊条。焊条直径与焊件厚度的关系见表1—7—1。

表1—7—1　　焊条直径与焊件厚度的关系　　mm

焊件厚度	≤1.5	2	3	4~5	6~12	≥12
焊条直径	1.5	2	3.2	3.2~4	4~5	4~6

（2）焊缝位置

在板厚相同的条件下焊接平焊缝用的焊条直径应比其他位置大一些，立焊最大不超过5 mm，而仰焊、横焊最大直径不超过4 mm，这样可形成较小的熔池，减少熔化金属的下淌。

（3）焊接层次

在进行多层焊时，如果第一层焊缝所采用的焊条直径过大，会造成因电弧过长而不能焊透，因此为了防止根部焊不透，多层焊的第一层焊道应采用直径较小的焊条进行焊接，以后各层可以根据焊件厚度选用较大直径的焊条。

（4）接头形式

搭接接头、T形接头因不存在全焊透问题，所以应选用较大的焊条直径以提高生产率。

2. 电源种类和极性

（1）电源种类

用交流电源焊接时，电弧稳定性差。采用直流电源焊接时，电弧稳定，飞溅少，但电弧磁偏吹较交流严重。低氢型焊条稳弧性差，通常必须采用直流电源。用小电流焊接薄板时，也常用直流电源，这样引弧比较容易，电弧也比较稳定。

（2）极性

极性是指在直流电弧焊或电弧切割时焊件的极性。焊件与电源输出端正、负极的接法分为正接和反接两种。所谓正接就是焊件接电源正极、电极接电源负极的接线法，又称正极性；反接就是焊件接电源负极、电极接电源正极的接线法，又称反极性，如图1—7—2所示。对于交流电源来说，由于极性是交变的，所以不存在正接和反接。

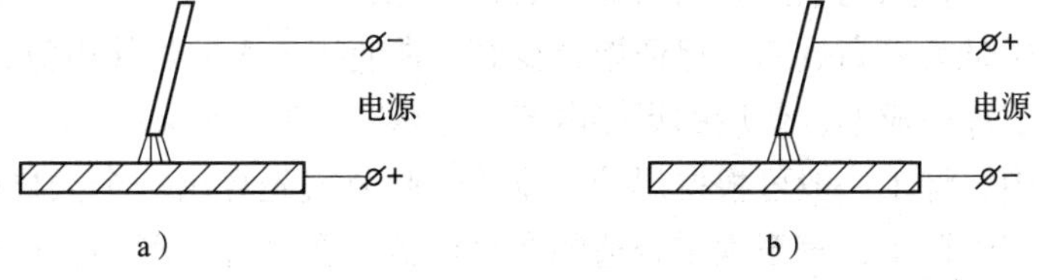

图1—7—2　直流焊机的接线方法

a）正接　b）反接

极性的选用主要应根据焊条的性质和焊件所需的热量来决定。焊条电弧焊时，当阳极区和阴极区的材料相同时，阳极区温度高于阴极区的温度，因此使用酸性焊条（如E4303等）焊接厚钢板时，可采用直流正接，以获得较大的熔深；而在焊接薄钢板时，则采用直流反接，可防止烧穿。若在交流焊机上使用酸性焊条，其熔深则介于直流正接和直流反接之间。

如果使用碱性低氢钠型焊条（如 E5015 等）焊接重要结构，无论焊接厚板或薄板，均应采用直流反接，这样可以减少飞溅和气孔，并使电弧稳定燃烧。

3. 焊接电流

焊接时流经焊接回路的电流称为焊接电流。焊接电流大小直接影响着焊接质量和焊接生产率。

增大焊接电流能提高生产率，但电流过大熔深大、焊缝余高低，易造成焊缝咬边、烧穿等缺陷，同时增加了金属飞溅，也会使接头的组织产生过热而发生变化；而电流过小电弧吹力小，熔渣和铁液不易分清，也易造成夹渣、未焊透等缺陷，焊缝窄而高、熔深浅，且两侧与母材熔合不好，电弧燃烧不稳定，焊条容易粘在焊件上，金属熔合不好，降低焊接接头的力学性能。焊接时决定电流强度的因素很多，如焊条类型、焊条直径、焊件厚度、接头形式、焊缝位置和层次等，但主要取决于焊条直径、焊缝位置、焊条类型和焊接层次。

（1）焊条直径

焊条直径越大，熔化焊条所需要的电弧热量越多，焊接电流也越大。碳钢酸性焊条焊接电流大小与焊条直径的关系，一般可根据下面的经验公式来选择：

$$I_h = (35 \sim 55)d$$

式中 I_h——焊接电流，A；

d——焊条直径，mm。

（2）焊缝位置

相同焊条直径的条件下，在焊接平焊缝时，由于运条和控制熔池中的熔化金属都比较容易，因此可以选择较大的电流进行焊接。但在其他位置焊接时，为了避免熔化金属从熔池中流出，要使熔池尽可能小些。通常立焊、横焊的焊接电流比平焊的焊接电流小 10% ~ 15%，仰焊的焊接电流比平焊的焊接电流小 15% ~20%。

（3）焊条类型

当其他条件相同时，碱性焊条使用的焊接电流应比酸性焊条小 10% ~15%，否则焊缝中易形成气孔。不锈钢焊条使用的焊接电流比碳钢焊条小 15% ~20%。

（4）焊接层次

焊接打底层时，特别是单面焊双面成形时，为保证背面焊缝质量，常使用较小的焊接电流；焊接填充层时为提高效率，保证熔合良好，常使用较大的焊接电流；焊接盖面层时，为防止咬边和保证焊缝成形，使用的焊接电流应比填充层稍小些。

在实际生产中，焊工一般可根据焊接电流的经验公式先算出一个大概的焊接电流，然后在钢板上进行试焊调整，直至确定合适的焊接电流。在试焊过程中，可根据下列几点来判断选择的电流是否合适：

1）看飞溅。电流过大时，电弧吹力大，可看到较大颗粒的铁液向熔池外飞溅，焊接时爆裂声大；电流过小时，电弧吹力小，熔渣和铁液不易分清。

2）看焊缝成形。电流过大时，熔深大、焊缝余高低、两侧易产生咬边；电流过小时，焊缝窄而高、熔深浅，且两侧与母材金属熔合不好；电流适中时，焊缝两侧与母材金属熔合得很好，呈圆滑过渡。

3）看焊条熔化状况。电流过大时，当焊条熔化了大半根时，其余部分均已发红；电流过小时，电弧燃烧不稳定，焊条容易粘在焊件上。

4. 电弧电压

焊条电弧焊的电弧电压主要由电弧长度来决定。电弧长，电弧电压高；电弧短，电弧电压低。焊接时电弧电压由焊工根据具体情况灵活掌握。

在焊接过程中，电弧不宜过长，电弧过长会出现下列几种不良现象：

（1）电弧燃烧不稳定，易摆动，电弧热能分散，飞溅增多，造成金属和电能的浪费。

（2）焊缝厚度小，容易产生咬边、未焊透、焊缝表面高低不平、焊波不均匀等缺陷。

（3）对熔化金属的保护差，空气中氧、氮等有害气体容易侵入，使焊缝产生气孔的可能性增加，使焊缝金属的力学性能降低。

因此，在焊接时应力求使用短弧焊接，相应的电弧电压为16～25 V。在立、仰焊时弧长应比平焊时更短一些，以利于熔滴过渡，防止熔化金属下淌。碱性焊条焊接时应比酸性焊条弧长短些，以利于电弧的稳定和防止气孔。所谓短弧一般认为电弧长度是焊条直径的0.5～1.0倍。

5. 焊接速度

单位时间内完成的焊缝长度称为焊接速度。焊接速度应该均匀适当，既要保证焊透又要保证不烧穿，同时还要使焊缝宽度和高度符合图样设计要求。

如果焊接速度过慢，使高温停留时间增长，热影响区宽度增加，焊接接头的晶粒变粗，力学性能降低，同时使变形量增大。当焊接较薄焊件时，则易烧穿。如果焊接速度过快，熔池温度不够，易造成未焊透、未熔合、焊缝成形不良等缺陷。

焊接速度直接影响焊接生产率，所以应该在保证焊缝质量的基础上，采用较大的焊条直径和焊接电流，同时根据具体情况适当加快焊接速度，以保证在获得焊缝的高低和宽窄一致的条件下，提高焊接生产率。

6. 焊接层数

在中厚板焊接时，一般要开坡口并采用多层多道焊。对于低碳钢和强度等级低的低合金结构钢的多层多道焊时，每道焊缝厚度不宜过大，过大时对焊缝金属的塑性不利，因此对质量要求较高的焊缝，每层厚度最好不大于5 mm。同样每层焊道厚度不宜过小，过小时焊接层数增多不利于提高劳动生产率。根据实际经验每层厚度等于焊条直径的0.8～1.2倍时，生产率较高，并且比较容易保证质量和便于操作。

二、单面焊双面成形的概念

焊接生产中，为保证对接焊缝焊透和表面成形，传统的焊接方法是采用双面焊接两块钢板的拼接缝，即先从一面焊接，随后把拼焊好的钢板翻转，再进行另一面的焊接。而对于钢板厚度大、大型部件结构的接头焊缝无法翻转时，以及锅炉及压力容器等重要构件通常要求在构件的厚度方向完全焊透，这种情况下通常采用单面焊双面成形的焊法。

单面焊双面成形是指在焊接工件的一侧施焊，焊缝的背面也能得到与正面成形相近或相同焊缝的一种焊接方法。单面焊双面成形技术是锅炉、压力容器焊工应熟练掌握的操作技能，也是在某些重要焊接结构制作过程中，既要求工件焊透而又无法在背面重新焊接时所必须采用的焊接技术。在单面焊双面成形的焊接过程中，坡口根部在进行组装定位焊时，应按焊接时不同操作方法留出相应的间隙，当在坡口的正面用普通焊条进行焊接时，就会在坡口的正、反两面都能得到均匀整齐、成形良好、符合质量要求的焊缝。

三、单面焊双面成形的操作要点

单面焊双面成形焊接的关键在于打底层的焊接。它主要有三个重要环节，即引弧、收弧、接头。

1. 打底焊

打底焊的焊接方式有灭弧法和连弧法两种。

（1）灭弧法

灭弧法又分为两点击穿法和一点击穿法两种方法。主要是依靠电弧时燃时灭的时间长短来控制熔池的温度、形状及填充金属的厚度，以获得良好的背面成形和内部质量。下面介绍灭弧法中的一点击穿法。

1）引弧。在始焊端的定位焊缝处引弧，并略抬高电弧稍作预热，焊至定位焊缝尾部时，将焊条向下压一下，听到“噗”的一声后，立即灭弧。此时熔池前端应有熔孔，深入两侧母材 0.5 ~1 mm，如图 1—7—3 所示。当熔池边缘变成暗红色，熔池中间仍处于熔融状态时，立即在熔池的中间引燃电弧，焊条略向下轻微地压一下，形成熔池，打开熔孔后立即灭弧，这样反复击穿直至焊完。运条间距要均匀准确，使电弧的 2/3 压住熔池，1/3 在熔池前方，用来熔化和击穿坡口根部形成熔池。

2）收弧。收弧前，应在熔池前方做一个熔孔，然后回焊 10 mm 左右，再灭弧；或向末尾熔池的根部送进 2 ~3 滴熔液，然后灭弧，以使熔池缓慢冷却，避免接头出现冷缩孔。

3）接头。采用热接法。接头时换焊条的速度要快，在收弧熔池还没有完全冷却时，立即在熔池后 10 ~15 mm 处引弧。当电弧移至收弧熔池边缘时，将焊条向下压，听到击穿声后稍作停顿，再送进两滴熔液，以保证接头过渡平整，防止形成冷缩孔，然后转入正常灭弧法。

更换焊条时的电弧轨迹如图 1—7—4 所示。电弧在位置①重新引弧，沿焊道至接头处的位置②，做长弧预热来回摆动。摆动几下（③④⑤⑥）之后，在位置⑦压低电弧。当出现熔孔并听到“噗噗”声时，迅速灭弧。这时更换焊条的接头操作结束，转入正常灭弧法。

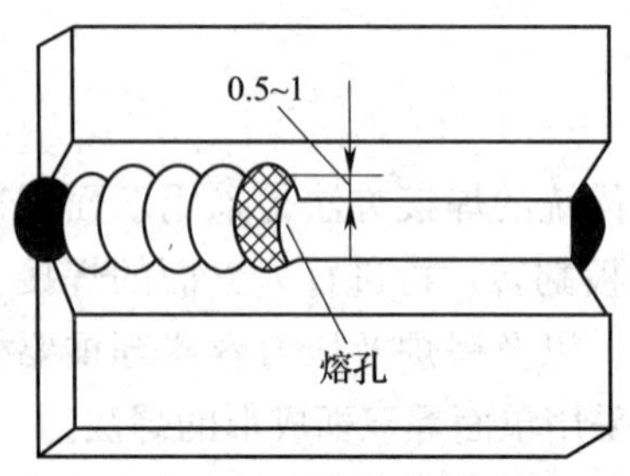

图 1—7—3　V 形坡口对接平焊时的熔孔

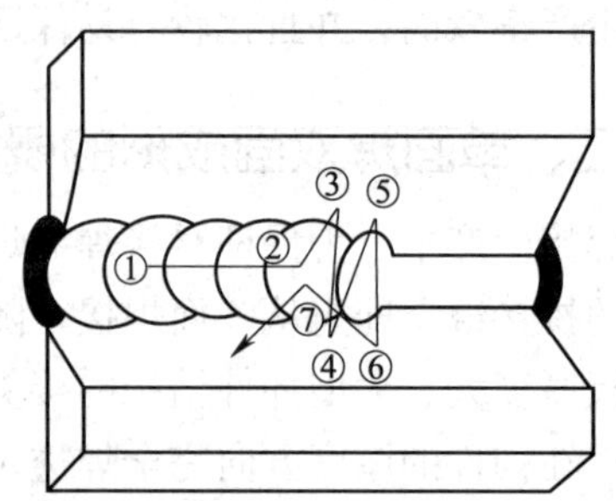

图 1—7—4　更换焊条时的电弧轨迹

灭弧法要求每一个熔滴都要准确送到欲焊位置，燃弧、灭弧节奏控制在45～55次/min。节奏过快，坡口根部熔不透；节奏过慢，熔池温度过高，焊件背面焊缝会超高，甚至出现焊瘤和烧穿现象。要求每形成一个熔池都要在其前面出现一个熔孔，熔孔的轮廓由熔池边缘和坡口两侧被熔化的缺口构成。

（2）连弧法

连弧法是指焊接过程中电弧始终燃烧，并做有规律的摆动，使熔滴均匀地过渡到熔池中，达到良好的背面焊缝成形的方法。

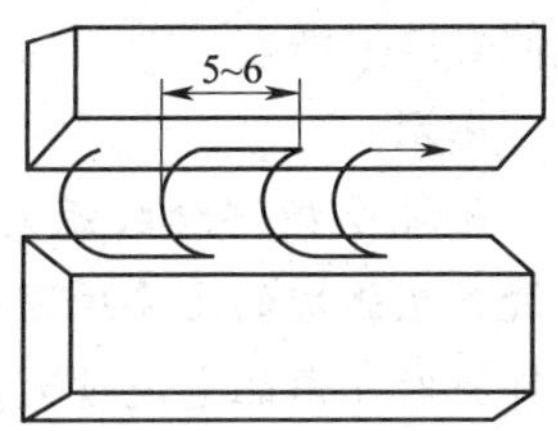

图1—7—5　连弧法焊接的电弧运行轨迹

1）引弧。从定位焊缝上引弧，焊条在坡口内侧做U形运条，如图1—7—5所示。电弧在坡口两侧运条时均稍停顿，焊接频率约为每分钟50个熔池，并保证熔池重叠2/3，熔孔明显可见，每侧坡口根部熔化缺口为0.5～1 mm，同时听到击穿坡口的“噗噗”声。一般直径为3.2 mm的焊条可焊接约100 mm长的焊缝。

2）接头。更换焊条应迅速，在接头处的熔池后面约10 mm处引弧。焊至熔池处，应压低电弧击穿熔池前缘，形成熔孔，然后向前运条，以2/3的弧柱在熔池上、1/3的弧柱在焊件背面燃烧为宜。收尾时，将焊条运动到坡口面上缓慢向后提起收弧，以防止在弧坑表面产生缩孔。

提示：

气孔是指熔池中的气泡在熔化金属凝固时未能逸出而残留在焊缝中所形成的孔穴，如图1—7—6所示。缩孔是指熔化金属在凝固过程中收缩而产生的残留在焊缝中的孔穴。气孔和缩孔都属于孔穴缺陷。孔穴会降低焊缝的严密性和塑性，减小焊缝的有效截面积。

2. 填充焊

填充焊前应对前一层焊道仔细清渣，特别是死角处更要清理干净。填充焊的运条手法为月牙形或锯齿形，焊条与焊接方向的角度为40°～50°。填充焊时应注意以下几点：

（1）摆动到两侧坡口处要稍作停留，保证两侧有一定的熔深，并使填充焊道略向下凹。

（2）最后一层的焊道高度应低于母材0.5～1.0 mm。要注意不能熔化坡口两侧的棱边，以便于盖面焊时掌握焊缝宽度。

（3）填充层焊道接头方法如图1—7—7所示，填充层焊接时各焊道接头应错开。

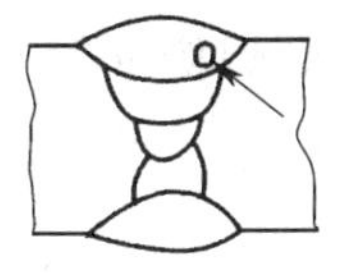

图1—7—6　气孔

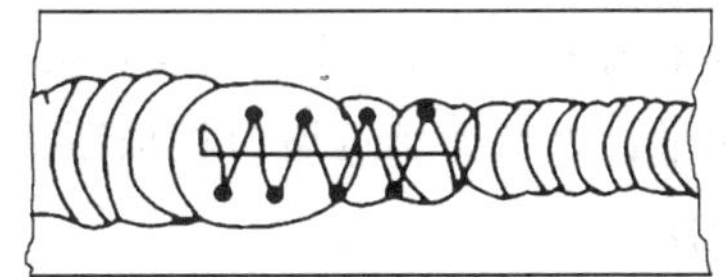
图1—7—7　填充层焊道接头方法

3. 盖面焊

采用直径4.0 mm的焊条时，焊接电流应稍小；要使熔池形状和大小保持均匀一致，焊条与焊接方向夹角应保持为75°左右；采用月牙形运条法和“8”字形运条法；焊条摆动到坡口边缘时应稍作停顿，以免产生咬边。

更换焊条收弧时，应对熔池稍填熔滴，迅速更换焊条，并在弧坑前 10 mm 左右处引弧，然后将电弧退至弧坑的 2/3 处，填满弧坑后正常进行焊接。接头时应注意，若接头位置偏后，则接头部位焊缝过高；若偏前，则焊道脱节。焊接时应注意保证熔池边缘不得超过表面坡口棱边 2 mm；否则，焊缝超宽。盖面层的收弧采用画圈法和回焊法，最后填满弧坑使焊缝平滑。

提示：

弧坑是指焊缝收弧处产生的下陷现象，如图 1—7—8 所示。焊缝产生弧坑的主要原因是熄弧时间过短、在弧坑处没停留或薄板焊接时使用的电流过大。焊条电弧焊时，注意在收弧过程中焊条需在熔池处作短时间的停留或作几次环形运条。

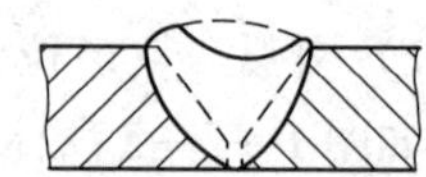

图 1—7—8　收弧处弧坑

四、技能操作——V 形坡口板板平对接焊

1. 焊前准备

（1）试件材料

试件材料为 20 钢或 Q345（16Mn）。

（2）试件尺寸

300 mm × 100 mm × 12 mm 两块，60°V 形坡口，如图 1—7—1 所示。

（3）焊接要求

单面焊双面成形。

（4）焊接材料

E5015 型焊条，烘焙 350 ~ 400℃，恒温 2 h，随用随取。

（5）焊机

ZX7—400 型焊机。

2. 试件装配

（1）清理、划线

修磨钝边 0.5 ~ 1 mm，无毛刺。清除坡口面及坡口正反面两侧各 20 mm 范围内的油污、锈蚀、水分及其他污物，直至露出金属光泽。最后在距坡口边缘一定距离（50 mm）处用划针划一条平行线，作为焊后测量焊缝在坡口每侧增宽的基准线。

（2）装配间隙

始端为 3.2 mm，终端为 4.0 mm。终端的间隙大于始端是因为考虑到焊接过程中的横向收缩量，以保证熔透坡口根部所需要的间隙。错边量应不大于 1.2 mm。

提示：

错边量是指对接接头的两侧钢板厚度相同时，坡口两侧钢板在厚度方向上交替错开的距离。

（3）定位焊

采用与焊接试件相同牌号的焊条，对装配好的试件在距端部 20 mm 之内进行定位焊，焊缝长度为 10 ~ 15 mm。始端可少焊些，终端应多焊一些，以防止在焊接过程中收缩造成未焊段坡口间隙变小而影响焊接。同时在试件反面两端处施焊。

(4) 反变形

预置反变形量为3°，如图1—7—9所示。反变形角度 θ 的对边高度为

$$\Delta = b\sin\theta = 100\ \text{mm} \times \sin3° = 5.23\ \text{mm}$$

反变形量获得的方法是两手拿住其中一块钢板的两边，轻轻磕打另一块钢板，如图1—7—10所示。

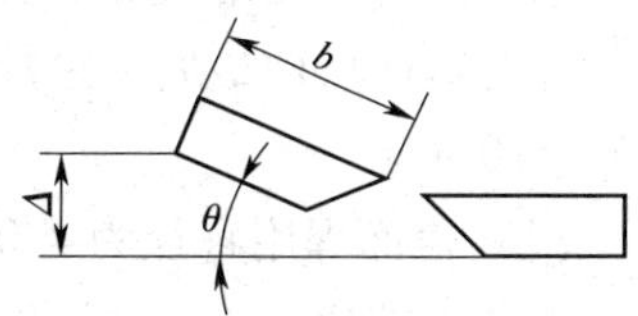

图1—7—9　反变形量

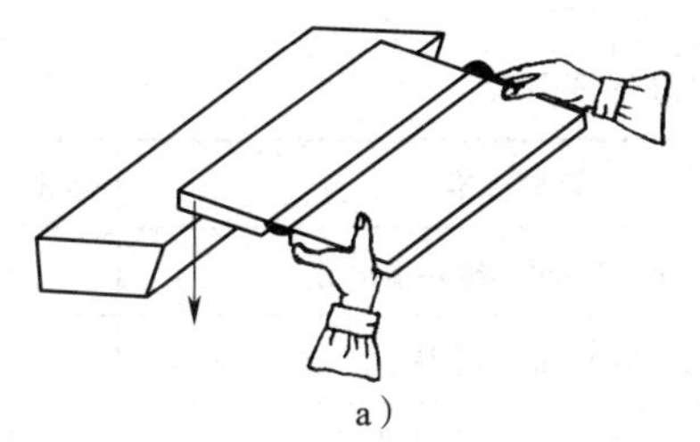

a)

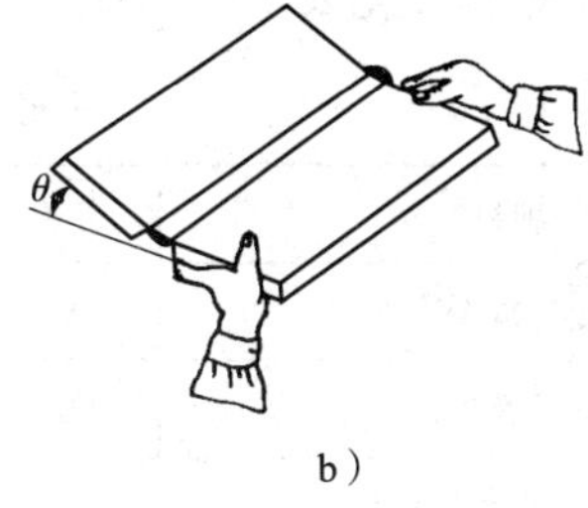

b)

图1—7—10　平板点固时预置反变形量

a) 反变形量的获得　b) 反变形角示意图

反变形量的经验测定法是把焊条夹在试件两端，把一直尺搁在预置反变形量的试件两侧，中间的空隙能通过一根带药皮的焊条，如图1—7—11所示（钢板宽度 $b=100$ mm时，放置直径3.2 mm焊条；宽度 $b=125$ mm时，放置直径4.0 mm焊条）。实践证明，这样预置的反变形量在试件焊接后，其变形角均在合格范围内。

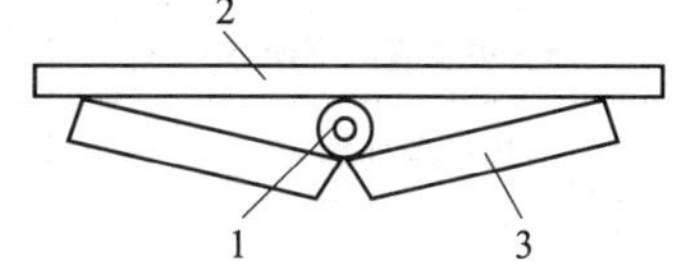

图1—7—11　反变形量经验测定法

1—焊条　2—直尺　3—焊件

3. 焊接参数

V形坡口平对接焊焊接参数见表1—7—2。

表1—7—2　V形坡口平对接焊焊接参数

焊道层次	焊条直径（mm）	焊接电流（A）	电弧电压（V）
打底层	3.2	75～100	22～24
填充层（1）	4.0	170～180	22～24
填充层（2）	4.0	160～180	22～24
盖面层	4.0	160～170	22～24

4. 焊接操作过程

(1) 修磨试件坡口钝边，清理试件。按装配要求进行装配，保证装配间隙始端为3.2 mm，终端为4.0 mm，进行定位焊，并按要求预置反变形量。

(2) 采用直径为3.2 mm的焊条进行打底焊。若选择酸性焊条（E4303型），则采用灭弧法；若选择碱性焊条（E5015型或E4315型），则采用连弧法，以防止气孔产生。

(3) 按焊接参数（见表1—7—3）规定焊接填充层焊道。填充层各层焊道焊接时，其

焊道接头应错开。每焊一层应改变焊接方向，从试件的另一端起焊，并采用月牙形或锯齿形运条法。各层间熔渣要认真清理，并控制层间温度。

焊至盖面层前最后一道填充层时，采用锯齿形运条法运条，控制焊道距焊件表面下凹0.5～1.0 mm。

（4）盖面焊用直径为4.0 mm的焊条，采用月牙形或8字形运条法运条，两侧稍作停留，以防止咬边。

（5）清理熔渣及飞溅物，并检查焊接质量，分析问题，总结经验。

5. 评分标准（见表1—7—3）

表1—7—3　　V形坡口平对接焊操作评分表

项目	分值	评分标准	得分	备注
正面焊缝余高 h	8	$0 \leqslant h \leqslant 3$ mm，超差不得分		
背面焊缝余高 h'	6	$0 \leqslant h' \leqslant 2$ mm，超差不得分		
正面焊缝余高差 h_1	8	$h_1 \leqslant 2$ mm，超差不得分		
正面焊缝每侧增宽	6	≤2.5 mm，超差不得分		
焊缝宽度差 c'	7	$c' \leqslant 2$ mm，超差不得分		
焊缝边缘直线度误差	5	≤2 mm，超差不得分		
焊后角变形 α	8	$\alpha < 3°$，超差不得分		
咬边	8	缺陷深度≤0.5 mm，超差不得分		
未焊透	8	出现未焊透不得分		
管子错边量	5	≤1 mm，超差不得分		
焊瘤	8	出现焊瘤不得分		
气孔	8	出现气孔不得分		
焊缝表面波纹细腻、均匀，成形美观	15	根据成形情况酌情扣分		
合计	100			

提示：

在焊接过程中，熔化金属流淌到焊缝之外，在未熔化的母材上形成的金属瘤称为焊瘤，如图1—7—12所示。焊接时，焊接接头根部未完全熔透的现象称为未焊透，如图1—7—13所示。

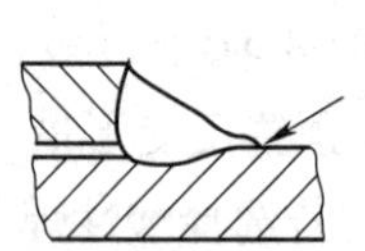
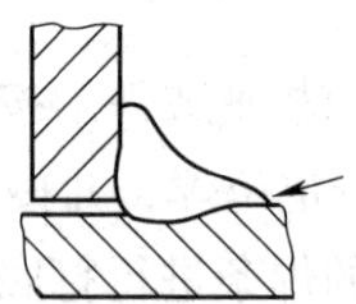
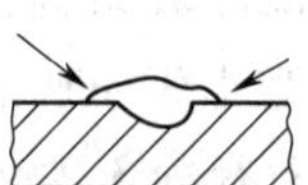

图1—7—12　焊瘤

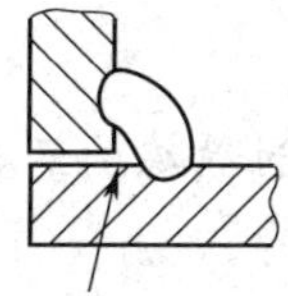
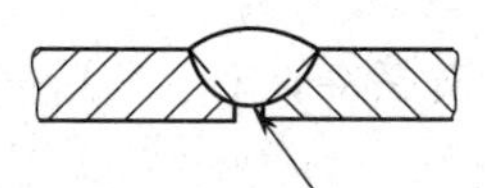
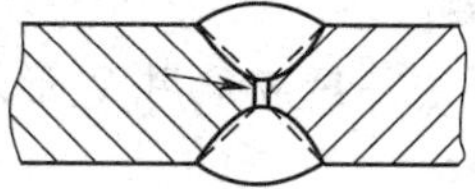

图 1—7—13　未焊透

课后练习

一、填空题

1. 焊接参数是指____________________总称。

2. 焊条电弧焊的焊接参数主要包括________、________、________、________、________、________。

3. 立焊有两种焊接方法，一种是________，另一种是________。目前使用最广泛的是________。

4. 采用小的焊接热输入，如________焊接电流、________焊接速度等，都可以减少焊接热影响区的尺寸。

5. 立焊所用焊条的直径最大不宜超过________ mm，横焊、仰焊时焊条直径不宜超过________ mm。

6. 选择焊接电流时应考虑________、________、________、________、________和________因素，其中主要的是________、________、________和________。

7. 短弧是指电弧长度为焊条直径的________倍。

8. 焊条电弧焊时，焊条直径大小的选择与________、________和________因素有关。

9. 选择焊接电流的主要依据是________、________、________及________。

10. 焊条电弧焊计算焊接电流的经验公式是________。

11. 焊条电弧焊的电弧电压主要由________决定。电弧________，电弧电压就越高；电弧________，电弧电压就越低。

二、判断题

1. 填充焊道应略向下凹，有利于盖面层的焊接。（　）

2. 填充焊前应对前一层焊缝仔细清渣，特别是死角处更要清理干净。（　）

3. 填充焊最后一层的焊缝高度，应低于母材 2 ~ 3 mm，可以熔化坡口两侧的棱边。（　）

4. 定位焊件时，不要在焊件上随意地引弧。（　）

5. 断弧焊法大多采用酸性焊条，是目前常用的一种打底焊方法。（　）

6. 连弧焊法是通过有节奏的燃弧—熔焊—熄弧，来获得焊缝背面成形。（　）

7. 连弧焊法要求焊接速度、坡口根部间隙和焊接电流等工艺参数相互匹配。（　）

8. 定位焊时电流应比正式焊时小 10% ~ 15%。（　）

9. 定位焊缝的裂纹、未焊透等缺陷不必铲除，熔焊时可以熔化掉。（　）

10. 打底层的焊接质量主要取决于熔孔的大小和间距。（　　）

三、选择题

1. 连弧焊法一般应采用 V 形坡口平对接焊，（　　），并通过熟练的运条就可以获得均匀的背面焊缝。

A. 较小的根部间隙　　B. 合适的焊接电流

C. 适宜的焊接速度　　D. 根部间隙、焊接电流和焊接速度三者配合

2. V 形坡口对接焊件其焊后角变形应控制在（　　）。

A. ≤3°　　B. >3°　　C. <3°

3. 平位单面焊双面成形的盖面焊时，采用（　　）运条法。

A. 直线形　　B. 直线往复形　　C. 锯齿形

4. 连续焊法操作有两种：一种为焊条做往复运条；另一种为焊条（　　）运条。

A. 做 U 形　　B. 划圆圈形　　C. 直线形

5. 平位单面焊双面成形焊道背面高（　　）mm 为宜。

A. 0.5～1　　B. 2～3　　C. 3～4

6. 平焊位置单面焊双面成形的焊缝接头，应在熔池的（　　）处引燃电弧。

A. 弧坑　　B. 前方 10～20 mm　　C. 后方 10～20 mm

四、简答题

1. 焊条电弧焊的焊接参数主要包括哪些？

2. 在实际生产中，可根据哪几点来判断选择的电流是否合适？

3. 什么是正接和反接？

课题 8　管管对接水平转动焊

学习目标

1. 了解水平转动管焊的概念，掌握水平转动管焊定位焊的方法。
2. 能合理选择水平转动管焊的焊接参数。
3. 掌握连弧焊和灭弧焊的操作方法。
4. 掌握运用月牙形或横向锯齿形运条法进行填充、盖面焊的操作方法。

一、焊接缺陷的分类

焊接过程中在焊接接头中产生的金属不连续、不致密或连接不良的现象称为焊接缺陷。焊接缺陷的种类很多，按其在焊缝中的位置不同，可分为外部缺陷和内部缺陷两大类。

1. 外部缺陷

外部缺陷位于焊缝外表面，用肉眼或低倍放大镜就可以看到。如焊缝形状尺寸不符合要求、咬边、焊瘤、烧穿、凹坑与弧坑、表面气孔和表面裂纹等。

2. 内部缺陷

内部缺陷位于焊缝内部，这类缺陷可用无损探伤检验或破坏性检验方法来发现。如未焊透、未熔合、夹渣、内部气孔和内部裂纹等。

金属熔焊焊缝缺陷按 GB/T 6417. 1—2005《金属熔化焊接头缺欠分类及说明》规定，可分为 6 大类，即裂纹、孔穴（气孔、缩孔）、固体夹渣、未熔合和未焊透、形状缺陷（如咬边、下塌、焊瘤等）及其他缺陷。

二、焊接缺陷的危害

焊接接头中的缺陷不仅破坏了接头的连续性，而且还引起了应力集中，缩短结构使用寿命，严重的甚至会导致结构的脆性破坏，危及生命财产安全。焊接缺陷的危害主要是以下两个方面：

1. 引起应力集中

在焊接接头中，凡是结构截面有突变的部位，其应力的分布就特别不均匀，在某点的应力值可能比平均应力值大许多倍，这种现象称为应力集中。在焊缝中存在的焊接缺陷是产生应力集中的主要原因。如焊缝中的咬边、未焊透、气孔、夹渣、裂纹等，不仅减小了焊缝的有效承载截面积，削减了焊缝的强度，更严重的是在焊缝或焊缝附近造成缺口，由此而产生很大的应力集中。当应力值超过缺陷前端部位金属材料的抗拉强度时，材料就开裂，接着新开裂的端部又产生应力集中，使原缺陷不断扩展，直至产品破裂。

2. 造成脆断

从国内外大量脆性事故的分析中可以发现，脆断部位是从焊接接头中的缺陷开始的。这是一种很危险的破坏形式。因为脆性断裂是结构在没有塑性变形情况下产生的快速突发性断裂，其危害性很大。防止结构脆断的重要措施之一就是尽量避免和控制焊接缺陷。

焊接结构中危害性最大的缺陷是裂纹和未熔合等。

三、焊接缺陷产生的原因及防止措施

1. 焊缝形状尺寸不符合要求

焊缝形状及尺寸不符合要求主要是指焊缝外形高低不平，波形粗劣；焊缝宽窄不均，太宽或太窄；焊缝余高过高或高低不均；角焊缝焊脚不均以及变形较大等，如图 1—8—1 所示。

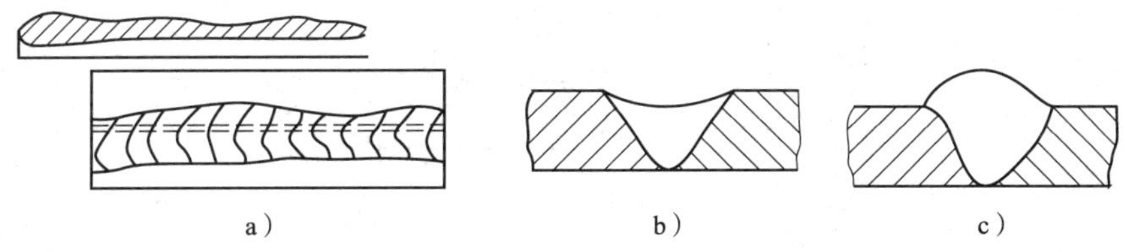

图 1—8—1　焊缝形状及尺寸不符合要求

a）焊缝高低不平，宽窄不均，波形粗劣　b）焊缝低于母材　c）余高过高

焊缝宽窄不均，除了造成焊缝成形不美观外，还影响焊缝与母材的结合强度；焊缝余高太高，使焊缝与母材交界突变，形成应力集中，而焊缝低于母材，就不能得到足够的接

头强度；角焊缝的焊脚不均，且无圆角过渡也易造成应力集中。

(1) 产生原因

主要是由于焊接坡口角度不当或装配间隙不均匀、焊接电流过大或过小、运条速度或手法不当以及焊条角度选择不合适。埋弧焊主要是由于焊接参数选择不当。

(2) 防止措施

选择正确的坡口角度及装配间隙；正确选择焊接参数；提高焊工操作技术水平，正确地掌握运条手法和速度，随时适应焊件装配间隙的变化，以保持焊缝的均匀。

2. 咬边

由于焊接参数选择不当或操作方法不正确，沿焊趾的母材部位产生的沟槽或凹陷称为咬边，如图 1—8—2 所示。

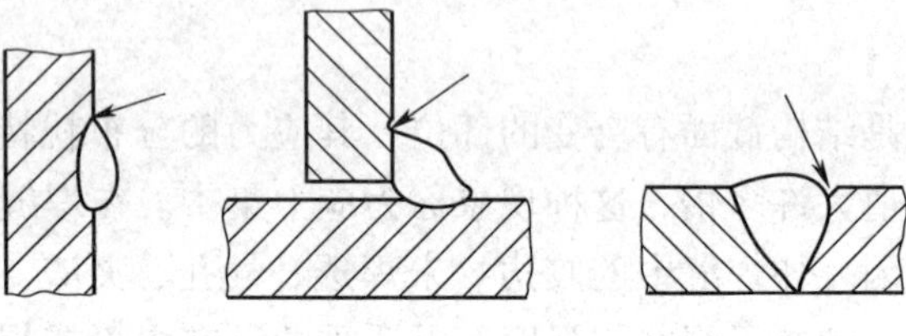

图 1—8—2　咬边

咬边减少了母材的有效面积，降低了焊接接头强度，并且在咬边处形成应力集中，容易引发裂纹。

(1) 产生原因

主要是由于焊接电流过大以及运条速度不合适；角焊时焊条角度或电弧长度不适当；埋弧焊时焊接速度过快等。

(2) 防止措施

选择适当的焊接电流、保持运条均匀；角焊时焊条要采用合适的角度和保持一定的电弧长度；埋弧焊时要正确选择焊接参数。

3. 焊瘤

焊瘤是焊接过程中，熔化金属流淌到焊缝之外未熔化的母材上所形成的金属瘤，如图 1—8—3 所示。

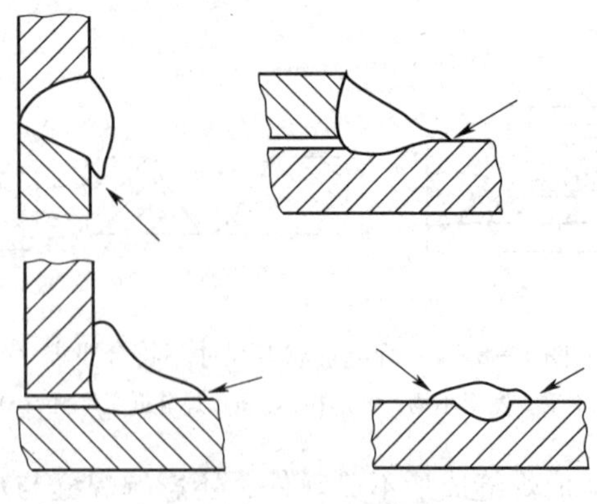

图 1—8—3　焊瘤

焊瘤不仅影响了焊缝的成形，而且在焊瘤的部位往往还存在着夹渣和未焊透。

（1）产生原因

主要是由于焊接电流过大，焊接速度过慢，引起熔池温度过高，液态金属凝固较慢，在自重作用下形成。操作不熟练和运条不当，也易产生焊瘤。

（2）防止措施

提高操作技术水平，选用正确的焊接电流，控制熔池的温度。使用碱性焊条时宜采用短弧焊接，运条方法要正确。

4. 凹坑与弧坑

凹坑是焊后在焊缝表面或背面形成的低于母材表面的局部低洼部分。弧坑是在焊缝收弧处产生的下陷部分，如图1—8—4所示。

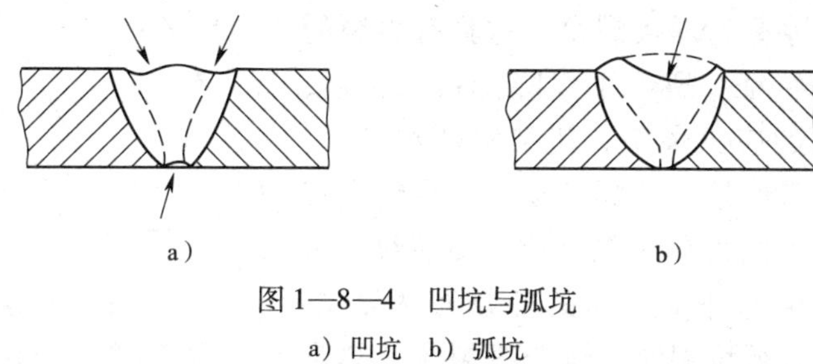

图1—8—4　凹坑与弧坑

a）凹坑　b）弧坑

凹坑与弧坑使焊缝的有效断面减小，削弱了焊缝强度。对弧坑来说，由于杂质的集中，会导致产生弧坑裂纹。

（1）产生原因

主要是由于操作技能不熟练，电弧拉得过长；焊接表面焊缝时，焊接电流过大，焊条又未适当摆动，熄弧过快；过早进行表面焊缝焊接或中心偏移等都会导致凹坑；埋弧焊时，导电嘴压得过低，造成导电嘴粘渣，也会使表面焊缝两侧凹陷等。

（2）防止措施

提高焊工操作技能；采用短弧焊接；填满弧坑，如焊条电弧焊时，焊条在收弧处做短时间的停留或做几次环形运条；使用收弧板；CO_2气体保护焊时，选用有“火口处理”（弧坑处理）装置的焊机。

5. 下塌与烧穿

下塌是指单面熔焊时，由于焊接工艺不当，造成焊缝金属过量而透过背面，使焊缝正面塌陷、背面凸起的现象。烧穿是在焊接过程中，熔化金属自坡口背面流出，形成穿孔的缺陷，如图1—8—5所示。

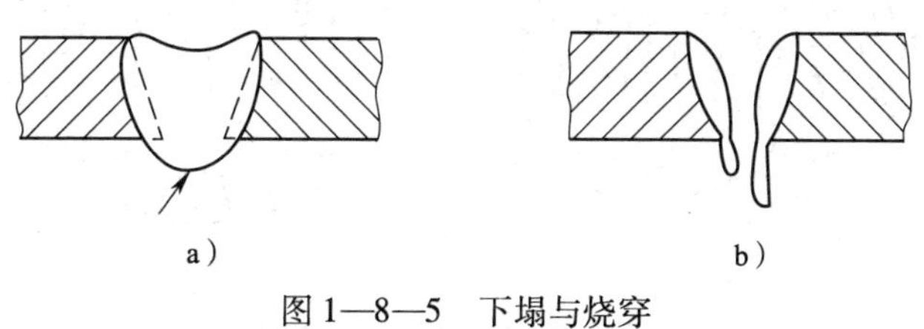

图1—8—5　下塌与烧穿

a）下塌　b）烧穿

下塌和烧穿是在焊条电弧焊和埋弧焊中常见的缺陷，前者削弱了焊接接头的承载能力；后者则是使焊接接头完全失去了承载能力，是一种绝对不允许存在的缺陷。

（1）产生原因

主要是由于焊接电流过大，焊接速度过慢，使电弧在焊缝处停留时间过长；装配间隙太大，也会产生上述缺陷。

（2）防止措施

正确选择焊接电流和焊接速度；减少熔池高温停留时间；严格控制焊件的装配间隙。

6. 裂纹

在焊接应力及其他致脆因素共同作用下，焊接接头局部地区的金属原子结合力遭到破坏而形成的新界面所产生的缝隙称为焊接裂纹。它具有尖锐的缺口和大的长宽比特征。裂纹不仅降低接头强度，而且还会引起严重的应力集中，使结构断裂破坏。所以裂纹是一种危害性最大的焊接缺陷。裂纹按其产生的温度和原因不同可分为热裂纹、冷裂纹、再热裂纹等。按其产生的部位不同又可分为纵裂纹、横裂纹、焊根裂纹、弧坑裂纹、熔合线裂纹及热影响区裂纹等，如图1—8—6所示。

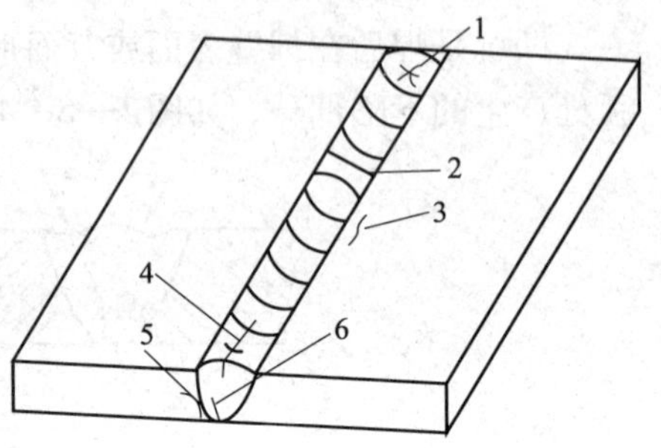

图1—8—6　各种部位焊接裂纹

1—弧坑裂纹　2—横裂纹　3—热影响区裂纹　4—纵裂纹　5—熔合线裂纹　6—焊根裂纹

（1）热裂纹

焊接过程中，焊缝和热影响区金属冷却到固相线附近的高温区产生的裂纹称为热裂纹。

1）产生原因。由于焊接熔池在结晶过程中存在着偏析现象，偏析出的物质多为低熔点共晶和杂质。在开始冷却结晶时，晶粒刚开始生成，如图1—8—7a所示，液态金属比较多，流动性比较好，可以在晶粒间自由流动，而由焊接拉应力造成的晶粒间的间隙都能被液态金属所填满，所以不会产生热裂纹。当温度继续下降，柱状晶体继续生长。由于低熔点共晶的熔点低，往往是最后结晶，在晶界以“液体夹层”形式存在，如图1—8—7b所示，这时焊接应力已增大，被拉开的“液体夹层”产生的间隙已没有足够的低熔点液态金属来填充，因而就形成了裂纹。

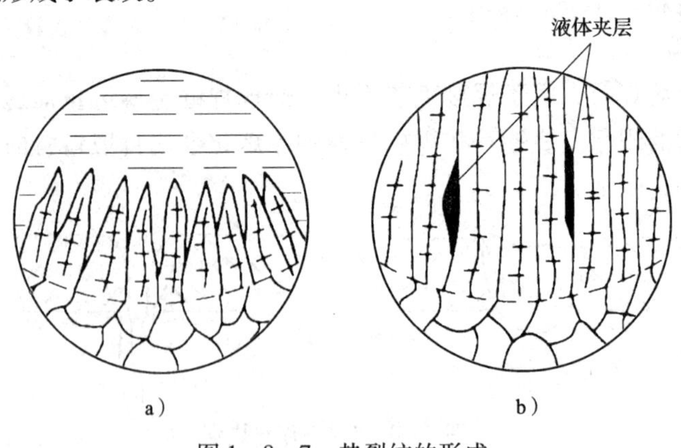

图1—8—7　热裂纹的形成

a）结晶初期　b）结晶后期

因此，热裂纹可看成是焊接拉应力和低熔点共晶两者共同作用而形成的，增大任何一个方面的作用，都可能促使在焊缝中形成热裂纹。

2）热裂纹的特征

①热裂纹多贯穿在焊缝表面，并且断口被氧化，呈氧化色。一般热裂纹宽度为0.05～0.5 mm，末端略呈圆形。

②热裂纹大多产生在焊缝中，有时也出现在热影响区。

③热裂纹的微观特征一般是沿晶界开裂，故又称晶间裂纹。

3）防止措施。热裂纹的产生与冶金因素和力学因素有关，故防止热裂纹主要从以下几方面来考虑：

①限制钢材和焊材中的硫、磷等元素含量。如焊丝中的硫、磷的含量一般应小于0.04%。焊接高合金钢时要求硫、磷的含量必须限制在0.03%以下。

②降低含碳量。从实践可知，当焊缝金属中的含碳量小于0.15%时产生裂纹的倾向很少。一般碳钢焊丝含碳量控制在0.11%以下。

③改善熔池金属的一次结晶。由于细化晶粒可以提高焊缝金属的抗裂性，所以广泛采用向焊缝中加入细化晶粒的元素，如钛、铝、锆、硼或稀土金属铈等，进行变质处理。

④控制焊接参数。适当提高焊缝成形系数，采用多层多道焊，避免偏析集中在焊缝中心，防止中心线裂纹。

⑤采用碱性焊条和焊剂。由于碱性焊条和焊剂脱硫能力强，脱硫效果好，抗热裂性能好，生产中对于热裂纹倾向较大的钢材，一般都采用碱性焊条和焊剂进行焊接。

⑥采用适当的断弧方式。断弧时采用收弧板或逐渐断弧，填满弧坑，以防止产生弧坑裂纹。

⑦降低焊接应力。采取降低焊接应力的各种措施，如焊前预热、焊后缓冷等。

（2）冷裂纹

焊接接头冷却到较低温度，对钢来说，马氏体转变开始温度以下时产生的焊接裂纹属于冷裂纹。

冷裂纹和热裂纹不同，它是在焊接后较低的温度下产生的，冷裂纹可以在焊后立即出现，也可能经过一段时间（几小时、几天，甚至更长）才出现。这种滞后一段时间出现的冷裂纹称为延迟裂纹，它是冷裂纹中比较普遍的一种形态，它的危害性比其他形态的裂纹更为严重。冷裂纹有焊道下冷裂纹、焊趾冷裂纹和焊根冷裂纹三种形式，如图1—8—8所示。

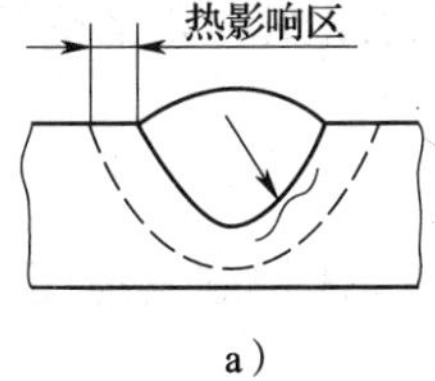

a）

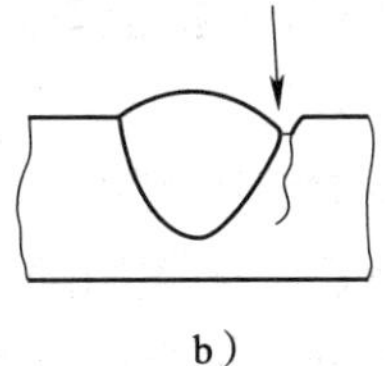
b）

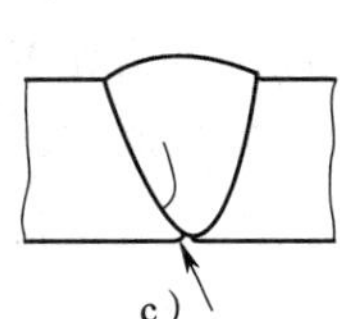
c）

图1—8—8　冷裂纹

a）焊道下冷裂纹　b）焊趾冷裂纹　c）焊根冷裂纹

1）产生原因。冷裂纹主要发生在中碳钢、高碳钢、低合金或中合金高强度钢中。产生冷裂纹的主要原因有三个方面，即钢的淬硬倾向、焊接应力、较多的氢的存在和聚集。这三个因素共同存在时，就容易产生冷裂纹。一般钢的淬硬倾向越大，焊接应力越大，氢的聚集越多，越易产生冷裂纹。在许多情况下，氢是诱发冷裂纹的最活跃的因素。下面简要分析氢引起冷裂纹的机理。

在焊接过程中，高温的焊缝金属中存在较多的氢，由于焊缝金属含碳量通常较母材低，从铁碳合金相图可知，冷却时焊缝金属较热影响区先发生相变，由奥氏体转变为铁素体、珠光体等。由于氢在奥氏体中的溶解度较铁素体大，所以相变时，氢的溶解度突然降低，氢就会迅速从焊缝越过熔合线向热影响区扩散，又由于氢在奥氏体中的扩散速度较小，因此，氢不能很快扩散到距熔合线较远的母材中去，而在熔合线附近形成富氢带。在随后的冷却过程中，热影响区的奥氏体将转变为马氏体，氢便以过饱和状态残存在马氏体中。当热影响区存在显微缺陷时，氢便会在这些缺陷处聚集，并由原子状态转变为分子状态，造成很大的局部应力，再加上焊接应力的作用，促使显微缺陷扩大，从而形成裂纹。氢引起冷裂纹的机理如图 1—8—9 所示。

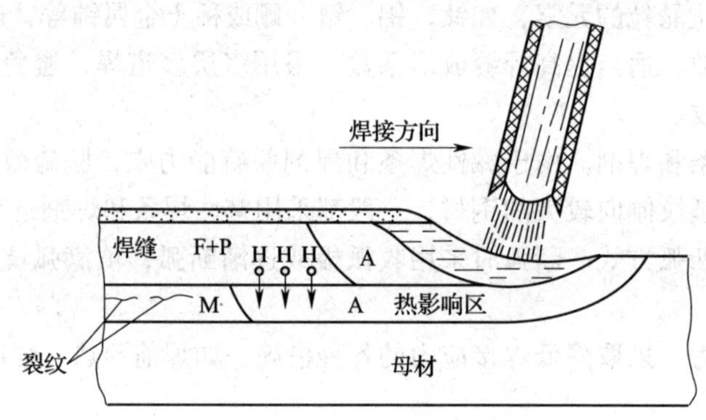

图 1—8—9　氢引起冷裂纹

2）冷裂纹的特征

①冷裂纹的断裂表面没有氧化色彩，这表明冷裂纹与热裂纹不一样，它是在较低温度下产生的（300℃以下）。

②冷裂纹多产生在热影响区或热影响区与焊缝交界的熔合线上，但也有可能产生在焊缝上。

③冷裂纹一般为穿晶裂纹，少数情况下也可能沿晶界发生。

3）防止措施。防止冷裂纹主要从降低扩散氢含量、改善组织和降低焊接应力等几个方面来解决，具体措施如下：

①选用碱性低氢型焊条，可减少焊缝中的氢。

②焊条和焊剂应严格按规定进行烘干，随用随取。保护气体控制其纯度，严格清理焊丝和工件坡口两侧的油污、铁锈、水分，控制环境湿度等。

③改善焊缝金属的性能，加入某些合金元素以提高焊缝金属的塑性，例如，使用新结507MnV 焊条，可提高焊缝金属的抗冷裂能力。此外，采用奥氏体组织的焊条焊接某些淬

硬倾向较大的低合金高强度钢，可有效地避免冷裂纹的产生。

④正确地选择焊接工艺参数，采取预热、缓冷、后热以及焊后热处理等工艺措施，以改善焊缝及热影响区的组织、去氢和消除焊接应力。

⑤改善结构的应力状态，降低焊接应力等。

7. 气孔

焊接时，熔池中的气泡在凝固时未能及时逸出而残留下来所形成的孔穴叫作气孔。产生气孔的气体主要有氢气、氮气和一氧化碳。气孔有球形、条虫状和针状等多种形状。气孔有时是单个分布的，有时是密集分布的，也有连续分布的，如图 1—8—10a、b 所示。气孔有时在焊缝内部，有时暴露在焊缝外部，如图 1—8—10c、d 所示。

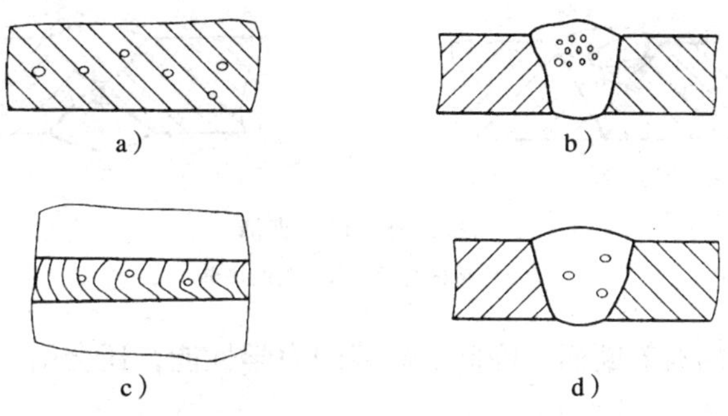

图 1—8—10 焊缝中的气孔

a）连续气孔 b）密集气孔 c）外部气孔 d）内部气孔

气孔的存在会削弱焊缝的有效工作断面，造成应力集中，降低焊缝金属的强度和塑性，尤其是冲击韧度和疲劳强度降低得更为显著。

（1）产生原因

焊接时，高温的熔池内存在着各种气体，一部分是能溶解于液态金属中的氢气和氮气，氢和氮在液、固态焊缝金属中的溶解度差别很大，高温液态金属中的溶解度大，固态焊缝中的溶解度小；另一部分是冶金反应产生的不溶于液态金属的一氧化碳等。焊缝结晶时，由于溶解度突变，熔池中就有一部分超过固态溶解度的多余的氢、氮。这些多余的氢、氮与不溶解于熔池的一氧化碳就要从液体金属中析出形成气泡上浮，由于焊接熔池结晶速度快，气泡来不及逸出而残留在焊缝中形成了气孔。

1）氢气孔。焊接低碳钢和低合金钢时，氢气孔主要发生在焊缝的表面，断面为螺钉状，从焊缝的表面上看呈喇叭口形，气孔的内壁光滑。有时氢气孔也会出现在焊缝的内部，呈小圆球状。焊接铝、镁等有色金属时，氢气孔主要发生在焊缝的内部。

2）氮气孔。氮气孔大多发生在焊缝表面，且成堆出现，呈蜂窝状。一般发生氮气孔的机会较少，只有在熔池保护条件较差，较多的空气侵入熔池时才会发生。

3）一氧化碳气孔。焊接熔池中产生一氧化碳的途径有两个：一是碳被空气中的氧直接氧化而成；另一个是碳与熔池中 FeO 反应生成。一氧化碳气孔主要发生在碳钢的焊接中，这类气孔在多数情况下存在于焊缝的内部，气孔沿结晶方向分布，呈条虫状，表面光滑。

(2) 防止气孔的措施

1) 焊前将焊丝和焊接坡口及其两侧 20 ~ 30 mm 范围内的焊件表面清理干净。

2) 焊条和焊剂按规定进行烘干，不得使用药皮开裂、剥落、变质、偏心或焊芯锈蚀的焊条。气体保护焊时，保护气体纯度应符合要求，并注意防风。

3) 选择合适的焊接参数。

4) 碱性焊条施焊时应采用短弧焊，并采用直流反接。

5) 若发现焊条偏心要及时调整焊条角度或更换焊条。

8. 夹渣

夹渣是指焊后残留在焊缝中的熔渣，如图 1—8—11 所示。

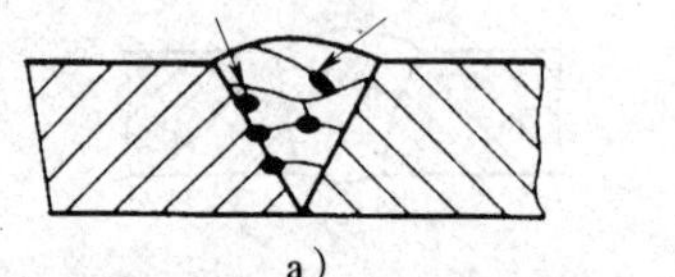

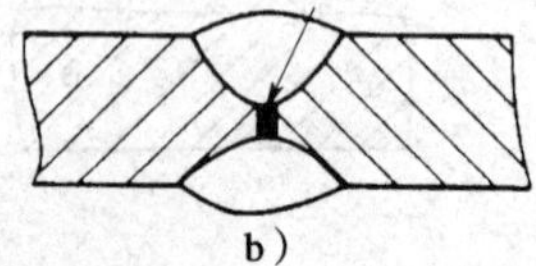

图 1—8—11 夹渣
a) 单面焊缝 b) 双面焊缝

夹渣削弱了焊缝的有效断面，降低了焊缝的力学性能，还会引起应力集中，易使焊接结构在承载时遭受破坏。

(1) 产生原因

主要是由于焊件边缘及焊道、焊层之间清理不干净；焊接电流太小，焊接速度过大，使熔渣残留下来而来不及浮出；运条角度和运条方法不当，使熔渣和铁液分离不清，以致阻碍了熔渣上浮等。

(2) 防止措施

采用具有良好工艺性能的焊条；选择适当的焊接参数；焊前、焊间要做好清理工作，清除残留的锈皮和熔渣；操作过程中注意熔渣的流动方向，调整焊条角度和运条方法，特别是在采用酸性焊条时，必须使熔渣在熔池的后面，若熔渣流到熔池的前面，就很容易产生夹渣。

9. 未焊透

未焊透是焊接时接头根部未完全熔透的现象，对于对接焊缝也指焊缝厚度未达到设计要求的现象，如图 1—8—12 所示。根据未焊透产生的部位，可分为根部未焊透、边缘未焊透、中间未焊透和层间未焊透等。

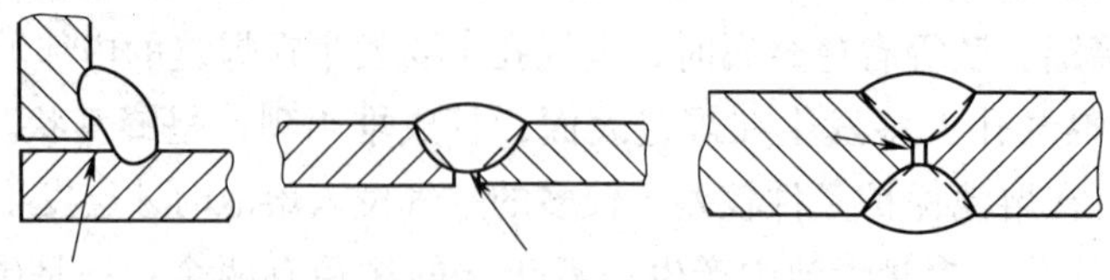

图 1—8—12 未焊透

未焊透是一种比较严重的焊接缺陷，它使焊缝的强度降低，引起应力集中。因此重要的焊接接头不允许存在未焊透。

（1）产生原因

主要是由于焊接坡口钝边过大，坡口角度太小，装配间隙太小；焊接电流过小，焊接速度太快，使熔深浅，边缘未充分熔化；焊条角度不正确，电弧偏吹，使电弧热量偏于焊件一侧；层间或母材边缘的铁锈或氧化皮及油污等未清理干净。

（2）防止措施

正确选用坡口形式及尺寸，保证装配间隙；正确选用焊接电流和焊接速度；认真操作，防止焊偏，注意调整焊条角度，使熔化金属与基本金属充分熔合。

10. 未熔合

未熔合是指熔焊时，焊道与母材之间或焊道与焊道之间未完全熔化结合的部分，如图1—8—13所示。对于电阻点焊，母材与母材之间未完全熔化结合的部分，也称为未熔合。未熔合直接降低了接头的力学性能，严重的未熔合会使焊接结构无法承载。

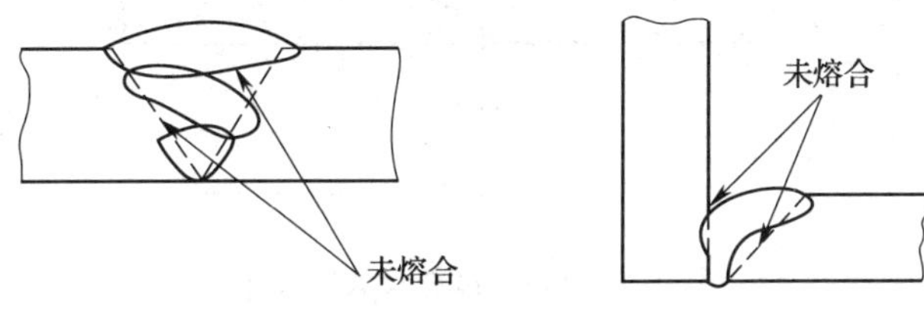

图1—8—13　未熔合

（1）产生原因

主要是由于焊接热输入太低；焊条、焊丝或焊炬火焰偏于坡口一侧，使母材或前一层焊缝金属未得到充分熔化就被填充金属覆盖；坡口及层间清理不干净；单面焊双面成形焊接时第一层的电弧燃烧时间短等。

（2）防止措施

焊条、焊丝和焊炬的角度要合适，运条摆动应适当，要注意观察坡口两侧熔化情况；选用稍大的焊接电流和火焰能率，焊接速度不宜过快，使热量增加足以熔化母材或前一层焊缝金属；发生电弧偏吹应及时调整角度，使电弧对准熔池；加强坡口及层间清理。

11. 夹钨

钨极惰性气体保护焊时，由钨极进入到焊缝中的钨粒称为夹钨。

（1）产生原因

主要是由于焊接电流过大或钨极直径太小时，钨极端部强烈地熔化烧损；氩气保护不良引起钨极烧损；炽热的钨极触及熔池或焊丝而产生的飞溅等。

（2）防止措施

根据工件的厚度选择相应的焊接电流和钨极直径；使用符合标准要求纯度的氩气；施焊时，采用高频振荡器引弧，在不妨碍操作的情况下，尽量采用短弧，以增强保护效果；操作要仔细，不使钨极触及熔池或焊丝产生飞溅；经常修磨钨极端部。

四、技能操作——管管对接水平转动焊

1. 水平转动管焊操作要点

管子水平转动，需借助于可调速的转动装置或手动转动装置来实现，以保证管子外壁

的线速度与焊接速度相同。施焊时，焊接位置应为上坡焊（通常位于时钟一点半位置），因它具有立焊时铁液与熔渣容易分离的优点，又有平焊时易操作的优点。

大直径管对接U形坡口水平转动焊单面焊双面成形操作要领及注意事项如下：

（1）试件尺寸及要求

1）试件材料为20钢。

2）试件及坡口尺寸如图1—8—14所示。

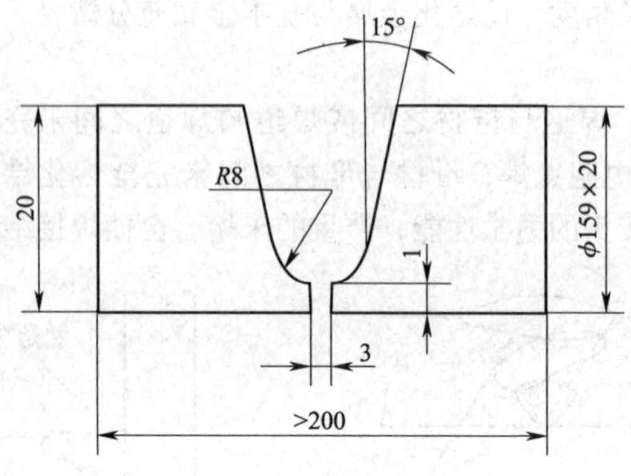

图1—8—14　试件及坡口尺寸

3）焊接位置为管子水平转动。

4）焊接材料为E5015或E4315焊条。

5）焊机为ZX5—400型或ZX7—400型。

（2）试件装配

1）清除管子坡口面及其端部内外表面两侧20 mm范围内的油、锈及其他污物，至露出金属光泽。

2）置试件于图1—8—15所示的装配胎具上进行装配和定位焊。

装配间隙为3 mm，钝边为1 mm。

定位焊为二点定位，定位焊缝位置如图1—8—16所示，采用与试件相同牌号焊条进行定位焊，定位焊缝长度为10 ~ 15 mm，应保证焊透和无缺陷，其两端应预先打磨成斜坡以便接头。

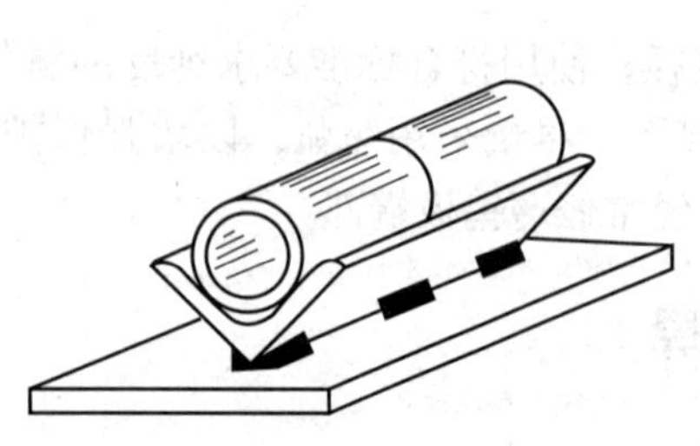

图1—8—15　管子对接试件装配胎具

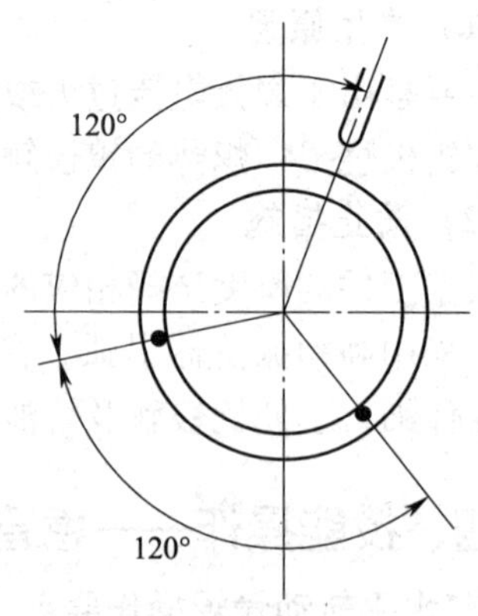

图1—8—16　起焊时定位焊缝位置

错边量≤2 mm。

2. 焊接工艺参数（见表1—8—1）

表1—8—1　　大直径管水平转动焊接工艺参数

焊接层次	焊条直径（mm）	焊接电流（A）
打底焊	3.2	70～90
填充焊	4	130～160
盖面焊	4	160～200

3. 注意事项

管子水平转动对接焊是管子对接焊中最易操作的一种焊接位置，易保证质量，生产率也较高，但它受工件形式和施工条件的限制，应用范围较小。本实例的管径和壁厚较大，故其熔池温度更易控制，操作难度不大。

（1）打底焊

其焊缝表面应平滑，不能过高和在两侧形成沟槽，背面成形好，保证根部焊透，防止烧穿和产生焊瘤。

打底焊道可采用连弧法也可采用断弧法焊接，本实例采用断弧两点击穿法：先在坡口内引弧，并用长弧对始焊部位稍加预热，然后压低电弧，使焊条在两钝边间做轻微摆动。当钝边熔化的铁水与焊条金属熔滴连在一起，并听到“噗噗”声时，形成第一个熔池后灭弧。这时在第一个熔池前端形成熔孔，并使其向坡口根部两侧各深入0.5～1 mm。然后采用两点击穿法：给左侧钝边一滴铁液，再给右侧钝边一滴铁液，依次循环。操作要领有以下四点：

一看：要注意观察熔池状态和熔孔大小，熔池应清晰明亮，熔孔大小应保持一致，并使熔孔向试件两侧各深入0.5～1 mm。

二听：要注意听有无电弧击穿发出的“噗噗”声，否则就会产生未焊透。

三准：接弧位置要准确，每次接弧时的焊条中心都要对准熔池前端与母材交界处，如图1—8—17所示。当听到“噗噗”声时，向熔池后方迅速灭弧，灭弧要干脆利落，不要拉长弧，才能保护熔池，减少产生气孔的机会。

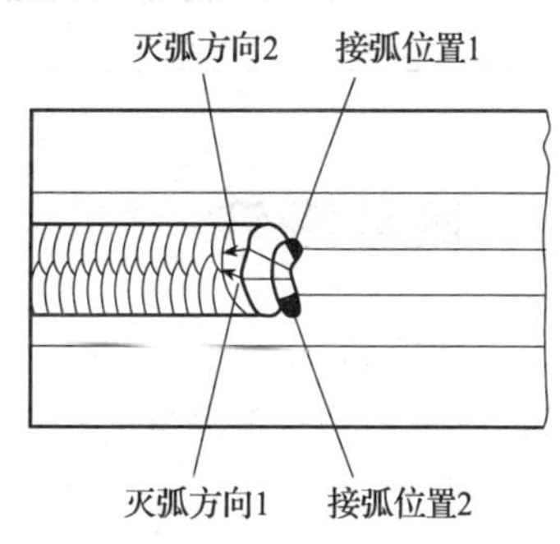

图1—8—17　接弧位置与灭弧方向

四短：灭弧与接弧的时间间隔要短；否则易产生冷缩孔和熔合不良。灭弧频率以50～60次/min为宜。

中间更换焊条的接头方法与连弧时基本相同，参照V形坡口平对接。

打底焊缝接头的封闭方法：应将焊缝的始端打磨成斜坡，当与焊缝末端封闭时，将电弧稍向坡口内压送，并稍作停顿，待根部熔透超过焊缝始端约10 mm，填满弧坑熄弧。

（2）填充焊

其操作要点基本与V形坡口平对接的填充焊方法相同，由于本试件厚度较大，焊接层数和道数较多，所以必须认真清除焊层间与焊道间的熔渣和飞溅，修平它们间凹凸处与接头处缺陷。运条方法可采用月牙形，焊条摆动到坡口两侧时，要稍作停顿。整个填充层焊缝高度应低于母材，最好略呈凹形，以利盖面层焊接。

(3) 盖面焊

其操作要点也基本与V形坡口平对接的盖面方法相同，为使盖面层成形美观，也可采用下坡焊的方法进行。

4. 评分标准（见表1—8—2）

表1—8—2　　水平转动管焊操作评分表

项目	分值	评分标准	得分	备注
焊缝每侧增宽	10	0.5～1.5 mm，每超差一处扣5分		
焊缝宽度差 c'	8	$c' \leqslant 1.5$ mm，每超差一处扣4分		
焊缝余高 h	10	$h=0\sim3$ mm，每超差一处扣5分		
焊缝余高差 h'	8	$h' \leqslant 2$ mm，每超差一处扣4分		
直线度	8	1.5 mm，超差不得分		
咬边	8	深度≤0.5 mm，长度≤15 mm，每超差一处扣4分		
气孔	10	每出现一处扣5分		
夹渣	8	每出现一处扣4分		
焊瘤	10	每出现一处扣5分		
未熔合	10	出现不得分		
未焊透	10	出现不得分		
合计	100			

课后练习

一、填空题

1. 焊缝的内部缺陷有________、________、________、________和________等。

2. 焊缝的外部缺陷有________、________、________、________、________、________和________等。

3. 在沿焊趾的母材部位，咬边不仅减弱母材的有效面积，降低了焊接接头强度，而且在咬边处受载易产生________从而引发裂纹。

4. 焊接接头产生咬边的原因主要是________过大，________不适当，焊条角度不正确，运条方法不当等。

5. 焊瘤不仅影响焊缝的成形，而且在焊瘤的部位往往还存在________和________的缺陷。

6. 焊接结构中，焊接缺陷的危害主要有________和________两个方面。危害性最大的缺陷是________和________等。

7. 焊缝形状及尺寸不符合要求主要表现在________、________、________、________、________等方面。

8. 焊缝余高过高，使焊缝与母材交界处突变，容易形成________。

9. 凹坑是焊后在焊缝________或________形成低于母材表面的局部低洼部分。弧坑是在________产生的下陷部分。

10. 弧坑使焊缝的有效断面减小，削弱了焊缝________，杂质的集中，还会导致产生________裂纹。

11. 下塌是指单面熔焊时，造成焊缝金属过量而透过背面，使焊缝正面________，背面凸起的现象。

12. 烧穿是指在焊接过程中，熔化金属自坡口背面流出，形成________的缺陷。

13. 未焊透是焊接时接头根部未完全________的现象，对于对接焊缝也指________未达到设计要求的现象。根据未焊透产生的部位，可分为________、________、________和________等。

14. 未焊透产生的原因主要是焊接电流________，焊接速度过快；________角度过小；装配间隙________或________过大等。

15. 熔焊时，在焊道与母材之间或焊道与焊道之间未完全________结合的部分称为未熔合。未熔合直接降低了焊接接头的________性能，严重的未熔合会使焊接结构无法承载。

16. 焊后残留在焊缝中的熔渣叫________。钨极惰性气体保护焊时，由钨极进入到焊缝中的钨粒称为________。

17. 容易在焊缝中形成气孔的主要气体是________、________、________。

18. 气孔按其形状可分为________、________和________等。

19. 气孔按其分布可分为________、________、________等。气孔按其产生部位可分为________________和________。

20. 气孔的存在会削弱焊缝的________，造成________，降低焊缝金属的________，尤其是________和________降低得更为显著。

21. 采用直流弧焊电源时，选择________可减少气孔的形成。

22. 根据产生的温度和原因不同，可以将焊接裂纹分为________、________、________、________等。

23. 产生冷裂纹的主要原因是________和________。

24. 产生热裂纹的原因是________和________。

25. ________裂纹在裂纹断面上可以出现明显的氧化色彩，从晶体结构上看裂纹都发生在晶界。

26. 重要的焊接结构应采用________焊条或焊剂，这样可以有效地控制有害杂质，防止热裂纹的产生或减小产生热裂纹的倾向。

27. 氢对焊接区的危害除产生气孔外，主要是在热影响区产生________。

28. 冷裂纹主要发生在________钢、________钢及合金结构钢的焊接接头中，特别容易出现在________区内。

29 ____________________________称为焊接裂纹，它具有________和________特征。

二、判断题

1. 夹钨在射线探伤底片上的特征是黑度较大的不规则影像。（ ）

2. 焊缝返修工作应在焊后热处理后进行，这样有利于降低焊接应力。（ ）

3. 冷裂纹主要发生在中碳钢、高碳钢、低合金或中合金高强度钢中。（ ）

4. 焊前预热，焊后缓冷，可防止产生热裂纹和冷裂纹。（ ）

5. 焊接裂纹是焊接结构中最危险的一种焊接缺陷。（ ）

6. 选择合适的焊接参数，适当提高焊缝成形系数，采用多层、多道焊法，能防止热裂纹的产生。（ ）

7. 为了防止产生冷裂纹，必须设法增加拉应力与应变的集中。（ ）

8. 焊接过程中，母材的淬硬倾向越大，焊接接头越易产生冷裂纹。（ ）

9. 焊缝的余高越高，连接强度越大，因此余高越高越好。（ ）

10. 焊缝的余高太高，易在焊趾处产生应力集中，所以余高不能太高，但也不能低于母材金属。（ ）

11. 焊前对施焊部位进行除污、除锈等是为了防止产生夹渣、气孔等缺陷。（ ）

12. 气孔是在焊接过程中，熔池中的气泡在凝固时未能及时逸出而残留下来所形成的孔穴。（ ）

13. 咬边就是由于填充金属不足，在焊缝表面形成的连续或断续的沟槽。（ ）

三、选择题

1. 焊条电弧焊时采取（ ）的措施可以减少气孔的产生。

A. 减小焊接电流　B. 提高焊接速度　C. 降低焊接速度　D. 严格烘干焊条

2. 在多层焊或多层多道焊时，若焊道、焊层之间清理不干净或运条方法不当时，则焊缝容易产生（ ）的缺陷。

A. 气孔　B. 夹渣　C. 咬边

3. （ ）将会产生烧穿的缺陷。

A. 焊接速度太快　B. 坡口钝边太大　C. 焊接电流太大　D. 焊件装配间隙太小

4. 焊件的坡口钝边如太大，在焊接时易产生（ ）的缺陷。

A. 焊瘤　B. 夹渣　C. 咬边　D. 未焊透

四、简答题

1. 什么是焊接缺陷？焊接缺陷是如何分类的？有何危害？

2. 夹渣产生的原因是什么？防止措施有哪些？

3. 热裂纹有何特点？产生的原因是什么？防止措施有哪些？

4. 气孔产生的原因是什么？防止措施有哪些？

5. 未焊透、未熔合产生的原因各是什么？防止措施有哪些？

模块二 CO_2气体保护焊

课题1　CO_2 气体保护焊设备操作

1. 了解 CO_2 气体保护焊的工作原理和分类。
2. 熟悉 CO_2 气体保护焊设备的使用。
3. 了解 CO_2 气体保护焊的工具及正确使用方法。

一、气体保护焊概述

气体保护电弧焊（简称气体保护焊）是用外加气体作为电弧介质并保护电弧和焊接区的电弧焊方法。

1. 气体保护焊的原理

气体保护焊直接依靠从喷嘴中连续送出的气流，在电弧周围形成局部的气体保护层，使电极端部、熔滴和熔池金属处于保护气罩内，使其与空气隔绝，从而保证焊接过程稳定，并获得质量优良的焊缝。

2. 保护气体的种类及选择

气体保护焊时，保护气体在焊接区形成保护层，同时电弧又在气体中放电。因此，保护气体的性质与焊接质量有着密切的关系。

保护气体有惰性气体、还原性气体、氧化性气体和混合气体等数种。

惰性气体有氩气和氦气，其中以氩气的使用最为普遍。目前，氩弧焊已从焊接化学性质较活泼的金属发展到焊接常用金属（如低碳钢）。氦气由于价格昂贵，而且气体消耗量大，常与氩气混合使用，较少单独使用。

还原性气体有氮气和氢气。氮气虽然是焊接中的有害气体，但它不溶于铜（对于铜，它实际上就是惰性气体），所以可专用于铜及铜合金的焊接。氢气主要用于氢原子焊，但目前应用较少。另外，氮气、氢气也常和其他气体混合使用。

氧化性气体有 CO_2，这种气体来源丰富、成本低，值得推广使用。目前，CO_2 气体主要应用于碳素钢及低合金钢的焊接。

混合气体是在一种保护气体中加入一定比例的另一种气体，可以提高电弧稳定性和改善焊接效果。因此，采用混合气体保护的焊接方法也很普遍。

常用保护气体的选择见表 2—1—1。

表 2—1—1　　常用保护气体的选择

被焊材料	保护气体	混合比	化学性质	焊接方式
铝及铝合金	Ar	—	惰性	熔化极和钨极
	Ar + He	He：10%		
铜及铜合金	Ar	—	惰性	熔化极和钨极
	Ar + N_2	N_2：20%	还原性	熔化极
	N_2	—		
不锈钢	Ar	—	惰性	钨极
	Ar + O_2	O_2：1% ~2%	氧化性	熔化极
	Ar + O_2 + CO_2	O_2：2%；CO_2：5%		
碳钢及低合金钢	CO_2	—	氧化性	熔化极
	Ar + CO_2	CO_2：10% ~15%		
	CO_2 + O_2	O_2：10% ~15%		
钛及钛合金	Ar	—	惰性	熔化极和钨极
	Ar + He	He：25%		
镍基合金	Ar	—	惰性	熔化极和钨极
	Ar + He	He：15%		
	Ar + N_2	N_2：6%	还原性	钨极

3. 气体保护焊的分类

（1）根据所用的电极材料分

可分为非熔化极气体保护焊和熔化极气体保护焊，如图 2—1—1 所示。图 2—1—1a 中钨极 3 作为电极，本身不熔化，只起发射电子产生电弧的作用，而图 2—1—1b 中焊丝 4 既作为电极又作为填充金属，在焊接过程中会不断熔化。

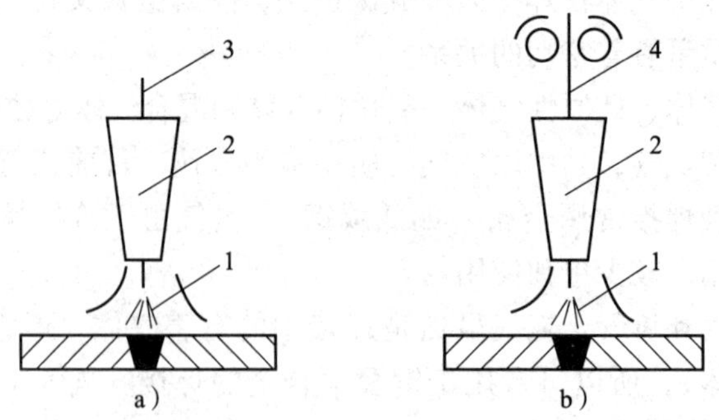

图 2—1—1　气体保护焊

a）非熔化极气体保护焊　b）熔化极气体保护焊

1—电弧　2—喷嘴　3—钨极　4—焊丝

(2) 根据焊接保护气体的种类分

可分为 CO_2 气体保护焊、氩弧焊、氦弧焊及混合气体保护焊等。

(3) 根据操作方式分

可分为手工气体保护焊、半自动气体保护焊和自动气体保护焊。

二、CO_2 气体保护焊基本原理及分类

CO_2 气体保护焊是众多气体保护焊中最常用的一种焊接方法。CO_2气体保护焊是利用 CO_2气体作为保护气体，依靠焊丝与焊件之间产生的电弧来熔化金属的气体保护焊方法，简称 CO_2 焊。

1. CO_2气体保护焊的基本原理

CO_2气体保护焊的焊接过程如图 2—1—2 所示。焊接电源的两输出端分别接在焊炬 10 和焊件 2 上。焊丝盘由送丝机构 8 带动，盘状焊丝经送丝软管 9 与导电嘴 11 不断向电弧区域送进焊丝。同时，CO_2气体以一定压力和流量送入焊炬，通过喷嘴 4 后，形成一股保护气流，使熔池和电弧与空气隔绝。随着焊炬的移动，熔池金属冷却凝固形成焊缝。

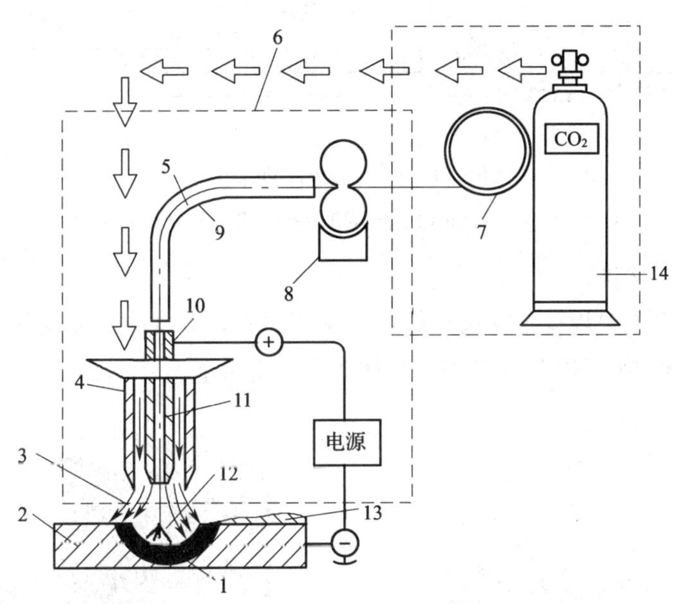

图 2—1—2 CO_2气体保护焊的焊接过程

1—熔池 2—焊件 3—CO_2 气体 4—喷嘴 5—焊丝 6—焊接设备 7—焊丝盘 8—送丝机构 9—送丝软管 10—焊炬 11—导电嘴 12—电弧 13—焊缝 14—气瓶

2. CO_2气体保护焊的分类

按所用焊丝直径不同，可分为细丝 CO_2气体保护焊（焊丝直径为 0.5 ~ 1.2 mm）和粗丝 CO_2气体保护焊（焊丝直径为 1.6 ~ 5.0 mm）。

按操作方式不同，又可分为 CO_2半自动焊和 CO_2自动焊。主要区别在于 CO_2半自动焊

是由手工操作焊炬控制焊缝成形，而送丝、送气等同 CO_2 自动焊一样，由相应的机械装置来完成。CO_2 半自动焊适用性较强，可以焊接较短的或不规则的曲线焊缝，还可以进行定位焊操作。CO_2 自动焊主要用于较长的直线焊缝和环焊缝等的焊接。

三、CO_2 气体保护焊设备

CO_2 气体保护焊设备包括半自动焊设备和自动焊设备。目前，常用的是 CO_2 半自动焊设备，其主要由焊接电源（焊机）、送丝机构及焊炬、CO_2 气瓶、减压调节器等部分组成。常用的 CO_2 半自动焊设备如图 2—1—3 所示。

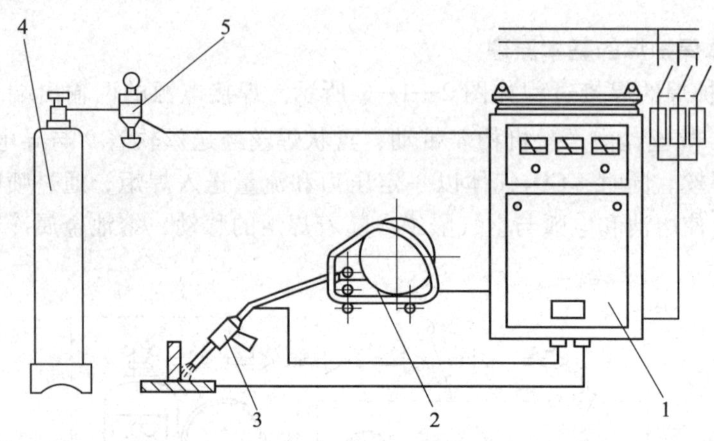

图 2—1—3　CO_2 半自动焊设备

1—焊机　2—送丝机构　3—焊炬　4—气瓶　5—减压调节器

1. 焊接电源（焊机）

CO_2 焊使用交流电源焊接时电弧不稳定，飞溅严重，因此，只能使用直流电源。常用的焊机有 NBC—350 型、NBC—500 型，如图 2—1—4 所示。

a）　　b）

图 2—1—4　CO_2 气体保护焊机

a）NBC—350 型　b）NBC—500 型

CO_2焊机的型号由字母和数字组成。例如，NBC—350、NZC—1000、NDC—200 等。CO_2焊机型号的含义见表 2—1—2。

表 2—1—2　　CO_2焊机型号的含义

<table>
<tr><th colspan="2">第 1 位字母</th><th colspan="2">第 2 位字母</th><th colspan="2">第 3 位字母</th><th rowspan="2">数字</th></tr>
<tr><th>字母</th><th>含义</th><th>字母</th><th>含义</th><th>字母</th><th>含义</th></tr>
<tr><td rowspan="6">N</td><td rowspan="6">熔化极气体保护焊</td><td>B</td><td>半自动焊</td><td rowspan="2">C</td><td rowspan="2">CO_2气体保护焊</td><td rowspan="6">额定焊接电流（A）</td></tr>
<tr><td>Z</td><td>自动焊</td></tr>
<tr><td>C</td><td>螺柱焊</td><td rowspan="2">省略</td><td rowspan="2">氩气或混合气体保护焊</td></tr>
<tr><td>D</td><td>定位焊</td></tr>
<tr><td>U</td><td>堆焊</td><td rowspan="2">M</td><td rowspan="2">氩气或混合气体保护脉冲焊</td></tr>
<tr><td>G</td><td>切割</td></tr>
</table>

由表 2—1—2 可知，NBC—350 是额定电流为 350 A 的 CO_2半自动焊机；NZC—1000 是额定电流为 1 000 A 的 CO_2自动焊机；NDC—200 是额定电流为 200 A 的专用 CO_2定位焊机；NB—350 是保护气体为氩气或混合气体、额定电流为 350 A 的 CO_2半自动焊机。

2．送丝机构及焊炬

（1）送丝机构

CO_2焊机的送丝系统由送丝机构、送丝软管、焊丝盘三部分组成，其外观如图 2—1—5 所示。有推丝式、拉丝式、推拉式三种，如图 2—1—6 所示。其中推丝式是 CO_2半自动焊应用最广泛的送丝方式之一，其送丝机构、焊丝盘与焊炬分离，焊丝经一段软管送到焊炬中。

图 2—1—5　CO_2焊机送丝系统的外观

（2）焊炬

按送丝方式可分为推丝式焊炬、拉丝式焊炬和推拉式焊炬。焊炬类型、外观及特点见表 2—1—3。

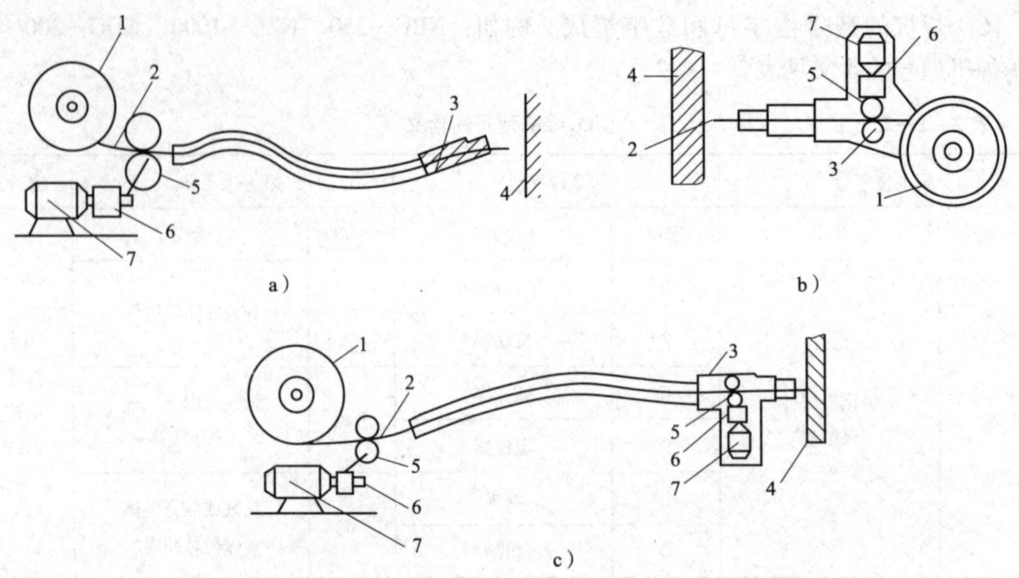

图 2—1—6　CO_2半自动焊送丝方式

a）推丝式　b）拉丝式　c）推拉式

1—焊丝盘　2—焊丝　3—焊炬　4—焊件　5—送丝滚轮　6—减速器　7—电动机

表 2—1—3　　焊炬类型、外观及特点

焊炬类型	外观	特点
推丝式		这种焊炬结构的优点是焊炬不带送丝机构，简单轻便，操作维修容易，但焊丝通过送丝软管时受到的阻力大，因而软管长度受到限制，通常只能在距送丝机 2 ~ 4 m 的范围内使用
拉丝式		焊炬与送丝机构合为一体，设有送丝软管，送丝阻力小，送丝较稳定，但焊炬结构复杂，质量增加，焊工劳动强度大，只适用于细焊丝（直径为 0.5 ~ 0.8 mm）送丝
推拉式		这种结构是以上两种送丝方式的组合。送丝时以推为主，由于焊炬上装有拉丝轮，可将焊丝拉直，以减小焊丝在软管内的摩擦阻力。推拉式焊炬可使送丝软管加长至 60 m，增加了操作的灵活性

3. 焊炬中的易损件

（1）喷嘴（保护嘴）

喷嘴是指焊炬最前端的保护嘴，一般为圆柱形，内孔直径为 12 ~ 25 mm，外观如图 2—1—7 所示。在焊接时，它不但受到电弧的灼烧，而且还有焊接飞溅颗粒的黏附，因此其使用寿命短，需要经常更换。

提示：

喷嘴因受到电弧的灼烧，而且还有焊接飞溅颗粒的黏附，使用寿命短，属于易损件。为了防止飞溅物的黏附并需易于清除，焊前最好在喷嘴的内外表面上喷一层防飞溅喷剂或硅油。

（2）导电嘴

焊炬中的导电嘴是导电、输导焊丝的重要零件，通常导电嘴的孔径比焊丝直径大 0.2 mm 左右，其外观如图 2—1—8 所示。导电嘴也是极易磨损的消耗零件，要及时更换。

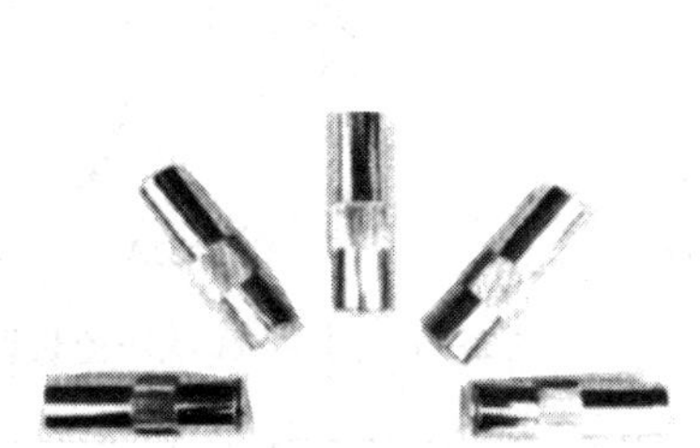

图 2—1—7　CO_2焊炬喷嘴

图 2—1—8　导电嘴

（3）导丝管

CO_2焊炬拖带的软管称为导丝管，它为焊炬输送保护气体、焊丝和焊接电流。在焊接时，导丝管会和焊丝不断摩擦，使其内径逐渐变大，形状也变得不规则，从而影响送丝的稳定性。所以导丝管也属于易损件，要及时更换。

4. CO_2供气系统

CO_2气体保护焊的供气系统由气瓶、预热器、干燥器、减压器、流量计和电磁气阀组成，如图 2—1—9 所示。供气系统的各部件名称及功能如图 2—1—10 所示。

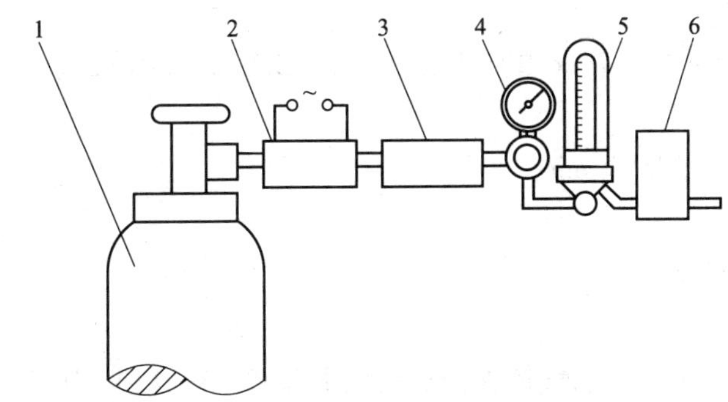

图 2—1—9　CO_2气体保护焊供气系统

1—CO_2气瓶　2—预热器　3—干燥器　4—减压器　5—流量计　6—电磁气阀

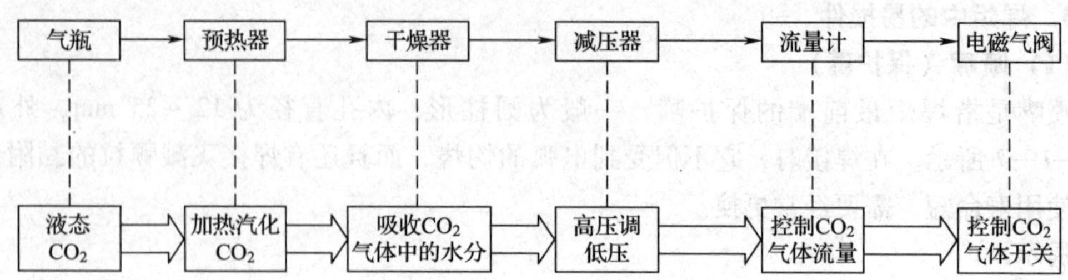

图 2—1—10 供气系统的各部件名称及功能

在工作过程中，瓶装的液态 CO_2 汽化要吸收大量的热，所以在减压器减压之前须经预热器（75～100 W）加热。目前生产的 CO_2 减压流量调节器（见图 2—1—11）是将预热器、减压器和流量计合装为一体，使用起来很方便。

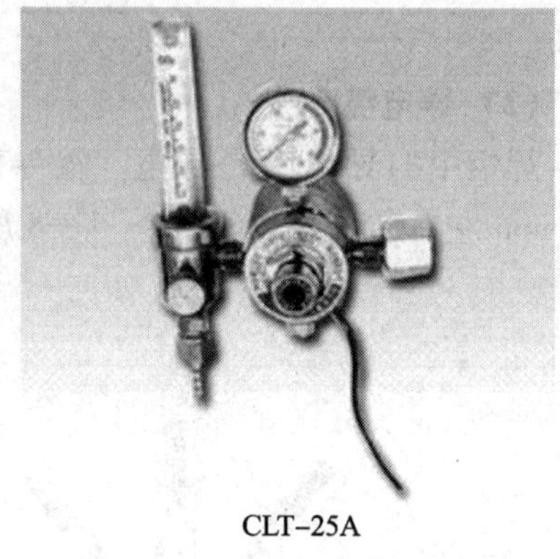

图 2—1—11 CO_2 减压流量调节器

5. 控制系统

CO_2 气体保护焊控制系统的作用是对供气、送丝和供电等系统实现控制。CO_2 半自动焊的控制过程框图如图 2—1—12 所示。自动焊时，还可控制焊接小车或焊件运转。

图 2—1—12 CO_2 半自动焊的控制过程框图

四、技能操作——CO_2 气体保护焊设备操作

1. 焊前准备

（1）焊机

NBC—350 型 CO_2 半自动气体保护焊机。

（2）焊件

Q235 钢板，尺寸（长×宽×厚）为 300 mm×120 mm×10 mm。

（3）焊丝

H08Mn2SiA，直径为 1.2 mm。

（4）CO_2 气体

CO_2 气体纯度≥99.5%。

2. 焊机外部接线

以 NBC—350 型 CO_2 半自动气体保护焊机（见图 2—1—13）为例，介绍 CO_2 半自动气体保护焊机外部线路连接方法。

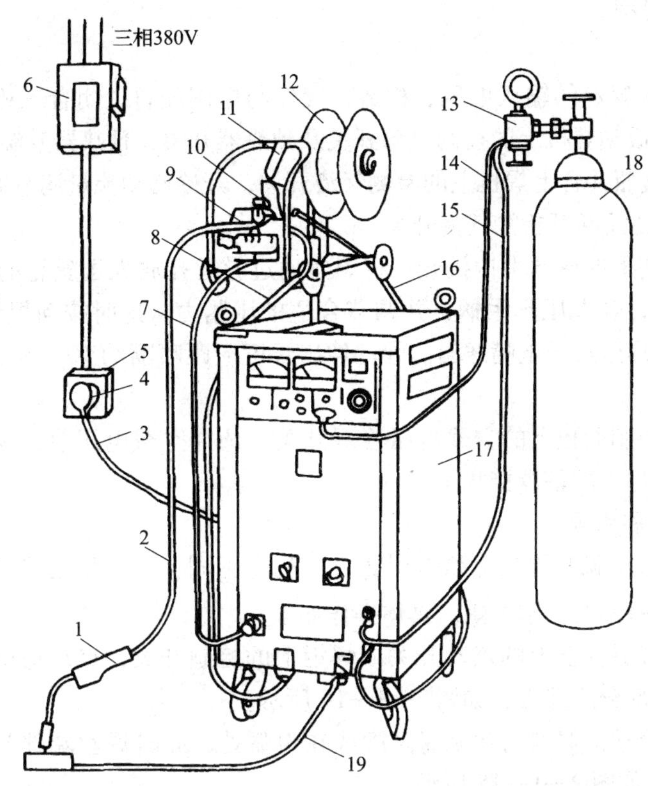

图 2—1—13　NBC—350 型 CO_2半自动气体保护焊机外部接线示意图

1—焊炬　2—软管电缆　3—电源线　4—插头　5—插座　6—控制开关　7—控制电缆　8—连接焊接电缆　9—焊炬控制线　10—送丝机构　11—压丝手柄　12—焊丝盘　13—减压流量调节器　14—预热器电源线　15、16—气管　17—焊机　18—CO_2气瓶　19—连接焊件的电缆

（1）首先将焊机的输入端与三相控制开关相连。

（2）将一体式预热减压流量调节器与 CO_2气瓶连接，再用胶管把减压流量调节器与焊机面板上的进气嘴可靠连接，并将预热电源线与焊机相应的插头连接好。

（3）将送丝机构放置在有利于操作的位置，把绕有焊丝的焊丝盘装在送丝机构上，用两端带有七芯插头的控制电缆将焊机与送丝机构连接起来。然后把焊炬上的送丝软管电缆和两芯控制线连接在送丝机构上，并将气管与焊机下部的气阀出口接上。

（4）将焊接电缆接至焊机的负极并与焊件相连，再把连接焊炬的电缆接到焊机的正极及送丝机构与焊炬的导电块上，完成整机接线。

3. 焊接参数

表面层引弧时的焊接参数见表 2—1—4。

表 2—1—4　　表面层引弧时的焊接参数

焊道层次	焊丝直径（mm）	焊接电流（A）	电弧电压（V）	焊丝伸出长度（mm）	气体流量（L/min）	电源极性
表面层引弧	1.2	120～130	18～20	10～15	8～10	直流反极性

4. 焊接操作过程

(1) 焊机开机

1）查看焊机所规定的输入电压、相数，确保与电网相符。闭合三相电源开关，焊机与网路电源接通。扳动焊机上的控制电源开关及预热器开关，预热器升温。

2）打开 CO_2气瓶并合上焊机上的检测气流开关，开始旋动流量调节器阀门，调节合适的 CO_2气体流量，之后断开检测气流开关。

3）把送丝机构上的压丝手柄扳开，将焊丝通过导丝孔放入送丝轮的 V 形槽内，再把焊丝端部推入软管，合上压丝手柄，并调节合适的压紧力，这时按动焊炬上的微动开关，送丝电动机转动，焊丝经导电嘴送出。焊丝伸出长度应距喷嘴约 10 mm，多余长度用钳子剪断。

4）合上焊机控制面板上的空载电压检测开关，选择空载电压值，调节完毕，断开检测开关，此时焊机进入准备焊接状态。

(2) 设备操作和引弧

CO_2气体保护焊引弧与焊条电弧焊引弧方法稍有不同，不采用划擦引弧法，主要是直击引弧法，但引弧时不必抬起焊炬。具体操作如下：

1）引弧前先按遥控盒上的点动开关或焊炬上的控制开关，点动送出一段焊丝接近焊丝伸出长度，超长部分应剪去，如图 2—1—14 所示。

2）将焊炬按合适的倾斜角和喷嘴高度放在引弧处，此时焊丝端部与焊件未接触，保持 2 ~ 3 mm 距离，如图 2—1—15 所示。

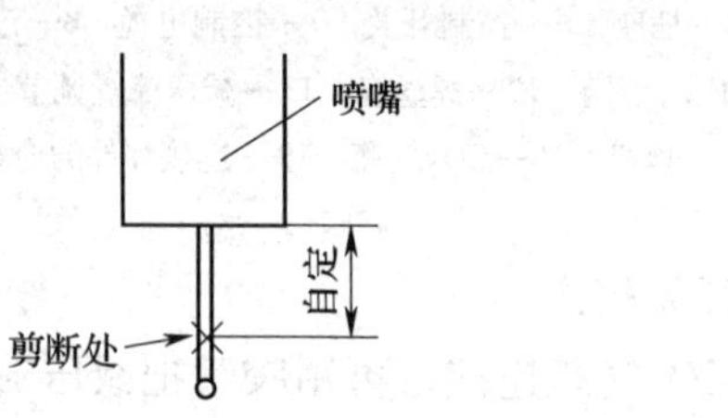

图 2—1—14　引弧前剪去超长的焊丝

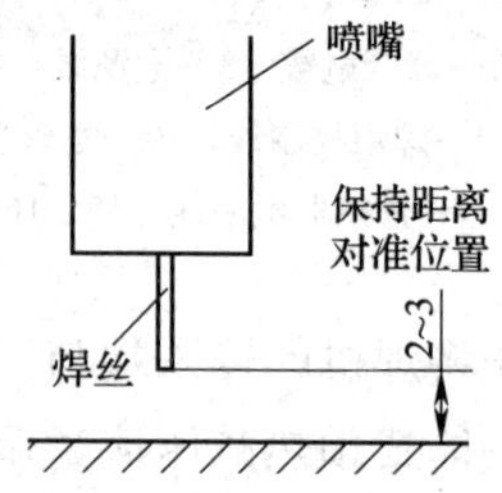

图 2—1—15　准备引弧

3）按动焊炬开关，焊丝与焊件接触短路，焊炬会自动顶起，如图 2—1—16 所示，要稍用力压住焊炬，瞬间引燃电弧后移向焊接处，待金属熔化后进行正常的焊接。

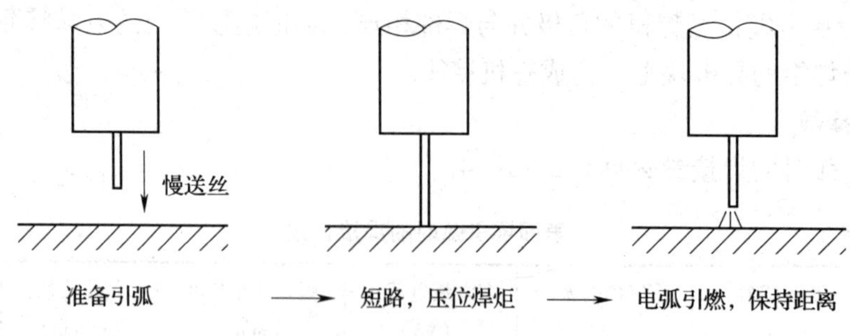

图 2—1—16　CO_2气体保护焊引弧过程

4）收弧。一条焊道焊完后或中断焊接时，必须收弧。焊机没有电流衰减装置时，焊炬在弧坑处停留一下，并在熔池凝固前，间断短路2~3次，待熔滴填满弧坑时断电；焊机有电流衰减装置时，焊炬在弧坑处停止前进，启动衰减电流装置将弧坑填满，然后熄弧。

(3) 结束焊接

1）松开焊炬扳机，焊机停止送丝，电弧熄灭，滞后2~3 s断气，操作结束。

2）关闭气源、预热器开关和控制电源开关，关闭总电源，拉下刀开关，松开压丝手柄，去除弹簧的压力，最后将焊机整理好。

3）清理焊件，检查焊缝质量。

5. 评分标准（见表2—1—5）

表2—1—5　CO_2气体保护焊设备操作评分表

序号	项目与技术要求	配分	评分标准	实测记录	得分
1	CO_2焊姿势正确	10	总体评定酌情扣分		
2	CO_2焊接设备操作正确	10	不符合要求不得分		
3	焊接电流正确	15	不符合要求不得分		
4	引弧方法正确	15	不符合要求酌情扣分		
5	正确调节流量和气检	15	不符合要求酌情扣分		
6	正确调节焊丝拆装和丝检	15	不符合要求酌情扣分		
7	焊枪角度达到要求	10	超差不得分		
8	安全文明生产	10	违者每次扣2分		

课后练习

一、填空题

1. 气体保护电弧焊是用外加气体作为电弧________并保护________的电弧焊方法。

2. 气体保护电弧焊按选用的保护气体分为________、________和________等。

3. 气体保护电弧焊按采用的电极类型分为________气体保护焊和________气体保护焊。

4. 二氧化碳气体保护焊是用________作为保护气体，依靠________之间产生的电弧来熔化金属的气体保护焊方法，简称________。

5. CO_2焊设备主要由________及________、________、________等组成。

6. CO_2半自动焊机只能使用________电源，要求焊接电源具有________外特性。

7. CO_2焊送丝机构有________、________、________三种。

8. CO_2焊的焊炬按结构可分为________焊炬和________焊炬。

9. 现在生产的减压流量调节器，是将________、________和________装为一体。

10. CO_2焊控制系统是对________、________和________等系统实现控制。

二、判断题

1. 气体保护焊时，只能用单一气体作为保护介质。　（　　）

2. CO_2气体保护焊的供气系统的预热器应该安装在减压器之后。（　　）
3. CO_2气体保护焊的电弧静特性曲线是一条上升的曲线。（　　）
4. CO_2气体保护焊的焊接电源应具有一条陡降外特性曲线。（　　）
5. 推丝式送丝机构适用于长距离输送焊丝。（　　）
6. 拉丝式送丝机构适用于长距离输送焊丝。（　　）

三、选择题

1. 在CO_2气体保护焊的供气系统中，（　　）能减少CO_2气体的冻结现象。
A. 加热器　　B. 流量计　　C. 干燥器
2. 我国目前常用的半自动CO_2气体保护焊送丝机构的形式是（　　）。
A. 推丝式　　B. 拉丝式　　C. 推拉式
3. CO_2气体保护焊，采用（　　）的外特性电源，电弧自身调节作用最好。
A. 上升　　B. 缓降　　C. 平硬　　D. 陡降
4. CO_2半自动焊（　　）送丝，增加了送丝距离和操作的灵活性，但焊枪和送丝机构较为复杂。
A. 拉丝式　　B. 推丝式　　C. 推拉式
5. CO_2气体保护焊的电弧静特性曲线是（　　）的。
A. 上升　　B. 缓降　　C. 平硬　　D. 陡降

四、简答题

简述CO_2气体保护焊的工作原理。

课题2　CO_2气体保护焊平敷焊

学习目标

1. 了解CO_2气体保护焊的特点。
2. 掌握CO_2气体保护焊平敷焊焊接参数。
3. 掌握CO_2气体保护焊平敷焊的操作方法。

一、CO_2气体保护焊的特点

1. 生产效率高

CO_2气体保护焊的焊接电流密度大，焊丝的熔敷速度高，母材的熔深较大，对于厚度为10 mm以下的钢板不开坡口可一次焊透，产生的熔渣极少，层间或焊后不必清渣。焊接过程中不必像焊条电弧焊那样停弧换焊条，节省了清渣时间和部分填充金属（不必丢掉焊条头），生产效率比焊条电弧焊提高1 ~4倍。

2. 抗锈能力强

由于CO_2气体在焊接过程中分解，氧化性较强，对焊件上的铁锈敏感性小，故对焊前清理的要求不高。

3. 焊接变形小

由于电弧热量集中，CO_2气体有冷却作用，受热面积小，所以焊后焊件变形小，特别是薄板焊接更为突出。

4. 冷裂倾向小

CO_2气体保护焊焊缝的扩散氢含量少，抗裂性能好，在焊接低合金高强度钢时，冷裂倾向小。

5. 采用明弧焊

熔池可见性好，观察和控制熔接过程较为方便。

6. 适用范围广

CO_2气体保护焊可进行各种位置的焊接，不仅适用于焊接薄板，还常用于中厚板的焊接，而且也用于磨损零件的修补堆焊。

CO_2气体保护焊的主要不足是使用大电流焊接时，飞溅较多；很难用交流电源焊接；不能在有风的地方施焊；不能焊接容易氧化的有色金属材料。

二、CO_2气体保护焊安全操作规程

1. CO_2气体保护焊时，由于电流密度大且电弧温度高（电弧温度为6 000 ~ 10 000℃），所以电弧光辐射比焊条电弧焊强，容易引起电光性眼炎及皮肤裸露部分的灼伤，出现红斑等，因此，应加强防护。工作中必须穿帆布工作服，戴电焊手套，并要戴表面涂有氧化锌油漆的面罩，面罩上镶有9 ~ 12号的滤光玻璃。

2. CO_2气体保护焊时，飞溅较多，尤其是粗丝焊接（直径大于1.6 mm）时，更易产生大颗粒飞溅，因此焊工应使用完善的防护用具，以防止灼伤人体。

3. CO_2气体在焊接电弧高温下会分解生成对人体有害的一氧化碳气体，焊接时还排出其他有害气体和金属粉尘，所以焊接场地要安装抽风装置，加强通风，使空气对流。特别是在容器内施焊，要使用能供给新鲜空气的特殊面罩，容器外应有人监护。

4. CO_2气体预热器所使用的电压不得高于36 V，且外壳应接地可靠。工作结束时，立即切断电源和气源。

5. 装有液态CO_2的气瓶，满瓶压力为5 ~ 7 MPa，但当遇到外加热源时，液体便能迅速地蒸发为气体，使瓶内压力升高。受到的热量越大，压力的增高越大，这样就有造成爆炸的危险。因此，装有CO_2的钢瓶不能接近热源，同时应采取降温等安全措施，避免气瓶爆炸事故发生。使用CO_2气瓶必须遵守《气瓶安全监察规程》的规定。

6. 大电流粗丝CO_2气体保护焊时，应防止焊炬水冷系统漏水破坏绝缘，并在焊炬前加防护挡板，以免发生触电事故。

三、技能操作——CO_2气体保护焊平敷焊

1. 焊前准备

(1) 焊机

NBC—350型CO_2半自动气体保护焊机。

（2）焊件

Q235 钢板，尺寸（长×宽×厚）为 300 mm×120 mm×10 mm（见图 2—2—1）。在钢板长度方向每隔 30 mm 用粉笔画一条线，作为焊接时的运丝轨迹线。

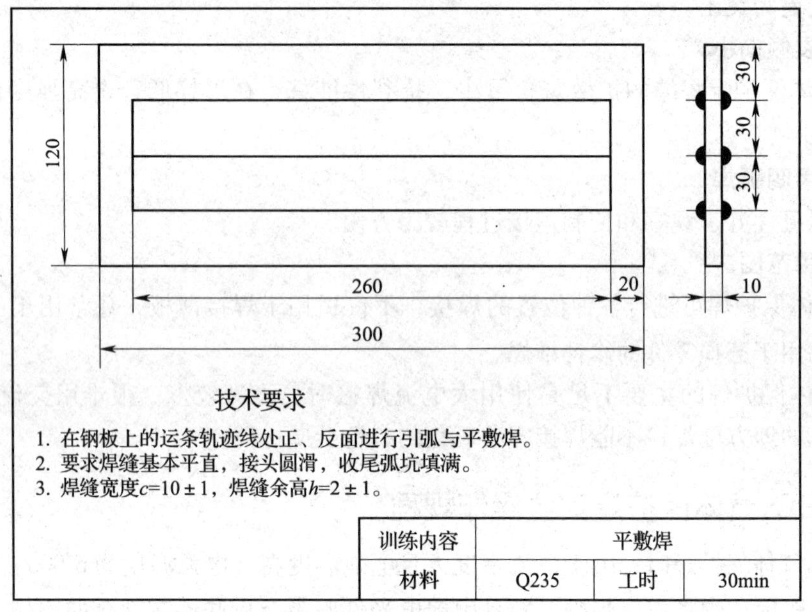

图 2—2—1　平敷焊焊件

（3）焊丝

H08Mn2SiA，直径为 1.2 mm。

（4）CO_2气体

CO_2气体纯度≥99.5%。

（5）焊机

NBC—350 型 CO_2半自动气体保护焊机，直流反接。

2. 焊接参数

平敷焊焊接参数见表 2—2—1。

表 2—2—1　　平敷焊焊接参数

焊道层次	焊丝直径（mm）	焊接电流（A）	电弧电压（V）	焊丝伸出长度（mm）	气体流量（L/min）	电源极性
表面层	1.2	120～130	18～20	10～15	8～10	直流反接

3. 焊接操作过程

（1）焊前准备

1）焊接之前焊丝、焊件表面清理不干净，CO_2气体纯度不符合要求，焊丝内含锰、硅元素不足，焊炬摆动过大扰乱了气体保护效果等均会产生气孔。因此，要做好焊前清理工作，CO_2气体做提纯处理，选择合适的焊丝，缩短焊丝伸出长度，平稳、小幅度摆动操作。

2）焊丝伸出长度太长、导电嘴磨损、电弧摆动、焊接速度过快或过慢、操作不熟练、焊丝运行不稳等，均会使焊缝成形受到影响。

（2）焊炬的运动方向

焊炬的运动方向有左焊法和右焊法两种，如图 2—2—2 所示。一般 CO_2 焊多数情况下采用左焊法，后倾斜角为 10°～15°。

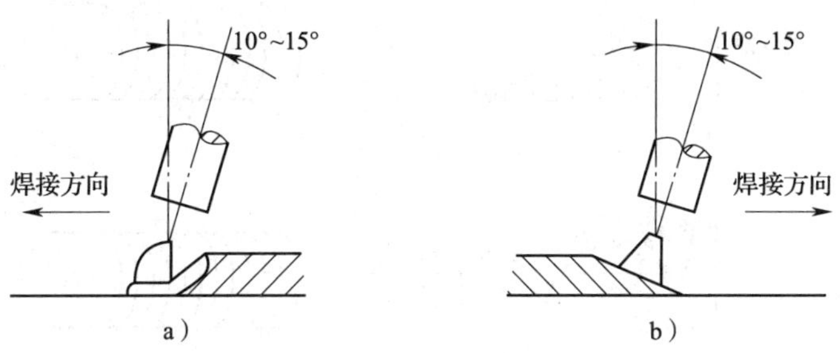

图 2—2—2　CO_2焊时焊炬的运动方向

a）左焊法　b）右焊法

左焊法操作时，焊炬自右向左移动，电弧的吹力作用在熔池及其前缘，将熔池金属向前推，由于电弧不直接作用在母材上，所以熔深较小，焊道平坦变窄，飞溅较大，保护效果好。采用左焊法时虽然观察熔池较困难，但易于掌握焊接方向，不易焊偏。

右焊法操作时，焊炬自左向右移动，电弧直接作用在母材上，熔深较大，焊道窄而高，飞溅略小，但不易准确掌握焊接方向，容易焊偏，尤其是对接焊时更为明显。

（3）直线平敷焊

1）设备操作与引弧参阅课题 1 部分。

2）接头。焊缝连接时接头质量会直接影响焊缝质量，其接头方法如图 2—2—3 所示。

图 2—2—3　焊缝接头方法

a）窄焊缝接头方法　b）宽焊缝摆动接头方法

窄焊缝接头的方法是在原熔池前方 10～20 mm 处引弧，然后迅速将电弧引向原熔池中心，待熔化金属与原熔池边缘相吻合后，再将电弧引向前方，使焊丝保持一定的高度和角度，并以稳定的焊接速度向前移动，如图 2—2—3a 所示。

宽焊缝摆动接头的方法是在原熔池前方 10～20 mm 处引弧，然后以直线方式将电弧引向接头处，在接头处开始摆动，并在向前移动的同时，逐渐加大摆动幅度（保持形成的焊缝与原焊缝宽度相同），最后转入正常焊接，如图 2—2—3b 所示。

直线平敷焊可采取左焊法。引弧前在距焊件端部 5～10 mm 处，保持焊丝端头与焊件的间隙 2～3 mm、喷嘴与焊件的间隙 10～15 mm，按动焊炬开关用直接短路法引燃电弧，将电弧稍微拉长些，对焊缝端部适当预热，然后再压低电弧进行起始端焊接，如图 2—2—4a、b

所示，这样可以获得具有一定熔深和成形比较整齐的焊缝。如图 2—2—4c 所示，采取过短弧起焊而造成焊缝成形不整齐。当起始端焊缝形成所需宽度（8 ~ 10 mm）后，焊炬以直线运丝法匀速向前焊接，并控制整条焊缝宽度和直线度，直至焊至终端，填满弧坑进行收弧。

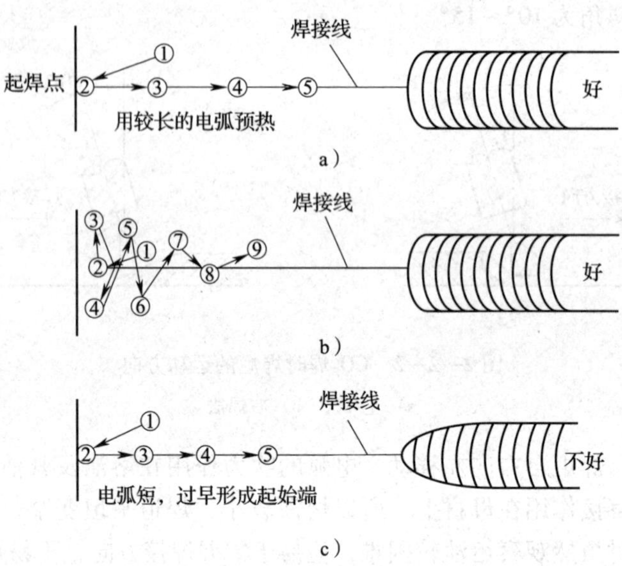

图 2—2—4　起始端运丝法对焊缝成形的影响

a）长弧预热起焊的直线焊接　b）长弧预热起焊的摆动焊接　c）短弧起焊的直线焊接

（4）摆动平敷焊

摆动平敷焊仍然用左焊法。焊接时采用锯齿形摆动，横向运丝角度和起始焊的运丝要领与直线平敷焊相同。在横向摆动运丝时要掌握的要领是左右摆动的幅度要一致，摆动到焊缝中心时速度要稍快，而到两侧时要稍作停顿；摆动的幅度不能过大，否则，熔池温度高的部分不能得到良好的保护作用。一般摆动幅度限制在喷嘴内径的 1.5 倍范围内。

在焊件上进行多条焊缝的直线焊接和摆动焊接的反复训练，从而掌握 CO_2 气体保护焊的基本操作技能。

为了控制焊缝的宽度和形成良好的焊缝，CO_2 气体保护焊炬也要作横向摆动。常用的有直线运丝法及锯齿形、斜圆圈形、反月牙形摆动法等，见表 2—2—2。

表 2—2—2　　焊炬的摆动方法及适用范围

摆动方法	摆动形式	适用范围
直线运丝法	→	焊接薄板或中厚板打底层焊道
小锯齿形摆动法	∧∧∧∧∧∧∧∧∧∧∧∧∧∧∧∧	焊接较小坡口或中厚板打底层焊道
锯齿形摆动法	∧∧∧∧∧∧∧∧	焊接厚板多层堆焊

续表

摆动方法	摆动形式	适用范围
斜圆圈形摆动法		横角焊缝的焊接
双圆圈形摆动法		较大坡口的焊接
直线往复运丝法		薄板根部有间隙的焊接
反月牙形摆动法		焊接间隙较大的焊件或从上向下立焊

(5）结束焊接

1）松开焊炬扳机，焊机停止送丝，电弧熄灭，滞后2～3 s断气，操作结束。

2）关闭气源、预热器开关和控制电源开关，关闭总电源，拉下控制开关，松开压丝手柄，去除弹簧的压力，最后将焊机整理好。

3）清理焊件，检查焊缝质量。

4. 评分标准（见表2—2—3）

表2—2—3　　平敷焊操作评分表

项目	分值	评分标准	得分	备注
操作姿势正确	10	酌情扣分		
引弧方法正确	10	酌情扣分		
运丝方法正确	10	酌情扣分		
平敷焊道波纹均匀	15	酌情扣分		
焊道起头圆滑	10	起头不圆滑不得分		
焊道接头平整	10	接头不平整不得分		
收弧无弧坑	10	出现弧坑不得分		
焊缝平直	15	焊缝不平直不得分		
焊缝宽度一致	10	焊缝宽度不一致不得分		
合计	100			

课后练习

一、填空题

1. 通常焊工习惯用________手持枪，采用左向焊法，采用后倾角________，不仅能够清楚地观察和控制________，还可得到较好的焊缝成形。

2. 焊枪常用的摆动方法有________形、________形、________形摆动法等几种。

3. 引弧时，按动焊枪________，焊丝与焊件接触短路，焊枪会自动________，要稍用力________焊枪，瞬间引燃电弧后移向焊接处，待________进行正常的焊接。结束焊接时，________焊枪开关，焊机停止送丝，电弧熄灭，________2～3 s 断气。

4. 窄焊缝接头时，在原熔池________10～20 mm 处引弧然后迅速将电弧引向原熔池中心，待熔化金属与________边缘相吻合后，以稳定的焊接速度向前移动。

5. 焊枪的运动方向有________焊法和________焊法两种。

二、判断题

1. CO_2气体保护焊和埋弧焊用的都是焊丝，所以一般互用。（　　）
2. 氧化性气体由于本身氧化性强，所以不适宜作为保护气体。（　　）
3. 氮气可作为焊接铜及铜合金的保护气体。（　　）
4. 由于气体保护焊时没有熔渣，所以焊接质量比焊条焊和埋弧焊差得多。（　　）
5. 气体保护焊适宜进行全位置焊接。（　　）

三、简答题

简述CO_2气体保护焊的优点和缺点。

课题 3　CO_2气体保护焊 T 形接头平角焊

学习目标

1. 掌握 T 形接头平角焊的焊丝角度及运条方法。
2. 掌握 T 形接头平角焊的操作。

在钢结构的生产中，H 形梁和箱形梁焊接结构是常见的钢结构。如图 2—3—1 所示为焊接梁，该梁上装有槽钢、若干个加固隔板及底板，分别由焊缝①、②、③连接。从图中可见，这些槽钢、隔板与主梁连接的接头形式为 T 形接头角焊缝。在实际生产中，主要采用CO_2气体保护焊进行焊接。

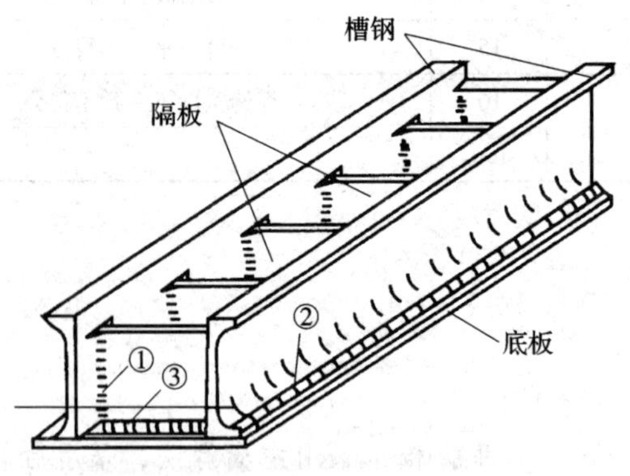

图 2—3—1　焊接梁

进行CO_2气体保护平角焊时，若操作不当极易产生咬边、未焊透、焊脚下坠等缺陷。因此，施焊时，除了正确选择焊接参数外，还要根据焊件厚度和焊脚尺寸来控制焊丝角度。

一、相等厚度平角焊

一般焊丝与水平板的夹角为40°~50°，如图2—3—2所示。当焊脚尺寸不大于5 mm时，将焊丝指向夹角处（见图2—3—3中的A方式）。当焊脚尺寸大于5 mm时，要使焊丝在距夹角中心线1~2 mm处进行焊接，这样可获得焊脚尺寸相等的角焊缝（见图2—3—3中的B方式），否则易使立板产生咬边和平板熔敷金属下坠。控制焊炬后倾斜角为10°~25°，如图2—3—4所示。

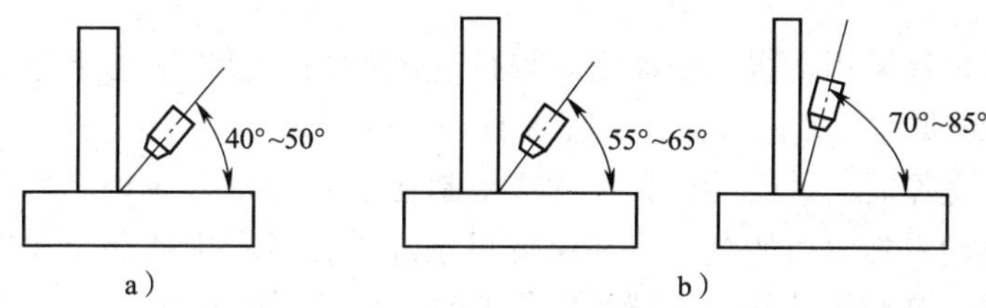

图2—3—2　平角焊时焊丝角度

a）两板等厚　b）两板不等厚

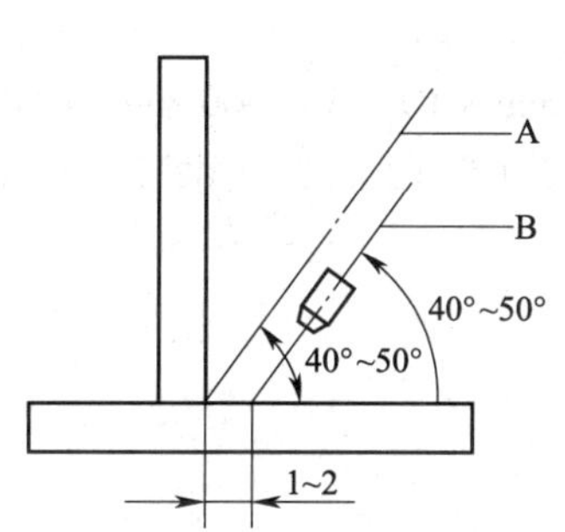

图2—3—3　平角焊时的焊丝位置

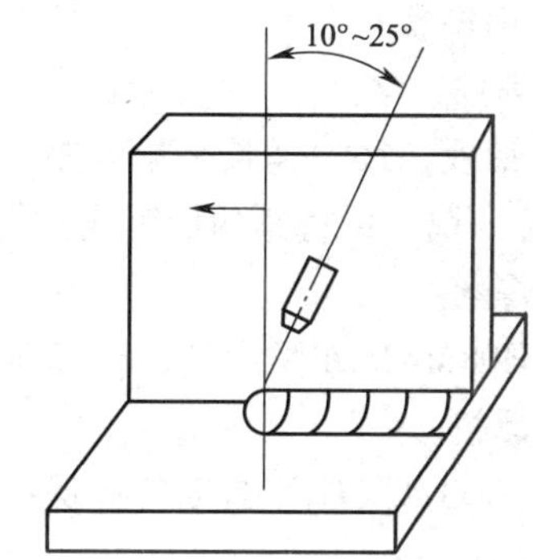

图2—3—4　平角焊时的焊炬倾斜角

二、不相等厚度平角焊

焊件与焊丝的倾斜角应使电弧偏向厚板侧，焊丝与水平板的夹角比等厚度焊件大些，尽量使两板受热均衡。

平角焊时，根据焊件厚度不同来选择相应的焊脚尺寸，而针对不同的焊脚尺寸要选择相应的焊接层次和运丝方法。当焊脚尺寸不大于8 mm时，可采用单层焊，采用直线运丝法或斜圆圈形摆动法，并以左焊法进行焊接。当焊脚尺寸大于8 mm时，应采用多层焊或多层多道焊。

多层焊的第一层操作与单层焊类似，焊丝距焊件夹角中心线1~2 mm，采用左焊法，运用直线运丝法得到6 mm的焊脚。焊接过程中，焊接速度要均匀，注意角焊缝下边熔合一致，保证焊缝平直不跑偏。

第二层焊缝，焊接电流调小些，焊接速度要放慢一些，运用斜圆圈形摆动进行焊接。焊炬摆动到下部时，焊缝熔池要稍靠前方，熔池下缘要压住前一层焊缝的2/3，摆动到上部时，焊丝要指向焊缝夹角，使焊接电弧在夹角处燃烧，保证夹角部位熔合好，不产生较深的死角。焊炬角度和指向位置如图2—3—5所示。

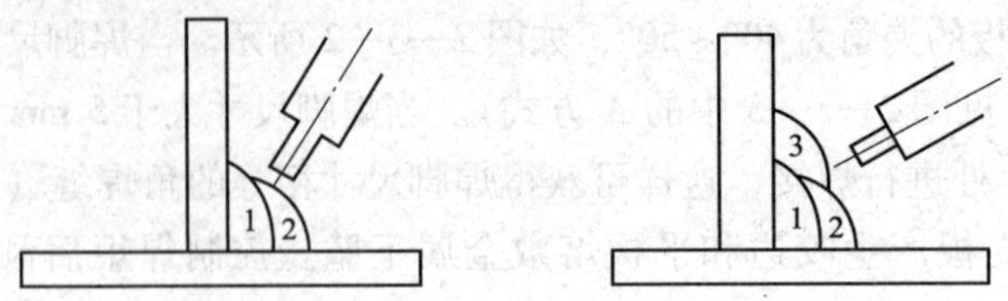

图2—3—5　多层焊焊炬角度和指向位置

第三道盖面层焊接采用直线形摆动法。焊接速度最快，焊缝熔池下边缘要压住前一层焊缝的1/2，上边缘要均匀熔化母材，保证焊直、不咬边。

多层多道焊在操作时，每层的焊脚尺寸应限制在6～7 mm范围内，以防止出现焊脚过大、熔敷金属下坠而立板咬边的缺陷。并保持每条焊道在各层中从头至尾宽窄一致，重叠量适宜，均匀平整，其起始端与收尾端的操作要领与对接平焊相同。

三、技能操作——CO_2气体保护焊T形接头平角焊

1. 焊前准备

（1）焊件

Q235钢板，尺寸（长×宽×厚）为300 mm×150 mm×10 mm、300 mm ×100 mm×10 mm，各一块，可将其两块组成一组焊件。要求焊脚尺寸为12 mm，如图2—3—6所示。

（2）焊丝

选用H08Mn2SiA型焊丝，ϕ1.2 mm。

（3）焊机

NBC—300型CO_2半自动气体保护焊机，直流反接。

（4）CO_2气瓶

CO_2气体纯度≥99.5%。

2. 焊前清理、装配及定位焊

（1）焊前清理

清理试件装配面和立板两侧20 mm范围内和焊丝表面的油污、锈蚀、水分，直至露出金属光泽，然后用丙酮进行清洗。

（2）装配及定位焊

装配完毕应校正焊件，保证立板与平板间的垂直度，在焊件两端对称进行定位焊，定位焊缝长度为10～15 mm，如图2—3—7所示。

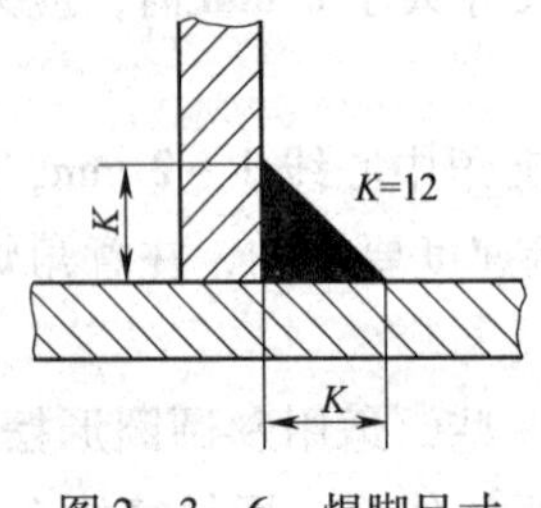

图2—3—6　焊脚尺寸

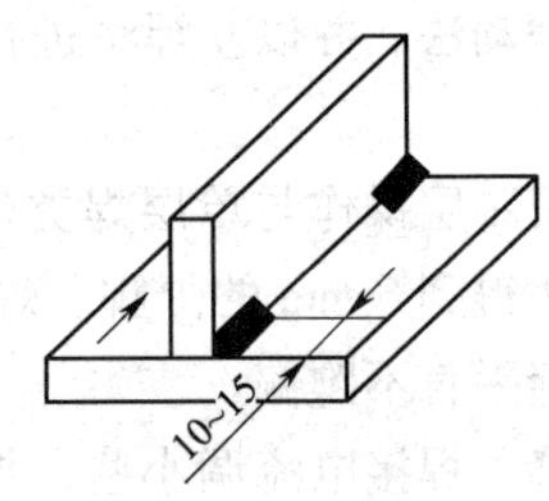

图2—3—7　定位焊位置

3. 焊接参数（见表2—3—1）

表2—3—1　　平角焊焊接参数

焊道层次	运丝方法	焊接电流（A）	电弧电压（V）	焊脚尺寸（mm）	焊接速度（cm/s）	焊丝直径（mm）	气体流量（L/min）
第一层	直线运丝法	140～160	20～22	5	0.5～0.8	1.2	10～12
第二层	斜圆圈形摆动法	160～180	21～23	7	0.4～0.6		

4. 焊接操作过程

检查试件装配符合要求后，以焊接水平位置固定在工作台上。

（1）第一层焊道焊接

采用左焊法，一层一道。焊丝与水平板夹角为35°～45°，焊炬倾斜角为10°～20°，焊炬角度如图2—3—8所示。操作时，将焊炬置于距起焊端20 mm处引弧，引燃电弧后，抬高电弧拉向焊件端头，压低电弧并控制喷嘴高度，焊丝距焊件夹角中心线约1 mm，运用直线运丝法进行匀速焊接，焊接过程中要始终控制焊脚尺寸在5 mm左右，并保证焊道与焊件良好熔合。

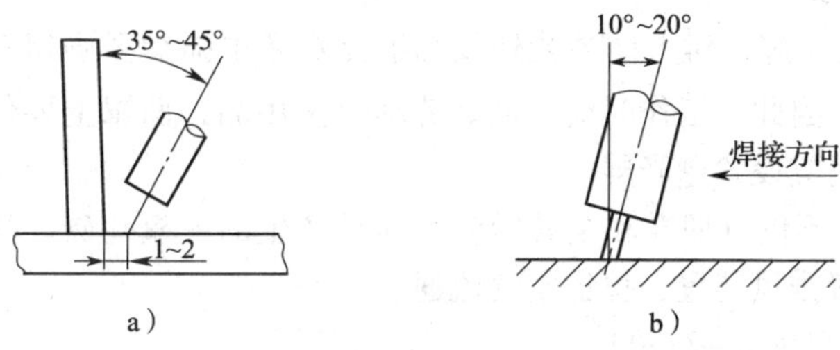

图2—3—8　平角焊的焊炬角度
a）正面　b）侧面

焊接接头是焊接过程中不可避免的。首先将接头处杂质清理干净，然后在距接头点左边10～15 mm处引燃电弧，千万不要形成熔池，快速移至弧坑中间位置，电弧停留时间长一些，待弧坑完全熔化，焊炬再向两侧摆动，放慢焊接速度，焊过弧坑位置后，便可恢复正常焊接。

焊至终焊端填满弧坑，稍停片刻缓慢地抬起焊炬完成收弧。

提示：

焊接过程中，如果焊炬对准的位置不正确，引弧电压过低或焊速过慢都会使熔池金属下淌，造成焊缝下垂，如图2—3—9a所示。如果引弧电压过高、焊速过快或焊炬朝向垂直板，致使母材温度过高，则会引起焊缝咬边，产生焊瘤，如图2—3—9b所示。

（2）第二层焊道（盖面层）焊接

盖面层焊接前先将打底层焊缝周围飞溅和不平的地方修平。焊丝与水平板夹角和焊炬倾斜角与第一层相同，采用斜圆圈形运丝法，并以左焊法进行焊接，如图2—3—10所示。操作时，焊丝从a到b速度要慢，保证水平板有一定熔深；从b到c稍快，防止熔滴下淌并在c处要稍作停顿，给予足够的熔滴以避免咬边；从c到d稍慢，使根部和水平板有一定熔深；从d到e稍快，并在e处稍加停留，如此反复地完成盖面层焊接，同时要控制焊缝宽窄一致，达到所要求的焊脚尺寸。

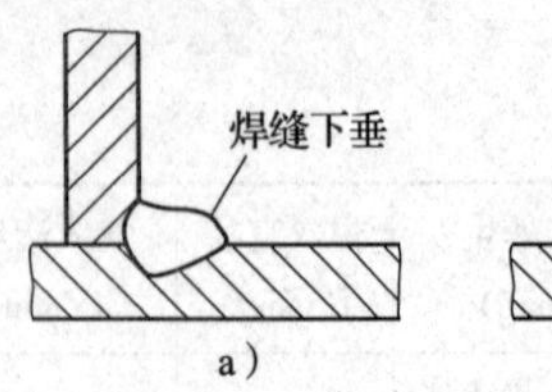

图 2—3—9　平角焊焊缝的缺陷

a）焊缝下垂　b）咬边、焊瘤

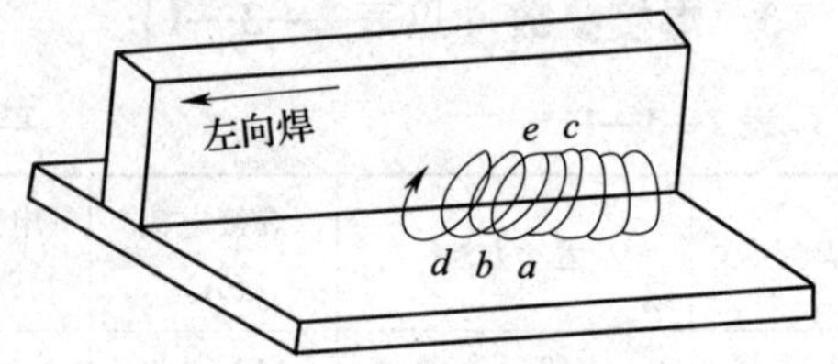

图 2—3—10　T 形接头平角焊时斜圆圈形运条法

（3）结束焊接

1）松开焊炬开关，并停止送丝，待电弧熄灭后，延时 2 ~ 3 s 再关闭气阀，至此操作结束。

2）关闭气源、预热器开关和控制电源开关后，再关闭总电源，松开压丝手柄，将焊机整理好。

3）清理工作现场、清理焊件焊渣和飞溅物，检查焊缝质量。

5. 操作注意事项

（1）CO_2焊为明弧焊，对人体的紫外线辐射比焊条电弧焊要强得多，容易引起电光眼及裸露皮肤的灼伤。因此，工作时要穿戴好劳动保护用品，面罩上要使用 9 ~ 12 号滤光镜片，各焊接工位之间应设置遮光屏。

（2）CO_2焊时，不仅有烟雾和金属粉尘，而且产生的一氧化碳、臭氧对人体有害，因此，焊接场地要设置排风装置，保证空气流通。

6. 评分标准（见表 2—3—2）

表 2—3—2　　T 形接头平角焊操作评分表

项目	分值	评分标准	得分	备注
焊脚尺寸 K	15	11 mm≤K≤13 mm，每超差一处扣 5 分		
焊缝宽度差 c'	15	0 mm≤c'≤2 mm，每超差一处扣 5 分		
焊缝余高 h	15	0 mm≤h≤3 mm，每超差一处扣 5 分		
焊缝余高差 h'	15	0 mm≤h'≤2 mm，每超差一处扣 5 分		
咬边	10	缺陷深度≤0. 5 mm，缺陷长度≤1 5mm，每超差一处扣 5 分		
未焊透	10	每出现一处扣 5 分		
焊瘤	10	每出现一处扣 5 分		
角变形 α	10	α≤3°，超差不得分		
合计	100			

课后练习

一、填空题

1. 在 CO_2气体保护平角焊时，若操作不当极易产生_______、_______、_______等缺陷。

2. 当焊脚尺寸不大于 8 mm 时，可采用________，采用________或________，并以左焊法进行焊接。当焊脚尺寸大于 8 mm 时，应采用________焊。

3. 当焊脚尺寸不大于 8 mm 时，可采用________，采用________法或________法，并以________进行焊接。当焊脚尺寸大于 8 mm 时，应采用________或________焊。

二、判断题

1. CO_2焊为明弧焊，对人体的紫外线辐射比焊条电弧焊要强得多，容易引起电光眼及裸露皮肤的灼伤。（　）

2. CO_2焊时，不仅有烟雾和金属粉尘，而且产生的一氧化碳、臭氧对人体有害，因此，焊接场地要设置排风装置，保证空气流通。（　）

3. 关闭气源、预热器开关和控制电源开关后，再关闭总电源，松开压丝手柄，将焊机整理好。（　）

三、简答题

简述 CO_2 气体保护平角焊的操作要点。

课题 4　CO_2 气体保护焊 V 形坡口平对接焊

学习目标

1. 了解 CO_2 焊焊接材料的相关知识。
2. 掌握 CO_2 气体保护焊的持焊炬姿势。
3. 掌握 V 形坡口板对接平焊单面焊双面成形的操作技术。

一、CO_2气体

CO_2气体常以液态装入气瓶中，气瓶外表涂铝白色，并标有黑色“二氧化碳”字样，如图 2—4—1 所示。常用的 CO_2 气瓶的容量为 40 L，可装 25 kg 的液态 CO_2，占气瓶容积的 80%，20℃时瓶内压力为 5 ~ 7 MPa。还有一种轻便型 CO_2 小气瓶，容量为 8 L 或 5 L。这种小气瓶的特点是容量小、质量轻、方便灵活，可与拉丝式 CO_2 焊炬配套应用于焊接维修工作。

图 2—4—1　CO_2气瓶

液态 CO_2 在常温下容易汽化。溶于液态 CO_2 中的水分易蒸发成水汽混入 CO_2 气体中，影响 CO_2 气体的纯度。在气瓶内汽化 CO_2 气体中的含水量与瓶内的压力有关，随着使用时间的增长，瓶内压力降低，水汽增多。当压力降低到 0.98 MPa 时，CO_2 气体中含水量大大增加，不能继续使用。焊接用 CO_2 气体的纯度应大于 99.5%，含水量不超过 0.05%。CO_2 气瓶也要防止烈日暴晒或靠近热源，以免发生爆炸。

二、焊丝

1. 焊丝的分类

CO_2半自动焊主要采用直径为0.5 mm、0.8 mm、1.0 mm、1.2 mm的细焊丝。CO_2自动焊除采用细焊丝外，还采用直径为1.6~5.0 mm的粗焊丝。焊丝表面镀铜可防止焊丝生锈，并有利于焊丝的存放和改善其导电性。

CO_2焊丝有实心焊丝和药芯焊丝两种。

实心焊丝就是普通的CO_2焊丝，是目前最常用的焊丝，是热轧线材经拉拔加工而成。药芯焊丝是将焊丝制成细的管子，在管内装入具有稳弧剂、脱氧剂、造渣剂和合金剂的药粉，以解决实心CO_2焊丝焊接时的合金元素烧损、飞溅大等问题。

2. 焊丝型号及含义

根据《气体保护电弧焊用碳钢、低合金钢焊丝》(GB/T 8110—2008) 的规定，焊丝型号由三部分组成。CO_2气体保护焊常用碳钢、低合金钢焊丝的型号及含义见表2—4—1。

表2—4—1　　CO_2气体保护焊常用碳钢、低合金钢焊丝的型号及含义

	按焊丝化学成分分类	按熔敷金属力学性能分类
	H08MnSi H08Mn2Si H08Mn2SiA H10MnSi H11MnSi H11Mn2SiA	ER49—1 ER50—2 ER50—3 ER50—4 ER50—5 ER50—6
含义	以H08Mn2SiA为例 H：焊丝 08：焊丝中碳的平均质量分数为0.08% Mn2Si：焊丝中锰的平均质量分数约为2%，Si的质量分数小于1.5% A：高级优质钢，S、P的质量分数不大于0.03%	以ER50—2为例 ER：实心焊丝，又可作填充焊丝 50：熔敷金属抗拉强度最低值为500 MPa 2：焊丝化学成分分类代号

注：短划“—”后面的字母或数字表示焊丝化学成分分类代号，如还附加其他化学成分时，直接用元素符号表示，并以短划“—”与前面数字分开。

目前常用的CO_2气体保护焊丝有ER49—1、ER50—6等。ER49—1对应的牌号为H08MnSi，ER50—6对应的牌号为H11Mn2SiA。对于低碳钢及低合金高强度钢常用焊丝H08Mn2SiA、H10MnSiMo，它们有较好的工艺性能、力学性能以及抗热裂纹能力。

3. 对焊丝的要求

对焊丝的要求主要有以下几点：

(1) CO_2焊丝必须比母材含有更多的Mn、Si等脱氧元素，以防止焊缝产生气孔，减少飞溅，保证焊缝金属具有足够的力学性能。

(2) 焊丝中碳的质量分数应限制在0.10%以下，并控制硫、磷含量。

（3）为了防止生锈，须对焊丝（除不锈钢焊丝外）表面进行特殊处理（主要是镀铜处理），不但有利于焊丝保存，而且可改善焊丝的导电性及送丝的稳定性。

三、CO_2气体保护焊的持焊炬姿势

根据焊件高度，身体呈下蹲、坐姿或站立姿势。脚要站稳，右手握焊炬，手臂处于自然状态。焊炬软管应舒展，手腕能灵活带动焊炬平移和转动，焊接过程中能维持焊炬倾斜角不变，并可方便地观察熔池。如图 2—4—2 所示为焊接不同位置焊缝时的焊接姿势。

图 2—4—2　焊接姿势

a）下蹲平焊　b）坐姿平焊　c）站立平焊　d）站立立焊　e）站立仰焊

四、技能操作——CO_2气体保护焊 V 形坡口平对接焊

1. 焊前准备

（1）焊件

Q235 钢板，尺寸（长×宽×厚）为 300 mm×100 mm ×10 mm，两块，一侧加工出 30°坡口，两块组成一组焊件。

（2）焊丝

选用 H08Mn2SiA（ER49—1）型实心焊丝、ϕ1.2 mm。

（3）焊机

NBC—350 型 CO_2半自动气体保护焊机。

（4）CO_2气瓶

CO_2气体纯度≥99.5%。

2. 焊前清理、装配及定位焊

（1）焊前清理

焊前必须对坡口周围 20 mm 范围内进行清理，然后用锉刀将钝边修锉好。

（2）装配及定位焊

焊件装配的各项尺寸见表 2—4—2。

表 2—4—2　焊件装配的各项尺寸

坡口角度（°）	根部间隙（mm）		钝边（mm）	反变形角度（°）	错边量（mm）
	始焊端	终焊端			
60	2.5	3.5	0～0.5	3	≤0.5

在焊件两端进行定位焊，定位焊缝长度为 10 ~ 15 mm，将定位焊缝用角向砂轮打磨成斜坡状，并将坡口内的飞溅物清理干净。装配间隙及定位焊缝如图 2—4—3 所示，试件对接平焊的反变形如图 2—4—4 所示。

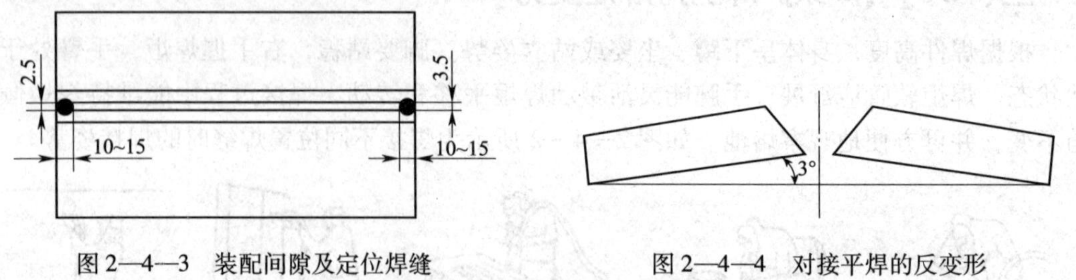

图 2—4—3　装配间隙及定位焊缝　　　　图 2—4—4　对接平焊的反变形

3. 焊接参数（见表 2—4—3）

表 2—4—3　　V 形坡口平对接焊焊接参数

焊道层次	电源极性	焊丝直径（mm）	焊丝伸出长度（mm）	焊接电流（A）	电弧电压（V）	气体流量（L/min）
打底层	反极性	1.2	15 ~ 20	100 ~ 120	20 ~ 22	8 ~ 15
填充层						
盖面层			18 ~ 23	120 ~ 130	20 ~ 24	

4. 焊接操作过程

（1）试焊

开启焊机，进行气检、丝检，并试焊。

（2）打底焊

采用左焊法。焊炬左焊法的运动方向如图 2—4—5 所示。焊前先检查装配间隙及反变形量是否合适，将焊件间隙小的一端放在右侧，将焊丝端头放在焊件右端约 20 mm 处坡口内的一侧，并与其保持 2 ~ 3 mm 的距离，按下焊炬扳机。打开气阀，提前送气 1 ~ 2 s，然后接通焊接电源，将焊丝送出，使焊丝与焊件接触，同时引燃电弧。待电弧引燃后，将焊炬迅速右移至焊件右端头，然后开始向左焊接打底焊道，使焊炬沿坡口两侧作小幅度月牙形横向摆动，如图 2—4—6a 所示。当坡口根部熔孔直径达到 3 ~ 4 mm 时转入正常焊接，同时严格控制喷嘴高度，既不能遮挡操作者视线，又要保证气体保护效果。

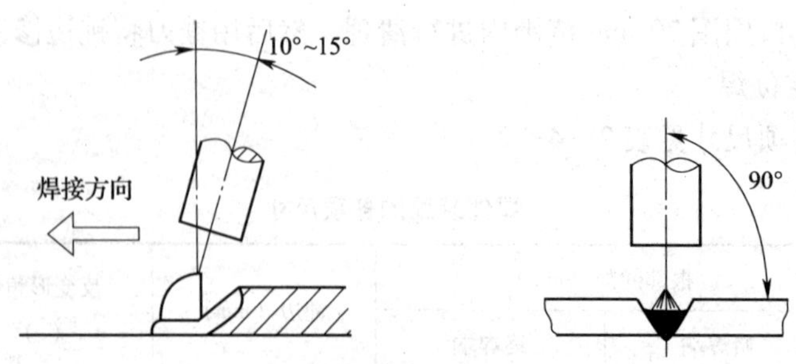

图 2—4—5　CO_2 气体保护焊时焊炬左焊法的运动方向

焊丝端部要始终在熔池前半部燃烧，不得脱离熔池（防止焊丝前移过多而通过间隙出现穿丝现象），并控制电弧在坡口根部 2 ~ 3 mm 处燃烧。电弧在焊道中心移动要快，摆动到坡口两侧要稍作 0.5 ~ 1 s 的停留。若坡口间隙较大，应在横向摆动的同时适当地前后移动作倒退式月牙形摆动，如图 2—4—6b 所示，以避免电弧直接对准间隙将焊件烧穿。

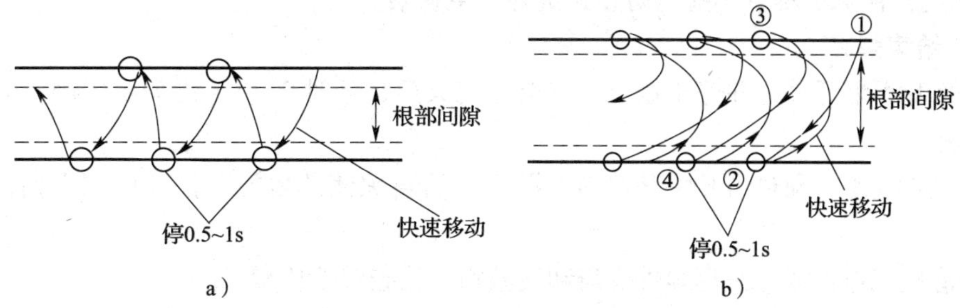

图 2—4—6　V 形坡口对接平焊打底层焊炬摆动方法

a）小幅度月牙形横向摆动　b）倒退式月牙形摆动

焊接过程中要仔细观察熔孔，并根据间隙和熔孔直径的变化调整横向摆动幅度和焊接速度，尽量维持熔孔直径不变，以保证获得宽窄一致、高低均匀的背面焊缝。

打底层焊道表面应平整而两侧稍向下凹，焊道厚度不得超过 4 mm，如图 2—4—7 所示。打底层操作注意事项：

1）打底焊时应注意焊炬倾斜角，若焊炬倾斜角太大，不仅会使保护气体破坏，而且会导致液态金属朝前流动进而阻碍熔孔形成，使背面焊缝无法形成；若焊炬倾斜角过小，则影响操作者视线，而且容易出现穿丝现象。

2）焊炬摆动方法要得当，在坡口两侧应稍作停顿，以控制熔池温度上升，并使熔池大小一致，防止液态金属透过坡口间隙产生下坠。

3）CO_2气体保护焊的每层焊道可一次连续完成，若中途中断焊接，不要马上抬起焊炬，要做好滞后停气对熔池进行保护，以避免熔池在高温下发生氧化现象。

（3）填充焊

将打底层焊道表面的飞溅物清理干净，调试好填充层的焊接参数后，在焊件的右端开始施焊。采用锯齿形摆动，焊炬的横向摆动幅度应稍大于打底层，并时刻注意熔池两侧的熔化情况，控制焊道厚度，使焊道表面平整并稍下凹（其高度应低于母材表面 1.5 ~ 2 mm），不准熔化坡口棱边，如图 2—4—8 所示。

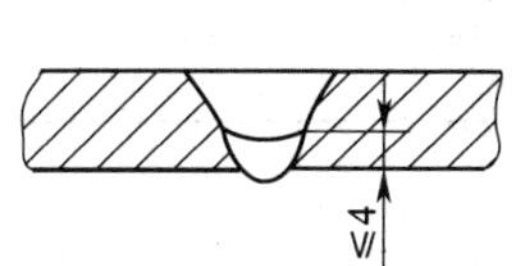

图 2—4—7　打底层焊道

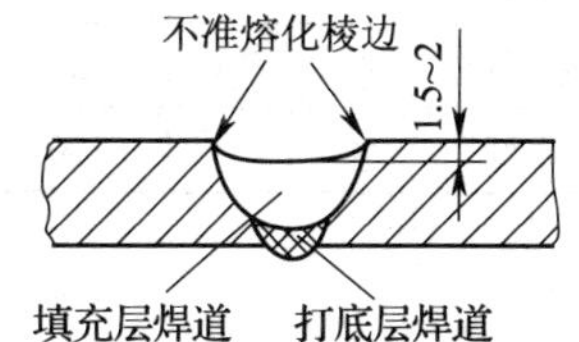

图 2—4—8　填充层焊道

（4）盖面焊

将填充层焊道表面的飞溅物清理干净，并将焊接电流和电弧电压调整至合适的范围内，然后在焊件的右端开始施焊，施焊时应保持喷嘴高度，焊丝伸出长度可稍大于打底焊时1~2 mm。盖面焊时的焊炬角度及焊炬摆动方法与填充焊时相同，但焊炬摆动幅度可比填充焊时稍大。施焊时，焊炬摆动要到位，在坡口两侧时应均匀缓慢，保证熔池两侧边缘超过坡口上表面0.5~1.5 mm，使焊道表面平整且宽窄一致，避免产生咬边等缺陷。收弧时，要填满弧坑并使弧坑尽量小些，防止弧坑处产生缺陷。

（5）结束焊接

1）松开焊炬开关，并停止送丝，待电弧熄灭后，延时2~3 s再关闭气阀，至此操作结束。

2）关闭气源、预热器开关和控制电源开关后再关闭总电源，松开压丝手柄，将焊机整理好。

3）清理工作现场，清理焊件焊渣和飞溅物，检查焊缝质量。

5. 操作注意事项

（1）进行多层多道焊时，采用直线摆动法，应注意焊道的排列顺序，焊丝应在坡口与坡口、焊道与坡口表面交角的部位或焊道表面与焊道表面交角的角平分线部位。应尽量避免焊缝中间凸起使两侧形成夹角，以致产生未焊透、未熔合等缺陷。

（2）在填充焊接近完成时，应控制焊道表面高度，使其低于焊件表面1.5~2 mm，为盖面层焊接创造条件。

6. 评分标准（见表2—4—4）

表2—4—4　　V形坡口平对接焊操作评分表

项目	分值	评分标准	得分	备注
焊缝每侧增宽	10	0.5~1.5 mm，每超差一处扣5分		
焊缝宽度差 c	8	$c \leqslant 1.5$ mm，每超差一处扣4分		
焊缝余高 h	10	0 mm $\leqslant h \leqslant$ 3 mm，每超差一处扣5分		
焊缝余高差 h'	8	$h' \leqslant 2$ mm，每超差一处扣4分		
直线度	8	1.5 mm，超差不得分		
角变形 α	8	$\alpha \leqslant 3°$，超差不得分		
气孔	10	每出现一处扣5分		
夹渣	8	每出现一处扣4分		
焊瘤	10	每出现一处扣5分		
咬边	10	每出现一处扣5分		
未焊透	10	出现不得分		
合计	100			

课后练习

一、填空题

1. CO_2气体常以________装入气瓶中，气瓶外表涂________，并标有黑色“________”

字样。

2. 常用的CO_2气瓶的容量为________L，可装________kg的液态CO_2，占气瓶容积的________%，20℃时瓶内压力为________MPa。

3. 在气瓶内汽化CO_2气体中的含________与瓶内的压力有关，随着使用________的增长，瓶内压力________，________增多。当压力降低到________MPa时，CO_2气体中含水量大大________，不能继续使用。焊接用CO_2气体的纯度应大于________%，含水量不超过________%。CO_2气瓶也要防止________或________，以免发生________。

二、判断题

1. CO_2气体保护焊时，常用的焊丝牌号是H08Mn2SiA。 (　　)

2. CO_2气体保护焊和埋弧焊用的都是焊丝，所以一般可以互用。 (　　)

3. CO_2气体保护焊用的焊丝有镀铜和不镀铜两种，镀铜的作用是防止生锈，改善焊丝导电性能，提高焊接过程的稳定性。 (　　)

4. 药芯焊丝CO_2气体保护焊实质上是一种气渣联合保护的方法。 (　　)

三、简答题

简述对CO_2气体保护焊焊丝的要求。

模块三

氩弧焊

课题 1 氩弧焊设备操作

学习目标

1. 了解氩弧焊的工作原理、分类及特点。
2. 了解钨极氩弧焊原理及相关设备。
3. 了解钨极氩弧焊机的使用方法。

一、氩弧焊工作原理、分类、特点

氩弧焊是以氩气作为保护气体的一种气体保护电弧焊方法。

1. 氩弧焊的工作原理

氩弧焊的工作原理如图 3—1—1 所示。从焊炬喷嘴中喷出的氩气流，在焊接区形成厚而密的气体保护层而隔绝空气，同时，在电极与焊件之间燃烧产生的电弧热量使被焊处熔化，并填充焊丝，将被焊金属连接在一起，从而获得牢固的焊接接头。

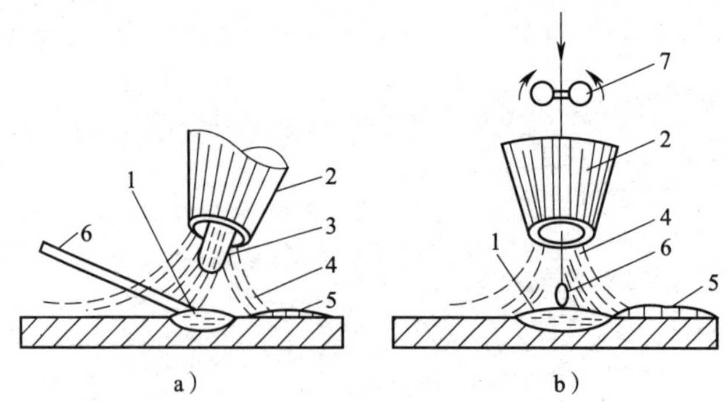

图 3—1—1 氩弧焊的工作原理

a）钨极氩弧焊 b）熔化极氩弧焊

1—熔池 2—喷嘴 3—钨极 4—气体 5—焊缝 6—焊丝 7—送丝滚轮

2. 氩弧焊的分类

氩弧焊根据所用的电极材料，可分为钨极（不熔化极）氩弧焊（用 TIG 表示）和熔化极氩弧焊（用 MIG 表示）；按其操作方式，可分为手工氩弧焊、半自动氩弧焊和自动氩弧焊；若在氩弧焊电源中加入脉冲装置，又可分为钨极脉冲氩弧焊和熔化极脉冲氩弧焊。氩弧焊的分类如图 3—1—2 所示。

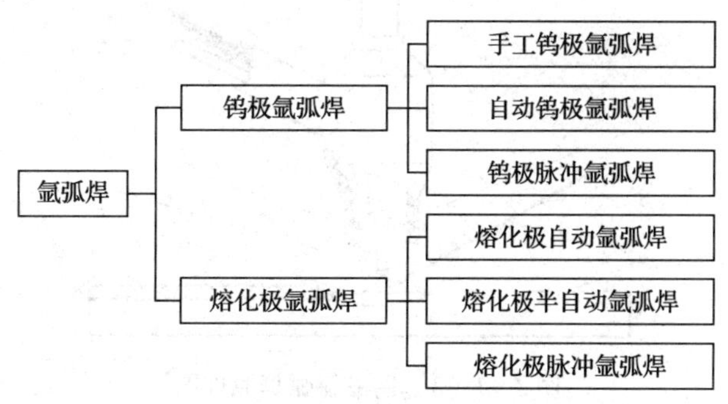

图 3—1—2　氩弧焊的分类

3. 氩弧焊的特点

（1）氩弧焊的优点

1）焊缝质量较高。由于氩气是惰性气体，可在空气与焊件间形成稳定的隔绝层，保证高温下被焊金属中合金元素不会氧化烧损，同时氩气不溶解于液态金属，故能有效地保护熔池金属，获得较高的焊接质量。

2）焊接变形与应力小。由于氩弧焊热量集中，电弧受氩气流的冷却和压缩作用，使热影响区窄，焊接变形和应力小，特别适宜于薄件的焊接。

3）可焊的材料范围广。几乎所有的金属材料都可进行氩弧焊。通常，氩弧焊多用于焊接不锈钢、铝、铜等有色金属及其合金，有时还用于焊件的打底焊。

4）操作技术易于掌握。采用氩气保护，焊接时无熔渣，且为明弧焊接，电弧、熔池可见性好，适合各种位置焊接，容易实现机械化和自动化。

（2）氩弧焊的缺点

1）熔深浅，熔敷速度慢，生产效率低。

2）钨极承载电流的能力较差，过大的电流会引起钨极熔化和蒸发，其微粒有可能进入熔池，造成污染（夹钨）。

3）氩气较贵，与其他电弧焊方法（如焊条电弧焊、埋弧焊、CO_2气体保护焊等）比较，生产成本较高。

4）不适于在有风的地方或露天施焊。

5）设备比较复杂。

本模块主要介绍钨极氩弧焊及其操作方法。

二、钨极氩弧焊概述

钨极氩弧焊又称为不熔化极氩弧焊，简称 TIG 焊。钨极氩弧焊是使用高熔点的钨棒作为电极，在氩气层流保护下，利用钨极与焊件之间的电弧热量来熔化母材及填充焊丝，形成焊缝。钨极本身不熔化，只起发射电子产生电弧的作用。其原理如图 3—1—3 所示。

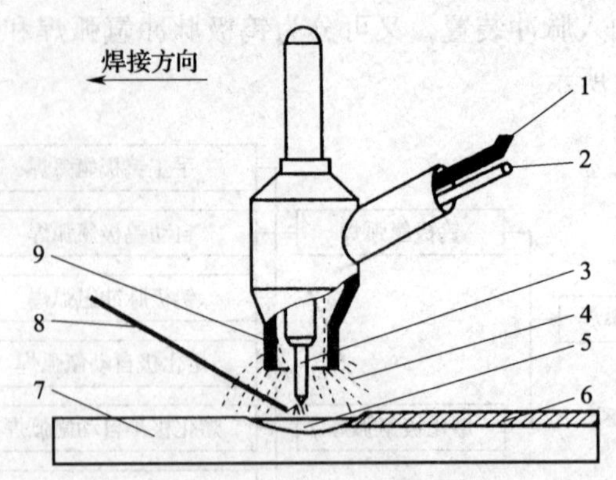

图 3—1—3　钨极氩弧焊原理图

1—电缆　2—保护气导管　3—钨极　4—保护气体　5—熔池
6—焊缝　7—焊件　8—填充焊丝　9—喷嘴

钨极氩弧焊有手工焊和自动焊两种操作方式。手工钨极氩弧焊时，焊工一手握焊炬，另一手持焊丝，随焊炬的摆动和前进，逐渐将焊丝填入熔池之中。有时也不加填充焊丝，仅将接口边缘熔化后形成焊缝。自动钨极氩弧焊是以传动机构带动焊炬行走，送丝机构尾随焊炬进行连续送丝的焊接方式。

钨极氩弧焊时，为了防止钨极的熔化和烧损，对所用焊接电流要有所限制，这样焊缝的熔深就受到影响，因此只能用于薄板焊接，故生产率不高。

三、钨极氩弧焊设备

手工钨极氩弧焊设备由焊接电源、控制系统、焊炬、供气系统及冷却系统等部分组成，如图 3—1—4 所示。

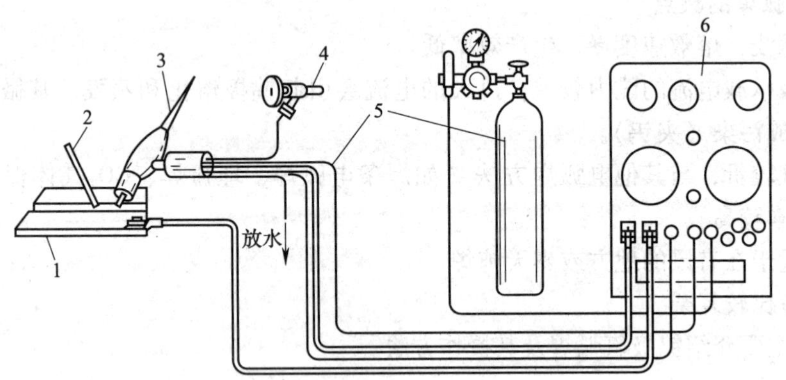

图 3—1—4　手工钨极氩弧焊设备的组成

1—焊件　2—焊丝　3—焊炬　4—冷却系统　5—供气系统　6—焊接电源

1. 焊接电源

因为手工钨极氩弧焊的电弧静特性与焊条电弧焊相似，所以任何具有陡降外特性的弧焊电源都可以作氩弧焊电源。

钨极氩弧焊机根据其使用的电流种类不同，有直流钨极氩弧焊机、交流钨极氩弧焊机和脉冲钨极氩弧焊机三种。目前，常用的手工钨极交流氩弧焊机的型号为 WSJ—150、WSJ—300、WSJ—400 和 WSJ—500 等；手工钨极直流氩弧焊机的型号为 WS—250、WS—300 和 WS—400 等；手工交直流两用氩弧焊机的型号为 WSE—150、WSE—400 等；脉冲氩弧焊机的型号为 WSM—250、WSM—400 等。常用的氩弧焊机如图 3—1—5 所示。

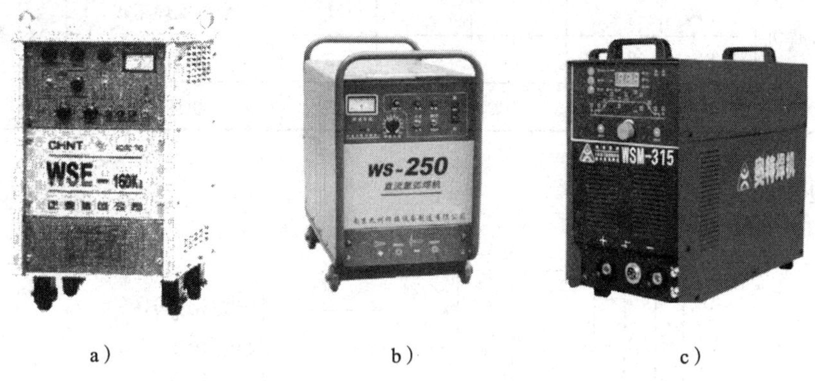

a）　　b）　　c）

图 3—1—5　常用的氩弧焊机

a）交直流两用氩弧焊机　b）直流氩弧焊机　c）脉冲氩弧焊机

直流电没有极性变化，电弧燃烧很稳定。直流电源的连接可分为直流正接和直流反接两种。采用直流正接时，电弧燃烧稳定性更好。钨极氩弧焊电源极性如图 3—1—6 所示。

（1）直流正接

直流正接是焊件接正极、钨棒接负极的一种接线方法。直流正接如图 3—1—6a 所示。直流正接焊接时，钨极发热量小，不易过热。同样直径的钨棒可以采用较大的电流，焊件发热量大，熔深大，生产率高。而且，由于钨棒为阴极，热电子发射能力强，电弧稳定而集中。因此，大多数金属宜采用直流正接焊接。

（2）直流反接

直流反接是焊件接负极、钨棒接正极的一种接线方法。直流反接如图 3—1—6b 所示。直流反接时，钨棒容易过热熔化。同样直径的钨棒许用电流要小得多，且焊缝宽而浅，一般不推荐使用。

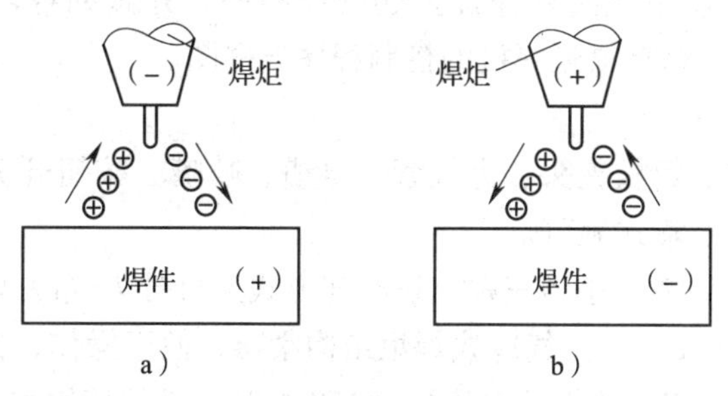

a）　　b）

图 3—1—6　钨极氩弧焊电源极性

a）直流正接　b）直流反接

焊机是将电能转换为焊接能量的设备，钨极氩弧焊机型号的含义见表 3—1—1。

表 3—1—1　　钨极氩弧焊机型号的含义

第一字位		第二字位		第三字位		第四字位		第五字位	
代表字母	大类名称	代表字母	小类名称	代表字母	附注特征	代表字母	系列序号	单位	基本规格
W	TIG 焊机	Z	自动焊	省略	直流	省略	焊车式	A	额定焊接电流
						1	全位置焊车式		
		S	手工焊	J	交流	2	横臂式		
		D	点焊	E	交直流	3	机床式		

焊机型号表示方法如下：

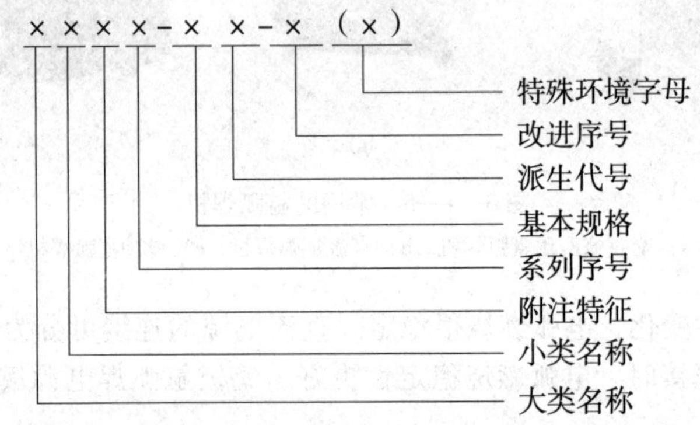

2．控制系统

氩弧焊机的控制系统主要用来控制和调节气、水、电的各个工艺参数以及启动、停止焊接。不同的操作方式有不同的控制程序，但大体上按下列程序进行。

当按动启动开关时，接通电磁气阀使氩气形成通路，经短暂延时后（延时线路的主要作用是控制气体提前输送和滞后关闭），同时接通主电路，给电极和焊件输送空载电压和接通高频引弧器使电极和焊件之间产生高频火花并引燃电弧。电弧建立后，即进入正常的焊接过程。当焊接停止时，启动关闭开关，焊接电流衰减，经过一段延时后主电路电源切断，同时焊接电流消失，再经过一段延时电磁气阀断开，氩气断路，此时焊接过程结束。手工钨极氩弧焊机的控制系统必须保证上述动作顺序，并做到各段延时均匀可调。如图 3—1—7 所示为交流手工钨极氩弧焊机的控制程序方框图。

3．焊炬

焊炬主要由焊炬体、钨极夹头、进气管、电缆、喷嘴、按钮开关等组成。焊炬的作用是传导电流、夹持钨极、输送氩气。

氩弧焊焊炬分为大、中、小型三种，按冷却方式又可分为气冷式焊炬（见图 3—1—8）和水冷式焊炬（见图 3—1—9）。气冷式焊炬结构紧凑、便于操作、价格便宜，但限于小电流（150 A）焊接使用；使用的焊接电流超过 150 A 时，必须使用水冷式焊炬。水冷式焊炬适宜大电流和自动焊接使用。

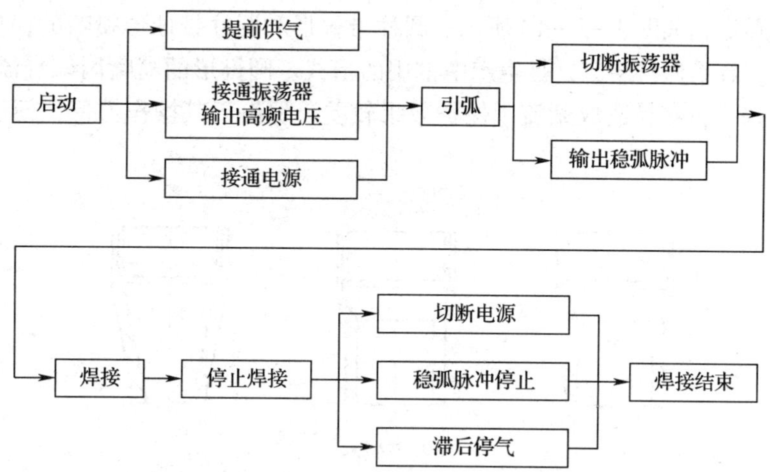

图 3—1—7　交流手工钨极氩弧焊机的控制程序方框图

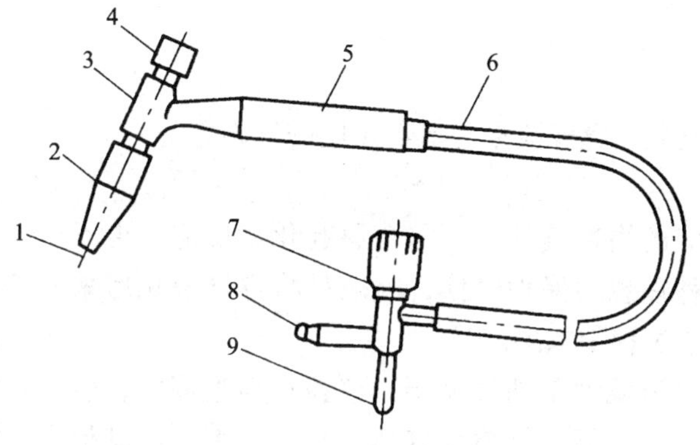

图 3—1—8　气冷式氩弧焊焊炬

1—钨极　2—陶瓷喷嘴　3—焊炬体　4—短帽　5—手把
6—电缆　7—气体开关手轮　8—通气接头　9—通电接头

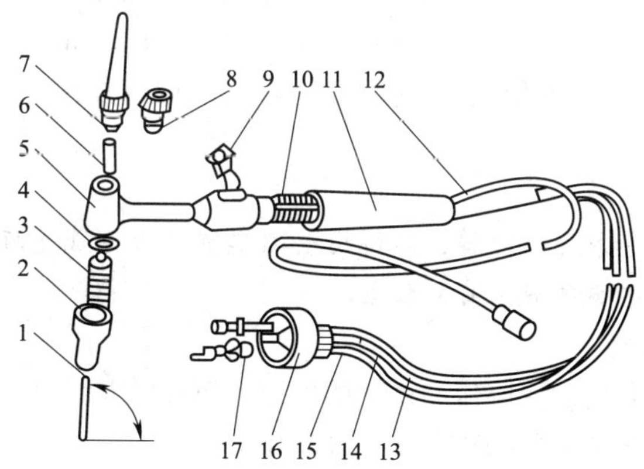

图 3—1—9　水冷式氩弧焊焊炬

1—钨极　2—陶瓷喷嘴　3—导流件　4、8—密封圈　5—焊炬体　6—钨极夹头　7—盖帽　9—船形开关
10—扎线　11—手把　12—插圈　13—进气皮管　14—出水皮管　15—水冷缆管　16—活动接头　17—水电接头

常见的喷嘴形状如图 3—1—10 所示。圆柱带锥形和圆柱带球形喷嘴的保护效果最佳，氩气流速均匀，容易保持层流，是生产中常用的形式。圆锥形的喷嘴因氩气流速变快，气体挺度虽好一些，但容易造成紊流，保护效果较差。但由于其操作方便，便于观察熔池，也经常使用。

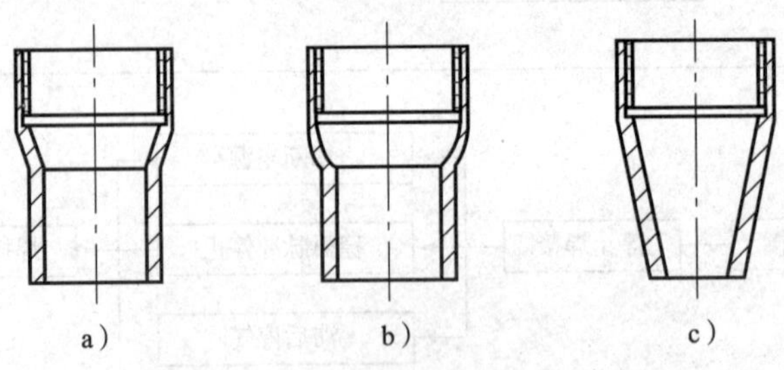

图 3—1—10　常见的喷嘴形状
a）圆柱带锥形　b）圆柱带球形　c）圆锥形

4. 供气系统

供气系统包括氩气瓶、氩气流量调节器及电磁气阀等。

(1) 氩气瓶

氩气是无色、无味的惰性气体，不与金属起化学反应，也不溶解于金属，它是一种理想的保护气体，一般是将空气液化后采用分馏法制取，是制氧过程中的副产品。

氩气的密度大，可形成稳定的气流层，覆盖在熔池周围，对焊接区有良好的保护作用。氩气是惰性气体，在常温下不与其他物质发生化学反应，高温时也不溶于液态金属，故有利于有色金属的焊接。

氩弧焊对氩气的纯度要求很高，为保证焊接质量，按我国现行标准规定，其纯度应达到 99.99%。焊接用工业纯氩气以瓶装供应，在温度 20℃时满瓶压力为 14.7 MPa，容积一般为 40 L。氩气钢瓶外表涂灰色，并标有深绿色“氩”字样。氩气钢瓶如图 3—1—11 所示。

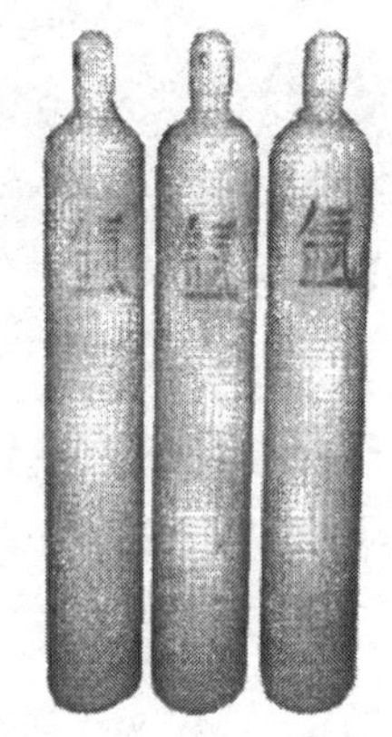

图 3—1—11　氩气钢瓶

提示：

氩气瓶在使用中严禁敲击、碰撞，不得用电磁起重机搬运氩气瓶，夏季要防止日光暴晒，瓶内气体不能用尽。氩气瓶应直立放置。

(2) 氩气流量调节器

氩气流量调节器不仅能起到降压和稳压的作用，而且可方便地调节氩气流量。AT—15 型和 AT—30 型氩气流量调节器如图 3—1—12 所示。

(3) 电磁气阀

电磁气阀是开闭气路的装置，由延时继电器控制，可起到提前供气和滞后停气的作用。

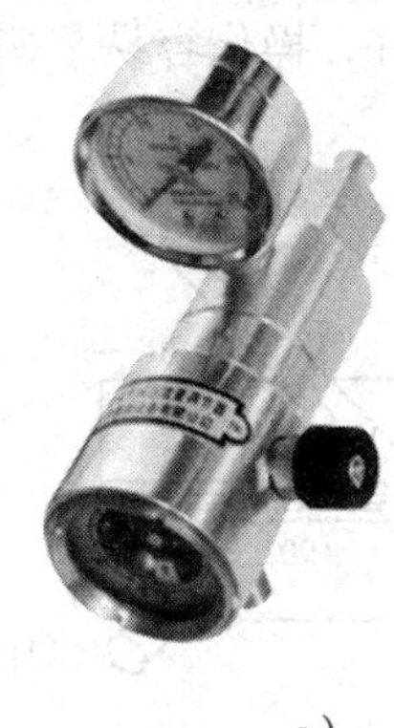

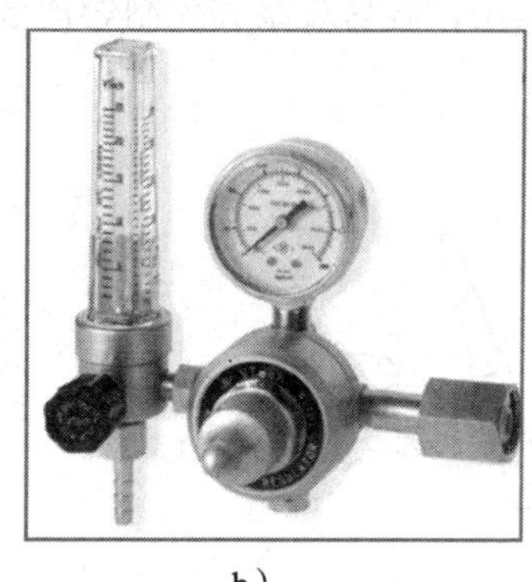

a）　　b）

图 3—1—12　氩气流量调节器

a）AT—15 型　b）AT—30 型

四、技能操作

1. 手工钨极氩弧焊机的使用

使用焊机应注意的事项有：

（1）焊机应按外部接线图正确连接，并检查铭牌电压值与网路电压值必须相符，外壳必须可靠接地。

（2）焊机使用前，必须检查水路、气路是否良好连接，以保证焊接时水、气正常供应。

（3）定期检查焊炬钨极夹头的夹紧情况，及时清理喷嘴上的渣壳。

（4）工作完毕或临时离开工作现场时，必须切断电源，关闭水源及气瓶阀门。

（5）焊工工作前，应看懂焊接设备使用说明书，熟悉焊接设备的构造，掌握正确的使用方法。

2. 手工钨极氩弧焊操作要点

（1）引弧

通常手工钨极氩弧焊机本身具有引弧装置（高压脉冲发生器或高频振荡器），钨极与焊件并不接触，保持一定距离就能在施焊点上直接引燃电弧，可使钨极端头保持完整，钨损耗小，不会产生夹钨缺陷。但是普通氩弧焊机没有引弧装置，操作时，可使用纯铜板或石墨板作为引弧板，在其上引弧，使钨极端头受热到一定温度（约 1 s），立即移到焊接部位引弧焊接。但这种接触引弧会产生很大的短路电流，很容易烧损钨极端头。

（2）持枪姿势和焊枪、焊件与焊丝的相对位置

平焊时持枪的姿势如图 3—1—13a 所示。一般焊枪与焊件表面成 70°～80°的夹角，填充焊丝与焊件表面成 15°～20°的夹角，如图 3—1—13b 所示。

（3）右向焊法与左向焊法

右向焊法适用于厚件的焊接，焊枪从左向右移动，电弧指向已焊部分，有利于氩气保护焊缝表面不受高温氧化；左向焊法适用于薄件的焊接，焊枪从右向左移动，电弧指向未焊部分有预热作用，容易观察和控制熔池温度，焊缝成形好，操作容易掌握。一般均采用左向焊法。

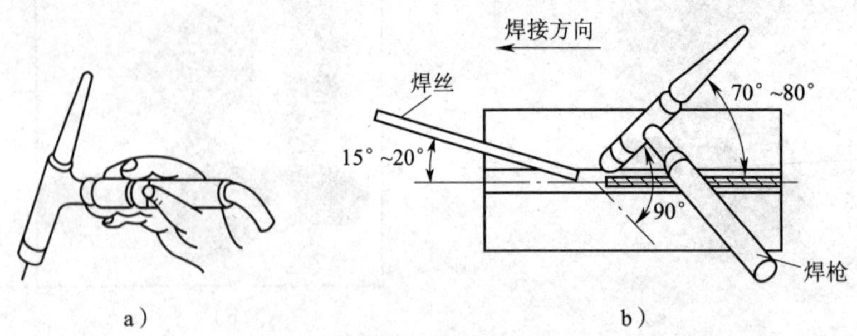

图 3—1—13　平焊持枪姿势和焊枪、焊件与焊丝的相对位置

a）持枪姿势　b）焊枪、焊件与焊丝的相对位置

(4）焊丝送进方法

一种方法是以左手的拇指、食指捏住，并用中指和虎口配合托住焊丝便于操作的部位。需要送丝时，将弯曲握住焊丝的拇指和食指伸直（见图 3—1—14b)，即可将焊丝稳稳地送入焊接区，然后借助中指和虎口托住焊丝，迅速弯曲拇指、食指，向上倒换捏住焊丝（见图 3—1—14a)，如此反复地填充焊丝。

另一种方法如图 3—1—14c 所示夹持焊丝，用左手拇指、食指、中指配合动作送丝，无名指和小手指夹住焊丝控制方向，靠手臂和手腕的上、下反复动作，将焊丝端部的熔滴送入熔池，全位置焊时多用此法。

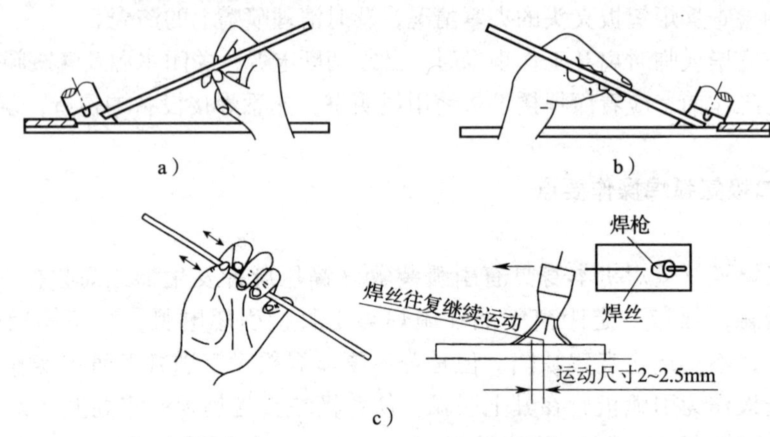

图 3—1—14　焊丝送进的动作

a）送进前的动作　b）送进的动作　c）点滴送丝法

(5）收弧

收弧方法不正确，容易产生弧坑裂纹、气孔和烧穿等缺陷。因此，应采取衰减电流的方法，即电流由大到小逐渐下降，以填满弧坑。

一般氩弧焊机都配有电流自动衰减装置，收弧时，通过焊枪手柄上的按钮断续送电来填满弧坑。若无电流衰减装置时，可采用手工操作收弧，其要领是逐渐减少焊件热量，如改变焊枪角度、稍拉长电弧、断续送电等。收弧时，填满弧坑后，慢慢提起电弧直至熄弧，不要突然拉断电弧。

当熄弧后，氩气会自动延时几秒钟停气（因焊机具有提前送气和滞后停气的控制装置），以防止金属在高温下产生氧化。

3. 评分标准（见表3—1—2）

表3—1—2　　氩弧焊设备操作评分表

技术要求	评分标准	配分	自评	组评	师评	得分
1. 正确使用与维护氩气瓶	氩气瓶减压器使用与维护，逆时针为开气阀，顺时针为关闭气阀	10				
2. 正确使用与维护氩弧焊设备	开机、开气、焊接电流调节和关气、滞压回零、关机等	50				
3. 焊枪的使用与注意事项	严格遵守焊枪的使用与注意事项，否则扣分	15				
4. 氩气流量器	氩气流量器装拆、调节、滞压与焊接设备接头处要牢，不要漏气，否则扣分	15				
5. 安全文明生产	违反操作规定，工具摆放不整齐扣分	10				

课后练习

一、填空题

1. 氩弧焊具有__________、__________、__________和__________的特点。

2. 氩弧焊按所用的电极不同可以分为__________和__________两大类；按其操作方式可分为__________、__________和__________氩弧焊；若在氩弧焊电源中加入脉冲装置又可分为__________氩弧焊和__________氩弧焊。

3. 氩弧焊根据采用的电源种类，又有__________氩弧焊和__________氩弧焊。

4. 采用钨极氩弧焊焊接______金属材料尽可能使用交流电进行焊接。

5. 手工钨极氩弧焊设备由______、______、______、______和______等部分组成。

6. 钨极氩弧焊要求采用具有______外特性的焊接电源，通常分为______电源和______电源两种。

7. 焊接电流______A可以不用水冷却；使用的焊接电流超过______A时，必须通水冷却，并用水压开关控制。

8. 钨极氩弧焊的焊接材料是__________、__________和__________。

9. 常用的钨极有______、______和______，其中______放射性极低，是目前推荐使用的电极材料。

10. 使用交流电时，钨极端部应磨成______形；使用直流电时，因多采用直流正接，钨极端部多磨成______形；用小电流施焊时，可以磨成______形。

11. 氩弧焊对氩气的纯度要求很高，其纯度应达到______%。

12. 焊接用氩气瓶其外表涂成______色，并且标注有______色“氩气”字样。氩气瓶的容积一般为______ L，最高工作压力为______ MPa，使用时一般应______放置。

二、判断题

1. 氩气是惰性气体，具有高温下不溶入液态金属又不与焊缝金属发生化学反应的特性。（ ）

2. 钨极氩弧焊的有害因素较多，其中有微量的放射性，故尽量选用无放射性的钍钨极来代替有放射性的铈钨极。（ ）

3. 钨极氩弧焊较好的引弧方法是接触引弧。（ ）

4. 钨极氩弧焊时，由于电弧受到氩气的压缩和冷却作用，使电弧热量集中，热影响区缩小，因此，焊接应力和变形较大，此法适用于厚板的焊接。（ ）

5. 钨极氩弧焊时，因为电弧的静特性曲线是水平的，所以常选用陡降的焊接电源。（ ）

6. 焊条电弧焊所用的陡降外特性焊接电源，均可作为钨极氩弧焊的电源。（ ）

7. 钨极氩弧焊焊接铝镁合金一般采用交流电源，而不采用直流反接，因为直流反接时无阴极破碎现象。（ ）

8. 钨极氩弧焊和焊条电弧焊一样，都是采用气—渣联合保护形式来保护焊接质量的。（ ）

9. 钨极氩弧焊时，当焊接电流超过 150 A 时，钨极和焊枪必须采用流动凉水进行冷却。（ ）

三、选择题

1. 钨极氩弧焊的电弧功率较小，它适用于（ ）焊接；熔化极氩弧焊电弧功率较大，适用于（ ）焊接。

A. 薄板　　B. 厚板　　C. 各种金属材料

2. 氩弧焊的三种电极材料中，（ ）放射性危害小，电流密度高，引弧性能好。

A. 纯钨极　　B. 钍钨极　　C. 铈钨极

3. 镁铝及其合金采用直流钨极氩弧焊时，不应该将钨极接在电源的正极上，其原因是（ ）。

A. 避免钨极损耗过大　　B. 容易产生气孔　　C. 工件表面没有破碎作用

4. WSE—300 型焊机是（ ）。

A. 埋弧自动焊机　　B. 手工钨极氩弧焊机　　C. 半自动 CO_2 气体保护焊机

5. 用手工钨极氩弧焊焊接铝及铝合金时，宜选用（ ）电源，焊接不锈钢时宜选用（ ）电源。

A. 交流　　B. 直流反接　　C. 直流正接

6. 钛及钛合金焊接时，常用的焊接方法是（ ）。

A. 手工电弧焊　　B. 氩弧焊　　C. 气焊

7. 钨极氩弧焊的电源外特性曲线应该是（ ）。

A. 陡降的　　B. 缓降的　　C. 水平的

8. 钨极氩弧焊采用同一直径的钨极时，以（ ）允许使用的焊接电流最小，以（ ）允许使用的焊接电流最大。

A. 直流正接　　B. 直流反接　　C. 交流

9. 钨极氩弧焊时的稳弧装置是（ ）。

A. 电磁气阀　　B. 高频振荡器　　C. 脉冲稳弧器

四、简答题

1. 简述氩弧焊的工作原理、分类、特点。
2. 简述手工钨极氩弧焊设备的组成。
3. 什么是正接和反接？
4. 氩气流量调节器的作用是什么？
5. 焊炬主要由哪些部分组成？焊炬的作用是什么？

课题 2　氩弧焊平敷焊

学习目标

1. 掌握钨极氩弧焊基本操作技术。
2. 掌握手工钨极氩弧焊低碳钢板平敷焊操作要领。

手工钨极氩弧焊是一种需要焊工用双手同时操作的焊接方法。操作时，焊工双手要互相协调配合，才能焊出质量符合要求的优质焊缝，从这方面说，它的操作难度比焊条电弧焊和熔化极气体保护焊大。

手工钨极氩弧焊基本操作技术主要包括引弧、焊炬移动、送丝、收弧和焊道接头等。

一、引弧

手工钨极氩弧焊的引弧方法有两种：一种是短路接触引弧，另一种是借助引弧器的非接触引弧。

1. 短路接触引弧

焊前用引弧板、铜板或碳块在钨极和焊件之间以短路接触直接引弧。这是气冷式焊炬常采用的引弧方法，其缺点是在引弧过程中，钨极损耗大，容易使焊缝产生夹钨。同时，钨极端部形状容易被破坏，增加了磨制钨极的时间，不仅降低焊接质量，而且还使氩弧焊的效率下降。

2. 非接触引弧

利用高频振荡器产生的高频高压击穿钨极与焊件之间的间隙（约 3 mm）而引燃电弧，或在钨极与焊件之间加一高压脉冲，使两极间的气体介质电离而引燃电弧。这是一种较好的引弧方法。

交流钨极氩弧焊时，往往是既用高压脉冲引弧，又用高压脉冲稳弧，引弧和稳弧脉冲由共同的主电路产生，但是，又有各自的触发电路。该电路的设计是在焊机空载时，只有引弧脉冲，而不产生稳弧脉冲；电弧一旦产生，就只产生稳弧脉冲，而引弧脉冲自动消失。

手工钨极氩弧焊通常使用高频高压引弧或高压脉冲引弧。开始引弧时，先使钨极和焊件之间保持一定的距离，然后接通引弧器，在高频电流或高压脉冲电流的作用下，保护气体被电离而引燃电弧，开始正式焊接。

二、焊炬摆动方式

手工钨极氩弧焊的焊炬运行基本动作包括焊炬沿钨极轴线的送进、沿焊缝轴线方向纵向移动和横向摆动，尽管基本动作只有三种，但焊炬摆动的方式很多，在选用时，应根据焊件材料、接头形式、装配间隙、钝边、焊接位置、焊丝直径、焊接参数和焊工操作习惯等因素而定。手工钨极氩弧焊基本的焊炬摆动方式及适用范围见表3—2—1。

表3—2—1　　手工钨极氩弧焊基本的焊炬摆动方式及适用范围

焊炬摆动方式	摆动方式示意图	适用范围
直线形		I形坡口对接焊 多层多道焊的打底焊
锯齿形		对接接头全位置焊 角接接头的立焊、横焊和仰焊
月牙形		
圆圈形		厚件对接平焊

三、焊接操作手法

焊接操作手法有左焊法和右焊法两种，如图3—2—1所示。

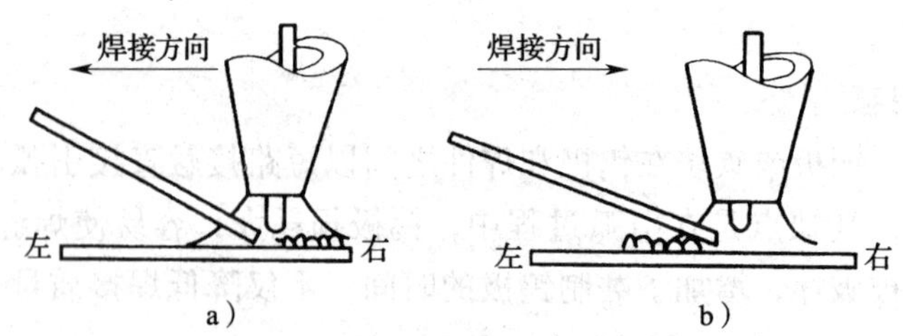

图3—2—1　焊接操作手法

a）左焊法　b）右焊法

1. 左焊法

左焊法应用比较普遍，焊接过程中，焊炬和焊丝都是从右端向左端移动，焊接电弧指向未焊接部分，焊丝位于电弧的前面，以点滴法加入熔池。

(1) 优点

焊接过程中，焊工视野不受阻碍，便于观察和控制熔池的情况。由于焊接电弧指向未焊部位，起到预热的作用，所以，有利于焊接较薄的焊件，特别适用于打底焊。焊接操作方便简单，初学者容易掌握。

(2) 缺点

多层焊、焊大焊件时，热量利用率低，影响焊接熔敷效率的提高。

2. 右焊法

(1) 优点

焊接过程中，焊炬和焊丝从左端向右端移动，焊接电弧指向已焊完的部分，使熔池冷却缓慢，有利于改善焊缝组织，减少气孔、夹渣缺陷。同时，由于电弧指向已焊的金属，提高了热量利用率，在相同的焊接热输入下，右焊法比左焊法熔深大，所以，特别适宜焊接厚度大、熔点较高的焊件。

(2) 缺点

由于焊丝在熔池的后方，焊工观察熔池不如左焊法清楚，控制焊缝熔池温度比较困难。此种焊接方法无法在管道上焊接（特别是小直径管），且焊接过程操作比较难掌握。

四、填丝的基本操作技术

1. 连续填丝

连续填丝对保护层的扰动较少，但是，操作技术较难掌握。连续填丝时，用左手的拇指、食指、中指配合送丝，无名指和小指夹住焊丝，控制送丝的方向，手工钨极氩弧焊的连续填丝操作如图 3—2—2a 所示。连续填丝时的手臂动作不大，待焊丝快使用完时才向前移动。连续填丝多用于填充量较大的焊接。

2. 断续填丝

断续填丝又称点滴送丝。焊接时，送丝末端应该始终处在氩气保护区内，靠手臂和手腕的上下反复动作，把焊丝端部的熔滴一滴一滴地送入熔池中。为了防止空气侵入熔池，送丝动作要轻，焊丝端部的动作应该始终处在氩气保护区内，不得扰乱氩气保护区，全位置焊接多用此方法填丝。手工钨极氩弧焊的断续填丝操作如图 3—2—2b 所示。

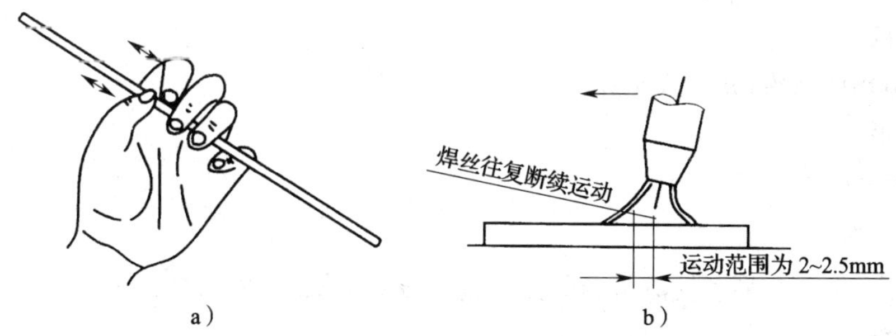

图 3—2—2　手工 TIG 焊的填丝操作
a）连续填丝　b）断续填丝

3. 焊丝紧贴坡口与钝边同时熔化填丝

焊前将焊丝弯成弧形，紧贴坡口间隙，而且焊丝的直径要大于坡口间隙。焊接时，焊丝和坡口钝边同时熔化形成打底层焊缝。此法可以避免焊丝阻碍焊工的视线，多用于可焊性较差位置的焊接。

4. 填丝操作注意事项

（1）填丝时，焊丝与焊件表面成15°夹角，焊丝准确地从熔池前缘送进，熔滴滴入熔池后，迅速撤出，焊丝端头始终处在氩气保护区内，如此反复进行。

（2）填丝时，仔细观察坡口两侧熔化后再进行填丝，以免出现熔合不良缺陷。

（3）填丝时，速度要均匀，快慢要适当，过快，焊缝余高大；过慢，焊缝出现下凹和咬边缺陷。

（4）坡口间隙大于焊丝直径时，焊丝应与焊接电弧作同步横向摆动，而且送丝速度与焊接速度要同步。

（5）填丝时，不应把焊丝直接放在电弧下面，不要让熔滴向熔池“滴渡”。填丝的位置如图3—2—3所示。

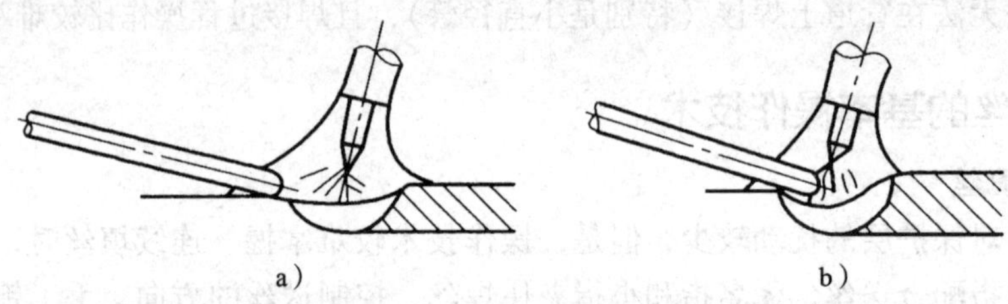

图3—2—3　填丝的位置

a）正确　b）不正确

（6）填丝操作过程中，如发生焊丝与钨极相碰而产生短路，会造成焊缝污染和夹钨，此时应该立即停止焊接，将污染的焊缝打磨至露出金属光泽，同时还要重新打磨钨极端部形状。

五、技能操作——氩弧焊平敷焊

1. 焊前准备

（1）焊机

ZX7—400STG型钨极氩弧焊机。

（2）焊炬

气冷式焊炬。

（3）氩气瓶

氩气瓶及AT—15型氩气流量调节器，氩气纯度不低于99.99%。

（4）钨极

WCe—20铈钨极，直径为2.5 mm和3.2 mm，端头磨成30°圆锥形，锥端直径为0.5 mm。

(5) 焊件

Q235 钢板，规格（长×宽×厚）为 300 mm×200 mm×8 mm，一块。

(6) 焊丝

H08A 型焊丝，直径为 2.5 mm 和 3.2 mm。

(7) 焊接要求

平敷焊见图 3—2—4。

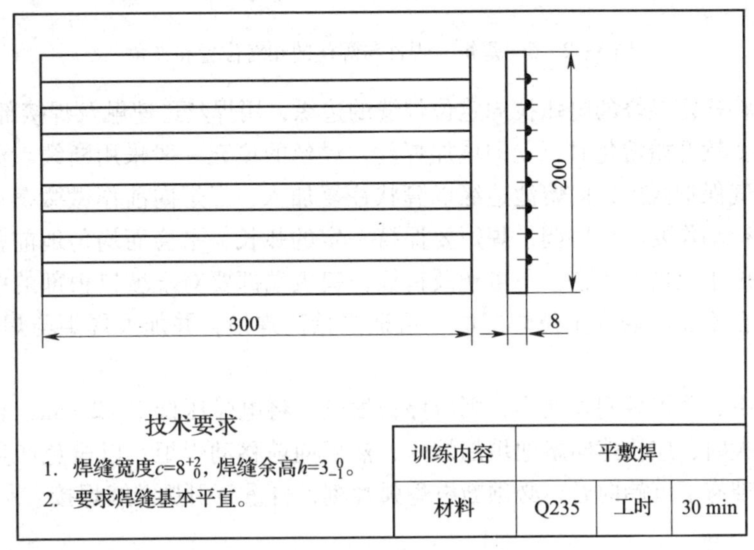

图 3—2—4　低碳钢板平敷焊焊件图

2. 焊前清理

采用钢丝刷或砂布将焊接处和焊丝表面清理干净，直至露出金属光泽。

3. 焊接参数（见表 3—2—2）

表 3—2—2　平敷焊焊接参数

焊道层次	钨极直径（mm）	喷嘴直径（mm）	钨极伸出长度（mm）	氩气流量（L/min）	焊丝直径（mm）	焊接电流（A）
焊接层（1）	2.5	8～12	5～6	8～12	2.5	70～90

4. 焊接操作过程

(1) 调试焊机

1）焊机的焊前检查包括检查气路和电路，分别开启气阀和电源开关，若无异常情况可进行下一步工作。

2）在正式操作前，调整好焊接参数，通过短时焊接，对设备进行一次负载检查，检查气路和电路系统工作是否正常，进一步发现在空载时无法暴露的问题，确认无问题后准备焊接。

(2) 焊接

采用左焊法，焊炬与焊件表面成 70°～85°夹角，填充焊丝与焊件表面的夹角以 10°～15°为宜，如图 3—2—5 所示。

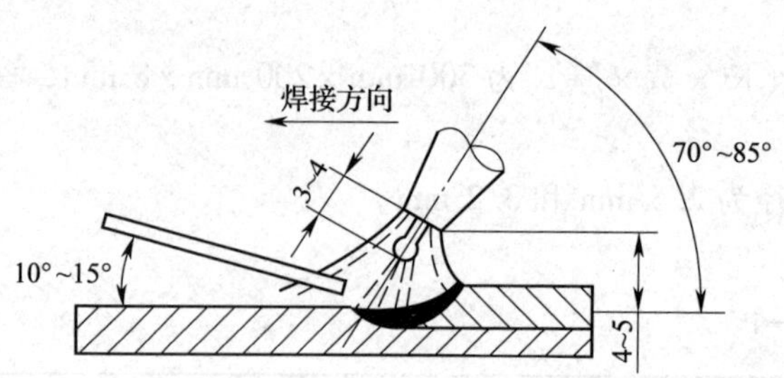

图 3—2—5 焊炬、焊件与焊丝的相对位置和夹角

起焊时，将稳定燃烧的电弧拉向定位焊缝的边缘，用焊丝迅速触及焊接部位进行试探，当感到该部位变软开始熔化时，立即填加焊丝，焊丝的填充一般采用断续点滴填充法，即焊丝端部在氩气保护区内，向熔池边缘以滴状往复加入，焊炬向前作微微摆动。焊丝的填加和焊炬的运行动作要配合协调，焊炬要保持一定的弧长，平稳而均匀地前移。填充焊丝时，焊丝端部位于钨极前下方，不可触及钨极，钨极端部要对准坡口根部的中心线，防止焊缝偏移和熔合不良。遇到定位焊缝时，可适当抬高焊炬，并加大焊炬与焊件间的角度，以保证焊透。

焊接过程中，若焊件间隙变小，则应停止填丝，将电弧压低 1 ~ 2 mm，直接将间隙击穿；当间隙增大时，应快速向熔池填加焊丝，然后向前移动焊炬，以避免产生烧穿和塌陷现象。如果发现有下沉趋向时，必须断电熄弧片刻，再重新引弧继续焊接。

提示：

将电弧引燃后，保持喷嘴至焊接处有一定距离并稍作停留，使母材形成熔池后再送丝。填充焊丝时，焊丝的端头切勿与钨极接触，否则焊丝会被钨极沾染，熔入熔池后形成夹钨，并且钨极端头沾有焊丝熔化金属，端头将变为球状影响正常焊接。

（3）焊道接头

在焊接过程中，由于某种原因，一条焊道没有焊完，中途停止（称为停弧），再引燃电弧继续焊接，就出现了焊道接头。

无论焊接打底层焊道或填充层焊道，控制接头的质量很重要，由于温度的差别和填充金属量的变化，该处易出现未焊透、夹渣、气孔和成形不良等缺陷，所以焊接过程中应尽量避免停弧，减少接头。但是在实际操作时，需要更换焊丝、钨极，并改变焊接位置，或要求对称分段焊等，此时必须停弧，因此接头是不可避免的，故应尽可能地控制接头的质量。

正确的接头方法是收弧时要加快焊接速度，收弧的焊道长度为 10 ~ 15 mm；焊炬在停弧的地方重新引燃电弧，待熔池基本形成后，再向后压 1 ~ 2 个波纹；接头起点不加或少加焊丝，即可转入正常焊接。

焊接操作技巧：一根焊丝用完后，焊炬暂不抬起，按下电流衰减开关，左手迅速更换焊丝，将焊丝端头置于熔池边缘后，使用正常焊接电流继续进行焊接。若条件不允许，则应先使用衰减电流，停止送丝，等待熔池缩小且凝固后，再移开焊炬。进行接头时，采用与始焊时相同的方法引弧，然后将电弧拉至收弧处，压低电弧，直接击穿坡口根部，形成新的熔池后，再填丝焊接。

(4) 收弧

当焊接终止时，就要收弧。焊缝收弧时，要采用电流自动衰减装置控制电弧，以免形成弧坑。在使用没有熄弧板或焊接电流衰减装置的氩弧焊机的情况下，收弧时，应该采用改变焊炬角度、拉长焊接电弧、加快焊接速度等措施来实现焊缝收弧动作。在对圆形焊缝或首尾相连的焊缝收弧时，多采用稍拉长的电弧使焊缝重叠 20 ~ 40 mm，重叠的焊缝部分可以不加焊丝或少加焊丝。焊接电弧收弧后，气路系统应该延时 10 s 左右再停止送气，防止焊缝金属在高温下继续被氧化，同时防止炽热的钨极外伸部分被氧化。

收弧时，不要突然拉断电弧，要往熔池里多加一些填充金属，填满弧坑（视熔池宽度而定，也可不一次填满弧坑），然后缓慢提起电弧。若还存在弧坑缺陷，可重新引弧填充焊丝，直至填满弧坑。

若收弧方法不正确，在收弧处容易产生弧坑裂纹、气孔和烧穿等缺陷。因此，收弧技术的好坏将直接影响焊缝质量和成形是否美观。

(5) 结束焊接

1）焊后关闭气路和电源，将焊炬连同输气管和控制电缆等盘好挂起，并清理工作现场。

2）清理焊件，检查焊缝质量。

5. 注意事项

(1) 焊接时，应尽量采用短弧焊接，填丝量要少，焊炬尽可能不摆动，当焊件间隙较小时，可直接进行击穿焊接。

(2) 往往焊至收尾处感觉温度已提高很多，这时就应适当加快焊接速度，收弧时多送几滴熔滴填满弧坑，防止产生弧坑裂纹。

6. 评分标准（见表表 3—2—3）

表 3—2—3　　氩弧焊平敷焊评分表

项目	分值	评分标准	得分	备注
焊缝宽度 c	10	$c=4\sim6$ mm，超差不得分		
焊缝宽度差 c'	8	$c'\leqslant1$ mm，超差不得分		
焊缝余高 h	10	$h=0\sim2$ mm，超差不得分		
焊缝余高差 h'	8	$h'\leqslant1$ mm，超差不得分		
焊后角变形 α	8	$\alpha\leqslant3°$，超差不得分		
夹渣	10	每出现一处扣 5 分		
气孔	10	每出现一处扣 5 分		
未焊透	10	每出现一处扣 5 分		
未熔合	10	每出现一处扣 5 分		
咬边	8	每出现一处扣 4 分		
凹陷	8	每出现一处扣 4 分		
合计	100			

课后练习

一、填空题

1. 手工钨极氩弧焊基本操作技术主要包括________、________、________、________和________等。

2. 手工钨极氩弧焊的引弧方法有两种：________和________。

3. 焊接操作手法有________和________两种。

二、判断题

1. 钨极氩弧焊时，为增强保护效果，氩气的流量越大越好。（ ）

2. 脉冲氩弧焊时，基值电流只起维持电弧燃烧的作用。（ ）

3. 钨极脉冲氩弧焊焊接时，可以加填充焊丝或不加填充焊丝。（ ）

4. 钨极脉冲氩弧焊由于使用了脉冲电流，所以适用于焊接厚板。（ ）

5. 钨极脉冲氩弧焊和焊条电弧焊一样，均可获得较大熔深的焊缝。（ ）

6. 钨极脉冲氩弧焊比一般的钨极氩弧焊，可获得效果更好的单面焊双面成形。（ ）

三、简答题

手工钨极氩弧焊操作手法有左焊法和右焊法，两者各有何特点？

课题 3　氩弧焊低碳钢板平对接焊

学习目标

1. 掌握钨极氩弧焊焊接参数。
2. 掌握手工钨极氩弧焊低碳钢板平对接焊的操作。

一、钨极氩弧焊焊接参数

手工钨极氩弧焊的主要焊接参数有钨极直径、焊接电流、电弧电压、焊接速度、焊接电源的种类和极性、氩气流量、喷嘴直径、喷嘴与焊件间的距离、钨极伸出长度等。

1. 钨极直径与焊接电流

通常根据焊件的材质、厚度来选择焊接电流。钨极直径应根据焊接电流而定。如果钨极粗而焊接电流小，钨极端部温度不够，电弧会在钨极端部不规则地飘移，造成电弧不稳定；如果焊接电流超过钨极相应直径的许用电流时，钨极端部温度达到或超过钨极的熔点，会出现钨极端部熔化现象，甚至产生夹钨缺陷。只有钨极直径与焊接电流匹配时，电弧才会稳定燃烧。

可通过观察电弧情况来判断焊接电流是否合适。正常时，钨极端部呈熔化状的半球形，此时电弧稳定，焊缝成形良好；电流过小时，钨极端部电弧偏移，此时电弧飘移；电流过大时，钨极端部发热，钨极熔化部分脱落到熔池中形成夹钨等缺陷，并且电弧不稳，焊接质量差，如图 3—3—1 所示。

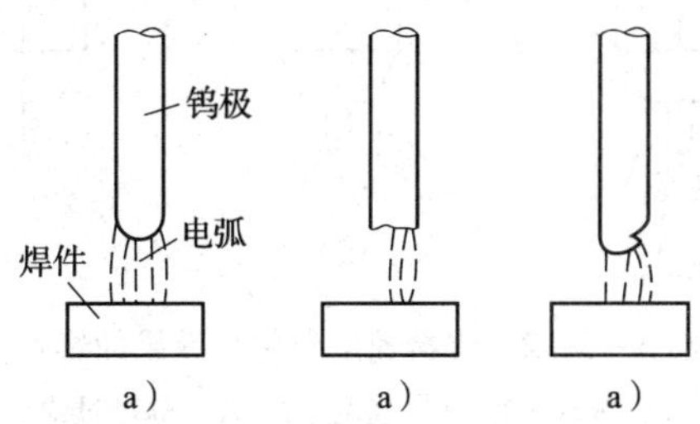

图 3—3—1　焊接电流和相应的电弧特征

a）焊接电流正常　b）焊接电流过小　c）焊接电流过大

不锈钢、耐热钢和铝合金手工钨极氩弧焊的钨极直径和焊接电流分别见表 3—3—1 和表 3—3—2。

表 3—3—1　不锈钢和耐热钢手工钨极氩弧焊的钨极直径和焊接电流

材料厚度（mm）	钨极直径（mm）	焊丝直径（mm）	焊接电流（A）
1.0	2	1.6	40～70
1.5	2	1.6	40～85
2.0	2	2.0	80～130
3.0	2～3	2.0	120～160

表 3—3—2　铝合金手工钨极氩弧焊的钨极直径和焊接电流

材料厚度（mm）	钨极直径（mm）	焊丝直径（mm）	焊接电流（A）
1.5	2	2	70～80
2.0	2～3	2	90～120
3.0	3～4	2	120～130
4.0	3～4	2.5～3	120～140

2. 电弧电压

电弧电压主要由弧长决定。电弧长度增加，容易产生未焊透缺陷，并使氩气保护效果变差。因此应在电弧不短路的情况下，尽量控制电弧长度，一般弧长近似等于钨极直径。

3. 焊接速度

焊接速度通常是由焊工根据熔池的大小、形状和焊件熔合情况随时调节。过快的焊接速度会使气体保护氛围破坏，焊缝容易产生未焊透和气孔缺陷；焊接速度太慢时，焊缝容易烧穿和咬边。

氩气保护是柔性的，当焊接速度过快，则氩气气流会弯曲，保护效果减弱。焊接速度对保护效果的影响如图 3—3—2 所示。

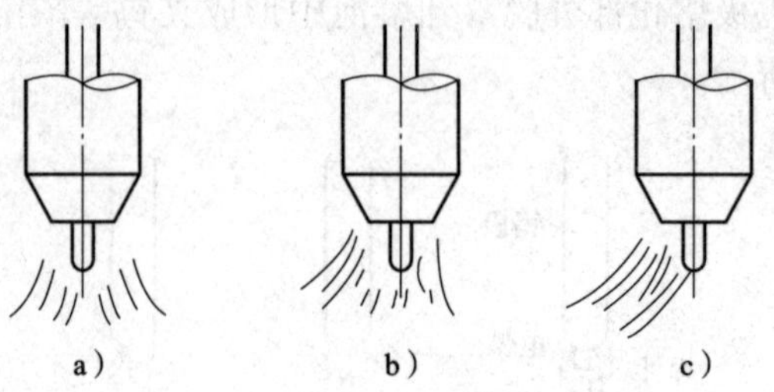

图3—3—2　焊接速度对保护效果的影响

a）焊炬不动　b）速度正常　c）速度过快

4. 焊接电源的种类和极性

手工钨极氩弧焊可以采用交流或直流两种焊接电源，采用哪种电源与所焊金属或合金种类有关，采用直流电源时还要考虑极性的选择，见表3—3—3。

表3—3—3　电源种类和极性的选择

材料	直流		交流
	正接	反接	
铝及铝合金	×	◎	△
铜及铜合金	△	×	◎
铸铁	△	×	◎
低碳钢、低合金钢	△	×	◎
高合金钢、镍及镍合金、不锈钢	△	×	◎
钛合金	△	×	◎

注：△——最佳；◎——可用；×——最差。

5. 氩气流量与喷嘴直径

喷嘴直径直接影响保护区的范围，一般根据钨极直径来选择。可按下列经验公式确定：

$$D = 2d + 4$$

式中　D——喷嘴直径，mm；

d——钨极直径，mm。

通常，焊炬选定之后，喷嘴直径很少改变，而是通过调整氩气流量来加强气体保护效果。流量合适时，熔池平稳，表面明亮无渣，无氧化痕迹，焊缝成形美观；流量不合适时，熔池表面有熔渣，焊缝表面发黑或有氧化皮。氩气的合适流量可按下式计算：

$$q_v = (0.8 \sim 1.2)D$$

式中　q_v——氩气流量，L/min；

D——喷嘴直径，mm。

D较小时，q_v取下限；D较大时，q_v取上限。在生产实践中，孔径为12～20 mm的喷嘴，最佳氩气流量范围为8～16 L/min。常用的喷嘴直径一般取8～20 mm。

6. 喷嘴与焊件间的距离

喷嘴与焊件间的距离以8～14 mm为宜。距离过大，气体保护效果差；距离过小，虽对气体保护有利，但能观察的范围和保护区域变小。

7. 钨极伸出长度

为了防止电弧热烧坏喷嘴，钨极端部应凸出喷嘴之外，其伸出长度一般为 3 ~5 mm。伸出长度过小，会影响焊工的视线，不便于观察熔池状况，对操作不利；伸出长度过大，气体保护效果会受到一定的影响。

钨极伸出长度是否合适，可通过测定氩气有效保护区域的直径来判断。

测定的方法是采用交流电源在铝板上引燃电弧，焊炬固定不动，电弧燃烧 5 ~6 s 后切断电源。铝板上留下的银白色区域，如图 3—3—3 所示，称为氩气有效保护区域或去氧化膜区，直径越大，说明气体保护效果越好。

另外，生产实践中，可通过观察焊缝表面色泽，以及是否有气孔来判定氩气保护效果，见表 3—3—4 和表 3—3—5。

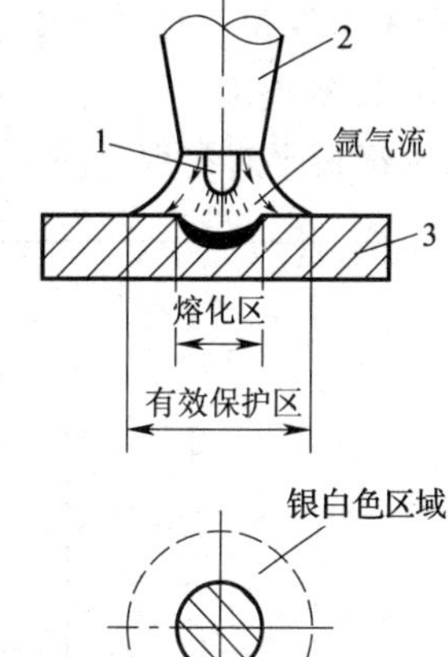

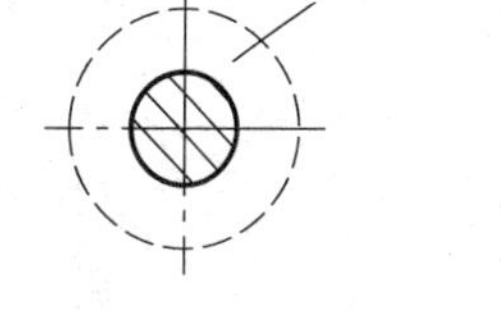

图 3—3—3 氩气有效保护区域
1—钨极 2—焊炬 3—焊件

表 3—3—4 不锈钢件焊缝表面色泽与保护效果的评定

焊缝表面色泽	银白色、金黄色	蓝色	红灰色	黑灰色
保护效果	最好	良好	较好	差

表 3—3—5 铝及铝合金件焊缝表面色泽与保护效果的评定

焊缝表面色泽	银白有光泽	白色无光泽	灰白色无光泽	灰黑无光泽
保护效果	最好	较好	差	最差

二、技能操作——氩弧焊低碳钢板平对接焊

1. 焊前准备

（1）焊机

ZX7—400STG 型钨极氩弧焊机。

（2）焊炬

气冷式焊炬。

（3）氩气瓶

氩气瓶及 AT—15 型氩气流量调节器，氩气纯度不低于 99.99%。

（4）钨极

WCe—20 铈钨极，直径为 2.5 mm 和 3.2 mm，端头磨成 30°圆锥形，锥端直径为 0.5 mm。

（5）焊件

Q235 钢板，规格（长×宽×厚）为 300 mm×200 mm×3 mm，一块。

（6）焊丝

H08A 型焊丝，直径为 2.5 mm 和 3.2 mm。

（7）焊接要求

低碳钢板平对接焊见图 3—3—4。

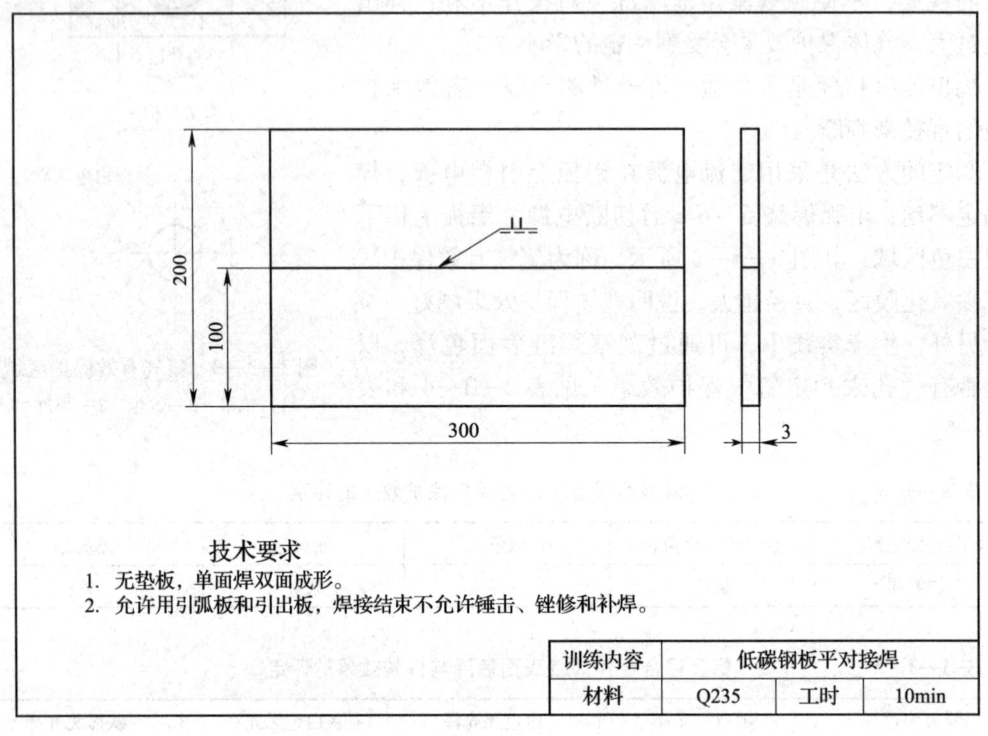

图 3—3—4　低碳钢板平对接焊焊件图

2. 焊前清理、装配及定位焊

（1）焊前清理

采用钢丝刷或砂布将焊接处和焊丝表面清理干净，直至露出金属光泽。

（2）装配及定位焊

定位焊时先焊焊件两端，然后在中间加定位焊缝。必须待焊件边缘熔化形成熔池后再加入焊丝，定位焊缝宽度应小于最终焊缝宽度。定位焊也可以不填加焊丝，直接利用母材的自熔合进行定位。定位焊之后必须校正焊件（保证不错边），并做适当的反变形（减小焊后变形）。

3. 焊接参数（见表 3—3—6）

表 3—3—6　　平对接焊焊接参数

焊道层次	钨极直径（mm）	喷嘴直径（mm）	钨极伸出长度（mm）	氩气流量（L/min）	焊丝直径（mm）	焊接电流（A）
打底层（1）	2.5	8～12	5～6	8～12	2.5	70～90
盖面层（2）	3	8～12	5～6	10～14	3	100～120

4. 焊接操作过程

（1）调试焊机

1）焊机的焊前检查包括检查气路和电路，分别开启气阀和电源开关，若无异常情况可进行下一步工作。

2）在正式操作前，调整好焊接参数，通过短时焊接，对设备进行一次负载检查，检查气路和电路系统工作是否正常，进一步发现在空载时无法暴露的问题，确认无问题后准备焊接。

（2）打底层焊

采用左焊法，焊炬与焊件表面成70°~85°夹角，填充焊丝与焊件表面的夹角以10°~15°为宜，如图3—3—5所示。

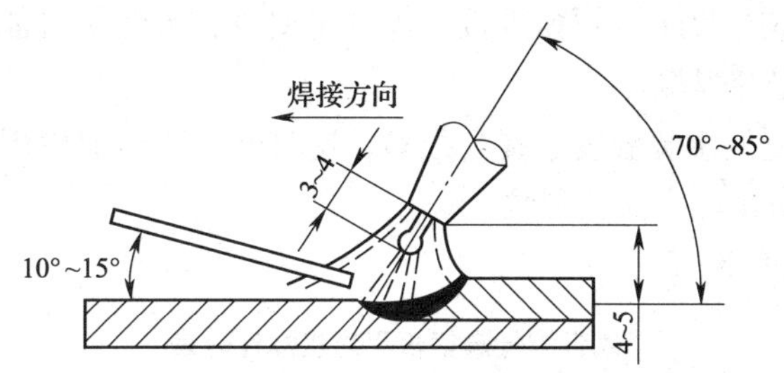

图3—3—5　焊炬、焊件与焊丝的相对位置和夹角

1）打底层焊接。起焊时，将稳定燃烧的电弧拉向定位焊缝的边缘，用焊丝迅速触及焊接部位进行试探，当感到该部位变软开始熔化时，立即填加焊丝，焊丝的填充一般采用断续点滴填充法，即焊丝端部在氩气保护区内，向熔池边缘以滴状往复加入，焊炬向前作微微摆动。焊丝的填加和焊炬的运行动作要配合协调，焊炬要保持一定的弧长，平稳而均匀地前移。填充焊丝时，焊丝端部位于钨极前下方，不可触及钨极，钨极端部要对准坡口根部的中心线，防止焊缝偏移和熔合不良。遇到定位焊缝时，可适当抬高焊炬，并加大焊炬与焊件间的角度，以保证焊透。

焊接过程中，若焊件间隙变小时，则应停止填丝，将电弧压低1~2 mm，直接将间隙击穿；当间隙增大时，应快速向熔池填加焊丝，然后向前移动焊炬，以避免产生烧穿和塌陷现象。如果发现有下沉趋向时，必须断电熄弧片刻，再重新引弧继续焊接。

2）打底焊操作注意事项

①将电弧引燃后，保持喷嘴至焊接处有一定距离并稍作停留，使母材形成熔池后再送丝。

②填送焊丝时，焊丝的端头切勿与钨极接触，否则焊丝会被钨极沾染，熔入熔池后形成夹钨，并且钨极端头沾有焊丝熔化金属，端头将变为球状影响正常焊接。

③焊接时脚不要踩住氩气管，影响氩气保护效果，避免产生焊接缺陷。

3）焊道接头（参见课题二）。

4）收弧（参见课题二）。

（3）盖面焊

盖面层焊接要相应加大焊接电流，并要选择比打底焊时直径稍大的钨极及焊丝。操作时，焊丝与焊件间的角度尽量减小，送丝速度相对快些，并且连续均匀。焊炬作横向摆动，一般作小锯齿形摆动即可，其幅度比打底焊时稍大，在坡口两侧稍停留，熔池超过坡口棱边 0.5 ~1 mm，根据焊缝的余高决定填丝速度，保证坡口两侧熔合良好，焊缝均匀平整。

（4）焊接结束时的操作注意事项

1）焊后关闭气路和电源，将焊炬连同输气管和控制电缆等盘好挂起，并清理工作现场。

2）清理焊件，检查焊缝质量。

5. 焊接操作注意事项

（1）如果定位焊缝有缺陷，必须将缺陷磨掉，不允许用重熔的办法来处理定位焊缝上的缺陷。

（2）打底焊时，应尽量采用短弧焊接，填丝量要少，焊炬尽可能不摆动，当焊件间隙较小时，可直接进行击穿焊接。

（3）往往焊至收尾处感觉温度已提高很多，这时就应适当加快焊接速度，收弧时多送几滴熔滴填满弧坑，防止产生弧坑裂纹。

6. 评分标准（见表 3—3—7）

表 3—3—7　　氩弧焊低碳钢板平对接焊评分表

项目	分值	评分标准	得分	备注
焊缝宽度 c	10	c = 4 ~ 6 mm，超差不得分		
焊缝宽度差 c'	8	$c' \leq 1$ mm，超差不得分		
焊缝余高 h	10	h = 0 ~ 2 mm，超差不得分		
焊缝余高差 h'	8	$h' \leq 1$ mm，超差不得分		
焊后角变形 α	8	$\alpha \leq 3°$，超差不得分		
夹渣	10	每出现一处扣 5 分		
气孔	10	每出现一处扣 5 分		
未焊透	10	每出现一处扣 5 分		
未熔合	10	每出现一处扣 5 分		
咬边	8	每出现一处扣 4 分		
凹陷	8	每出现一处扣 4 分		
合计	100			

课后练习

一、填空题

1. 手工钨极氩弧焊的主要焊接参数有______、______、______、______、焊接电源的______和______、______、______、______、______等。

2. 手工钨极氩弧焊通常根据焊件的__________、__________来选择焊接电流。

3. 焊接速度通常是由焊工根据______、______和______随时调节。

4. 选择合适的氩气流量一般为______倍的喷嘴直径。选择喷嘴直径的大小，一般根据钨极直径来选择，可按生产经验__________确定。

5. 钨极氩弧焊操作时，喷嘴与焊件的距离以______ mm 为宜。钨极端部应突出喷嘴以外，其伸出长度一般为______ mm。

二、判断题

1. 熔化极氩弧焊的熔深大，可用于厚板的焊接，而且容易实现焊接过程的机械化和自动化。（　　）

2. 由于熔化极氩弧焊的电极是焊丝，所以它对熔池的保护要求不高。（　　）

3. 气体保护焊时，只能用一种气体作为保护介质。（　　）

4. 氩气是惰性气体，它不与熔化金属起化学反应。（　　）

5. 手工钨极氩弧焊时，应尽量采用短弧焊工艺。（　　）

6. 手工钨极氩弧焊几乎可以焊接所有不同厚度的金属材料。（　　）

三、选择题

1. 氩弧焊的电源种类和极性需根据（　　）进行选择。

A. 焊件材质　　B. 焊丝材质　　C. 焊件厚度　　D. 焊丝直径

2. 钨极氩弧焊时，氩气的流量大小取决于（　　）。

A. 焊件厚度　　B. 焊丝直径　　C. 喷嘴直径　　D. 焊接速度

3. 钨极氩弧焊焊接（　　）接头，氩气保护效果最佳。

A. 搭接　　B. T 形　　C. 角接

四、简答题

简述手工钨极氩弧焊的主要焊接参数。

模块四
埋弧焊

课题1　埋弧焊设备操作平敷焊

1. 了解埋弧焊的工作原理、分类及特点。
2. 了解埋弧焊及其设备。
3. 能够进行埋弧焊机的操作，掌握引弧和收弧。

埋弧焊是电弧在颗粒状焊剂层下燃烧的一种焊接方法。焊接时，焊机的启动、引弧、焊丝的送进及热源的移动全由机械控制，是一种以电弧为热源的高效的机械化焊接方法。现已广泛用于锅炉、压力容器、石油化工、船舶、桥梁、冶金及机械制造工业中。

一、埋弧焊原理

埋弧焊的过程如图4—1—1所示，先将焊丝由送丝机构送进，经导电嘴与焊件轻微接触，焊剂由漏斗口经软管流出后，均匀地堆敷在待焊处。引弧后电弧将焊丝和焊件熔化形成熔池，同时将电弧区周围的焊剂熔化，有部分熔剂蒸发，形成一个封闭的电弧燃烧空间。密度较小的熔渣浮在熔池表面上，将液态金属与空气隔绝开来，有利于焊接冶金反应的进行。随着电弧向前移动，熔池液态金属随之冷却凝固而形成焊缝，浮在表面上的液态熔渣也随之冷却而形成渣壳。图4—1—2所示为埋弧焊焊缝断面示意图。

二、埋弧焊的特点

1. 埋弧焊的优点

(1) 焊接生产效率高

埋弧焊可采用较大的焊接电流，同时因电弧加热集中，使熔深增加，单丝埋弧焊可一次焊透20 mm以下不开坡口的钢板。而且埋弧焊的焊接速度也较焊条电弧焊快，单丝埋弧焊的焊速可达30 ~ 50 m/h，而焊条电弧焊焊速不超过6 ~ 8 m/h，从而提高了焊接生产效率。

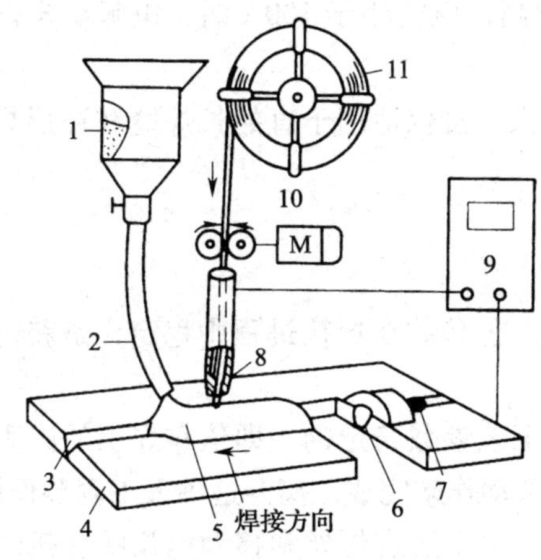

图4—1—1 埋弧焊过程示意图

1—焊剂漏斗 2—软管 3—坡口
4—母材 5—焊剂 6—熔敷金属
7—渣壳 8—导电嘴 9—电源
10—送丝机构 11—焊丝

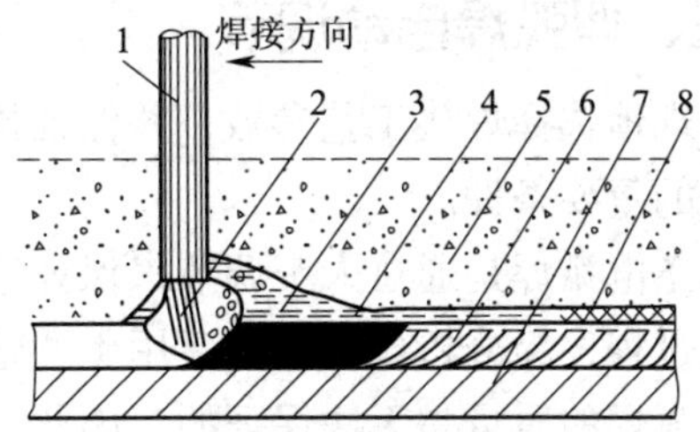

图4—1—2 埋弧焊焊缝断面示意图

1—焊丝 2—电弧 3—熔池
4—熔渣 5—焊剂 6—焊缝
7—焊件 8—渣壳

（2）焊接质量好

因熔池有熔渣和焊剂的保护，使空气中的氮、氧难以侵入，提高了焊缝金属的强度和韧性。同时由于焊接速度快，热输入相对减少，故热影响区的宽度比焊条电弧焊小，有利于减少焊接变形及防止近缝区金属过热。另外，焊缝表面光洁、平整、成形美观。

（3）改变焊工的劳动条件

由于实现了焊接过程机械化，操作较简便，而且电弧在焊剂层下燃烧没有弧光的有害影响可省去面罩，同时，放出烟尘也少，因此焊工的劳动条件得到了改善。

（4）节约焊接材料及电能

由于熔深较大，埋弧焊时可不开或少开坡口，减少了焊缝中焊丝的填充量，也节省因加工坡口而消耗掉的母材。由于焊接时飞溅极少，又没有焊条头的损失，所以节约焊接材料。另外，埋弧焊的热量集中，而且利用率高，故在单位长度焊缝上，所消耗的电能也大为降低。

（5）焊接范围广

埋弧焊不仅能焊接碳钢、低合金钢、不锈钢，还可以焊接耐热钢及铜合金、镍基合金等有色金属。此外，还可以进行磨损、耐腐蚀材料的堆焊。但不适用于铝、钛等氧化性强的金属及其合金的焊接。

2. 埋弧焊的缺点

（1）埋弧焊采用颗粒状焊剂进行保护，一般只适用于平焊或倾斜度不大的位置及角焊位置焊接，其他位置的焊接，则需采用特殊装置来保证焊剂对焊缝区的覆盖和防止熔池金属的漏淌。

（2）焊接时不能直接观察电弧与坡口的相对位置，容易产生焊偏及未焊透，不能及时调整工艺参数，故需要采用焊缝自动跟踪装置来保证焊炬对准焊缝而不焊偏。

（3）埋弧焊使用电流较大，电弧的电场强度较高，电流小于100A时，电弧稳定性较差，因此，不适宜焊接厚度小于1 mm的薄件。

（4）焊接设备比较复杂，维修保养工作量比较大，且仅适用于直的长焊缝和环形焊缝焊接，对于一些形状不规则的焊缝无法焊接。

三、埋弧焊自动调节

合理地选择焊接工艺参数，并保证预定的焊接工艺参数在焊接过程中稳定，是获得优质焊缝的重要条件。

焊条电弧焊是通过人工调节来保证选定的焊接工艺参数稳定的，即依靠焊工的肉眼观察焊接过程，经分析比较，然后用手调整焊条的运条动作来完成。离开这种人工调节作用，焊条电弧焊的质量是无法保证的。因此，以机械代替手工送进焊丝和移动电弧的埋弧焊必须具有相应的自动调节作用来取代人工调节作用，否则，当遇到弧长干扰等因素时，就不能保证电弧过程的稳定。由此可见，自动调节是埋弧焊等自动化电弧焊接方法必须包含的内容。

焊接过程中，当弧长变化时希望能迅速得到调整，恢复到原来长度，而电弧长度是由焊丝送给速度和焊丝熔化速度决定的，只有使送丝的速度等于焊丝熔化的速度，电弧长度才有可能保持稳定不变。因此，当电弧长度发生变化时，为了恢复弧长，可通过两种方法来实现：一是调节焊丝送丝速度；二是调节焊丝熔化速度。

所谓焊丝送丝速度是指在单位时间送入焊接区的焊丝长度，而焊丝熔化速度是指单位时间内熔化送入焊接区的焊丝长度。

根据上述两种不同的调节方法，埋弧焊有两种形式：一是焊丝送丝速度在焊接过程中恒定不变，通过改变焊丝熔化速度来消除弧长干扰的等速送丝式，焊机型号有MZ1—1000型；二是焊丝送丝速度随电弧电压变化，通过改变送丝速度来消除弧长干扰的变速送丝式，焊机型号有MZ—1000型。

四、埋弧焊机的分类

埋弧焊机按用途可分为专用焊机和通用焊机两种，通用焊机如小车式埋弧焊机，专用焊机如埋弧角焊机、埋弧堆焊机等。

按送丝方式可分为等速送丝式埋弧焊机和变速送丝式埋弧焊机两种，前者适用于细焊丝高电流密度条件的焊接，后者则适用于粗焊丝低电流密度条件的焊接。

按焊丝的数目和形状可分为单丝埋弧焊机、多丝埋弧焊机及带状电极埋弧焊机。目前应用最广的是单丝埋弧焊机。常用的多丝埋弧焊机有双丝埋弧焊机和三丝埋弧焊机。带状电极埋弧焊机主要用作大面积堆焊。

按焊机的结构形式可分为小车式、悬挂式、车床式、门架式、悬臂式等。目前小车式和悬臂式用得较多。

尽管生产中使用的焊机类型很多，但根据其自动调节的原理都可以归纳为电弧自身调节的等速送丝式埋弧焊机和电弧电压自动调节的变速送丝式埋弧焊机。

常用的小车式埋弧焊机的组成如图4—1—3所示。

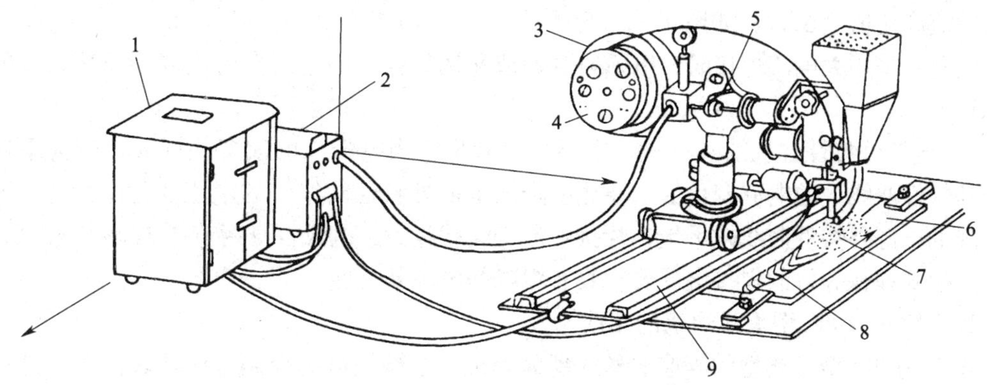

图 4—1—3　小车式埋弧焊机的组成

1—弧焊电源　2—控制箱　3—焊丝盘　4—控制盘　5—焊接小车　6—焊件　7—焊剂　8—焊缝　9—导轨

五、等速送丝式埋弧焊机

1. 等速送丝式埋弧焊机的工作原理

等速送丝式埋弧焊机是根据焊接过程中电弧的自身调节作用，通过改变焊丝的熔化速度，使变化的弧长很快恢复正常，从而保证焊接过程稳定。

(1) 电弧自身调节作用

如图 4—1—4 所示，曲线 C 为等熔化速度曲线（也称电弧自身调节系统静特性曲线），在曲线 C 上，焊丝的熔化速度是不变的，且恒等于送丝速度。O_1 是电源外特性曲线、电弧静特性曲线和等熔化速度曲线的三线交点，是电弧稳定燃烧点。电弧在这一点燃烧时，焊丝的熔化速度等于其送丝速度，焊接过程稳定。

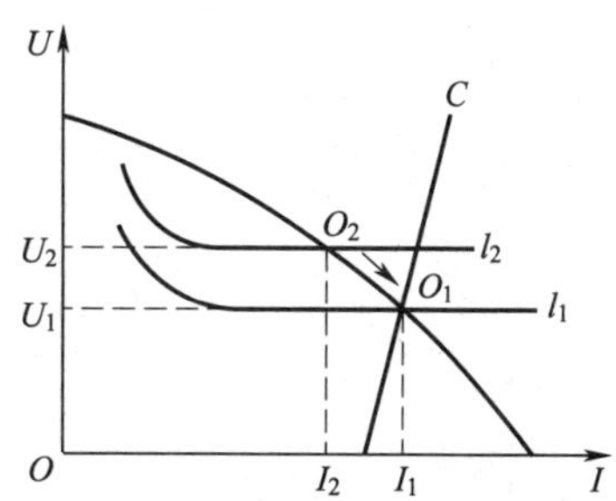

图 4—1—4　弧长变化时电弧自身调节过程

当由于某种外界的干扰，使电弧长度突然从 l_1 拉长到 l_2，此时，电弧燃烧点从 O_1 点移到 O_2 点，焊接电流从 I_1 减小到 I_2，电弧电压从 U_1 增大到 U_2。然而电弧在 O_2 点燃烧是不稳定的，因为焊接电流的减小和电弧电压的升高，都减慢了焊丝熔化速度，而焊丝送丝速度是恒定不变的，其结果使电弧长度逐渐缩短，电弧燃烧点将沿着电源外特性曲线，从 O_2 点回到原来的 O_1 点，这样又恢复至平衡状态，保持了原来的电弧长度。反之，如果电弧长度突然缩短时，由于焊接电流随之增大，电弧电压降低，加快了焊丝熔化速度，而送丝速度仍不变，这样也会恢复至原来的电弧长度。

在受到外界的干扰使电弧长度发生改变时，会引起焊接电流和电弧电压的变化，尤其是焊接电流的显著变化，从而引起焊丝熔化速度的自行变化，使电弧恢复至原来的长度而稳定燃烧，这种作用称为电弧自身调节作用。

(2) 影响电弧自身调节性能的因素

1）焊接电流。电弧长度改变后，焊接电流变化越显著，则电弧长度恢复得越快。当电弧长度改变的条件相同时，选用大电流焊接的电流变化值（ΔI_1），要大于选用小电流焊接的电流变化值（ΔI_2），如图 4—1—5 所示。

因此，采用大电流焊接时，电弧自身调节作用较强，即电弧自行恢复到原来长度的时间就短。

2）电源外特性。从图 4—1—5 中还可以看出，当电弧长度改变相同时，较为平坦的下降外特性曲线 1 的电流变化值，要比陡降的电源外特性曲线 2 的电流变化值大些。这说明下降的电源外特性曲线越平坦，焊接电流变化就越大，电弧自身调节作用就越强。所以，等速送丝式埋弧焊机的焊接电源要求具有缓降的电源外特性。

2. MZ1—1000 型埋弧焊机的组成

MZ1—1000 型是典型的等速送丝式埋弧焊机。这种焊机的控制系统比较简单，外形尺寸不大，焊接小车结构也较简单，使用方便，可使用交流和直流焊接电源，主要用于焊接水平位置及倾斜小于 15°的对接和角接焊缝，也可以焊接直径较大的环形焊缝。

MZ1—1000 型埋弧焊机由焊接小车、控制箱和弧焊电源三部分组成。

（1）焊接小车

焊接小车如图 4—1—6 所示。交流电动机为送丝机构和行走机构共同使用，电动机有两个输出轴，一头经送丝机构减速器送给焊丝，另一头经行走机构减速器带动焊车。

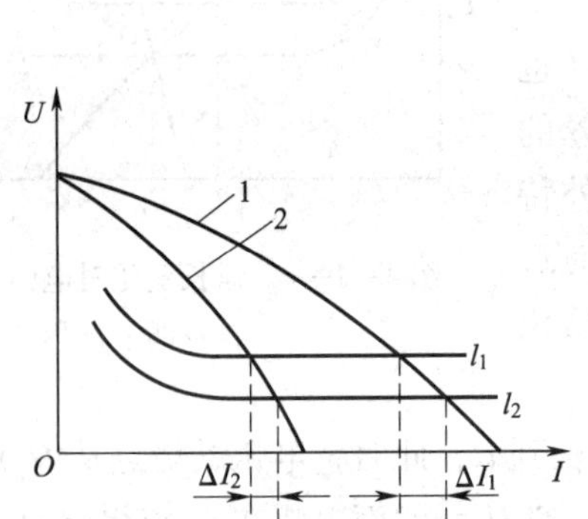

图 4—1—5　焊接电流和电源外特性的影响

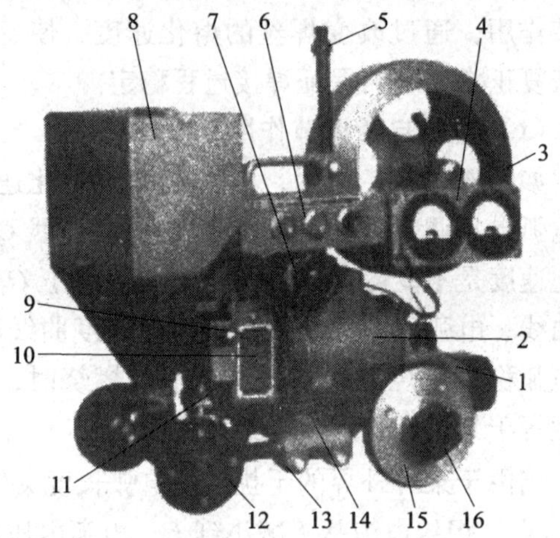

图 4—1—6　MZ1—1000 型埋弧焊小车

1—减速机构　2—电动机　3—焊丝盘　4—电流表和电压表　5—导丝轮　6—控制按钮板　7—调节手轮　8—焊剂漏斗　9—偏心压紧轮　10—减速箱　11—导电嘴　12—前轮　13—连杆　14—前底架　15—后轮　16—离合器手轮

焊接小车的前轮和主动后轮与车体绝缘，主动后轮的轴与行走机构减速器之间装有摩擦离合器，脱开时可以用手推动焊车。焊接小车的回转托架上装有焊剂漏斗、控制板、焊丝盘、焊丝校直机构和导电嘴等。焊丝从焊丝盘经校直机构、送给轮和导电嘴送入焊接区，所用的焊丝直径为 1.6 ~5 mm。

焊接小车的传动系统中有两对可调齿轮，通过改换齿轮的方法，可调节焊丝送给速度和焊接速度。焊丝送给速度调节范围为 0.87 ~6.7 m/min，焊接速度调节范围为 16 ~126 m/h。

（2）控制箱

控制箱内装有电源接触器、中间继电器、降压变压器、电流互感器等电气元件，在外壳上装有控制电源的转换开关、接线及多芯插座等。

（3）弧焊电源

常见的埋弧焊交流电源采用BX2—1000型同体式弧焊变压器，有时也采用具有缓降外特性的弧焊整流器。

六、变速送丝式埋弧焊机

1. 变速送丝式埋弧焊机的工作原理

变速送丝式埋弧焊机是根据电弧电压自动调节作用，把电弧电压作为反馈量，通过改变焊丝送丝速度来消除弧长的干扰，以保持电弧长度不变。

（1）变速送丝式埋弧焊机的电气原理

如图4—1—7所示，送丝电动机M是他励式直流电动机，它通过减速机构带动送丝滚轮，进行焊丝送给。直流发电机G为直流电动机M供电。因此，它控制着电动机的转速和转向，即控制着焊丝送给速度的快慢和方向。

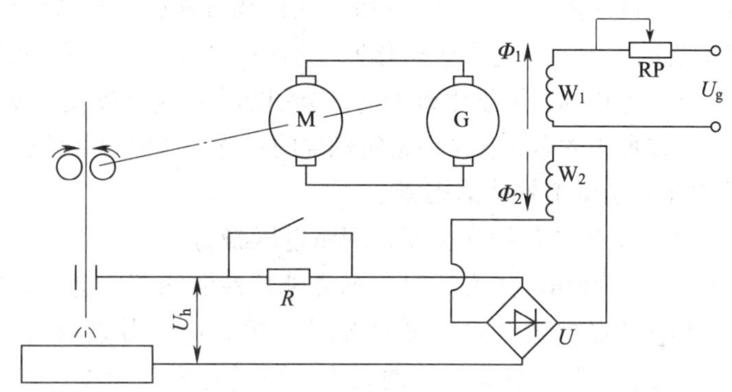

图4—1—7　变速送丝式埋弧自动焊机电气原理图

G—他励式直流发电机　M—他励式直流电动机　RP—电位器　U—桥式整流器

U_h—电弧电压　U_g—给定电压　W_1、W_2—励磁线圈　Φ_1、Φ_2—励磁线圈W_1、W_2的磁通

直流发电机有磁通方向相反的两个励磁线圈W_1与W_2，励磁线圈W_1由网路经降压、整流后再经给定电压调节电位器RP供电，因而磁通Φ_1的大小取决于给定电压；励磁线圈W_2是引入焊接回路中电弧电压的反馈，则磁通Φ_2的大小由反馈的电弧电压的高低决定。当直流发电机中只有线圈W_1工作时，电动机M的转动方向使焊丝上抽，当线圈W_2工作时，则促使焊丝下送。当两个线圈同时工作时，电动机M的转速、转向就由它们产生的合成磁通决定。当$\Phi_2>\Phi_1$时，直流电动机正转，焊丝下送，Φ_2越大，下送越快；当$\Phi_2<\Phi_1$时，电动机反转，焊丝上抽。

焊机启动时，焊丝与焊件之间在接触短路的条件下，电弧电压为零，因而励磁线圈W_2不起作用，直流发电机只受到励磁线圈W_1的作用，所以焊丝上抽，电弧被引燃。随着电弧的逐渐拉长，电弧电压不断增高，励磁线圈W_2的作用也不断增强，当W_2的磁通Φ_2大于W_1的磁通Φ_1时，电动机的转向也相应改变，焊丝就下送，直至焊丝送给速度等于焊丝熔化速度时，电弧燃烧趋向稳定状态，进入正常的焊接过程。

（2）电弧电压自动调节作用

如图 4—1—8 所示，曲线 A 为电弧电压自动调节静特性曲线，在该曲线上任意一点焊丝的熔化速度等于焊丝的送丝速度。由于变速送丝式焊机送给速度不是恒定不变的，所以在曲线上的各个不同点，都有不同的焊丝送给速度，但都分别对应着一定的焊丝熔化速度。

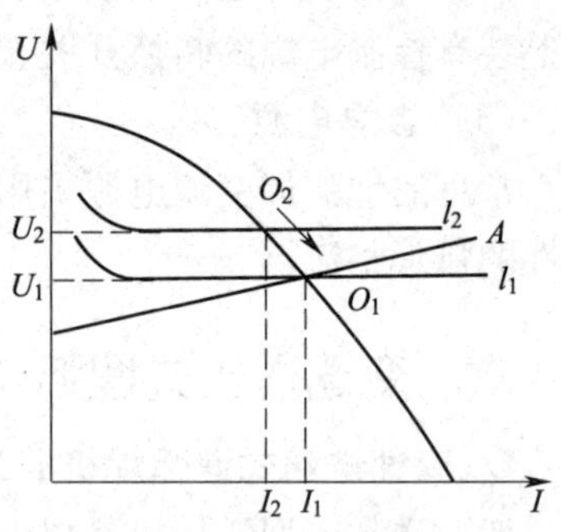

图 4—1—8　弧长变化时电弧电压自动调节过程

O_1点是电源外特性曲线、电弧静特性曲线和电弧电压自动调节静特性曲线的三线交点，是电弧稳定燃烧点，电弧在 O_1点燃烧焊丝熔化速度等于送丝速度，焊接过程稳定。

当受到某种外界干扰，使电弧长度突然从 l_1拉长至 l_2时，电弧燃烧点从 O_1点移到 O_2点，电弧电压从 U_1增大到 U_2，一方面因为电弧电压的反馈作用，使焊丝送给速度加快；另一方面由于焊接电流由 l_1，减小到 l_2，引起焊丝熔化速度减慢。由于焊丝送给速度的加快，同时焊丝熔化速度又减慢，因此，电弧长度迅速缩短，电弧从不稳定燃烧的 O_2点，迅速恢复至平衡状态，即恢复了原来的电弧长度。反之，如果电弧长度突然缩短时，由于电弧电压随之减小，使焊丝送给速度减慢，同时焊接电流的增大，引起焊丝熔化速度加快，结果也是恢复到原来的电弧长度。

在受到外界的干扰，使电弧长度发生改变时，会引起电弧电压变化，从而使焊丝送给速度相应改变，以达到恢复原来的电弧长度而稳定燃烧的目的，这称为电弧电压自动调节作用。

（3）影响电弧电压自动调节性能的因素

影响电弧电压自动调节性能的因素主要是网路电压波动。

如图 4—1—9 所示，当网路电压升高时，电源外特性曲线相应上移，使电弧从原来的稳定燃烧点 O_1移到新的稳定燃烧点 O_2，焊接电流、电弧电压分别由 l_1、U_1，增大到 l_2、U_2。由于 O_2点在电弧电压自动调节静特性曲线上，可满足送丝速度与熔化速度相等的要求，所以电弧不会恢复到原来的稳定燃烧点 O_1燃烧，使焊接工艺参数不能恢复到原值，影响焊接过程的稳定。

由于电弧电压自动调节静特性曲线近似于水平，因此对电弧电压影响较小，而对焊接电流则影响较大。图 4—1—10 为其他焊接条件不变时，当网路电压发生相同幅度波动时，陡降外特性曲线与缓降外特性曲线对焊接工艺参数的影响情况。由图可见，当网路电压波动时，陡降外特性电源新的工作点为 O_1'，而缓降外特性电源新的工作点为 O_1。显然 O_1点引起的焊接电流的偏差 Δl_1要比 O_1'点引起的焊接电流偏差 Δl_0大。因此，为避免网路电压波动而引起焊接电流的较大变化，变速送丝式焊机适宜采用陡降外特性的焊接电源。

2. MZ—1000 型埋弧焊机的组成

MZ—1000 型是典型的变速送丝式埋弧焊机，是根据电弧电压自动调节原理设计的。这种焊机的焊接过程自动调节灵敏度较高，而且对焊丝送给速度和焊接速度的调节方便，但电气控制线路较为复杂。可使用交流和直流焊接电源，主要用于平焊位置的对接焊，也可用于船形位置的角接焊。

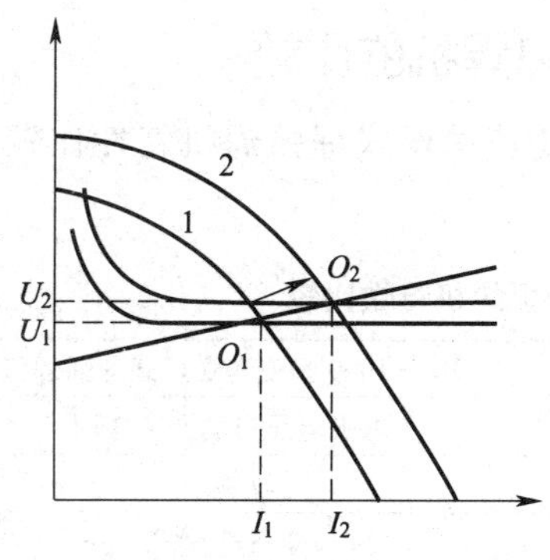

图 4—1—9　网路电压波动对焊接工艺参数的影响

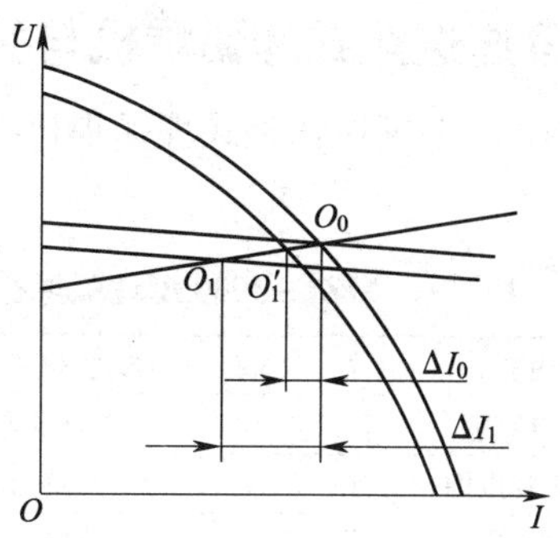

图 4—1—10　网路电压波动时不同外特性曲线电源对焊接工艺参数的影响

MZ—1000 型埋弧焊机由焊接小车、控制箱和弧焊电源三部分组成。

(1) 焊接小车

焊接小车如图 4—1—11 所示，小车的横臂上悬挂着机头、焊剂漏斗、焊丝盘和控制盘。机头的功能是送给焊丝，它由一台直流电动机、减速机构和送给轮组成，焊丝从滚轮中送出，经过导电嘴进入焊接区，焊丝直径为 3 ~ 6 mm，焊丝送给速度可在 0.5 ~ 2 m/min 范围内调节。控制盘和焊丝盘安装在横臂的另一端，控制盘上有电流表、电压表，用来调节小车行走速度和焊丝送给速度的电位器，控制焊丝上下的按钮、电流增大和减小按钮等。

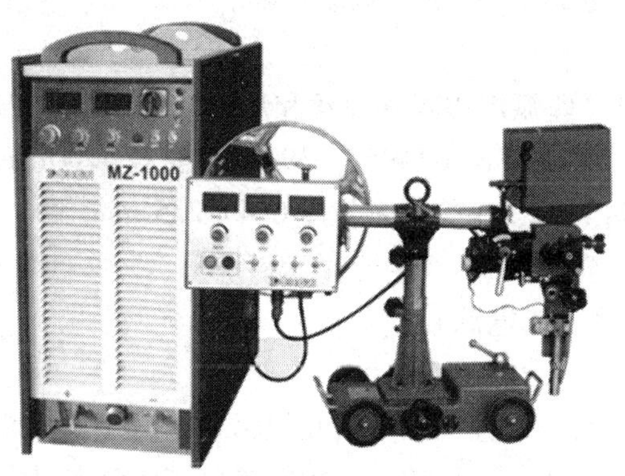

图 4—1—11　MZ—1000 型埋弧自动焊小车

焊接小车由台车上的直流电动机通过减速器及离合器来带动，焊接速度可在 15 ~ 70 m/h 范围内调节。为适应不同形式的焊缝，焊接小车结构上可在一定的方位上转动。

(2) 控制箱

控制箱内装有电动机—发电机组，还有接触器、中间继电器、降压变压器、电流互感器等电气元件。

(3) 弧焊电源

一般选用 BX2—1000 型弧焊变压器，或选用具有陡降外特性的弧焊整流器。

七、等速送丝式埋弧焊机与变速送丝式埋弧焊机的比较

MZ1—1000型等速送丝式埋弧焊机与MZ—1000型变速送丝式埋弧焊机特性比较见表4—1—1。

表4—1—1　　MZ1—1000型埋弧焊机与MZ—1000型埋弧焊机特性比较

比较内容	MZ1—1000型等速送丝式埋弧焊机	MZ—1000型变速送丝式埋弧焊机
自动调节原理	电弧自身调节作用	电弧电压自动调节作用
控制电路及机构	较简单	较复杂
送丝方式	等速送丝式	变速送丝式
电源外特性	缓降外特性	陡降外特性
电流调节方式	调节送丝速度	调节电源外特性
电压调节方式	调节电源外特性	调节给定电压
使用焊丝直径	细丝，一般为1.6～3 mm	粗丝，一般为3～5 mm

八、技能操作——埋弧焊设备操作平敷焊

1. 焊前准备

(1) 试件材料

Q235。

(2) 试件尺寸

取10 mm厚的钢板，长度500 mm，宽度不限。

(3) 焊接材料

按GB/T 5293—1999《埋弧焊用碳钢焊丝和焊剂》标准选用符合F4A2—H08A型号的焊丝和焊剂。焊丝牌号H08A（GB/T 14957—1994），直径4.0 mm；焊剂牌号HJ431，使用前烘干150～200℃，恒温1～2 h，焊剂颗粒度0.4～2.5 mm。

(4) 焊机

MZ—1000型（交流或直流电源）。

2. 试件装配

（1）清理钢板上的油污、锈蚀、水分及其他污物，直至露出金属光泽。

（2）沿500 mm长度方向，每隔50 mm用粉笔画一道线作为平敷焊道的基准线，然后将试件处于架空状态，待焊接。

3. 焊接工艺参数（见表4—1—2）

表4—1—2　　埋弧平敷焊焊接工艺参数

焊接层次	焊条直径（mm）	焊接电流（A）	电弧电压（V）	焊接速度（m/h）
平敷焊	4.0	530～560	34～36	36～40

4. 操作要点及注意事项

(1) 引弧前的操作步骤

1）检查焊机外部接线（见图4—1—12）是否正确。

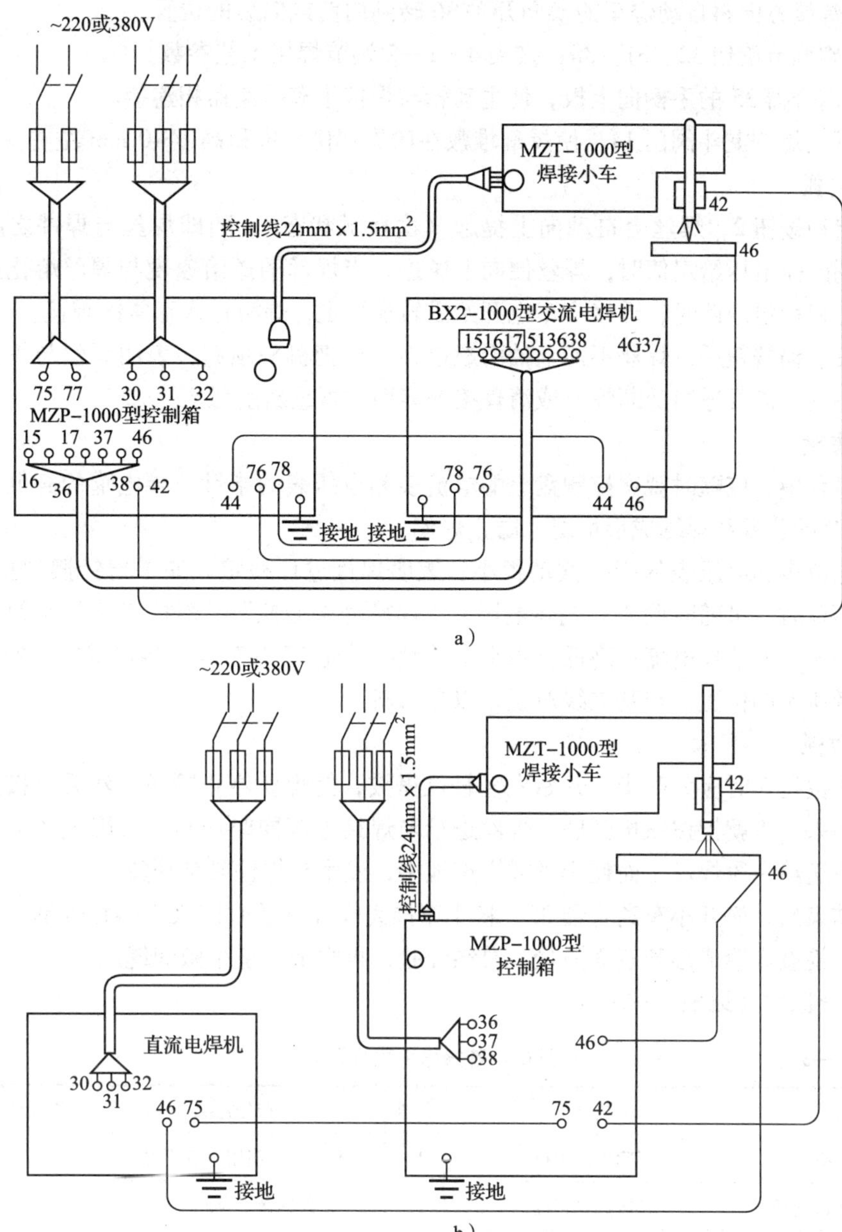

图 4—1—12 MZ—1000 型埋弧焊机外部接线图

a）采用交流弧焊电源 b）采用直流弧焊电源

2）调整轨道位置，将焊接小车放在轨道上。

3）将盘绕好的焊丝盘夹在固定位置上，然后把焊剂装入焊剂漏斗内。

4）接通焊接电源和控制箱电源。

5）按控制盘上的按钮 37 中的“向上”或“向下”按钮，使焊丝向上或向下对准待焊处中心，并与焊件表面轻轻接触。调整导电嘴使焊丝伸出长度为 15 ~ 18 mm。

6）将开关 33 转到焊接位置上。

7）按焊接方向将自动焊车的换向开关36转到向前或向后的位置。

8）分别调节旋钮32、31、30，按表4—1—2调节焊接工艺参数。

9）将离合器35的手柄向上扳，使主动轮与焊接小车减速器相连接。

10）开启焊剂漏斗阀门14，使焊剂堆敷在始焊部位，堆积高度40 mm左右。

（2）引弧

按下启动按钮2，焊丝会自动向上提起（由接触状态），随即焊丝与焊件之间产生电弧，当达到电弧电压给定值时，焊丝便向下送进。当焊丝的送给速度与焊丝熔化速度同步后，焊接过程稳定。此时，焊接小车也开始沿轨道行走，焊机进入正常的焊接。

如果按启动按钮后，焊丝不能上抽引燃电弧，而把机头顶起，表明焊丝与焊件接触太紧或接触不良，需要适当剪断焊丝或清理接触表面，再重新引弧。

（3）焊接

焊接过程中，应随时观察控制盘上的电流表和电压表的指针、导电嘴的高低、焊接方向指示针19的位置和焊缝成形情况，防止焊偏。

如果电流表和电压表的指针摆动很小，表明焊接过程稳定。如果指针摆动幅度增大，焊缝成形不良时，可随时调节“电弧电压”“焊接电源遥控”“焊接速度”旋钮。也可用机头上的手轮9调节导电嘴的高低，用小车前侧的手轮27调节焊丝相对基准线的位置。调节时操作者所站的位置要与基准线对正，以免偏斜。

（4）收弧

按停止按钮3时应分两步：开始先轻轻往里按，使焊丝停止输送，然后再按到底，切断电源。如果一下就把按钮按到底，焊丝送给与焊接电源同时切断，会因送丝电动机的惯性继续向下送给一段焊丝，而使焊丝插入熔池中，发生与焊件黏结现象。

焊接结束后，松开小车离合器35，将小车推离焊件，及时回收未熔化焊剂，清除焊缝表面渣壳，检查焊缝成形和表面质量，总结经验，再焊下一道平敷焊缝。

5．评分标准（见表4—1—3）

表4—1—3　　埋弧焊设备操作平敷焊评分表

项目	考核要求	分值	扣分标准	检验结果	得分
操作焊机	正确使用焊机	15	不能正确使用焊机不得分		
焊接工艺参数选择	参数选择正确	10	参数选择不合理不得分		
引弧前的操作	正确使用	5	不能正确使用焊机不得分		
引弧	正确使用	10	不能正确使用焊机不得分		
收弧	正确使用	10	不能正确使用焊机不得分		
焊缝直线度	≤2 mm	10	每超差一处扣5分		
焊缝余高	0～3 mm	15	每超差一处扣5分		
焊缝余高差	≤2 mm	5	每超差一处扣5分		
焊缝外观成形	焊缝波纹均匀、美观	20	根据情况酌情扣分		
合计		100			

课后练习

一、填空题

1. 埋弧焊机按送丝方式不同可分为________埋弧焊机和________埋弧焊机两种；前者适用于________条件的焊接，后者适用于________条件的焊接。

2. 埋弧焊机按焊丝的数目和形状可分为________、________和________，目前应用最广的是________。

3. 埋弧焊机按其结构形式可分为________、________、________、________、________等，目前________和________用得较多。

4. MZ1—1000是________式埋弧焊机，是根据________设计而成的，该机主要是由________、________和________三部分组成。

5. 等速送丝式埋弧焊机的电弧稳定燃烧点是________、________和________的三线相交点。

6. 变速送丝式埋弧焊机的电弧稳定燃烧点是________、________和________的三线相交点。

7. 埋弧焊机电弧自动调节方法有________、________。

8. 埋弧焊与焊条电弧焊的根本区别是________和________都是由机械控制的，并且有相应的自动调节作用。

9. 影响电弧自身调节性能的因素主要有____________和____________。

10. 变速送丝式埋弧焊机要求焊接电源具有____________的外特性曲线。

11. 等速送丝式埋弧焊机的焊接电源要求具有__________的电源外特性。

12. 当埋弧焊的电弧长度发生变化时，为了恢复到原来的弧长，可通过两种途径来实现，一是调节焊丝的____________，二是调节焊丝的____________。

13. 影响电弧电压自动调节性能的因素主要是______________。

二、判断题

1. 等速送丝式自动焊机的焊丝送给速度是恒定不变的，与焊接电流、电弧电压无关，当电弧长度发生变化时，是通过改变焊丝的熔化速度来消除电弧长度变化的。（　）

2. 变速送丝式自动焊机的焊丝送给速度与电弧电压有关系，随着电弧电压的变化来改变送丝速度，从而消除电弧长度变化的干扰。（　）

3. 埋弧焊由于焊接设备复杂，只能用来焊接对接焊缝，对于角焊缝无能为力。（　）

4. 埋弧焊与焊条电弧焊一样都是靠人工调节作用来保证焊接工艺参数稳定的。（　）

5. 埋弧焊时，保持电弧稳定燃烧的条件是焊丝的送丝速度等于焊丝的熔化速度。（　）

6. 变速送丝式埋弧焊机焊成的焊缝质量要优于等速送丝式埋弧焊机焊成的焊缝质量。（　）

7. 电弧自身调节特性是焊接电弧本身的一种属性。所以，焊条电弧焊的焊接电弧也具备这种性质。 (　　)

8. 电弧电压的自动调节作用主要是依靠焊接电流的增减来改变焊丝的熔化速度，而焊丝的送丝速度保持不变。 (　　)

9. 埋弧焊时，焊接电流主要影响焊缝的熔宽，而电弧电压主要影响焊缝的有效厚度。 (　　)

10. 埋弧焊焊接过程的自动调节是以消除电弧长度变化的干扰作为自动调节的主要目标。 (　　)

11. 变速送丝式焊机的送丝速度与电弧电压无关，与焊接电流有关。 (　　)

12. 凡是使电源外特性和电弧静特性发生变化的外界因素都会影响焊接电流和电弧电压的稳定。 (　　)

13. 采用小电流焊接时，电弧自身调节作用更大。 (　　)

14. 埋弧焊时，网路电压的波动对焊接工艺参数的稳定没有影响。 (　　)

15. 在等熔化速度曲线上焊接速度等于焊丝熔化速度。 (　　)

16. 在电弧电压自动调节静特性曲线上的不同点，焊丝的熔化速度是相等的。 (　　)

17. 在电弧电压自动调节静特性曲线上的不同点，焊丝送丝速度是相等的。 (　　)

18. 在电弧电压自动调节静特性曲线上的每一点，其送丝速度等于焊丝的熔化速度。 (　　)

19. 在等熔化速度曲线上的每一点，其送丝速度等于焊丝熔化速度。 (　　)

三、选择题（将正确答案的序号填在括号内）

1. MZ—1000 型焊机是________。

A. 埋弧焊机　　B. 焊条电弧焊机　　C. CO_2气体保护焊机

2. MZ—1000 型埋弧焊机电源外特性曲线形状是________的。

A. 缓降　　B. 陡降　　C. 平硬

3. MZ1—1000 型埋弧焊机电源外特性曲线形状是________的。

A. 陡降　　B. 缓降　　C. 平硬

4. 变速送丝式埋弧焊机弧长发生变化后，恢复时间要比等速送丝式焊机________。

A. 短　　B. 长　　C. 几乎一样

5. ________宜用埋弧焊焊接。

A. 厚度小于 1 mm 的薄板　　B. 小直径管子对接

C. 不规则焊缝　　D. 大直径厚壁筒体的环形焊缝

6. 下列埋弧焊的特点中，________是不正确的。

A. 生产率高　　B. 质量好

C. 劳动条件好　　D. 焊材消耗大

7. 埋弧焊主要适用于________位置。

A. 平焊　　B. 仰焊

C. 立焊　　D. 横焊

四、简答题

1. 埋弧焊与焊条电弧焊相比有何优缺点？
2. 电弧长度变化时，等速送丝式焊机的电弧自身调节过程是怎样的？
3. 电弧长度变化时，变速送丝式焊机的电弧电压自动调节过程是怎样的？

课题 2　埋弧焊 I 形坡口平对接焊

学习目标

1. 能正确选择和灵活调节埋弧焊焊接工艺参数。
2. 掌握埋弧焊 I 形坡口平对接焊基本操作方法。

埋弧焊的焊接工艺参数有焊接电流、电弧电压、焊接速度、焊丝直径、焊丝伸出长度、焊丝倾角、焊件倾斜等。其中对焊缝成形和焊接质量影响最大的是焊接电流、电弧电压和焊接速度。

一、焊接电流

焊接时若其他因素不变，焊接电流增加，则电弧吹力增强，焊缝厚度增大。同时焊丝的熔化速度也相应加快，焊缝余高稍有增加，但电弧的摆动小，所以焊缝宽度变化不大。电流过大，容易产生咬边或成形不良，使热影响区增大，甚至造成烧穿；电流过小，焊缝厚度减小，容易产生未焊透现象，电弧稳定性也差。焊接电流对焊缝成形的影响如图 4—2—1 所示。

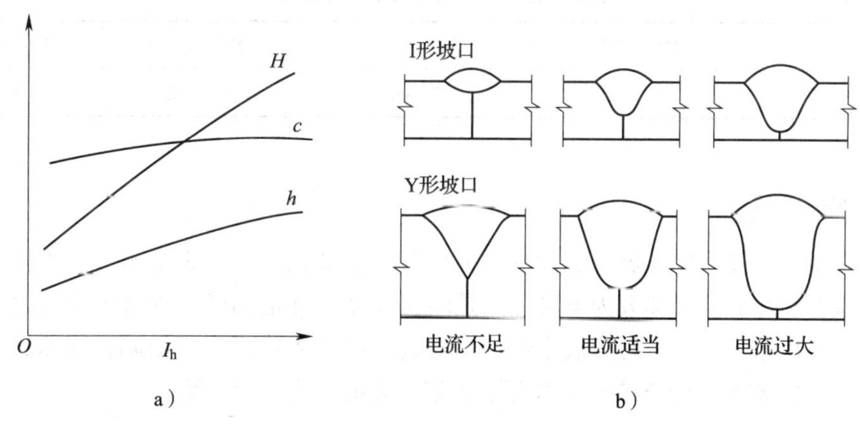

图 4—2—1　焊接电流对焊缝成形的影响

a）影响规律　b）焊缝成形的变化

H—焊缝厚度　*c*—焊缝宽度　*h*—余高

二、电弧电压

在其他因素不变的条件下，增加电弧长度，则电弧电压增加。随着电弧电压增加，焊缝宽度显著增大，而焊缝厚度和余高减小。这是因为电弧电压越高，电弧就越长，则电弧的摆动范围扩大，使焊件被电弧加热面积增大，以致焊缝宽度增大。然而电弧长度增加以后，电弧热量损失加大，所以用来熔化母材和焊丝的热量减少，使焊缝厚度和余高减少，如图 4—2—2 所示。

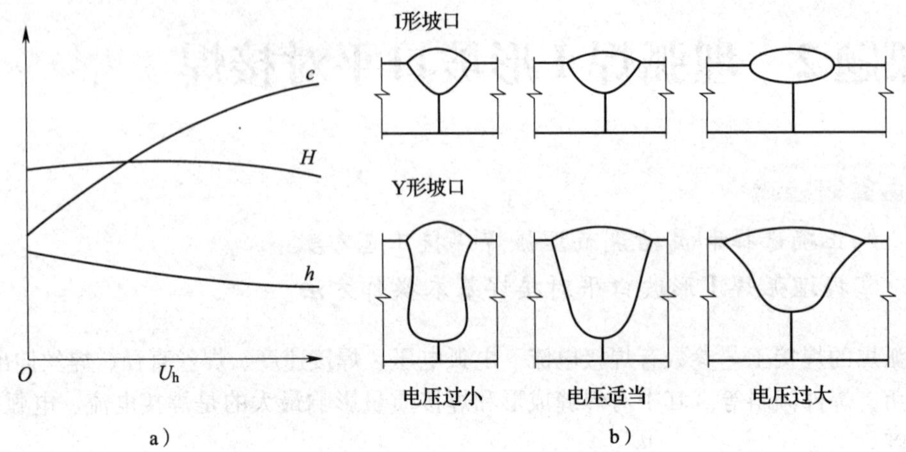

图 4—2—2　电弧电压对焊缝成形的影响

a）影响规律　b）焊缝成形的变化

H—焊缝厚度　*c*—焊缝宽度　*h*—余高

由此可见，电流是决定焊缝厚度的主要因素，而电压则是影响焊缝宽度的主要因素。为了获得良好的焊缝成形，焊接电流必须与电弧电压进行良好的匹配，见表 4—2—1。

表 4—2—1　焊接电流与电弧电压的匹配关系

焊接电流（A）	600～700	700～850	850～1 000	1 000～1 200
电弧电压（V）	36～38	38～40	40～42	42～44

三、焊接速度

焊接速度对焊缝厚度和焊缝宽度有明显的影响，如图 4—2—3 所示。当焊接速度增加时，焊缝厚度和焊缝宽度都大为下降。这是因为焊接速度增加时，焊缝中单位时间内输入的热量减少。焊速过大，则易形成未焊透、咬边、焊缝粗糙不平等缺陷；焊速过小，则会形成易裂的“蘑菇形”焊缝或产生烧穿、夹渣、焊缝不规则等缺陷。

四、焊丝直径

当焊接电流不变时，随着焊丝直径的增大，电流密度减小，电弧吹力减弱，电弧的摆动作用加强，使焊缝宽度增加而焊缝厚度减小；焊丝直径减小时，电流密度增大，电弧吹力增大，使焊缝厚度增加。故用同样大小的电流焊接时，小直径焊丝可获得较大的焊缝厚度。

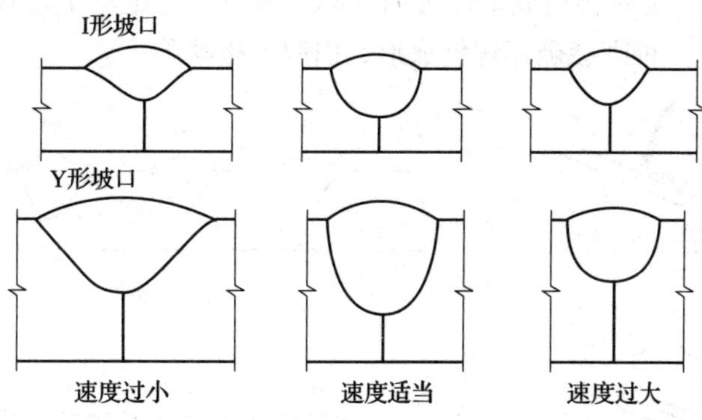

图 4—2—3　焊接速度对焊缝成形的影响

五、焊丝伸出长度

一般将导电嘴出口到焊丝端部的长度称为焊丝伸出长度。当焊丝伸出长度增加时，则电阻热作用增大，使焊丝熔化速度增快，以致焊缝厚度稍有减少，余高略有增加；伸出长度太短，则易烧坏导电嘴。焊丝伸出长度随焊丝直径的增大而增大，一般为 15 ~ 40 mm。

六、焊丝倾角

埋弧焊的焊丝位置通常垂直于焊件，但有时也采用焊丝倾斜方式。焊丝倾角对焊缝成形的影响如图 4—2—4 所示。

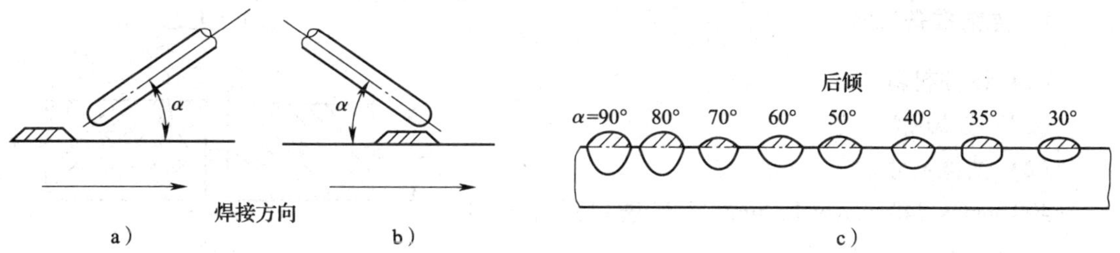

图 4—2—4　焊丝倾角对焊缝成形的影响

a）焊丝后倾　b）焊丝前倾　c）焊丝后倾角对焊缝厚度及焊缝宽度的影响

焊丝向焊接方向倾斜称为后倾，向焊接方向的相反方向倾斜则为前倾。焊丝后倾时，电弧吹力对熔池液态金属的作用加强，有利于电弧的深入，故焊缝厚度和余高增大，而焊缝宽度明显减小。焊丝前倾时，电弧工艺要求较严格，熔池前面的焊件预热作用加强，使焊缝宽度增大，而焊缝有效厚度减小。

七、焊件倾斜

焊件有时因处于倾斜位置，因而有上坡焊和下坡焊之分，如图 4—2—5 所示。上坡焊与焊丝后倾作用相似，焊缝厚度和余高增加，焊缝宽度减小，形成窄而高的焊缝，甚至产生咬边；下坡焊与焊丝前倾作用相似，焊缝厚度和余高都减小，而焊缝宽度增大且熔池内液态金属容易下淌，严重时会造成未焊透的缺陷。所以，无论是上坡焊或下坡焊，焊件的倾角 β 都不得超过 6°，否则会破坏焊缝成形，引起焊接缺陷。

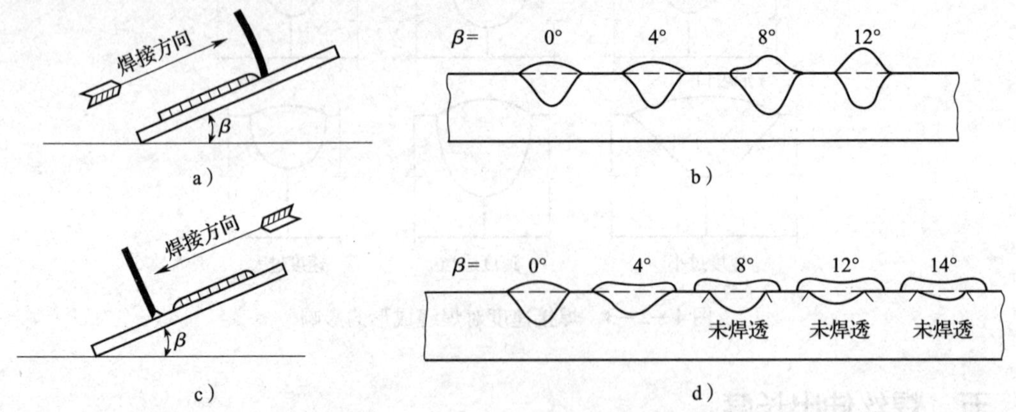

图 4—2—5　焊件倾斜对焊缝成形的影响

a）上坡焊　b）上坡焊工件斜度的影响　c）下坡焊　d）下坡焊工件斜度的影响

八、装配间隙与坡口角度

当其他焊接工艺条件不变时，焊件装配间隙与坡口角度的增大，使焊缝厚度增加，而余高减少，但焊缝厚度加上余高的焊缝总厚度大致保持不变。因此，为了保证焊缝的质量，埋弧焊对焊件装配间隙与坡口加工的工艺要求较严格。

九、技能操作——埋弧焊 I 形坡口平对接焊

1．焊前准备

（1）试件材料

Q235 或 20 钢。

（2）试件尺寸

400 mm × 240 mm × 12 mm，I 形坡口尺寸如图 4—2—6 所示。

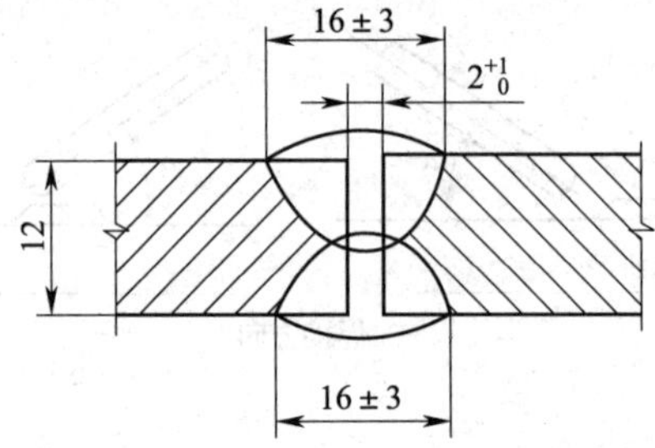

图 4—2—6　I 形坡口尺寸

（3）焊接要求

双面焊。

（4）焊接材料

焊丝 H08A 或 H08MnA，直径 4 mm，焊前除锈。焊剂 HJ431，焊前烘干温度为 150 ~ 200℃，恒温 2 h，随用随取。定位焊用焊条 E4303（结 422），直径 4. 0 mm。

（5）焊机

MZ—1000 型埋弧焊机。

2．试件装配

（1）试件清理

清理试件坡口面及坡口正反两侧各 30 mm 范围内的油污、锈蚀、水分及其他污物，直至露出金属光泽。

(2) 装配间隙

始端 2.5 mm，终端 3.2 mm（可分别采用直径 2.5 mm 和 3.2 mm 的焊条夹在试件两端进行装配）。放大终端的间隙是考虑到焊接过程中的横向收缩量，以保证熔透所需要的间隙。错边量≤1.2 mm。

(3) 定位焊

在试板两端分别焊接引弧板与引出板，并作定位焊，如图 4—2—7 所示。引弧板与引出板的尺寸为 100 mm×100 mm×12 mm，焊后将其用气割割掉，而不能用锤子敲掉。

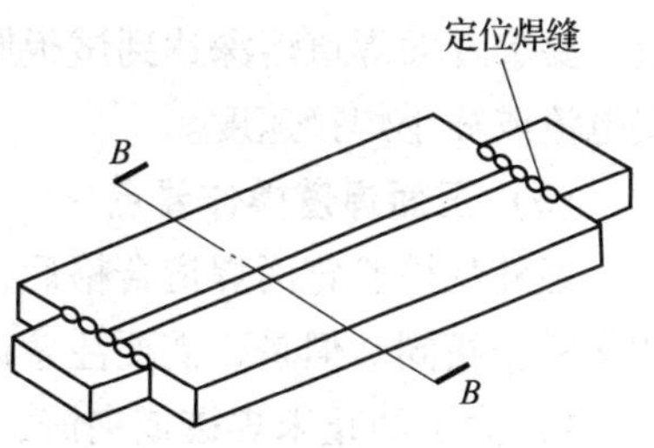

图 4—2—7　定位焊

(4) 试件反变形量

试件反变形量为 3°。

3. 焊接工艺参数（见表 4—2—2）

表 4—2—2　　I 形坡口平对接焊焊接工艺参数

焊接层次	焊条直径（mm）	焊接电流（A）	电弧电压（V）	焊接速度（m/h）
背面焊	4.0	500～550	35～37	30～32
正面焊	4.0	550～600	35～37	30～32

4. 操作要点及注意事项

(1) 焊接顺序

先焊背面的焊道，后焊正面的焊道。

(2) 背面焊道操作要点

1）垫焊剂垫。焊前将试件放在水平的焊剂垫上，如图 4—2—8 所示。焊剂垫内的焊剂牌号必须与工艺要求的焊剂相同。焊接时，要保证试板正面完全与焊剂贴紧。在焊接过程中，更要注意防止因试板受热变形与焊剂脱开，产生焊漏、烧穿等缺陷。特别是要防止焊缝末端收尾处出现焊漏和烧穿。

2）焊丝对中。调整焊丝位置，使焊丝头对准试板间隙，但不与试样接触。拉动焊接小车往返几次，以使焊丝能在整个试板上对准间隙。

3）准备引弧。将焊接小车拉到引弧板处，调整好小车行走方向开关位置，锁紧小车行走离合器。然后，按下送丝及退丝按钮，使焊丝端部与引弧板可靠接触，焊剂堆积高度为 40～50 mm。最后将焊剂斗下面的门打开，让焊剂覆盖住焊丝头。

4）引弧。按下启动按钮，引燃电弧。焊接小车沿试板间隙走动，开始焊接。此时要注意观察控制盘上的电流表与电压表，检查焊接电流与焊接电压与工艺规定的参数是否相符。如果不相符则迅速调整相应的旋钮至规定参数为止。

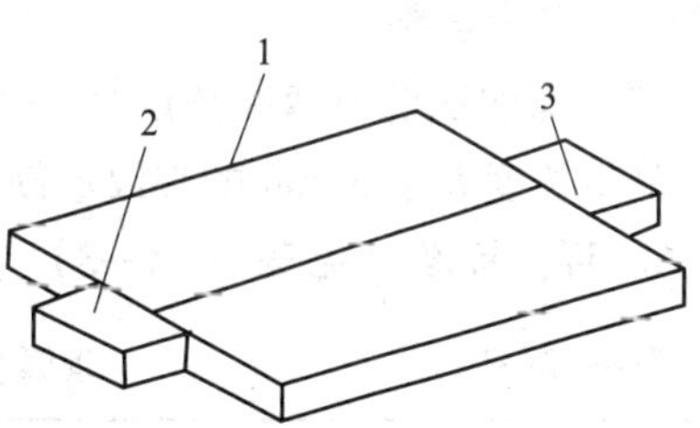

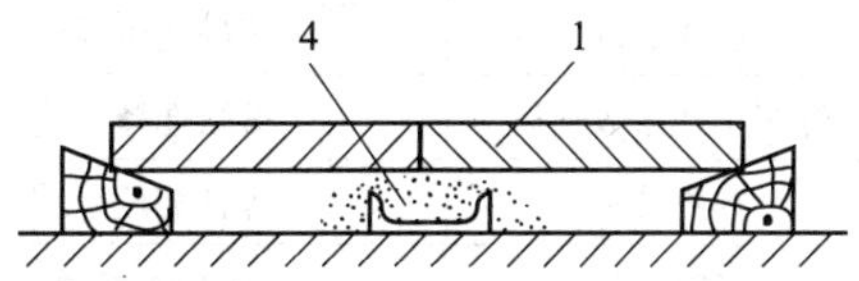

图 4—2—8　简易焊剂垫示意图
1—焊件　2—引弧板　3—引出板　4—焊剂

5）收弧。当熔池全部在引出板中部以后，准备收弧。收弧时要特别注意分两步按停止按钮。先按一半，焊接小车停止前进，但电弧仍在燃烧，熔化的焊丝用来填满弧坑。估计弧坑已填满后，立即将停止按钮按到底。

6）清渣。待焊缝金属及熔渣完全凝固并冷却后，敲掉焊渣，并检查背面焊道外观质量。要求背面焊道熔深达到试板厚度的40%～50%。如果熔深不够，需加大间隙、增加焊接电流或减小焊接速度。

（3）正面焊道操作要点

经外观检验背面焊道合格后，将试板正面朝上放好，开始焊正面焊道。焊接步骤与焊背面完全相同。但是，需要注意以下两点：

1）为了防止未焊透或夹渣，要求焊正面焊道的熔深达到板厚的60%～70%。为此可以用加大焊接电流或减小焊接速度来实现。

2）焊正面焊道时，因为已有背面焊道托住熔池，故不必用焊剂垫，可直接进行悬空焊接。

提示：

可以通过观察熔池背面焊接过程中的颜色变化来估计熔深。若熔池背面为红色或淡黄色，表示熔深符合要求，且试板越薄，颜色越浅。若试板背面接近白亮时，说明将要烧穿，应立即减小焊接电流或增加焊接速度；若熔池从背面看不见颜色或为暗红色，则表明熔深不够，需增加焊接电流或减小焊接速度。

5. 焊接质量要求

（1）埋弧焊试件的检查项目、检查数量和试样数量。外观检查1件；射线透照1件；弯曲试验板厚≥12 mm时，做侧弯检查试样2件。

（2）焊缝外形尺寸。焊缝余高0～3 mm，余高差≤2 mm；焊缝宽度比坡口每侧增宽2～4 mm，宽度差≤2 mm。

（3）焊缝边缘直线度≤3 mm，焊缝表面不得有咬边和凹坑。

（4）试件的射线透照应符合标准规定，射线透照质量不应低于AB级，焊缝缺陷等级不低于Ⅱ级为合格。

（5）弯曲试验时弯曲角度为180°（弯轴直径为3倍板厚），弯曲后其拉伸面上不得有任一单条长度大于3 mm的裂纹或缺陷，两个侧弯试样都合格时弯曲试验为合格。

6. 评分标准（见表4—2—3）

表4—2—3　　埋弧焊I形坡口平对接焊评分表

项目	考核要求	分值	扣分标准	检验结果	得分
操作焊机	正确使用焊机	15	不能正确使用焊机不得分		
焊接工艺参数选择	参数选择正确	10	参数选择不合理不得分		
焊件装配	焊件装配合理	5	焊件装配不合理不得分		
错边量	≤10%板厚	10	超差不得分		
变形量	≤3°	10	超差不得分		
焊缝直线度	≤3 mm	10	每超差一处扣5分		

续表

项目	考核要求	分值	扣分标准	检验结果	得分
焊缝余高	0~3 mm	15	每超差一处扣5分		
焊缝余高差	≤2 mm	5	每超差一处扣5分		
焊缝外观成形	焊缝波纹均匀、美观	20	根据情况酌情扣分		
合计		100			

课后练习

一、填空题

1. 埋弧焊的主要焊接工艺参数是________、________、________、________和________等。

2. 上坡焊是焊件倾斜时，热源自________向________进行的焊接。

3. 上坡焊时，焊缝厚度________，焊缝宽度________，余高________。

4. 下坡焊时，焊缝厚度________，焊缝宽度________，余高________。

5. 焊丝伸出长度不超过________ mm。

6. 引弧前调整焊丝位置时，应使焊丝对准待焊处________，并与焊件表面轻轻________。

7. 观察焊件背面的红热程度，若背面出现红亮颜色，则表示________良好；若背面颜色较暗，应适当地减小________或增大________；若背面颜色白亮，母材加热面积前端呈尖状，应立即减小________或适当地提高________。

8. 埋弧焊时，一般情况下板厚小于14 mm可采用________坡口，板厚为14~22 mm时可开________坡口，板厚为22~50 mm时可开________坡口。

9. 焊丝伸出长度不超过________ mm。

二、判断题

1. 埋弧焊采用的接头形式主要是对接接头、T形接头和搭接接头。 (　　)

2. 埋弧焊在熄弧收尾时，要求先停止送丝，再切断电源。 (　　)

三、选择题

1. 埋弧焊时，如果焊丝未对准焊缝，焊缝容易产生（　　）。

A. 气孔　　B. 夹渣　　C. 裂纹　　D. 未焊透

2. 埋弧焊在其他工艺参数不变的情况下，焊接速度减小，焊接热输入（　　）。

A. 增大　　B. 减小　　C 不变

3. 埋弧焊主要是靠（　　）热来熔化焊丝和基本金属焊接的。

A. 电阻　　B. 化学　　C. 电弧

四、简答题

埋弧焊的主要焊接工艺参数对焊缝形状及质量有何影响?

课题3　埋弧焊单层卷板容器筒体纵、环缝的焊接

学习目标

1. 能正确选择和灵活调节单层卷板容器筒体纵、环缝的焊接工艺参数。
2. 掌握单层卷板容器筒体纵、环缝的焊接基本操作方法。

埋弧焊的焊接材料有焊丝和焊剂，它们的作用相当于焊条电弧焊的焊芯和药皮。

一、焊丝

埋弧焊中焊丝既作为导电的电极又作为填充金属的金属丝。目前，埋弧焊普遍使用的是实心焊丝，埋弧焊的焊丝与焊条电弧焊焊条的焊芯，同属一个国家标准。按照焊丝的成分和用途，主要有碳素结构钢、合金结构钢、不锈钢等焊丝。

对埋弧焊所用焊丝的要求，与焊条的焊芯基本相同。常用的焊丝直径有 2 mm、3 mm、4 mm、5 mm 和 6 mm 等。焊丝在使用时表面要清洁，不应有氧化皮、铁锈及油污等杂质。

二、焊剂

埋弧焊时，能够熔化形成熔渣和气体，对熔化金属起保护作用并进行复杂的冶金反应的颗粒状物质叫焊剂。

1. 焊剂的作用

（1）焊接时熔化的焊剂产生气体和熔渣，有效地保护电弧和熔池，防止空气中氮、氧等有害气体侵入熔池。焊后熔渣覆盖在焊缝上，减缓了焊缝金属的冷却速度，改善焊缝的结晶状况及气体逸出的条件。

（2）对焊缝金属渗合金，改善焊缝的化学成分，提高其力学性能。

（3）改善焊接工艺性能，使电弧稳定燃烧，脱渣容易，焊缝成形美观。

2. 焊剂的分类

（1）焊剂按制造方法不同主要有熔炼焊剂和烧结焊剂。熔炼焊剂是将原料混合后入炉熔炼，经水冷粒化、烘干而成。其颗粒强度高，化学成分均匀，且不易吸潮，但需经过高温熔炼，因此，不能依靠焊剂向焊缝金属大量渗入合金元素。熔炼焊剂是目前应用最多的一类焊剂，常用于碳钢、低合金钢的焊接。

烧结焊剂是在原料中加入黏结剂混合搅拌后烧结而成。由于没有熔炼过程，容易通过焊剂向焊缝金属渗入合金元素，且脱渣性好，但化学成分不均匀，易吸潮。烧结焊剂常用于焊接高合金钢或堆焊。

（2）焊剂按化学成分不同有高锰焊剂、中锰焊剂、低锰焊剂和无锰焊剂等，并根据焊剂中二氧化硅和氟化钙的含量高低，分成不同的类型。

3. 焊剂牌号

(1) 熔炼焊剂牌号的表示方法

焊剂牌号表示为“HJ×××”，HJ后面有三位数字，具体内容如下：

1）第一位数字表示焊剂中氧化锰的平均含量，见表4—3—1。

表4—3—1　　焊剂牌号与氧化锰的平均含量

牌号	焊剂类型	氧化锰的平均含量
HJ1××	无锰	<2%
HJ2××	低锰	2%~15%
HJ3××	中锰	15%~30%
HJ4××	高锰	>30%

2）第二位数字表示焊剂中二氧化硅、氟化钙的平均含量，见表4—3—2。

表4—3—2　　焊剂牌号与二氧化硅、氟化钙的平均含量

牌号	焊剂类型	氧化锰的平均含量
HJ×1×	低硅低氟	$w(SiO_2)<10\%$　$w(CaF_2)<10\%$
HJ×2×	中硅低氟	$w(SiO_2)\approx10\%\sim30\%$　$w(CaF_2)<10\%$
HJ×3×	高硅低氟	$w(SiO_2)>30\%$　$w(CaF_2)<10\%$
HJ×4×	低硅中氟	$w(SiO_2)<10\%$　$w(CaF_2)\approx10\%\sim30\%$
HJ×5×	中硅中氟	$w(SiO_2)\approx10\%\sim30\%$　$w(CaF_2)\approx10\%\sim30\%$
HJ×6×	高硅中氟	$w(SiO_2)>30\%$　$w(CaF_2)\approx10\%\sim30\%$
HJ×7×	低硅高氟	$w(SiO_2)<10\%$　$w(CaF_2)>30\%$
HJ×8×	中硅高氟	$w(SiO_2)\approx10\%\sim30\%$　$w(CaF_2)>30\%$

3）第三位数字表示同一类型焊剂的不同牌号。对同一种牌号，焊剂生产有两种颗粒度，在细颗粒产品后面加“×”。

例如：HJ431×

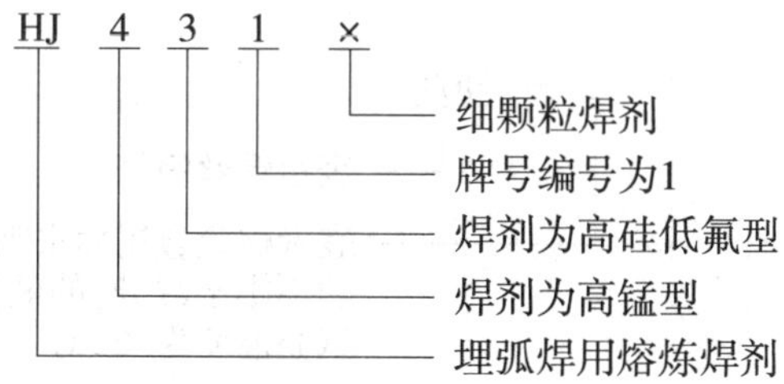

(2) 烧结焊剂的牌号表示方法

焊剂牌号表示为“SJ×××”，SJ后面有三位数字，具体内容如下：

1）第一位数字表示焊剂熔渣的渣系类型，见表4—3—3。

表 4—3—3　　烧结焊剂牌号及其渣系

焊剂牌号	熔渣渣系类型	主要组分范围
SJ1××	氟碱型	$w(CaF_2)\geq 15\%$　$w(CaO+MgO+CaF_2)\geq 50\%$　$w(SiO_2)\leq 20\%$
SJ2××	高铝型	$w(Al_2O_3)\geq 20\%$　$w(Al_2O_3+CaO+MgO)>45\%$
SJ3××	硅钙型	$w(CaO+MgO+SiO_2)>60\%$
SJ4××	硅锰型	$w(MnO+SiO_2)>50\%$
SJ5××	铝钛型	$w(Al_2O_3+TiO_2)>45\%$
SJ6××	其他型	

2）第二、第三位数字表示同一渣系类型焊剂中的不同牌号，按 01、02、…、09 顺序排列。

例如：SJ501

SJ 表示烧结焊剂；5 表示焊剂熔渣系为铝钛型埋弧焊用；01 表示牌号编号为 01。

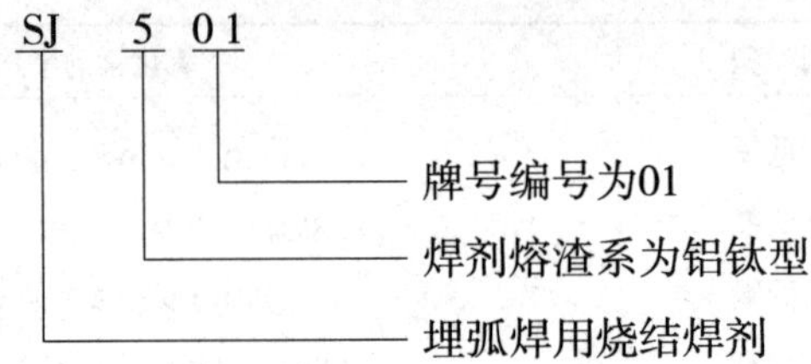

4. 焊剂型号

依据《埋弧焊用碳钢焊丝和焊剂》（GB/T 5293—1999）的规定，碳钢焊剂型号分类根据焊丝—焊剂组合的熔敷金属力学性能、热处理状态进行划分。具体表示为：

（1）字母“F”表示焊剂。

（2）字母后第一位数字表示焊丝—焊剂组合的熔敷金属抗拉强度的最小值。

（3）第二位字母表示试件的热处理状态。“A”表示焊态，“P”表示焊后热处理状态。

（4）第三位数字表示熔敷金属冲击吸收功不小于 27 J 时的最低试验温度。短划“—”后面表示焊丝牌号，按 GB/T 14957—1995 来确定。

例如：F4A2—H08A

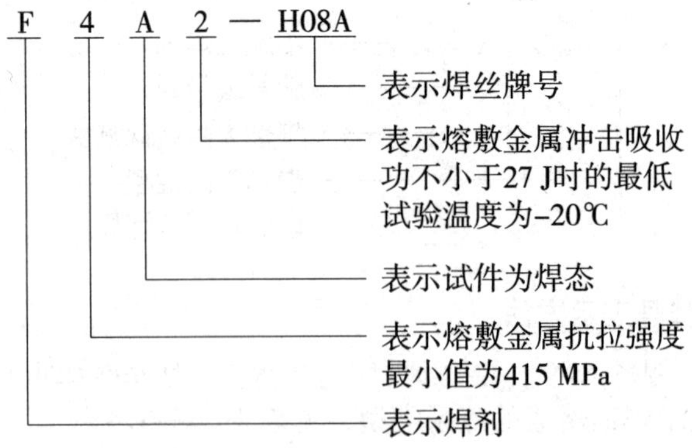

三、焊剂与焊丝的选配

为保证焊缝金属的化学成分和力学性能与基体金属相近，埋弧焊时，合理地选配焊丝和焊剂极为重要。

焊接低碳钢和强度较低的低合金高强钢时，为保证焊缝金属的力学性能，宜采用低锰或含锰焊丝，配合高锰高硅焊剂，如HJ431、HJ430配H08A或H08MnA焊丝，或采用高锰焊丝配合无锰高硅或低锰高硅焊剂，如HJ130、HJ230配H10Mn2焊丝。

焊接有特殊要求的合金钢如低温钢、耐热钢、耐蚀钢等，为保证焊缝金属的化学成分，要选用相应的合金钢焊丝，配合碱性较高的中硅、低硅型焊剂。

常用焊剂与焊丝的选配及用途见表4—3—4。

表4—3—4　　常用焊剂与焊丝的选配及用途

焊剂牌号	焊剂类型	配用焊丝	电流种类	用途
HJ260	低锰高硅中氟	不锈钢焊丝	直流	不锈钢、轧辊堆焊
HJ430	高锰高硅低氟	H08A、H08MnA	交直流	优质碳素结构钢
HJ431	高锰高硅低氟	H08A、H08MnA	交直流	优质碳素结构钢
HJ432	高锰高硅中氟	H08A	交直流	优质碳素结构钢
HJ433	高锰高硅高氟	H08A	交直流	优质碳素结构钢
SJ401	硅锰型	H08A	交直流	低碳钢、低合金钢
SJ501	铝钛型	H08MnA	交直流	低碳钢、低合金钢
SJ502	铝钛型	H08A	交直流	重要低碳钢和低合金钢

四、技能操作——单层卷板容器筒体纵、环缝的焊接

1. 焊前准备

(1) 试件

圆筒形工件如图4—3—1所示。

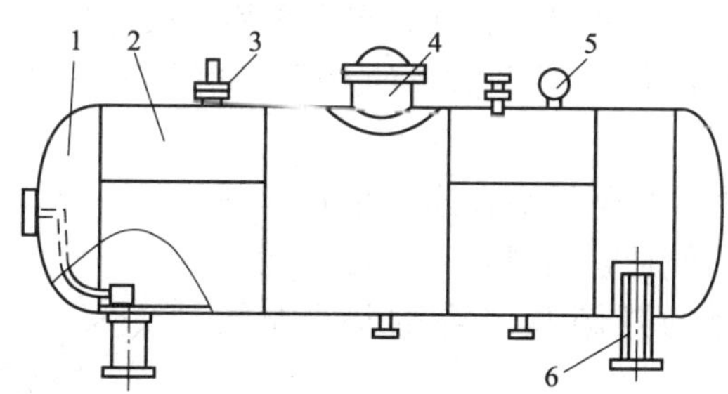

图4—3—1　卧式筒体容器

1—封头　2—筒节　3—接管　4—人孔　5—压力表　6—支座

(2) 坡口形式

对于壁厚为中等厚度及中等以下的容器的焊接，常用的坡口形式有I形坡口、V形坡

口、X 形坡口等，可根据不同的情况来选用。

容器壁较薄时（6～14 mm），选用 I 形坡口，两面各焊一道（或正面焊一道，反面碳弧气刨清焊根后再焊一道），即可焊透。对于厚度在 14 mm 以上的板，为了保证焊接质量，应当进行开坡口焊接。组装后的小型容器，由于其内部焊接通风条件差，环缝的主要焊接工作应在外侧进行，这时应尽量采用不对称 X 形坡口（大口开在外侧）或 V 形坡口等。

（3）焊接材料

按容器材料选配焊丝、焊剂，焊丝直径 4.0 mm 或 5.0 mm。按规定对焊剂烘干。

（4）焊机

MZ—1000 型埋弧焊机，碳弧气刨设备。

（5）辅助机具

伸缩臂式焊接操作机或悬臂式焊接升降架、长轴式焊接滚轮架或自调式滚轮架。

2. 焊接工艺参数（见表 4—3—5 和表 4—3—6）

表 4—3—5　　**I 形坡口对接焊焊接工艺参数**

焊接层次	焊条直径（mm）	焊接电流（A）	电弧电压（V）	焊接速度（m/h）
背面焊	4.0	500～550	35～37	30～32
正面焊	4.0	550～600	35～37	30～32

表 4—3—6　　**V 形坡口对接焊焊接工艺参数**

焊接层次	焊条直径（mm）	焊接电流（A）	电弧电压（V）	焊接速度（m/h）
背面焊	4.0	650～700	35～38	25～30
正面焊	4.0	700～750	35～38	25～30

3. 操作要点与注意事项

（1）焊接顺序。应先焊筒节纵缝，焊好后校圆，再组装焊环缝。

（2）由于埋弧焊的电弧功率大，因此无论是焊接纵缝还是环缝，在焊第一面时，背面必须衬有焊剂垫（带钢垫者除外），以防烧穿。

1）一般纵缝焊接所用的焊剂垫较简单，可以采用一段适当长度的槽钢，两端焊上挡板，或者用适当厚度的钢板做成一个长方形的盒子，如图 4—3—2 所示，在盒内装满焊剂即可使用。

2）容器环缝焊接使用的焊剂垫有连续带式焊剂垫，如图 4—3—3 所示。但是它的灵活性、可靠性较差。目前应用较为广泛的是圆盘式焊剂垫，如图 4—3—4 所示。

装满焊剂的圆盘与水平面成 15°，它是通过摇动手柄来转动丝杠，实现其升降。焊剂垫应压在待焊容器环缝的下面（容器环缝位于圆盘最高部位略偏向里），焊接时容器的旋转带动圆盘随之转动，焊剂便不断进到焊接部位。

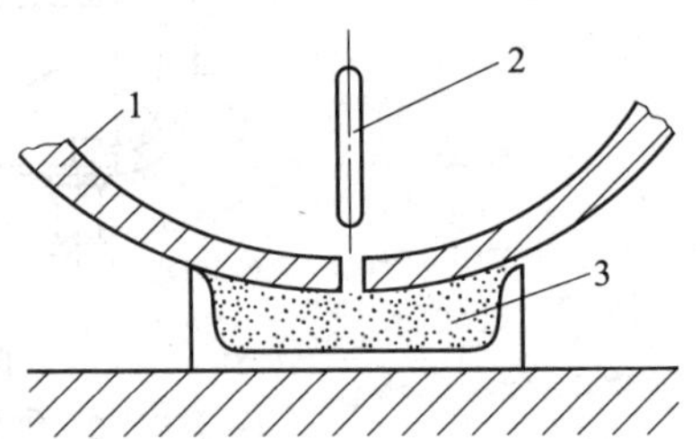

图 4—3—2　纵缝焊接所用的焊剂垫
1—工件　2—焊丝　3—焊剂垫

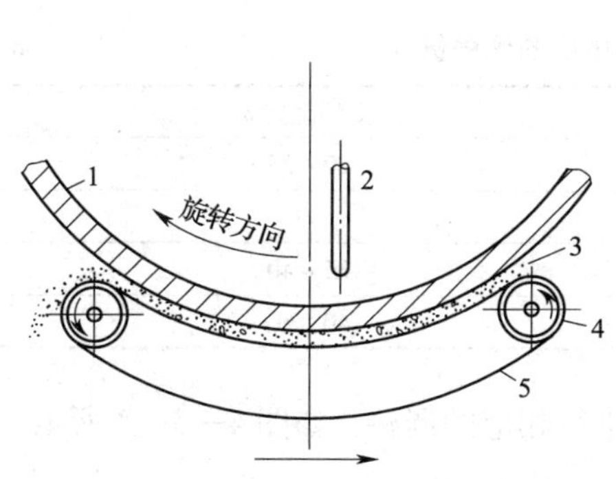

图 4—3—3　纵缝焊接所用的连续带式焊剂垫

1—工件　2—焊丝　3—焊剂

4—带轮　5—传动带

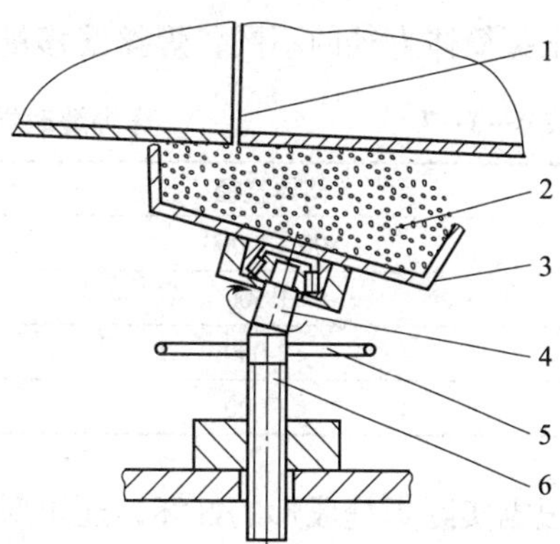

图 4—3—4　圆盘式焊剂垫

1—容器环缝　2—焊剂　3—圆盘

4—轴　5—手柄　6—丝杠

（3）内、外纵缝的焊接。焊筒节纵缝时，一般先焊内纵焊缝，后焊外纵焊缝。焊内纵缝时可直接将筒节吊放于图 4—3—2 所示的长条形焊剂垫上，使焊口与焊剂垫内的焊剂压实、压紧，以防止焊接过程中熔液下淌或烧穿。焊接筒体外纵缝时，自动焊接小车可放置在悬壁式焊接升降架上，筒体则摆放在下面的滚轮转胎上，并使预焊的外纵焊缝处于焊件上面的中心位置，如图 4—3—5 所示。焊前可调节升降架的高度，以适应不同直径筒体纵缝的焊接需要。

（4）焊筒体环缝时，同样先焊内环缝，后焊外环缝。焊内环缝时，可使用伸缩臂式焊接操作机配合焊接滚轮架进行焊接。在焊口外侧焊接时，可配用连续带式或圆盘式焊剂垫。焊外环缝时，同样可使用伸缩臂式焊接操作机或如图 4—3—5 所示的悬臂式焊接升降架配合焊接滚轮架进行焊接。

（5）为保证焊缝成形良好，在进行环缝自动焊时，焊丝应逆工件旋转方向相对于焊件中心有一个偏移量，如图 4—3—6 所示。即内环缝焊接时，焊丝偏离中心线呈上坡焊；外环缝焊接时，偏离中心线呈下坡焊。这样才能使焊接内、外环缝的焊接熔池大致在处于水平位置时凝固，从而得到良好的焊缝成形。

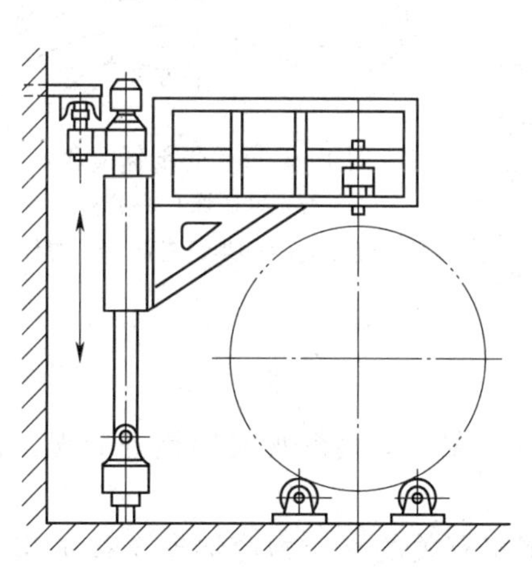

图 4—3—5　悬壁式焊接升降架

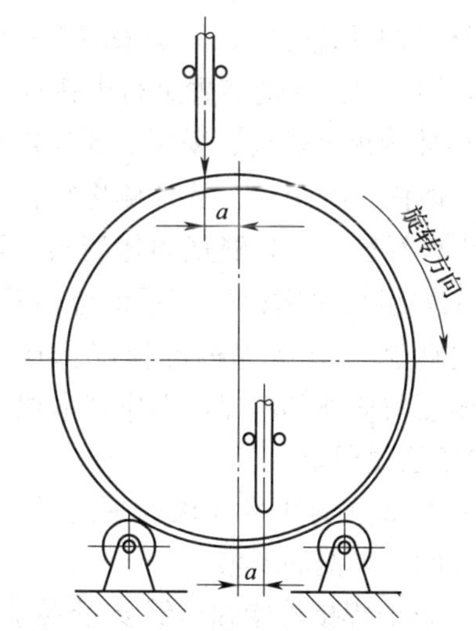

图 4—3—6　环缝焊接时的焊丝偏移距离

根据筒体直径的不同，焊丝偏移量 a 的大小也不同，可参照表 4—3—7 进行选择。

表 4—3—7　　环焊缝时焊丝相对焊件中心的偏移量　　mm

筒体直径	偏移距离 a
800 ~ 1 000	20 ~ 25
<1 500	30
<2 000	35 ~ 40
<3 000	40 ~ 50

根据实际焊缝成形的好坏，还可对 a 值大小进行相应的调整，如图 4—3—7 所示。

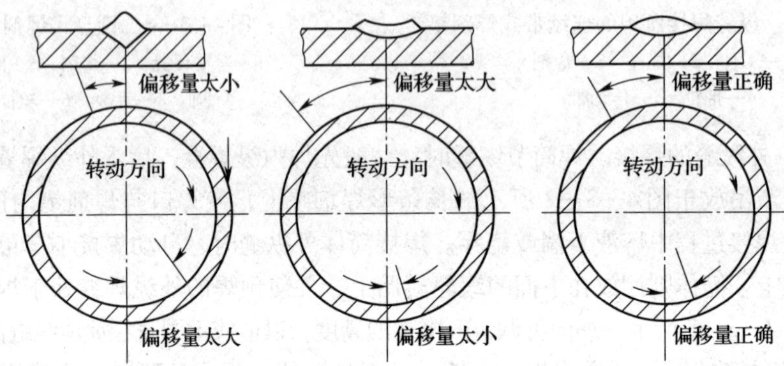

图 4—3—7　焊丝偏移量对焊缝形状的影响

（6）当焊接小直径的筒体时，由于焊剂的重力作用，焊剂容易下滑，不易堆积在熔池区。故必须采用焊剂保留盒，如图 4—3—8 所示。

（7）环缝焊接收尾焊道必须首尾相接，重叠一定长度，一般为 50 mm 左右，至少也要重叠一个熔池的长度，同时避免弧坑出现。

（8）终端内环缝焊接，一是采用焊条电弧焊封底焊，二是采用专门改制的装置进行埋弧焊。

（9）筒体内纵缝焊后，采用碳弧气刨在筒体外侧清焊根。筒体内环缝焊后，从外侧进行清根。特殊情况要求先焊外纵缝、外环缝从内侧清根，再焊内纵缝和内环缝（如耐晶间腐蚀的不锈钢容器等）。对容器内、外环缝碳弧气刨清焊根的情况如图 4—3—9 所示，操作要点与从外部清焊根操作基本相同。

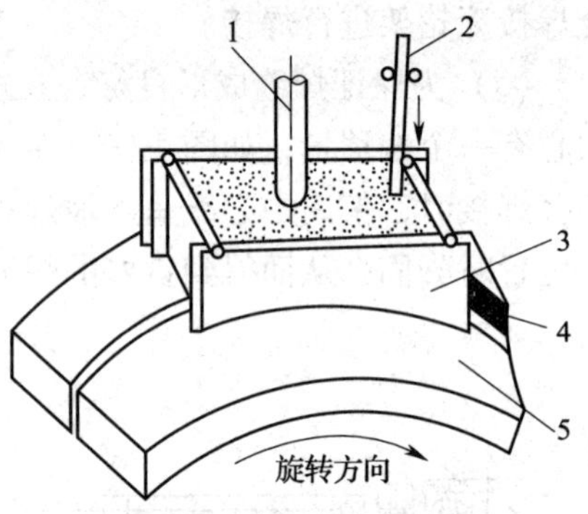

图 4—3—8　焊剂保留盒

1—焊剂输送管　2—焊丝　3—焊剂盒　4—焊缝渣壳　5—焊件

4. 焊接质量要求

（1）环形焊缝的质量要求与平对接埋弧焊相同，要求焊缝外观成形整齐美观，无咬边、焊瘤及明显焊偏的现象。

（2）容器的焊接检验和焊缝质量要求，应按国家有关的《压力容器安全技术监察规程》和相关的专业技术标准进行验收。

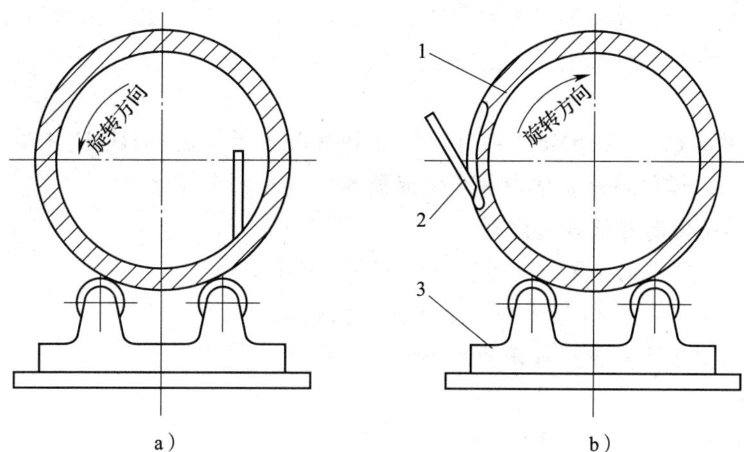

图 4—3—9 对容器内、外环缝碳弧气刨清焊根

a）在内环缝上清焊根 b）在外环缝上清焊根

1—工件 2—电极（碳棒） 3—滚轮架

5．评分标准（见表 4—3—8）

表 4—3—8 单层卷板容器筒体纵、环缝的焊接评分表

项目	考核要求	分值	扣分标准	检验结果	得分
操作焊机	正确使用焊机	15	不能正确使用焊机不得分		
焊接工艺参数选择	参数选择正确	10	参数选择不合理不得分		
焊件装配	焊件装配合理	5	焊件装配不合理不得分		
错边量	≤10% 板厚	10	超差不得分		
变形量	≤3°	10	超差不得分		
焊缝直线度	≤3 mm	10	每超差一处扣 5 分		
焊缝余高	0～3 mm	15	每超差一处扣 5 分		
焊缝余高差	≤2 mm	5	每超差一处扣 5 分		
焊缝外观成形	焊缝波纹均匀、美观	20	根据情况酌情扣分		
合计		100			

课后练习

一、填空题

1．在焊剂牌号 SJ501 中，SJ 表示________，5 表示________，01 表示________。

2．用熔炼焊剂焊接低碳钢或低合金钢时，焊丝与焊剂选配方式有________和________两种。

3．HJ430 为________锰________硅________氟型焊剂。

4．在牌号 HJ431×中 HJ 表示________，4 表示________，3 表示________，1 表示________，×表示________。

5. 焊剂按氧化锰含量的多少可分为________、________、________和________。
6. 埋弧焊的焊接材料有________和________。

二、判断题

1. 埋弧焊焊接Q345（16Mn）钢时，可用H08MnA焊丝配合HJ431来进行。（　）
2. 埋弧焊时，焊丝伸出长度增加会使焊缝厚度减小，余高增大。（　）
3. HJ430属高锰高硅低氟型焊剂。（　）
4. HJ431型焊剂中的主要成分是MnO、SiO_2、CaF_2。（　）
5. HJ431型焊剂中的43表示焊缝金属的抗拉强度。（　）
6. 焊剂的作用主要是使焊缝表面成形光滑、美观。（　）

三、选择题

1. HJ431属于________型焊剂。
A. 高锰高硅　　B. 无锰高硅　　C. 低锰高硅
2. HJ431可配合H08MnA型焊丝焊接________结构。
A. 耐热钢　　B. 不锈钢　　C. 重要低碳钢及普通低合金钢

四、简答题

1. 焊剂的作用是什么？
2. 简述HJ431×、SJ501、F4A2—H08A的含义。

模块五 气焊

课题1　气焊设备操作

1. 了解气焊的原理、特点及应用。
2. 熟悉气焊所用设备、工具等。
3. 熟练操作气焊的气瓶和焊炬开关。

一、气焊的原理、特点及应用

1. 原理

气焊是利用氧气与助燃气体，通过焊炬混合后喷出，经点燃使它们发生剧烈的氧化燃烧，利用燃烧产生的热量，局部加热焊缝的结合处，使其达到熔化状态并相互熔合形成熔池，然后不断地向熔池内填充金属，随着焊炬的移动，冷却凝固后形成焊接接头的过程。例如，氧与乙炔混合燃烧时产生了二氧化碳和水，同时释放出巨大的热量，气焊就是利用这种热量作热源来焊接工件。

2. 特点

气焊的主要优点是设备简单，搬运方便，通用性强，适合于流动施工。气焊的主要缺点是随着焊件的厚度增加，加热区较大，焊接变形较大，接头性能和生产率下降。

3. 应用

在众多的焊接方法中，气焊还不能被其他焊接方法完全取代，在某些特殊场合气焊仍然发挥着不可替代的作用。它适合于焊接较薄小工件、低熔点材料、有色金属及其合金、需要预热和缓冷的工具钢，以及铸铁焊补、零部件磨损后的焊补等。

二、气焊设备及工具

气焊所用的设备包括气体储存设备、气焊工具及辅助工具等。

1. 气体储存设备

气体储存设备包括氧气瓶和燃气瓶（乙炔气瓶、液化石油气瓶等）。

（1）氧气瓶

氧气瓶是储存和运输氧气的一种高压容器，其外表涂成天蓝色，瓶体上用黑漆标注“氧”字样，常用气瓶容积为40 L，在15 MPa压力下可储存6 m^3 氧气。

氧气瓶主要是由瓶体、瓶帽、瓶阀、瓶箍及防振圈等组成，瓶底呈凹状，使氧气瓶在直立时保持平稳，其构造如图5—1—1所示，其规格见表5—1—1。

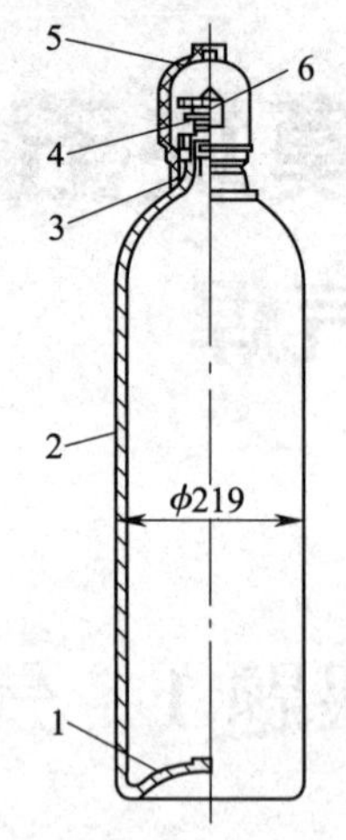

图5—1—1　氧气瓶的构造
1—瓶底　2—瓶体　3—瓶箍
4—瓶阀　5—瓶帽　6—瓶头

（2）燃气瓶

1）乙炔瓶（溶解乙炔瓶）。乙炔瓶是一种储存和运输乙炔的压力容器，外表涂成白色，用红漆标注“乙炔”字样。乙炔不能以高压压入普通钢瓶内，需利用乙炔能溶解于丙酮的特性，采取必要措施才能把乙炔压入钢瓶内。由于在瓶内装有浸着丙酮的多孔性填料，能使乙炔稳定而安全地储存在乙炔瓶内。当使用时，溶解在丙酮内的乙炔就会分离出来，通过瓶阀输出，而丙酮仍留在瓶内。

表5—1—1　氧气瓶的规格

瓶体表面漆色	工作压力（MPa）	容积（L）	瓶体外径（mm）	瓶体高度（mm）	质量（kg）	水压试验压力（MPa）	瓶阀
天蓝	15.0	33	219	1 150 ±20	45 ±2	22.5	QF-2铜阀
		40		1 137 ±20	55 ±2		
		44		1 490 ±20	57 ±2		

乙炔瓶的工作压力为1.5 MPa，乙炔瓶的设计压力为3 MPa，每三年进行一次技术检验，使用中的乙炔瓶不再进行水压试验，只做气压试验。乙炔瓶的构造如图5—1—2所示。

2）液化石油气瓶

①液化石油气瓶的结构。液化石油气瓶表面涂成灰色，气瓶表面用红漆标注“液化石油气”字样，它由16 Mn钢、优质碳素结构钢等薄板材料制成。液化石油气瓶的设计压力为1.6 MPa，水压试验压力为3.0 MPa。钢瓶内容积是按液态丙烷在60℃时恰好充满整个钢瓶设计的，所以钢瓶内压力不会达到1.6 MPa，钢瓶内会有一定的气态空间。液化石油气瓶的构造如图5—1—3所示。

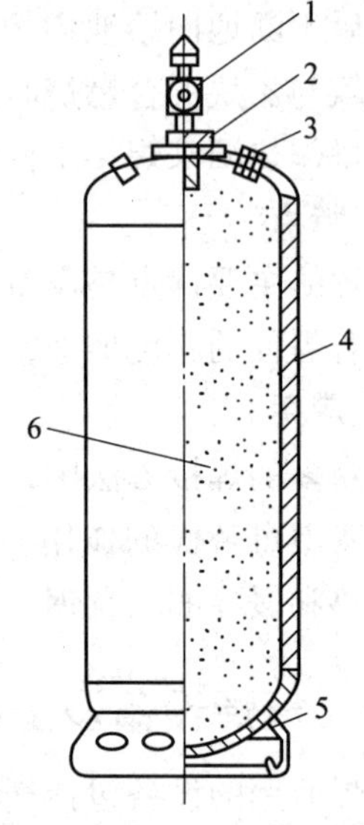

图5—1—2　乙炔瓶的构造
1—瓶阀　2—瓶颈　3—可溶安全塞
4—瓶体　5—瓶座　6—溶剂和多孔物质

②液化石油气瓶的使用与维护

a. 气瓶应直立放置，不能横放。

b. 用毛刷蘸肥皂水沿瓶阀外侧开始涂刷，并观察是否有气泡产生，以此来检验瓶阀的密封性。

c. 液化石油气瓶与其他气瓶一样要定期检验，经检验合格后方可使用。

d. 钢瓶的使用温度为 -40 ~ 60℃，绝对不允许超过 60℃，以免发生危险，同时应注意防火。

3）丙烷气瓶。丙烷气瓶表面涂成褐色，气瓶表面用黄漆标注“丙烷”字样。丙烷气瓶容积为 74 L，瓶重大约为 32 kg，设计壁厚为 2.5 mm，实测壁厚为 2.9 mm，名义壁厚为 3.0 mm，最大充装量为 30 kg，使用环境为 -40 ~ 60℃，工作压力为 2.2 MPa。丙烷气瓶如图 5—1—4 所示。

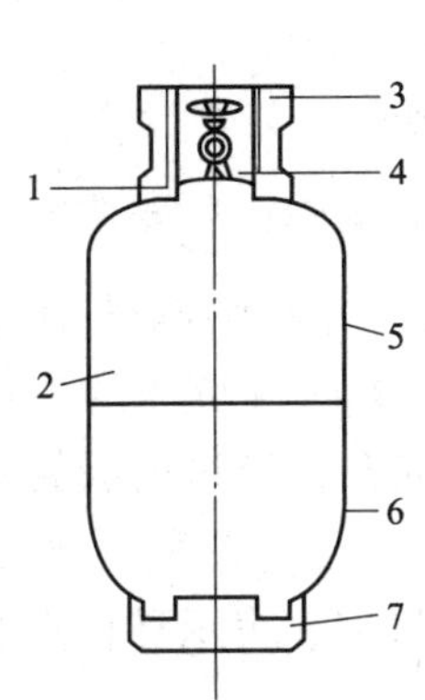

图 5—1—3　液化石油气瓶的构造

1—耳片　2—瓶体　3—护罩　4—瓶嘴
5—上封头　6—下封头　7—底座

图 5—1—4　丙烷气瓶

1—底座　2—瓶体　3—瓶嘴
4—护罩　5—防振圈

2. 气焊工具

（1）焊炬

焊炬又称焊枪（见图 5—1—5），是气焊时用于控制气体混合比、流量以及火焰进行焊接的工具，它是气焊操作的主要工具。它的作用是将可燃气体和氧气按一定比例均匀混合，并以一定的速度喷出燃烧，生成具有一定能率、成分和形状稳定的火焰。焊炬本身质量要轻，同时还要耐腐蚀和高温。

图 5—1—5　焊炬外形

1—焊嘴　2—混合气管　3—乙炔调节阀　4—手柄　5—乙炔管接头　6—氧气管接头　7—氧气调节阀

1）焊炬的分类。焊炬按可燃气体与氧混合方式不同分为射吸式焊炬和等压式焊炬；按尺寸和质量不同分为标准型和轻便型焊炬；按可燃气体种类不同分为乙炔焊炬、汽油焊炬等；按火焰的数目分为单焰和多焰焊炬。常用的是射吸式焊炬。

射吸式焊炬主要由主体、乙炔阀、氧气阀、喷嘴、射吸管、焊嘴等部分组成，如图5—1—6所示。

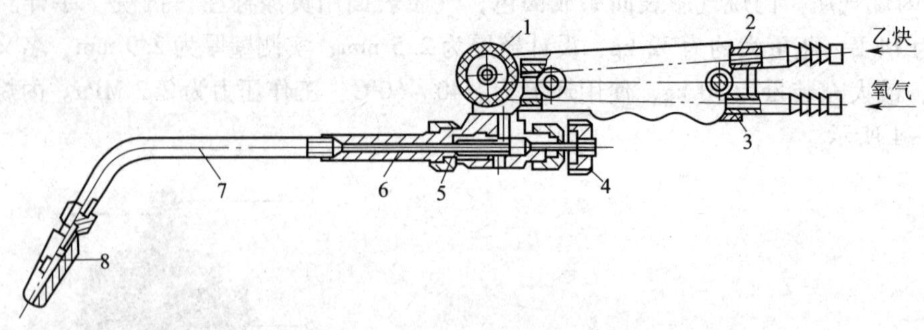

图5—1—6　射吸式焊炬的构造

1—乙炔阀　2—乙炔导管　3—氧气导管　4—氧气阀　5—喷嘴　6—射吸管　7—混合管　8—焊嘴

其工作原理是打开氧气阀，氧气即从喷嘴快速射出，并在喷嘴外围造成负压（吸力），再打开乙炔阀，乙炔气即聚集在喷嘴的外围。由于氧射流负压的作用，聚集在喷嘴外围的乙炔气很快被氧气吸出，并以一定的比例与氧混合，经过射吸管、混合气管从焊嘴喷出。

2）焊炬型号的表示方法。焊炬型号是由汉语拼音字母H、表示结构形式和操作方式的序号及规格组成。

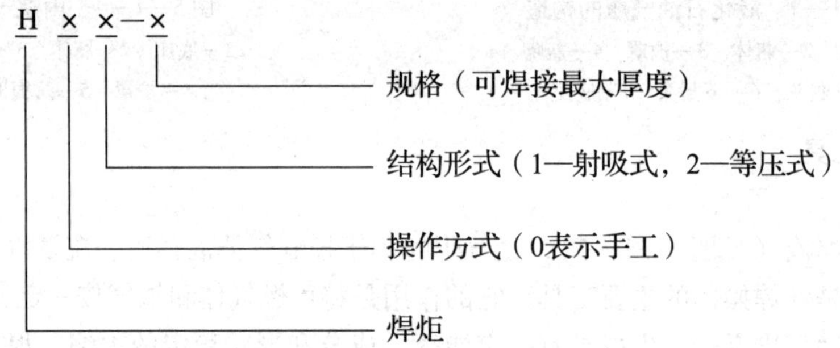

如H01—6表示手工操作的可焊接最大厚度为6 mm的射吸式焊炬。

3）焊炬常见故障、原因及排除方法见表5—1—2。

表5—1—2　　焊炬常见故障、原因及排除方法

故障	原因	排除方法
“叭叭”响（放炮）和回火	1. 焊嘴堵塞 2. 焊嘴温度太高 3. 焊嘴及接头处密封不良	1. 清理焊嘴 2. 将焊炬放入水中冷却 3. 使焊嘴及接头处密封良好
阀门或焊嘴漏气	1. 焊嘴未拧紧 2. 压紧螺母松动或垫圈损坏	1. 拧紧 2. 更换
点燃后火焰忽大忽小	氧气阀针杆螺纹磨损、配合间隙大	更换氧气阀针

（2）减压器

减压器又称压力调节器或气压表，其作用是将储存在气瓶内的高压气体减压到所需的工作压力并保持稳定。例如，储存在氧气瓶内的氧气压力是15 MPa，而氧气的工作压力一般要求为0.1 ~0.4 MPa，所以在气焊、气割工作中必须使用减压器把气瓶内气体压力降低后，才能输送到焊炬或割炬内使用，所以减压器应具有减压作用。气瓶内气体的压力是随着气体的消耗而逐渐下降的，这就是说在气焊、气割工作中气瓶内的气体压力是时刻变化着的，但是在气焊、气割工作中所要求的气体工作压力必须是稳定不变的，这就需要减压器具有稳压作用。

气焊、气割工作中，由于所用气体种类不同，也必须使用不同的减压器，但液化石油气瓶和丙烷气瓶所使用的减压器是相同的，所以这里只介绍以下几种减压器。

减压器按用途不同可分为集中式和岗位式两类，按构造不同分为单级式和双级式两类，按工作原理不同可分为正作用式和反作用式两类。

1）氧气减压器。QD—1 型氧气减压器属于单级反作用式，如图 5—1—7 所示。

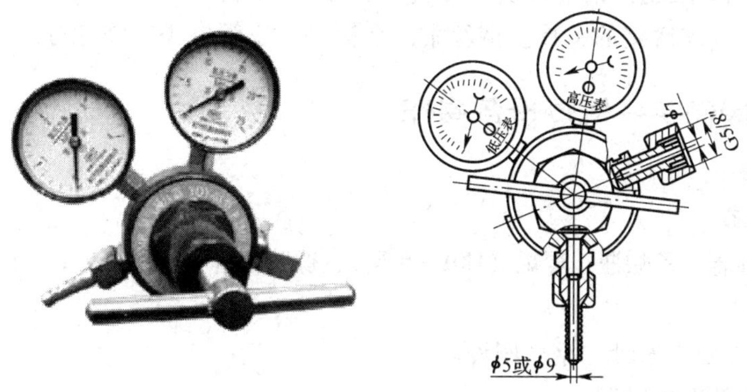

图 5—1—7　QD—1 型单级反作用式减压器

2）乙炔减压器（QD—20 型）。它属于单级式减压器，构造、原理与单级式氧气减压器基本相同，不同的是乙炔减压器与瓶阀外连接采用夹环和紧固螺钉加以固定。乙炔减压器如图 5—1—8 所示。

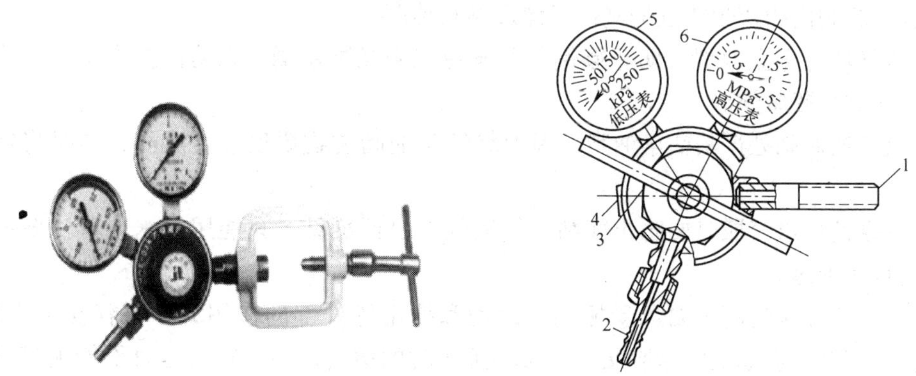

图 5—1—8　乙炔减压器

1—进气口　2—出气口　3—调压手柄　4—安全阀　5—低压表　6—高压表

3. 气焊辅助工具

(1) 氧气胶管和乙炔胶管

根据规定，氧气胶管为红色，内径为8 mm，允许工作压力为1.5 MPa；乙炔胶管为黑色或绿色，内径为10 mm，允许工作压力为1.5 MPa。连接焊炬的胶管长度一般为10～15 m。焊炬用胶管不能混用，若胶管出现损坏，其他部分还完好时，可用粗细合适的铁管连接，并用管卡或铁丝绑牢，绝对不可用纯铜管连接，并注意工作时不要使胶管落在刚焊完或割好的钢板上，以免烫坏胶管。

(2) 点火枪

使用点火枪最为方便和安全，点火枪有燃气式、电子式两种。点火时，最好从焊嘴的后面送到焊嘴上，以免被烫伤。

(3) 其他工具

1）清理焊道或焊缝的工具。如钢丝刷、凿子、扁铲、手锤、锉刀等。

2）清理焊嘴或割嘴的工具。每个气焊工都应备有粗细不等的钢丝通针各一组，以清除堵塞焊嘴或割嘴的脏物。清理焊嘴时应将焊嘴卸下，从里向外通。

3）连接密闭气体通路的工具。钢丝钳、活扳手、皮管夹头、铁丝等。

三、技能操作——气焊设备操作

1. 操作准备

(1) 工具准备

氧气瓶、减压器、乙炔瓶、焊炬（H01—6型）、橡胶软管、H08MnA型焊丝（ϕ2.5 mm）。

(2) 辅助器具

护目镜、点火枪、通针、钢丝刷等。

2. 操作要点及操作过程

(1) 氧气瓶的使用与维护

1）氧气瓶不能与其他气瓶混放在一起，并且必须拧上瓶帽，以防瓶阀受到损坏。存放时不应放在有酸、碱、盐等腐蚀性物质的场所，以免氧气瓶受到严重腐蚀。

2）氧气瓶内的氧气不可全部放尽，需要留有余气，其压力为0.1～0.3 MPa，以免充氧时，吹出瓶阀内的灰尘或混进其他气体影响其纯度。

3）氧气瓶应直立放置，防止倾倒，并避免在阳光下暴晒，以防因瓶内温度升高，内压增大而导致气瓶爆炸。

4）氧气瓶瓶阀处严禁沾染油脂，因为氧气与油脂类物质反应生成醚，同时将伴有爆炸发生。

5）冬季使用氧气瓶时要防止冻结，如氧气瓶已经冻结，只能用热水或蒸汽解冻，严禁用明火直接加热。

6）氧气瓶在搬运时，要承受振动、滚动和撞击等外部的作用力，很容易发生危险，氧气瓶在使用时，应套上防振胶圈，以减小搬运时的撞击，同时在搬运时不能把氧气瓶放在地上滚动。氧气瓶经过两年使用期后，应进行水压试验。

7）氧气瓶内的氧气使用完后，应拧上瓶盖，以备下一次充气用。

(2) 乙炔瓶的使用与维护

1) 乙炔瓶使用时只能直立，不能横放，以防丙酮流出引起燃烧爆炸。乙炔瓶应距工作地点 10 m 以外。

2) 乙炔瓶不应受到剧烈的振动或撞击，以免瓶内填料形成空洞而影响乙炔的储存。

3) 开启乙炔气瓶瓶阀时应缓慢，最多不要超过一圈半，一般情况只开启 3/4 圈。

4) 乙炔瓶不应放空，气瓶内必须留有 0.1～0.2 MPa 的余气。

5) 乙炔减压器与瓶内的瓶阀连接须可靠，严禁在漏气情况下使用，否则，形成乙炔与空气的混合气体，一遇明火就会发生爆炸。

6) 工作完毕后，应将减压器卸下，戴上安全帽，防止摔断瓶阀造成事故。

7) 乙炔瓶体表面温度不应超过 40℃，因为乙炔瓶温度高时，丙酮对乙炔的溶解度下降，而使乙炔瓶内压力急剧升高而引发爆炸。

(3) 焊炬的使用与注意事项

1) 射吸式焊炬使用前必须检查其射吸情况，先将氧气橡皮管紧接在氧气接头上，但不接乙炔橡皮管，打开氧气和乙炔阀，用手指按在乙炔接头上，如果手指感到有一股吸力，则表明射吸作用正常。

2) 检查焊嘴及气阀外有无漏气现象，并用扳手将焊嘴拧紧到不漏气为止。

3) 点火时应先将氧气调节阀稍微打开，然后打开乙炔调节阀，点燃后随即调整火焰大小和形状即可进行焊接。

4) 停止使用时，应先关闭乙炔调节阀，然后再关闭氧气调节阀，以防火焰倒吸和产生烟尘，若发生回火应迅速关闭乙炔调节阀，同时关闭氧气调节阀。

5) 焊炬严禁沾染油污，使用完毕后要放到合适的地方悬挂起来。

6) 焊嘴被飞溅的熔渣堵塞时，应将焊嘴卸下，用通针从焊嘴里面疏通。

(4) 氧气减压器的使用与维护

1) 将氧气阀迅速开启后再关闭以吹除污物、灰尘或水分，以防止它们被带入减压器内，同时瓶口不要对人，避免高压气体冲击伤人。

2) 检查进气口，清除污物、油脂，螺母对准瓶阀出口，用手将螺母拧上后再用活扳手拧紧。减压器出口与气体橡胶管接头处用退火的铁丝或卡箍拧紧，防止送气后脱开。

3) 调节螺钉旋松后，缓慢开启氧气瓶阀，防止高压气体损坏减压器或高压表。

4) 顺时针方向缓慢旋转调压手柄（焊炬、割炬气阀应关闭），调至使用压力。

5) 停止工作时，熄灭火焰，先松开减压器的调节螺钉，再关氧气瓶瓶阀，最后打开焊炬、割炬氧气开关泄掉管内氧气。

6) 减压器必须定期检修、校验，以确保调压的可靠性和压力表读数的准确性。

7) 减压器在使用过程中如发现冻结，应用热水和蒸汽解冻，不能用火焰烘烤。

(5) 乙炔减压器（QD—20 型）的使用与维护

1) 将装有减压器的夹环套在乙炔瓶瓶阀上，连接管对准瓶阀出口的密封圈，拧紧紧固螺杆。

2）旋松调压手柄，用乙炔扳手打开瓶阀，此时乙炔减压器高压表应指向 1.6 MPa 以下。

3）顺时针方向缓慢旋转调压手柄，调至所需气压后停止。

4）工作停止后熄灭火焰，先将乙炔减压器的调节手柄旋松，再关闭乙炔阀门，打开焊炬、割炬的乙炔阀放掉余气。

3. 评分标准（见表 5—1—3）

表 5—1—3　　气焊设备操作评分表

技术要求	评分标准	配分	得分	备注
1. 正确使用与维护氧气瓶	氧气瓶使用与维护逆时针为开气阀，顺时针为关闭气阀	15		
2. 正确使用与维护乙炔气瓶	乙炔气瓶使用与维护逆时针为开气阀，顺时针为关闭气阀，否则扣分	15		
3. 焊炬的使用与注意事项	焊炬的使用开关顺序与胶管接头处要牢不要漏气，特别强调不能接反，否则扣分	15		
4. 氧气减压器	氧气减压器装拆与胶管接头处要牢不要漏气，否则扣分	15		
5. 乙炔减压器	乙炔减压器装拆与胶管接头处要牢不要漏气，否则扣分	15		
6. 焊炬的使用	焊炬装拆、开关顺序与胶管接头处要牢不要漏气，否则扣分	15		
7. 安全文明生产	违反操作规定，工具摆放不整齐扣分	10		
合计		100		

课后练习

一、填空题

1. 气焊是利用________与________通过焊炬按比例混合，获得所要求的火焰性质的火焰为热源，而进行焊接的一种工艺方法。

2. 气焊主要用于焊接______________及________等，气焊火焰还可用来________和构件变形________等。

3. 填写下面气焊设备及工具的名称。

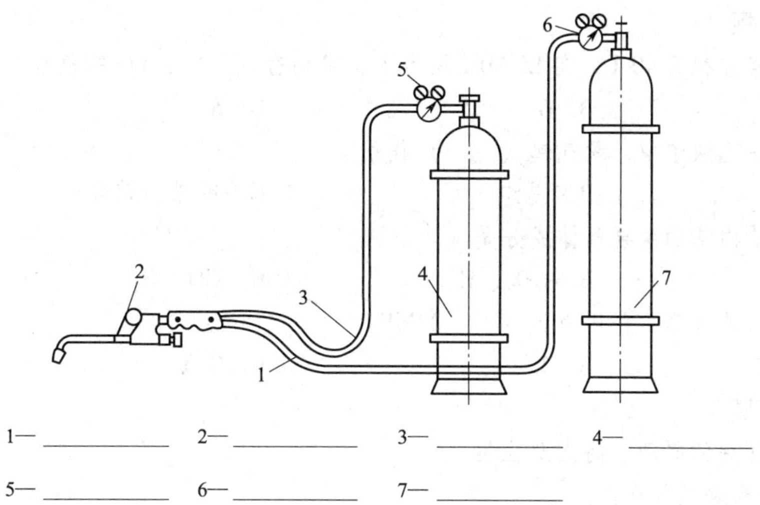

1— ________ 2— ________ 3— ________ 4— ________

5— ________ 6— ________ 7— ________

4. 氧气瓶的容积为________L，最高压力为________MPa，可储存________m^3的氧气，瓶体外表涂________色，并标注________色“氧”字样。

5. 开启氧气瓶阀时，手轮按________时针方向旋转。

6. 乙炔瓶的外表漆成________色，并标注________色“乙炔”字样。瓶内最高压力为________MPa，瓶内装着浸满________的多孔性填料。

7. 减压器具有________和________两个作用。

8. 填写下面减压器所处状态。

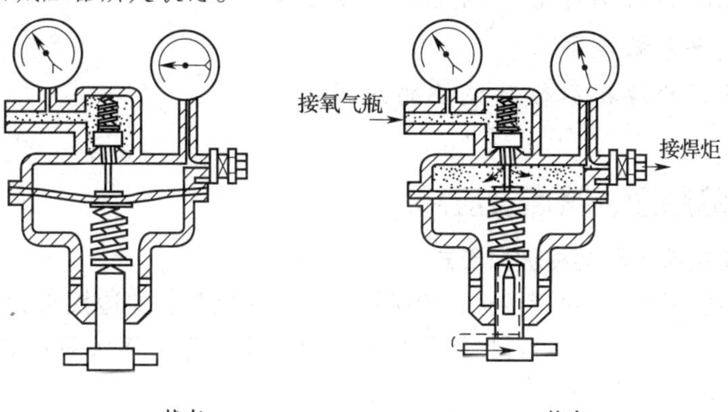

________状态　　________状态

9. 射吸式焊炬配有________个不同规格的焊嘴，数字小的焊嘴孔径________。

10. H01—12 型焊炬中的 H 表示________，0 表示________，1 表示________，12 表示________。

11. 工业所用一级纯度的氧气含量不低于________%；二级纯度的氧气含量不低于________%。

二、判断题

1. 氧气瓶和乙炔瓶使用时应直立放置，只有在特殊情况下才允许卧放。（　　）

2. 减压器若有冻结现象绝不能用火焰烘烤。（　　）

3. 氧化焰中有过量的氧形成氧化性的富氧区，不适合于金属材料的焊接。（　　）

三、选择题

1. 氧气瓶容积为 40 L，在 15 MPa 压力下，可储存（　　）m^3 的氧气。

A. 4　　B. 6　　C. 8

2. 在氧—乙炔焰中，氧气起（　　）作用。

A. 助燃　　B. 燃烧　　C. 助燃和燃烧

3. 中性焰内焰的主要气体成分是（　　）。

A. CO　　B. CO_2、H_2　　C. CO、H_2

4. 乙炔瓶的最高工作压力为（　　）MPa。

A. 1.5　　B. 15　　C. 0.5

四、简答题

1. 简述气焊的原理、特点及应用。
2. H01—6 表示什么？
3. 减压器的作用是什么？

课题 2　气焊基本操作

学习目标

1. 了解气焊的火焰外形、构造及火焰温度。
2. 熟悉气焊火焰调节。
3. 了解气焊的焊接参数及火焰的应用。

一、气焊的原理、特点及应用

1. 气焊焊接接头的种类和坡口形式

气焊常用的接头形式有对接接头、角接接头、搭接接头、卷边接头和 T 形接头，如图 5—2—1 所示。气焊时主要采用对接接头，而角接接头和卷边接头只在焊接薄板时使用，很少采用搭接接头和 T 形接头。

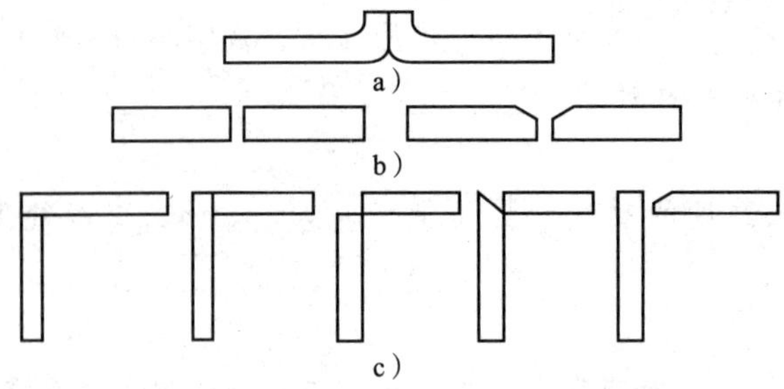

图 5—2—1　板料的气焊接头形式

a）卷边接头　b）对接接头　c）角接接头

气焊焊接接头的坡口形式主要有 I 形坡口、X 形坡口和 V 形坡口等。当板厚不小于 5 mm 时，必须开坡口。厚焊件只有在不得已的情况下才采用气焊。

2. 气焊焊接参数

气焊焊接参数主要包括焊丝的牌号、焊丝的直径、火焰的性质及能率、气焊熔剂、焊炬的倾斜角度、焊接速度等。

(1) 焊丝的牌号

应根据焊接材料的力学性能或化学成分，选择相应性能或成分的焊丝牌号。

(2) 焊丝的直径

焊丝直径要根据焊件的厚度、坡口形式及焊接位置来选择。若焊丝直径过小，则焊接时焊件尚未熔化，而焊丝已熔化下滴，容易形成熔合不良等缺陷。如果焊丝直径过大，则焊丝加热时间增加，使焊件过热而扩大热影响区，或者导致焊缝未焊透等缺陷。焊丝直径常根据焊件厚度初步确定，试焊后再调整确定。碳钢气焊时焊丝直径可参照焊件厚度与焊丝直径的关系进行选择，见表 5—2—1。

表 5—2—1　　焊件厚度与焊丝直径的关系　　mm

焊件厚度	1.0 ~ 2.0	2.0 ~ 3.0	3.0 ~ 5.0	5.0 ~ 10.0	10 ~ 15
焊丝直径	1.0 或不用焊丝	2.0 ~ 3.0	3.0 ~ 4.0	3.0 ~ 5.0	4.0 ~ 6.0

(3) 火焰的性质及能率

1）火焰的性质。根据氧乙炔混合比的大小可得到三种不同性质的火焰，即中性焰、氧化焰和碳化焰，其结构如图 5—2—2 所示。在实际工作中应根据相应的材料选择相应的火焰类型，表 5—2—2 为常用材料类型和火焰种类。

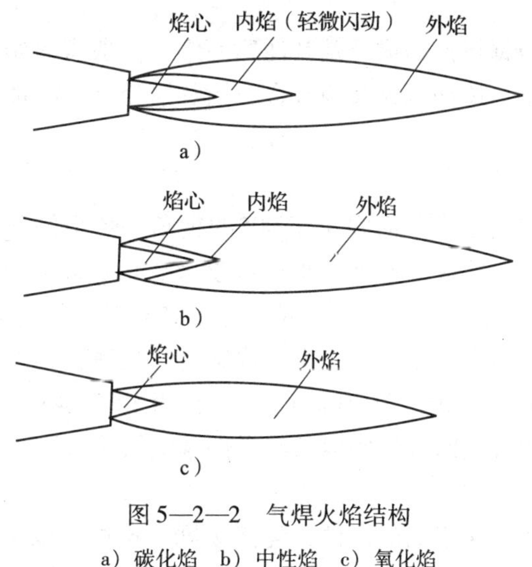

图 5—2—2　气焊火焰结构

a）碳化焰　b）中性焰　c）氧化焰

①碳化焰。碳化焰是氧乙炔混合比小于 1.1 时的火焰，其特征是内焰呈淡白色，如图 5—2—2a 所示。这是因为碳化焰的内焰有多余的游离碳。碳化焰具有较强的还原作用，也有一定的渗碳作用。

②中性焰。中性焰是氧乙炔混合比为1.1～1.2时的火焰。其特征为焰心呈亮白色，端部有淡白色火焰闪动，如图5—2—2b所示，时隐时现。中性焰的内焰区气体为一氧化碳和氢气，无过量氧，也没有游离碳，因此呈暗紫色。中性焰的内焰实际上并非中性，而具有一定的还原性，故可称中性焰为正常焰。

③氧化焰。氧化焰是氧乙炔混合比大于1.2时的火焰。其特征是焰心端部无淡白色火焰闪动，内焰、外焰分不清，如图5—2—2c所示。氧化焰有过量的氧，因此氧化焰有氧化性。

表5—2—2　常用材料类型和火焰种类

材料种类	火焰种类	材料种类	火焰种类
低、中碳钢	中性焰	铝镍钢	中性焰或乙炔稍多的碳化焰
低合金钢	中性焰	锰钢	氧化焰
纯铜	中性焰	镀锌铁板	氧化焰
铝及铝合金	中性焰或轻微碳化焰	高速钢	碳化焰
铅、锡	中性焰	硬质合金	碳化焰
青铜	中性焰或轻微碳化焰	高碳钢	碳化焰
不锈钢	中性焰或轻微碳化焰	铸铁	碳化焰
黄铜	氧化焰	镍	碳化焰或中性焰

2）火焰能率。气焊火焰能率根据每小时可燃气体的消耗量确定，而气体的消耗量又取决于焊嘴的大小。所以火焰能率的选择实际上是确定焊炬的型号和焊嘴的号码。火焰能率应根据焊件的厚度、母材的熔点和导热性，以及焊缝的空间位置来选择。如果焊件较厚，金属材料熔点较高、导热性较好，焊缝又是平焊位置，应选择较大的火焰能率，才能保证焊透；反之，在焊接薄板时，为防止焊件被烧穿，火焰能率应适当减小。

（4）气焊熔剂

气焊熔剂的选择要根据焊件的成分及其性质而定，一般碳素结构钢气焊时不需要气焊熔剂。而不锈钢、耐热钢、铸铁、铜及铜合金、铝及铝合金气焊时，则必须采用气焊熔剂，才能保证焊接质量。

（5）焊炬的倾斜角

焊炬倾斜角是指焊嘴与工件平面间小于90°的夹角。焊炬倾斜角的大小主要取决于焊件的厚度和母材的熔点及导热性。原则上焊件厚度大、熔点高、导热性好，焊接时焊炬的倾斜角应大些；反之，则小些。开始焊接时，为了加热快，焊炬倾斜角要大，倾斜角为80°～90°。焊接结束时，为了填满弧坑，避免烧穿，焊炬倾斜角要小。气焊导热性强的纯铜时，焊炬倾斜角为60°～80°。气焊熔点低的铝及铝合金时，焊炬倾斜角要小。如图5—2—3所示为碳素钢焊接时焊炬倾斜角与焊件厚度的关系。

（6）焊接速度

一般情况下，厚度大、熔点高的焊件，焊接速度要慢些，以免产生未焊透的缺陷；厚度小、熔点低的焊件，焊接速度要快些，以免烧穿和使焊件过热，降低产品质量。总之，在保证焊接质量的前提下，应尽量加快焊接速度，以提高生产率。

气焊是金属熔焊方法的一种，在作业场地经常改变和无电力供应的情况下，常使用气焊。

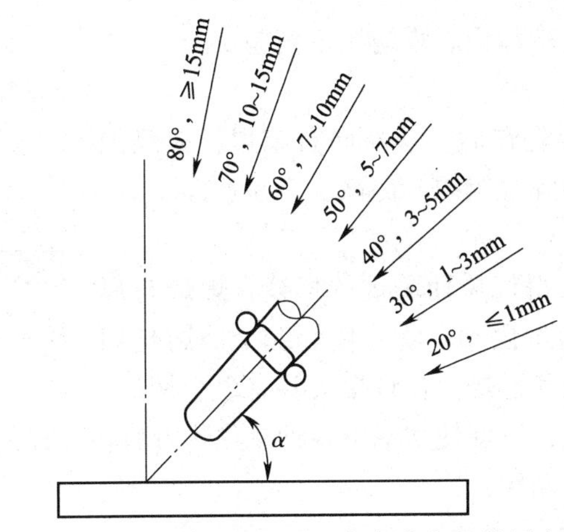

图 5—2—3　碳素钢焊接时焊炬倾斜角与焊件厚度的关系

二、技能操作——气焊基本操作方法

1. 焊炬的握法

右手持焊炬，将拇指位于乙炔阀处，食指位于氧气阀处，以便随时调节气体流量，其他三指握住焊炬柄。

2. 火焰的点燃

先逆时针方向旋转乙炔阀放出乙炔，再逆时针微开氧气阀，然后将焊嘴靠近火源点火。开始练习时，可能出现不易点燃或连续的“放炮”声，原因是氧气量过大或乙炔不纯，应微关氧气阀或放出不纯的乙炔后重新点火。点火时，拿火源的手不要正对焊嘴，也不要将焊嘴指向他人，以防烧伤。

3. 火焰的调节

开始点燃的火焰多为碳化焰，如要调成中性焰，应逐渐增加氧气的供给量，直至火焰的内、外焰无明显的界限。如继续增加氧气或减少乙炔，就得到氧化焰。反之，减少氧气或增加乙炔，可得到碳化焰。

提示：

调节氧气和乙炔流量大小，还可得到不同的火焰能率。即若先减少氧气，后减少乙炔，可减小火焰能率；若先增加乙炔，后增加氧气，可增大火焰能率。同时，在气焊中，要注意回火现象，并会及时处理。

4. 火焰的熄灭

正确的熄灭方法是先顺时针方向旋转乙炔阀，直至关闭乙炔，再顺时针方向旋转氧气阀关闭氧气，这样可避免黑烟和火焰倒吸。注意关闭阀门时以不漏气为准，不要关得太紧，以防磨损太快，降低焊炬的使用寿命。

5. 左焊法和右焊法

（1）左焊法

左焊法是焊炬跟在焊丝后面由右向左施焊，如图 5—2—4 所示。火焰背向焊缝而指向焊件待焊部分，对接头有预热作用，该焊法操作简单，易于掌握，适用于较薄和低熔点工件。缺点是焊缝易于氧化、冷却快、焊缝质量稍差。

（2）右焊法

右焊法是焊炬在前、焊丝在后，从左向右施焊，火焰加热集中，熔深较大，可改善焊缝组织，但该法不易掌握。

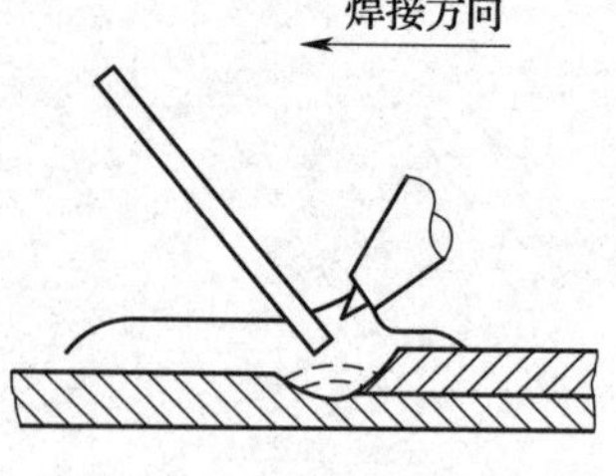

图 5—2—4　左焊法时焊炬与焊丝端头的位置

6. 焊丝与焊炬的摆动

在焊接过程中，为了获得优质而美观的焊缝，焊炬与焊丝应作均匀协调的摆动。通过摆动，既能使焊缝金属熔化均匀又避免了焊缝金属的过热和过烧。在焊接某些有色金属时，还要不断地用焊丝搅动熔池，以促使熔池中各种氧化物及有害气体的排出。

焊炬摆动基本上有三种动作：

（1）沿焊缝向前移动。

（2）沿焊缝作横向摆动（或作圆圈形摆动）。

（3）上下跳动，即焊丝末端在高温区和低温区之间作往复跳动，以调节熔池的热量。但必须均匀协调，不然就会造成焊缝高低不平、宽窄不一等现象。

焊炬和焊丝的摆动方法与摆动幅度，与焊件的厚度、性质、空间位置及焊缝尺寸有关。如图 5—2—5 所示为平焊时焊炬和焊丝常见的几种摆动方法，其中图 5—2—5a、b、c 适用于各种材料的较厚大工件的焊接及堆焊，图 5—2—5d 适用于各种薄件的焊接。

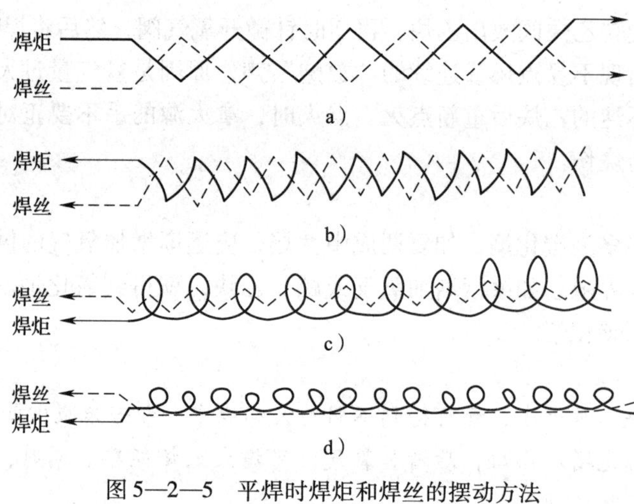

图 5—2—5　平焊时焊炬和焊丝的摆动方法

a）右焊法　b）、c）、d）左焊法

7. 评分标准（见表 5—2—3）

表 5—2—3　　气焊基本操作评分

项目	考核要求	分值	得分	备注
点火的姿势	姿势正确	10		
点火动作调节	点火熟练	20		
火焰参数选择	选择合适	20		
调节火焰能率	方法正确	20		

续表

项目	考核要求	分值	得分	备注
火焰的熄灭	顺序正确	10		
有关安全生产操作规定	违反有关规定扣分	10		
有关文明生产规定	违反有关规定扣分	10		
合计		100		

课后练习

一、填空题

1. 气焊工艺参数包括________、________、________、________、________和________。

2. 焊丝应根据焊件材料的________或________选择。

3. 焊丝直径是根据焊件的________来选择的。

4. 应根据________________的焊件，合理地选择火焰性质。

5. 火焰能率是指每小时可燃气体的________。

6. 气体消耗量又取决于焊炬________和焊嘴________。

7. 在实际生产中焊炬型号和焊嘴可根据焊件________来选择。

8. 气焊紫铜等导热性强的焊件，应选用________的火焰能率，非平焊位置气焊时，应选用________的火焰能率。

9. 焊炬倾斜角的大小主要取决于焊件的________和母材的________。

10. 右向焊法适合焊接厚度________、熔点________及导热性________的焊件。

11. 左向焊法对金属有________作用，焊接________时生产率很高，同时容易掌握。

12. 一般来说，对于厚度________、熔点________的焊件，焊接速度要________。

二、判断题

1. 气焊铸铁时，可用碳化焰作为气焊火焰。（ ）

2. 气焊时，焊炬的倾斜角在焊接过程中自始至终是不需改变的。（ ）

3. 左向焊法与右向焊法相比，前者易使焊缝氧化。（ ）

4. 气焊时，所用气焊丝的熔点应高于被焊金属的熔点。（ ）

三、选择题

1. 气焊黄铜时，为防止锌蒸发，宜选用（ ）。

A. 氧化焰　　B. 碳化焰　　C. 中性焰

2. 气焊高碳钢时宜选用（ ）。

A. 中性焰　　B. 氧化焰　　C 碳化焰

3. 气焊 20 钢时宜选用（ ）。

A. 中性焰　　B. 氧化焰　　C. 碳化焰

4. 气焊下面四种材料中的（ ）时必须用气焊熔剂。

A. Q235　　B. 20 钢　　C. 15CrMo　　D. HT200

5. 气焊采用的主要接头形式是（　　）。

A. 对接接头　　B. 搭接接头　　C. T 形接头　　D. 角接接头

6. 氧化焰的最高温度可达（　　）℃。

A. 3 050 ~ 3 150　B. 2 700 ~ 3 000　C. 3 100 ~ 3 300

7. CJ301 是用于气焊（　　）的一种熔剂。

A. 黄铜　　B. 铸铁　　C. 中碳钢

8. 焊接黄铜时，为阻碍锌的蒸发，常在焊丝中加入（　　）元素。

A. 锡　　B. 铝　　C. 硅

四、简答题

1. 气焊焊接参数有哪些？
2. 根据氧乙炔混合比的大小可得到哪三种不同性质的火焰？其温度特点是什么？
3. 气焊焊接接头的坡口主要有几种形式？

课题 3　薄钢板平对接焊

学习目标

1. 掌握气焊所用气体的性质。
2. 掌握薄钢板平对接焊的焊接参数。
3. 掌握薄钢板平对接焊的焊接操作。

气焊和气割所用的材料基本相同，气割时不用气焊焊丝和气焊熔剂。

一、氧气

1. 氧气的性质

在常温、常压下氧呈气态。氧气是一种无色、无味、无臭的气体，分子式为 O_2。在标准状态下氧气的密度是 1.429 kg/m^3，比空气略重。

氧气本身不能燃烧，但可以帮助其他可燃物质燃烧，所以氧是助燃物质，而不是可燃物质。氧几乎能与自然界一切元素相化合（惰性气体除外），这种化合称氧化反应。剧烈的氧化反应称为燃烧。氧气的化合能力随着压力的加大和温度的升高而增强，因此工业中常使用压缩状态的气态氧。氧如果与油脂等易燃物接触，就会发生剧烈的氧化反应，而使易燃物自燃，这样在高温和高压作用下促使氧化反应更加剧烈，从而引起爆炸。因此在使用氧气时，绝对不可使氧气瓶、焊（割）炬、氧气减压器等沾染油脂。

2. 对氧气纯度的要求

氧气的纯度对气焊与气割的质量、生产率以及氧气消耗量都有直接影响。

氧气不纯主要是指混有氮气，在燃烧时会消耗大量热量，而影响焊缝金属质量。氧气纯度高，工作质量和生产率也高，而氧气的消耗量也大为降低。工业用氧气分为两级：一级氧纯度不低于99.2%，用于气焊；二级氧纯度不低于98.5%，用于气割。

二、乙炔

它是最简单也是最重要的炔烃，俗称电石气，为无色碳氢化合物。在常温常压下是一种无色气体，具有刺鼻的特殊气味。在标准状态下密度是1.179 kg/m³，比空气轻。

乙炔是可燃性气体，乙炔的自燃点为335℃，它与空气混合燃烧时所产生的火焰温度为2 350℃，与氧气混合燃烧时所产生的火焰温度为3 000～3 300℃，而且热量比较集中，因此足以迅速熔化金属进行焊接或切割。

乙炔是一种具有爆炸性危险的气体，在容器中的乙炔遇到明火就会燃烧爆炸（300℃或压力大于0.15 MPa时），乙炔与空气或氧气混合，爆炸性就会大大增加，乙炔含量（按体积计算）在一定范围内所形成的混合气体，只要遇到高温静电火花及火星时，会立刻爆炸。因此在从事气焊、气割的场所，应注意通风和防止静电。

乙炔与铜或银长期接触后，会在铜或银的表面生成一种爆炸性化合物，即乙炔铜（Cu_2C_2）和乙炔银（Ag_2C_2）。这种化合物当其受到摩擦、冲击、剧烈振动或者加热到110～120℃时，就会引起爆炸。所以凡是与乙炔接触的器具，禁止用纯铜或银制造，只能用含铜量超过70%的铜合金制造。乙炔与氧气、次氯酸盐等化合后，受日光照射或受热就会发生爆炸，所以乙炔燃烧时，禁止用四氯化碳来灭火。

乙炔在大于0.15 MPa的压力下，将发生聚合反应，这个反应是放热反应，会产生高热，因而使气体温度升高，压力增大，导致化学爆炸，其破坏力很强，因此在使用时必须注意安全。若将乙炔储存在毛细管中或溶解于丙酮溶液中，其爆炸性就会大大降低，所以现在使用的乙炔瓶就是根据这个原理制造的。

三、液化石油气

液化石油气是油田开发或炼油厂裂化石油的副产品，其主要成分是丙烷（C_3H_8）、丁烷（C_4H_{10}）、丙烯（C_3H_6）、丁烯（C_4H_8）和少量乙烷（C_2H_6）、戊烷（C_5H_{12}）等碳氢化合物。常温常压下气态石油气是一种略带臭味的无色气体，标准状态下密度为1.8～2.5 kg/m³，比空气重。如果加上0.8～1.5 MPa的压力，就变成液态，便于装入瓶中储存和运输。工业上一般都使用液态石油气。

液化石油气中的几种主要成分能与空气氧化形成具有爆炸性的混合气体，但爆炸混合比范围较小，同时液化石油气燃点比乙炔高（液化石油气为500℃、乙炔为305℃），因此液化石油气使用时比乙炔安全，不发生回火。

液化石油气完全燃烧所需氧气量比乙炔大一倍，且燃烧速度慢，这是液化石油气在氧气中燃烧速度比乙炔在氧气中燃烧速度慢的原因，所以对焊（割）炬的构造应做相应改造，使焊（割）炬有较多的混合气体喷出截面，以降低流速，保证良好的燃烧。

液化石油气广泛应用于钢材的气割和低熔点有色金属的焊接。它的切口光洁，不渗碳，质量高，但预热时间长。液化石油气除了比乙炔耗氧量大（比乙炔大一倍）、火焰温度低外，其他方面皆优于乙炔。由于液化石油气有这些优点，用它来代替乙炔进行金属的焊接或切割，价格低廉，具有较显著的经济意义。

四、丙烷

常温常压下丙烷是一种无色、无臭、无毒的可燃气体。蒸气密度为 1.52 g/L，比空气略重，爆炸极限为 2.1% ~9.5%。丙烷的化学性质不活泼，难溶于水，吸收过量丙烷具有麻醉性，但丙烷具有良好的热力学性能，在氧气充足的情况下，燃烧火焰温度达到 2 800℃左右，所以可用来切割或焊接低熔点金属。

五、技能操作——薄钢板平对接焊

1. 焊前准备

（1）工具准备

氧气瓶、减压器、乙炔瓶、焊炬（H01—6 型）、橡胶软管、H08MnA 型焊丝（ϕ2.5 mm）。

（2）辅助器具

护目镜、点火枪、通针、钢丝刷等。

2. 焊前清理及定位焊

（1）焊前清理

焊前应将焊件表面的氧化皮、铁锈、油污、脏物等用钢丝刷、砂布或采用抛光的方法进行清理，直至露出金属光泽。

（2）定位焊

1）定位焊的顺序。定位焊的顺序如图 5—3—1 所示。将准备好的两块钢板试件水平整齐地放置在工作台上，预留根部间隙约为 0.5 mm。定位焊缝的长度和间距视焊件的厚度和焊缝长度而定。焊件越薄，定位焊缝的长度和间距越小；反之则应越大。焊接薄件时，定位焊可由焊件中间开始向两头进行，定位焊缝长度为 5 ~7 mm，间隔 50 ~100 mm，如图 5—3—1a 所示。焊接厚件时，定位焊则由焊件两端开始向中间进行，定位焊缝长度为 20 ~30 mm，间隔 200 ~300 mm，如图 5—3—1b 所示。定位焊缝不宜过长、过高或过宽，但要保证焊透。

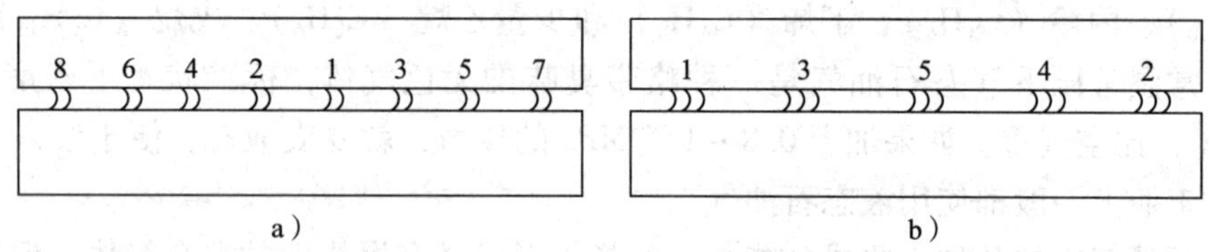

图 5—3—1　定位焊的顺序

a）薄焊件的定位焊缝　b）厚焊件的定位焊缝

2）定位焊缝横截面形状的要求。定位焊缝横截面形状的要求如图 5—3—2 所示。

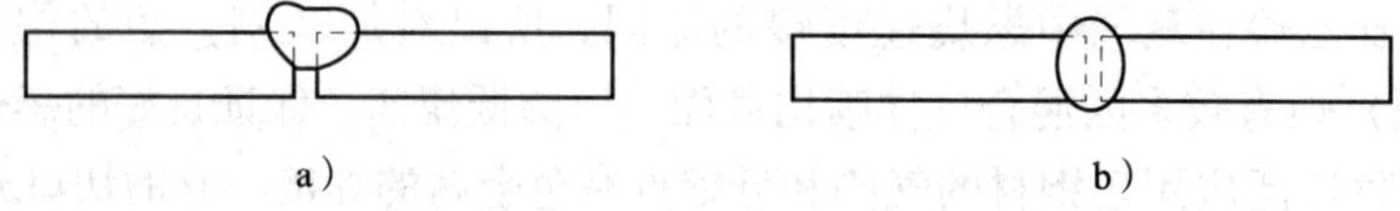

图 5—3—2　定位焊缝横截面形状的要求

a）不好　b）好

3）焊件预制反变形。定位焊后，焊件要预制反变形，以防止焊件角变形，即将焊件沿接缝处向下折成160°左右，如图5—3—3所示，然后用胶木锤将接缝处校正平齐。

3. 操作要点及操作过程

（1）操作要点

平焊是最常用的一种气焊方法，其操作方便、焊接质量可靠。平焊示意图如图5—3—4所示。

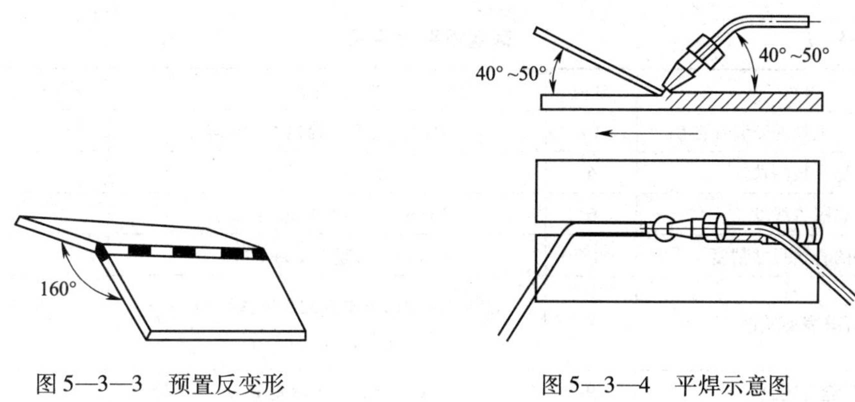

图5—3—3 预置反变形　　图5—3—4 平焊示意图

平焊时多采用左焊法，中性焰。焊丝与焊炬的位置如图5—3—5所示。火焰焰心的末端与焊件表面保持2～4 mm的距离，将工件和焊丝同时烧熔，并使之均匀地熔合为一体形成焊缝。焊丝要始终浸在熔池内，并不时地搅拌，火焰应始终笼罩熔池和焊丝末端。

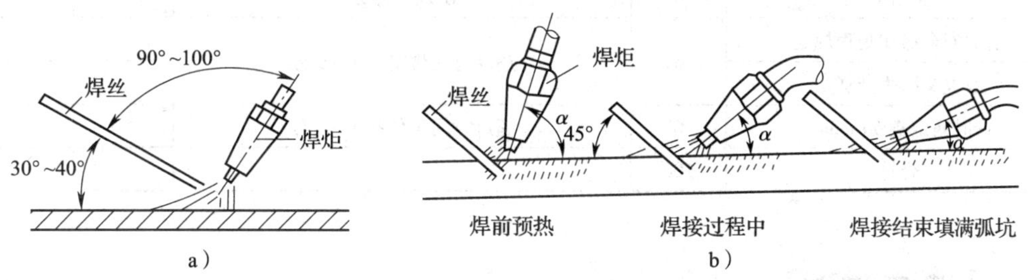

图5—3—5 焊炬与焊丝的位置

a）焊丝与焊件的角度　b）焊炬、焊丝角度的变化

（2）操作过程

由于钢板较薄，要考虑防止烧穿和火焰能率，以及焊炬摆动的幅度、倾斜角度等因素。

1）起头。首先使焊炬作往复运动，进行预热。第一个熔池形成后要仔细观察，并将焊丝端部置于火焰中进行预热。当焊件由红色熔化成白亮而清晰的熔池时，便可熔化焊丝，将焊丝熔滴滴入熔池，随后立即将焊丝抬起或摆动，焊炬向前移动，形成新的熔池。

2）焊接中。在焊接过程中，控制熔池的大小是关键，一般可通过改变焊炬的倾斜角、高度和焊接速度来实现。若发现熔池过大且没有流动金属时，表明焊件被烧穿。此时应迅速提起焊炬或加快焊接速度，减小焊炬倾斜角，并多加焊丝，再继续施焊。若发现熔池过小，焊丝与焊件不能充分融合，应增大焊炬倾斜角，减慢焊接速度，以增加热量。

3）接头。当焊接中途停顿后又继续施焊时，应用火焰将原熔池重新加热熔化，形成新的熔池后再加焊丝。每次续焊应与前一焊道重叠10 mm左右。重叠焊道可不加焊丝或少加焊丝，以保证焊缝高度合适及均匀光滑过渡。

4）收尾。在焊接过程中，焊炬倾斜角是不断变化的。当焊到焊件的终点时，要减小焊炬的倾斜角，增加焊接速度，并多加一些焊丝，避免熔池扩大，防止烧穿。同时，要将熔池填满，应用温度较低的外焰缓慢离开来保护熔池。

4．评分标准（见表5—3—1）

表5—3—1　　**薄钢板平对接焊**

项目	分值	评分标准	得分	备注
各种设备、工具的安装和使用	10	使用方法不正确扣1～10分		
气焊参数的选择	6	不正确不得分		
焊缝直线度	6	2 mm，每超差1 mm扣3分		
焊件的直线尺寸精度	18	±2 mm，每超差1 mm扣3分		
焊缝表面质量	9	焊缝表面凹凸不平处的深度≤2 mm，每超差1 mm扣3分		
焊缝宽度差 c'	9	c' =（8±1）mm，每超差1 mm扣3分		
焊缝余高差 h'	12	h' =（2±1）mm，每超差1 mm扣3分		
错边量	6	≤0.5 mm，超差不得分		
未焊透	6	出现不得分		
未熔合	6	出现不得分		
有关安全操作规程规定	6	违反有关规定扣1～6分		
有关文明生产规定				
时间定额60 min	6	超过时间定额扣1～6分		
合计	100			

课后练习

一、填空题

1．氧气在常温、常压下呈________。氧气是一种________、________、________的气体，分子式为________。在标准状态下氧气的密度是1.429 kg/m³，比空气略________。

2．工业用氧气分为________级：一级氧纯度不低于________%，用于气焊；二级氧纯度不低于________%，用于气割。

3．乙炔是最简单也是最重要的炔烃，俗称________气，为无色________化合物。在常温常压下是一种________气体，具有________的特殊气味。在标准状态下密度是1.179 kg/m³，比空气________。

4．乙炔是可燃性气体，乙炔的自燃点为________℃，它与空气混合燃烧时所产生的火焰温度为________℃，与氧气混合燃烧时所产生的火焰温度为________℃，而且热量比较集中，因此足以迅速熔化金属进行________或________。

5. 焊道起头时，用________焰指向待焊部分，填充焊丝的端头，位于火焰的前下方，距火焰________ mm 左右。

6. 焊炬和焊丝的运动包括________、________和________三个动作。

7. 在预热阶段，焊炬倾斜角为________；正常焊接时，焊炬倾斜角通常为________；结尾时，焊炬倾斜角为________。

8. 薄件定位焊一般由焊件________开始向________进行，厚件由________开始向________进行定位焊。

9. 焊炬和焊丝做上下往复相对运动的目的是调节________，使得焊缝熔化良好，并控制________，使焊缝成形美观。

10. 在焊件间隙大或焊件薄的情况下，应将火焰的焰心指在________上，防止接头处熔化过快。

11. 在焊接过程中，如果发现熔池不清晰，有气泡、火花飞溅、熔池沸腾的现象是由于中性焰变化为________，应及时调整火焰。

二、判断题

1. 液化石油气在氧气中的燃烧速度小于乙炔在氧气中的燃烧速度。 ( )
2. 氧气本身是不能燃烧的，但它能帮助其他可燃物质燃烧。 ( )
3. 左向焊法与右向焊法相比，前者易使焊缝氧化。 ( )
4. 氧气纯度对割缝质量及气体消耗量有影响，对气割速度无影响。 ( )
5. 气焊时，焊炬的倾斜角在焊接过程中自始至终是不需改变的。 ( )

课题 4　管管水平对接转动焊

学习目标

1. 掌握气焊熔剂的作用与分类。
2. 掌握管管水平对接转动焊焊接参数。
3. 掌握管管水平对接转动焊焊接操作。

气焊熔剂也称气焊粉，它是氧乙炔焊时的助熔剂。在气焊过程中被加热的熔化金属极易被周围空气中的氧或火焰中的氧氧化生成氧化物，使焊缝产生气孔和夹渣等缺陷。为了防止金属的氧化以及消除已经形成的氧化物，在焊接有色金属、合金钢、铸铁等材料时，必须采用气焊熔剂以获得致密的焊缝组织。

一、气焊熔剂的作用

气焊熔剂能与熔池内金属氧化物或非金属夹杂物相互作用生成熔渣，覆盖在熔池表面，有两方面的作用。

（1）使熔池与空气隔绝，以防止空气中的氧、氮侵入，消除氧化物的有害作用，避免夹渣的生成，起到保护熔化金属的作用。

（2）熔渣覆盖在熔池表面能减缓焊缝的冷却速度，促进焊缝金属中气体的排出。

气焊熔剂在使用时可直接撒在焊缝上或沾在气焊焊丝上加入熔池。

二、对气焊熔剂的要求

（1）气焊熔剂应具有很强的反应能力，能迅速溶解某些氧化物或与某些高熔点化合物作用生成新的低熔点和易挥发的化合物。

（2）气焊熔剂熔化后黏度要小、流动性要好，所形成熔渣的熔点和密度应比母材和焊丝低，熔化后易于浮在熔池表面。

（3）气焊熔剂能减小熔化金属的表面张力，使熔化的焊丝与母材更容易结合。

（4）气焊熔剂不应对焊件有腐蚀作用，不析出有毒气体，且焊接后熔渣容易清除。

三、气焊熔剂的分类

气焊熔剂按所起的作用不同，可分为化学反应熔剂和物理溶解熔剂两大类。

（1）化学反应熔剂

化学反应熔剂由一种或几种酸性氧化物或碱性氧化物构成，所以又称为酸性熔剂或碱性熔剂。

1）酸性熔剂。由硼砂、硼酸及二氧化硅组成，主要用于焊接铜及铜合金、合金钢等。这一类材料在焊接时形成的氧化亚铜、氧化锌、氧化铁等均为碱性氧化物，因而应选用酸性的硼砂和硼酸熔剂。

2）碱性熔剂。如碳酸钾和碳酸钠等，主要用于焊接铸铁。焊接时，由于熔池内形成高熔点的酸性三氧化硅（熔点为 1 350℃），所以应采用碱性熔剂。

酸性熔剂和碱性熔剂的使用都是利用酸碱中和反应的原理，把难熔的酸性或碱性氧化物反应掉，避免生成气孔和夹渣，确保焊缝的致密性。

（2）物理溶解熔剂

物理溶解熔剂主要有氯化钠、氯化锂、氟化钠等，主要用于焊接铝及铝合金。由于焊接时，在熔池表面形成的三氧化二铝薄膜不能被酸性和碱性氧化物中和，因此阻碍焊接过程的进行，利用上述熔剂将三氧化二铝溶解和吸收，从而使焊接过程顺利进行，而获得力学性能较好的焊接接头。

四、常用气焊熔剂的牌号及表示方法

气焊熔剂的牌号由三部分组成：“CJ”表示气焊熔剂；后面第一位数字表示用途，“1”表示用于不锈钢或耐热钢，“2”表示用于铸铁，“3”表示用于铜及铜合金，“4”表示用于铝及铝合金；最后两位数字表示同一类型的不同编号。例如：

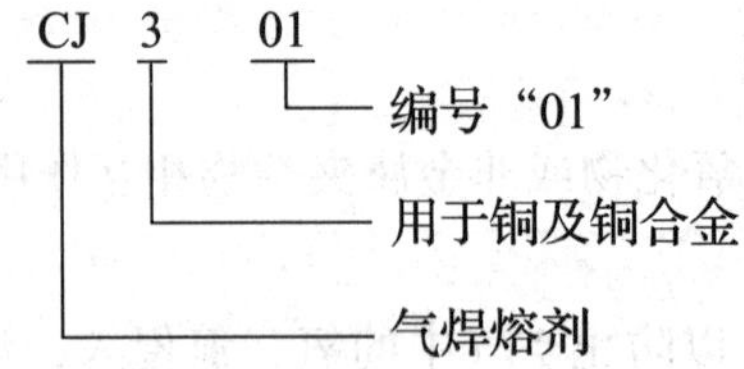

常用气焊熔剂的牌号、性能及用途见表 5—4—1。

表 5—4—1　　常用气焊熔剂的牌号、性能及用途

焊剂牌号	名称	基本性能	用途
CJ101	不锈钢及耐热钢气焊焊剂	熔点为 900℃，有良好的湿润作用，能防止熔化金属被氧化，焊后熔渣易清除	用于不锈钢及耐热钢气焊
CJ201	铸铁气焊焊剂	熔点为 650℃，呈碱性反应，具有潮解性，能有效地去除铸铁在气焊时所产生的硅酸盐和氧化物，有加速金属熔化的功能	用于铸铁件气焊
CJ301	铜气焊焊剂	系硼基盐类，易潮解，熔点约为 650℃，呈酸性反应，能有效地熔解氧化铜和氧化亚铜	用于铜及铜合金气焊
CJ401	铝气焊焊剂	熔点约为 560℃，呈酸性反应，能有效地破坏氧化铝膜，因极易吸潮，在空气中能引起铝的腐蚀，焊后必须将熔渣清除干净	用于铝及铝合金气焊

五、气焊熔剂的选用和保存

（1）气焊熔剂的选用

在气焊时，应根据母材在焊接过程中所产生的氧化物的种类来选用气焊熔剂，所用的焊剂能中和或溶解这些氧化物。

（2）气焊熔剂的保存

气焊熔剂应保存在密封的玻璃瓶中，用多少取多少，用后要盖紧瓶盖，以避免受潮或脏物进入。

六、技能操作——管管水平对接转动焊

1. 设备及工具

（1）焊接设备及工具

氧气瓶、减压器、乙炔瓶、焊炬（H01—6）、橡胶软管。

（2）辅助器具

护目镜、点火枪、通针、钢丝刷等。

（3）坡口的尺寸及焊接要求

坡口的尺寸及焊接要求如图 5—4—1 所示。

2. 操作步骤

（1）焊前清理

将焊件坡口面及坡口两侧内、外表面的氧化皮、铁锈、油污、脏物等用钢丝刷、砂布或用抛光的方法进行清理，直至露出金属光泽。

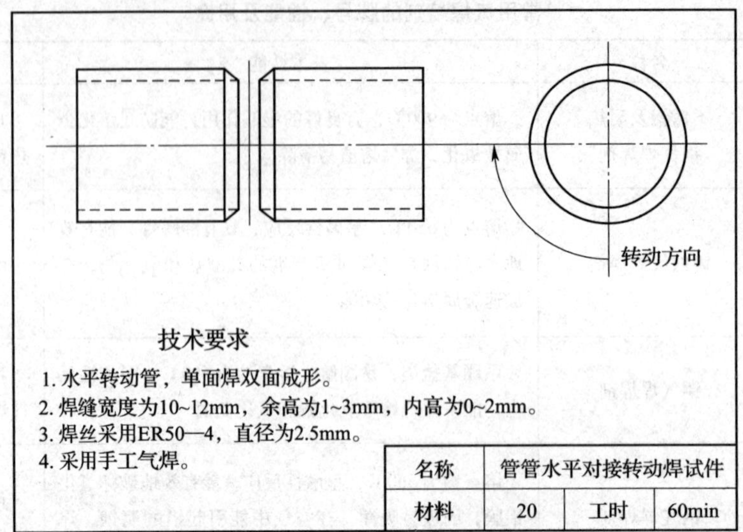

图 5—4—1 管管水平对接转动焊试件

(2) 装配

钝边 0.5 mm，无毛刺，根部间隙为 1.5 ~ 2 mm，错边量≤0.5 mm。

(3) 定位焊

对直径不超过 70 mm 的钢管，一般只须定位焊 2 处；对直径为 70 ~ 300 mm 的钢管可定位焊 4 ~ 6 处；对直径超过 300 mm 的钢管可定位焊 6 ~ 8 处或以上。不论钢管直径大小，定位焊点都要均匀地对称布置，焊接时的起焊点应在两个定位焊点中间，如图 5—4—2 所示。

(4) 操作要点及注意事项

1）操作要点。采用左向爬坡焊，应始终控制在与钢管水平中心线夹角为 50° ~ 70° 的范围内进行焊接，如图 5—4—3 所示。这样可以加大熔深，并易于控制熔池形状，使接头全部焊透；同时，被填充的熔滴金属自然流向熔池下边，使焊缝堆高快，有利于控制焊缝的高低，从而更好地保证焊缝质量。

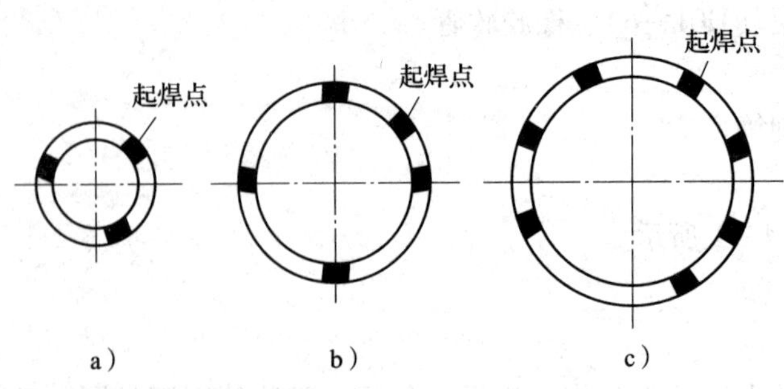

图 5—4—2 不同管径定位焊的起焊点

a）直径小于 70 mm b）直径为 70 ~ 300 mm c）直径大于 300 mm

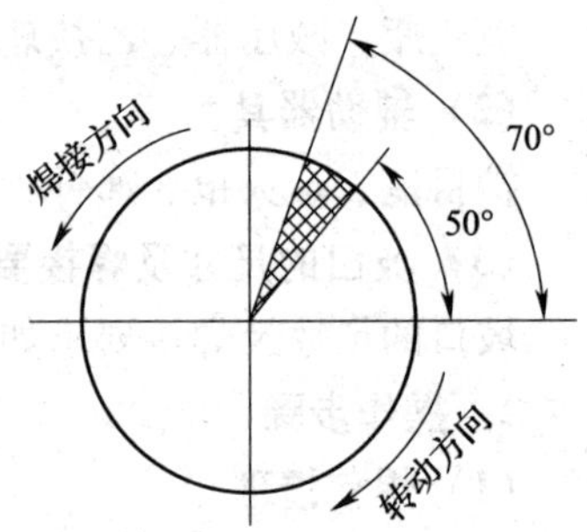

图 5—4—3 左向爬坡焊

2）注意事项。在整个焊接过程中，每一个接头应先预热前熔池的收尾处，并且要熔合好接头。焊接结束时，要填满熔池，火焰慢慢地离开熔池，防止产生气孔、夹渣等缺陷。

3. 评分标准（见表5—4—2）

表5—4—2　　管管水平对接转动焊评分表

项目	分值	评分标准	得分	备注
各种设备、工具的安装和使用	10	使用方法不正确扣1~10分		
气焊参数的选择	6	不正确不得分		
焊缝直线度	6	2 mm，每超差1 mm扣3分		
焊件的直线尺寸精度	18	±2 mm，每超差1 mm扣3分		
焊缝表面质量	9	焊缝表面凹凸不平处的深度≤2 mm，每超差1 mm扣3分		
焊缝宽度差 c'	9	$c'=(8\pm1)$ mm，每超差1 mm扣3分		
焊缝余高差 h'	12	$h'=(2\pm1)$ mm，每超差1 mm扣3分		
错边量	6	≤0.5 mm，超差不得分		
未焊透	6	出现不得分		
未熔合	6	出现不得分		
有关安全操作规程规定	6	违反有关规定扣1~6分		
有关文明生产规定				
时间定额60 min	6	超过时间定额扣1~6分		
合计	100			

课后练习

一、填空题

1. 气焊熔剂也称________，它是氧乙炔焊时的________。在气焊过程中被加热的熔化金属极易被周围空气中的氧或火焰中的氧氧化生成________，使焊缝产生________和________等缺陷。

2. 气焊熔剂按所起的作用不同，可分为________和________两大类。

3. 气焊熔剂的牌号由三部分组成：“CJ”表示气焊________；后面第一位数字表示________，“1”表示用于________，“2”表示用于________，“3”表示用于________合金，“4”表示用于________；最后两位数字表示同一类型的不同编号。

二、判断题

1. 焊接时，由于熔池内形成高熔点的酸性三氧化硅（熔点为1 350℃），所以应采用碱性熔剂。　　（　　）

2. 在气焊时，应根据母材在焊接过程中所产生的氧化物的种类来选用气焊熔剂，所用的焊剂能中和或溶解这些氧化物。　　（　　）

3. 气焊熔剂的保存。应保存在密封的玻璃瓶中，用多少取多少，用后要盖紧瓶盖，以

避免受潮或脏物进入。（ ）

三、简答题

1. 气焊熔剂的作用和要求是什么？

2. 简述常用气焊熔剂的牌号及表示方法。

课题 5　管管水平对接固定焊

学习目标

1. 掌握管管水平对接固定焊的焊接参数选择。
2. 掌握管管水平对接固定焊的操作。

气焊时因为焊丝与母材熔合形成了焊缝，所以焊缝金属的化学成分和质量很大程度上取决于气焊焊丝的化学成分和质量。一般来说，所用焊丝的化学成分基本上与被焊金属化学成分相同。有时在焊丝中添加其他合金元素，能使焊缝的质量有所提高。

一、对焊丝的基本要求

1. 焊丝的熔点应不大于被焊金属的熔点。

2. 焊丝应能保证必要的焊接质量，如不产生气孔、夹渣、裂纹等缺陷。

3. 不管是黑色金属还是有色金属，焊丝的化学成分应基本上与被焊金属（母材）相同，以保证焊缝具有足够的力学性能。

4. 焊丝熔化时应平稳，不应有强烈的飞溅或蒸发。

5. 焊丝表面应无油脂、锈蚀和油漆等污染物。

二、焊丝的规格

气焊焊丝的规格一般为 ϕ1.6 mm、ϕ2.0 mm、ϕ2.5 mm、ϕ3.0 mm、ϕ3.2 mm、ϕ4.0 mm 等。根据不同的厚度选用不同直径的焊丝。

三、焊丝的分类及用途

焊丝可分为碳钢焊丝、低合金钢焊丝、铜及铜合金焊丝、铝及铝合金焊丝、铸铁气焊焊丝等。

1. 碳钢焊丝、低合金钢焊丝

碳钢焊丝有碳钼钢焊丝、铬钼钢焊丝、镍钼钢焊丝、镍钢焊丝、锰钼钢焊丝和其他低合金钢六类。碳钢焊丝、低合金钢焊丝常用于焊接较重要的低、中碳钢及低合金钢焊件。

2. 铜及铜合金焊丝（GB/T 9460—2008）

常用的有纯铜焊丝、黄铜焊丝、白铜焊丝、青铜焊丝等，用于纯铜、黄铜的气焊及碳弧焊，也可用于铜、钢、铜镍合金、灰铸铁的钎焊。

3. 铝及铝合金焊丝（GB/T 10858—2008）

包括铝焊丝、铝铜焊丝、铝锰焊丝、铝硅焊丝、铝镁焊丝等，用于焊接铝、铝镁合金、铝锰合金焊件等。

4. 铸铁焊丝（GB/T10044—2006）

包括灰口铸铁填充焊丝、合金铸铁填充焊丝等，用于铸铁的焊补。

四、焊丝型号表示方法

1. 碳钢焊丝、低合金钢焊丝（GB/T 8110—2008）

焊丝型号由三部分组成。第一部分用字母“ER”表示焊丝；第二部分用两位数字表示焊丝熔敷金属的最低抗拉强度；第三部分为短划“—”后的字母或数字，表示化学成分分类代号。根据供需双方协商，可在型号后附加扩散氢代号 H×（×代表 15、10 或 5）。

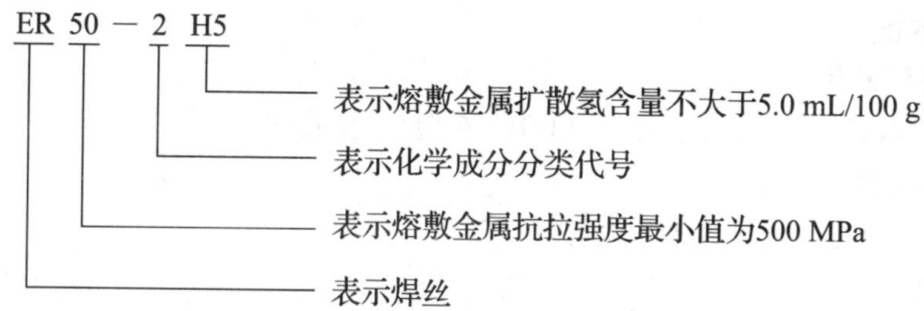

2. 铜及铜合金焊丝（GB/T 9460—2008）

焊丝型号由三部分组成。第一部分为字母“SCu”，表示铜及铜合金焊丝；第二部分为四位数字，表示焊丝型号；第三部分为可选部分，表示化学成分分类代号。

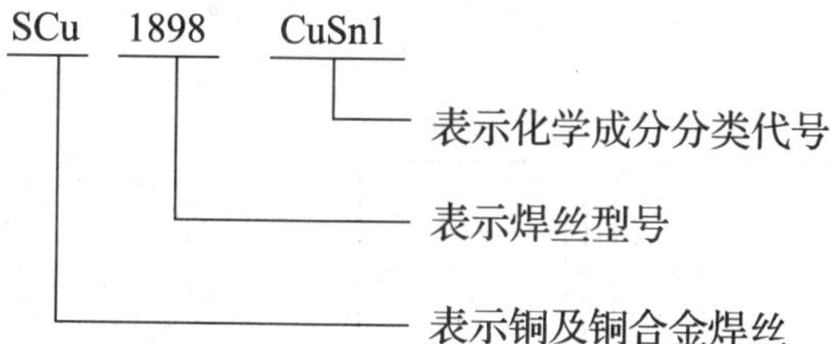

3. 铝及铝合金焊丝（GB/T 10858—2008）

焊丝型号由三部分组成。第一部分为字母“SAl”，表示铝及铝合金焊丝；第二部分为四位数字，表示焊丝型号；第三部分为可选部分，表示化学成分分类代号。

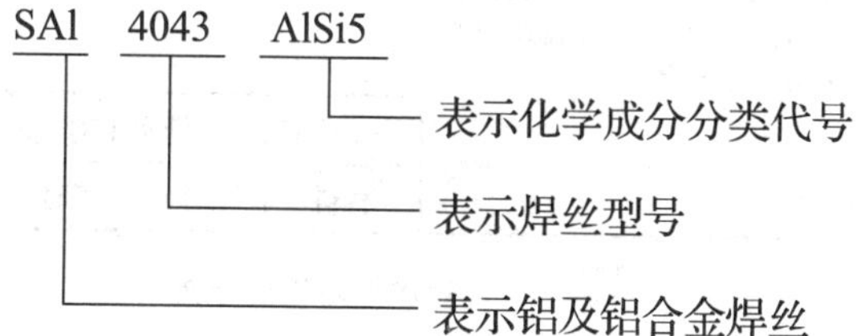

4. 铸铁焊丝（GB/T 10044—2006）

字母“R”表示填充焊丝，“Z”表示用于铸铁焊接，在“RZ”之后用字母表示主要化学元素符号或金属类型代号，再细分时用数字表示。

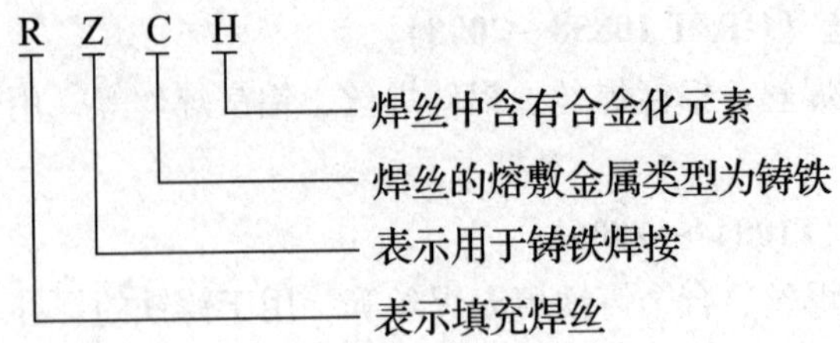

五、焊丝的保管

气焊焊丝应按类别、型号、规格分开保管。焊丝表面应涂油保护，为避免其生锈、腐蚀，应放在干燥通风处。

六、技能操作——管管水平对接固定焊

1. 焊前准备

(1) 设备和工具

氧气瓶、减压器、乙炔瓶、焊炬（H01—6 型)、橡胶软管。

(2) 辅助器具

护目镜、点火枪、通针、钢丝刷等。

(3) 焊丝

H08MnA 型焊丝，直径为 2.5 mm。

(4) 坡口的尺寸及焊接要求

坡口的尺寸及焊接要求，如图 5—5—1 所示。

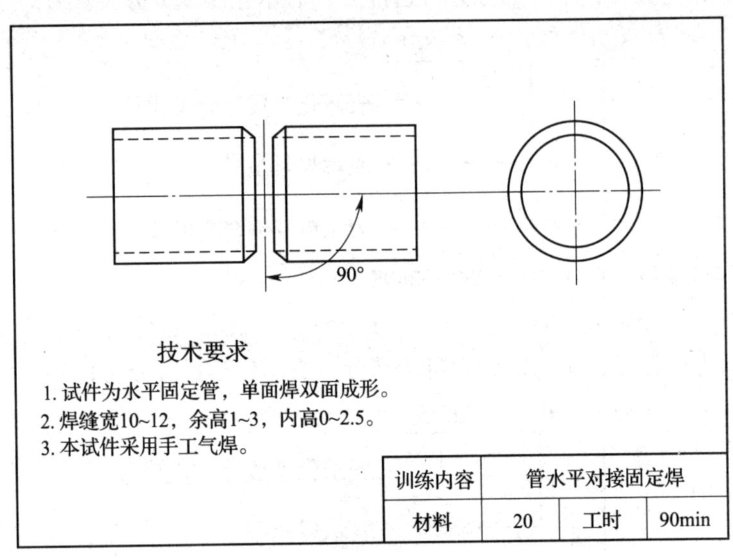

训练内容	管水平对接固定焊		
材料	20	工时	90min

图 5—5—1　管管水平对接固定焊

2. 焊前清理、装配及定位焊

(1) 焊前清理

将焊件坡口面及坡口两侧内外表面的氧化皮、铁锈、油污、脏物等用钢丝刷、砂布或

采用抛光的方法进行清理，直至露出金属光泽。

（2）装配

钝边0.5 mm，无毛刺，根部间隙为1.5～2 mm，错边量不大于0.5 mm。

（3）定位焊

对直径不超过70 mm的管子，一般只需定位焊2处；对直径为70～300 mm的管子，可定位焊4～6处；对直径超过300 mm的管子，可定位焊6～8处或8处以上。不论管子直径大小，定位焊缝的位置都要均匀对称布置，焊接时的起焊点应在两个定位焊缝中间。

3. 焊接操作过程

考虑环形焊缝的焊接特点，水平固定管的气焊比较困难，操作上包括了所有的焊接位置，如图5—5—2所示。尤其是小直径钢管的焊接，焊炬角度变化是很快的，要防止过烧和形成焊瘤。

操作过程中不断地移动焊炬和焊丝，通常应保持焊炬和焊丝的夹角为90°，焊炬、焊丝与工件间的夹角一般为45°，根据管壁的厚度和熔池形状变化情况，可以适当调节和灵活掌握，以保持不同位置时熔池的形状，使之既熔透又不至于过烧和烧穿。

在焊接仰焊位置（特别是仰爬坡位置）时，如图5—5—2中1和2的位置，焊炬和焊丝更要配合得当，同时焊炬要不断地离开熔池，严格控制熔池的温度，使焊缝不至于过烧和形成焊瘤。

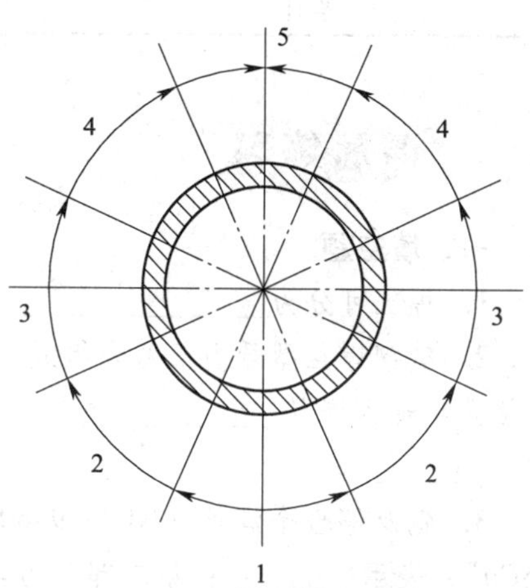

图5—5—2 管对接水平固定焊的焊接位置分布情况

1—仰焊 2—仰爬坡 3—立焊 4—上坡焊 5—平焊

提示：

焊接前半圈时，起点和终点都要超过管子的垂直中心线5～10 mm。焊接后半圈时，起点和终点都要和前段焊缝搭接一段，以防起焊点和火口处产生缺陷，搭接长度一般为10～15 mm。

4. 评分标准（见表5—5—1）

表5—5—1　　管管水平对接固定焊评分表

项目	分值	评分标准	得分	备注
各种设备、工具的安装和使用	10	使用方法不正确扣1～10分		
气焊参数的选择	6	不正确不得分		
焊缝直线度	6	2 mm，每超差1 mm扣3分		
焊件的直线尺寸精度	18	±2 mm，每超差1 mm扣3分		
焊缝表面质量	9	焊缝表面凹凸不平处的深度≤2 mm，每超差1 mm扣3分		
焊缝宽度差 c'	9	c' =（8±1）mm，每超差1 mm扣3分		
焊缝余高差 h'	12	h' =（2±1）mm，每超差1 mm扣3分		
错边量	6	≤0.5 mm，超差不得分		

续表

项目	分值	评分标准	得分	备注
未焊透	6	出现不得分		
未熔合	6	出现不得分		
有关安全操作规程规定	6	违反有关规定扣 1 ~6 分		
有关文明生产规定				
时间定额 90 min	6	超过时间定额扣 1 ~6 分		
合计	100			

课后练习

一、填空题

1. 焊丝可分为________、________、________、________、________等。

2. 碳钢焊丝型号由三部分组成。第一部分用字母“ER”表示________；第二部分用两位数字表示焊丝________________________；第三部分为短划“—”后的字母或数字，表示________。

3. 铜及铜合金焊丝（GB/T 9460—2008）。焊丝型号由三部分组成。第一部分为字母“SCu”，表示________；第二部分为四位数字，表示________；第三部分为可选部分，表示________。

4. 铝及铝合金焊丝（GB/T 10858—2008）。焊丝型号由三部分组成。第一部分为字母“SAl”，表示________；第二部分为四位数字，表示________；第三部分为可选部分，表示________。

5. 铸铁焊丝（GB/T 10044—2006）。字母“R”表示________，“Z”表示________，在“RZ”之后用字母表示主要________________，再细分时用数字表示。

二、选择题

1. 焊丝直径过细，焊接时很快熔化下滴，而焊件尚未熔化，则容易产生（　　）缺陷。

A. 未熔合　　B. 咬边　　C. 气孔

2. CJ301 是用于气焊（　　）的一种熔剂。

A. 黄铜　　B. 铸铁　　C. 中碳钢

3. 气焊下面四种材料中的（　　）时必须用气焊熔剂。

A. Q235　　B. 20 钢　　C. 15CrMo　　D. HT200

三、简答题

简述对焊丝的基本要求。

课题 6　管管垂直对接固定焊

学习目标

1. 掌握管管垂直对接固定焊焊接参数。
2. 掌握管管垂直对接固定焊焊接操作。

一、管管对接气焊时的坡口形式及尺寸要求

钢管气焊时，一般均采用对接接头。管道的用途不同，对焊接质量的要求也不同。重要的管道要求单面焊双面成形，以满足较高工作压力的要求；工作压力较低的管道，对焊缝接头只要求不泄漏，并达到一定强度即可。

重要管道的焊接，当壁厚大于 3 mm 时，为了保证焊缝全部焊透，须开 V 形坡口，并留有钝边。管道气焊时的坡口形式及尺寸见表 5—6—1。

表 5—6—1　　管道气焊时的坡口形式及尺寸

管壁厚度（mm）	≤2.5	≤6	6～10	10～15
坡口形式		V 形	V 形	V 形
坡口角度（°）		40～60	40～60	40～60
钝边（mm）		0.5～1.5	1.2	2～3
间隙（mm）	1～1.5	1～2	2～2.5	2～3

二、管管垂直对接固定焊操作注意事项

其操作的主要困难是熔池金属的下淌，使焊缝上方形成咬边，下方形成焊瘤，操作时应注意：

1. 应该使用较小的火焰能率来控制熔池温度。

2. 采用左向焊法焊接，同时焊炬也应向上倾斜。火焰与工件间的夹角保持在 65°～75°，使火焰直接朝向焊缝，利用火焰吹力托住熔化金属，阻止熔化金属从熔池中流出。

3. 焊接时，焊炬一般不作摆动，但焊接较厚焊件时，可作小环形摆动。而焊丝要始终浸在熔池中，并不断地把熔化金属向熔池上方推去，焊丝作斜环形运动，使熔池略带些倾斜，使焊缝容易成形，并防止熔化金属形成咬边及焊瘤等缺陷。

三、技能操作——管管垂直对接固定焊

1. 焊前准备

(1) 设备和工具

氧气瓶、减压器、乙炔瓶、焊炬（H01—6 型）、橡胶软管。

(2) 辅助器具

护目镜、点火枪、通针、钢丝刷等。

(3) 焊丝

H08MnA 型焊丝，直径为 2.5 mm。

(4) 坡口的尺寸及焊接要求

坡口的尺寸及焊接要求，见图 5—6—1。

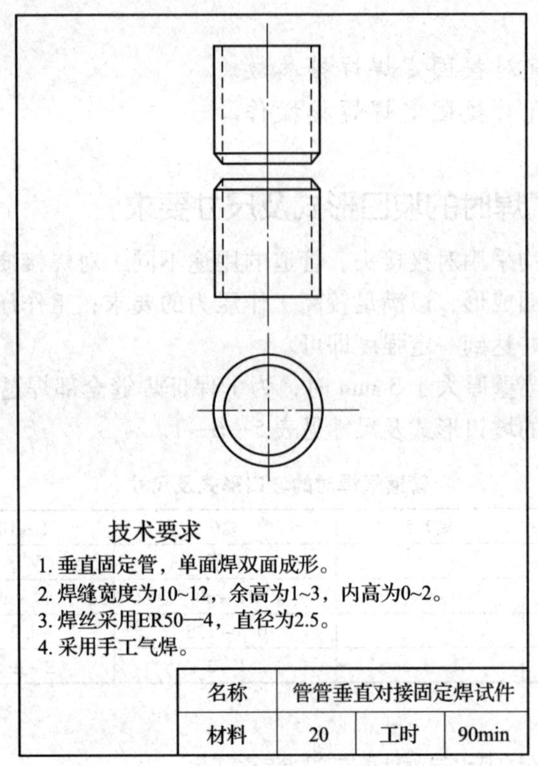

图 5—6—1　管管垂直对接固定焊试件

2. 焊前清理

将焊件坡口面及坡口两侧内、外表面的氧化皮、铁锈、油污、脏物等用钢丝刷、砂布或用抛光的方法进行清理，直至露出金属光泽。

3. 装配

钝边 0.5 mm，无毛刺，根部间隙为 1.5 ~ 2 mm，错边量≤0.5 mm。

4. 定位焊

对直径不超过 70 mm 的钢管，一般只须定位焊 2 处；对直径 70 ~ 300 mm 的钢管可定位焊 4 ~ 6 处；对直径超过 300 mm 的钢管可定位焊 6 ~ 8 处或以上。不论钢管直径大小，定位焊点都要均匀对称布置，焊接时的起焊点应在两个定位焊点中间。

5. 操作要点及注意事项

(1) 操作要点

焊嘴与钢管轴线夹角约为 80°，如图 5—6—2 所示；与钢管切线的夹角约为 60°，如图 5—6—3 所示。焊丝与钢管轴线的夹角约为 90°，焊丝与钢管切线的夹角约为 30°。

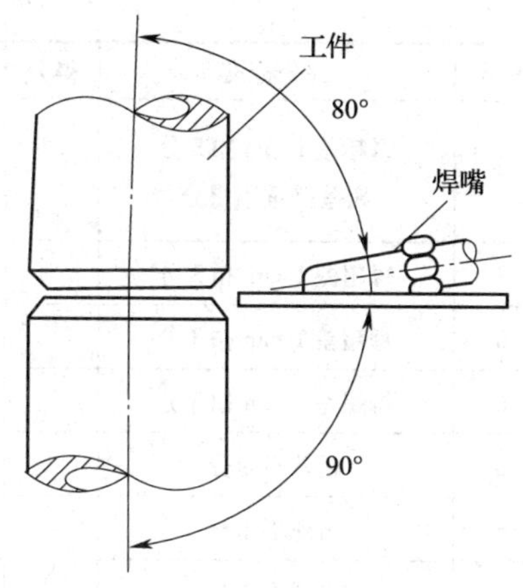

图 5—6—2 焊嘴、焊丝与钢管轴线的夹角

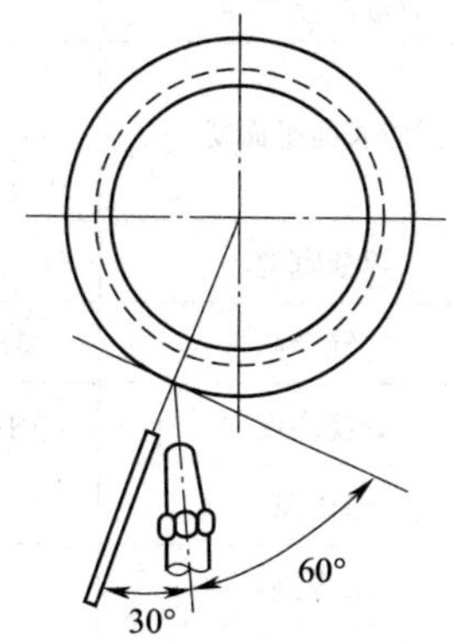

图 5—6—3 焊嘴、焊丝与钢管切线方向的夹角

（2）操作方法

对开有坡口的钢管采用左向焊法，应用斜环形运条方法，如图 5—6—4 所示。对于壁厚在 7 mm 以下的垂直钢管的横缝，可以做到单面焊双面成形一次焊成，可以大大提高工作效率。

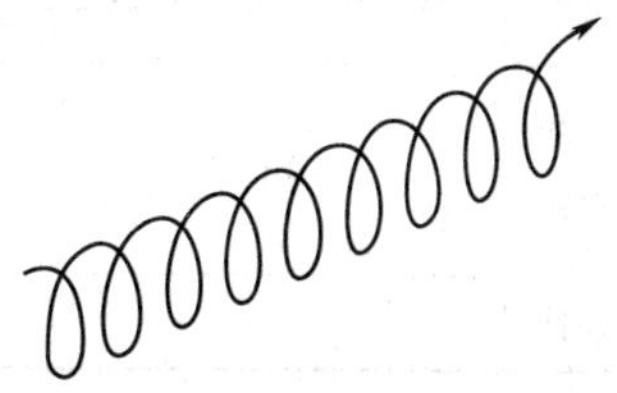
图 5—6—4 斜环形运条法

起焊时，先将被焊处适当加热，然后将熔池烧穿，形成一个熔孔，并保持到焊接结束。熔孔的大小以等于或稍大于焊丝直径为宜。

熔孔形成后，开始填充焊丝。焊炬在熔池和熔孔处作轻微的前后摆动，以控制熔池温度。若熔池温度过高，为使熔池冷却，此时火焰不必离开熔池，可将火焰的高温区朝向熔孔，这时外焰仍然笼罩着熔池和近缝区，保护液态金属不被氧化。

（3）注意事项

在整个焊接过程中，每一层焊缝应一次焊完，并且各层的起焊点互相错开 20 ~ 30 mm。每次焊接结束时，要填满熔池，火焰慢慢地离开熔池，防止产生气孔、夹渣等缺陷。

6. 评分标准（见表 5—6—2）

表 5—6—2　　管管垂直对接固定焊评分表

项目	质量检查内容	质量检查要求	配分	评分标准	得分	备注
焊前准备	各种设备、工具的安装和使用	正确使用和安装各种设备、工具	10	使用和安装方法不正确扣 1 ~ 10 分		
	焊接参数的选择	正确选择焊接参数	6	不正确不得分		
工件尺寸精度	焊缝边缘直线度	焊缝边缘直线度误差≤2 mm	6	每超差 1 mm 扣 3 分 超差严重不得分		
	焊件的尺寸精度	尺寸极限偏差为 ±2 mm	18	每超差 1 mm 扣 3 分 超差严重不得分		

续表

项目	质量检查内容	质量检查要求	配分	评分标准	得分	备注
焊缝外观质量	焊缝表面平面度	焊缝表面平面度 误差≤2 mm	9	每超差 1 mm 扣 3 分 超差严重不得分		
	焊缝宽度	$c=(11\pm1)$ mm	9	每超差 1 mm 扣 3 分		
	焊缝余高	余高 $h=(2\pm1)$ mm	6	每超差 1 mm 扣 3 分		
	焊缝高度	内高 $h'=(1\pm1)$ mm	6	每超差 1 mm 扣 3 分		
	错边量	≤0.5 mm	6	超差不得分		
	未焊透	不允许	6	出现不得分		
	未熔合	不允许	6	出现不得分		
安全文明生产	文明生产有关规定	达到规定标准	6	违反有关规定扣 1~6 分		
	安全操作规程有关规定					
时间定额	90 min	按时完成	6	每超过时间 定额的 5% 扣 1 分		
合计			100			

课后练习

一、选择题

1. 氧气与乙炔的混合比值为 1~1.2 时，其火焰为（　　）。

A. 碳化焰　　B. 中性焰　　C. 氧化焰　　D. 混合焰

2. 使用乙炔气瓶时，瓶阀开启不要超过（　　）圈。

A. 1/2　　B. $1\frac{1}{2}$　　C. 2　　D. $2\frac{1}{2}$

3. 瓶阀冻结时可用（　　）热水解冻，严禁火烤。

A. 100℃　　B. 80℃　　C. 40℃　　D. 20℃

4. 气焊气割操作中氧气瓶距离乙炔瓶、明火和热源应大于（　　）。

A. 3 m　　B. 3.5 m　　C. 8 m　　D. 10 m

5. 气焊焊丝与工件表面的夹角称为焊丝倾角，一般这个倾角为（　　）。

A. 10°~20°　　B. 20°~30°　　C. 30°~40°　　D. 40°~50°

二、判断题

1. 焊丝在焊炬的前方，火焰指向焊件金属的待焊部分，这种操作方法叫左焊法。（　　）

2. 所谓左焊法是指焊丝和焊炬从左端向右端移动的操作方法。（　　）

3. 氧气瓶、乙炔瓶、液化石油气瓶的减压器可以互换使用。（　　）

4. 焊嘴和割嘴温度过高时，只能暂停使用而不能放入水中冷却。（ ）

5. 氧气胶管和乙炔胶管为了拆卸方便只要能插上即可，不要连接过紧。（ ）

6. 在狭窄和通风不良的地沟、坑道及密闭容器、舱室中进行气焊、气割作业时，焊炬、割炬应随人进出，严禁放在工作地点。（ ）

模块六 钎焊

课题1　低碳钢板搭接手工火焰钎焊

1. 了解钎焊的原理、特点及应用。
2. 熟悉钎焊所用钎料和钎剂。
3. 熟练操作低碳钢板搭接手工火焰钎焊。

一、钎焊原理

钎焊是采用比焊件熔点低的金属材料作钎料，将焊件和钎料加热到高于钎料熔点，低于焊件熔点的温度，利用液态钎料润湿母材，填充接头间隙并与母材相互扩散，实现连接焊件的方法，其过程如图6—1—1所示。

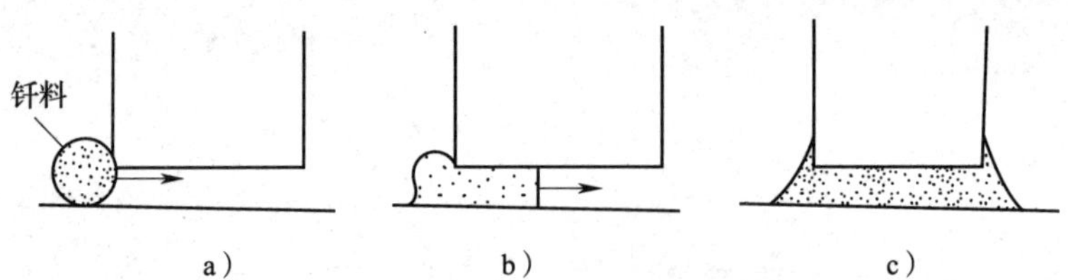

图6—1—1　钎焊过程示意图

a）在接头处安置钎料，并对焊件和钎料进行加热

b）钎料熔化并开始流入钎缝间隙　c）钎料填满整个钎缝间隙，凝固后形成钎焊接头

从钎焊过程中可知，要获得牢固的钎接接头，必须使熔化的钎料能很好地流入接头间隙中去，并与焊件金属相互作用，这样冷却结晶后，才能得到理想的接头。

二、钎焊的分类及特点

1. 钎焊的分类

（1）按照所使用的钎料分类

1）软钎焊。使用熔点低于450℃的钎料进行的钎焊。

2）硬钎焊。使用熔点高于450℃的钎料进行的钎焊。

3）高温钎焊。使用的钎料熔点高于900℃，并且不使用钎剂的钎焊。

（2）按照钎料的加热方法分类

1）热传导方式的钎焊。分为普通烙铁钎焊、火焰钎焊、炉中钎焊等。

2）电加热方式的钎焊。分为电阻钎焊、感应钎焊、电弧钎焊和电烙铁钎焊等。

2. 钎焊的特点

钎焊与熔焊方法比较，具有如下的特点：

（1）优点

1）焊件加热温度低。

2）焊件母材的组织及性能变化比较小。

3）焊件变形小，容易保证焊件的尺寸精度。

4）可连接异种材料。

5）焊缝气密性较好，劳动条件也比较好。

6）可以一次完成多个零件或多条焊缝的钎焊，生产效率高。

7）可以施焊极薄极细的零件，以及粗细、厚薄相差较大的零件。

8）根据需要可以将某些材料的钎焊接头拆开，经过修整后重新进行钎焊。

（2）缺点

1）接头强度一般较低，且耐热能力较差，工作温度较低。

2）焊件表面清理及接头装配精度要求较高。

三、钎料与钎剂

1. 钎料

钎焊时用作形成钎缝的填充金属，称为钎料。

（1）钎料的分类

根据钎料的熔点不同可以分为两大类，熔点低于450℃的称为软钎料，这类钎料熔点低，强度也低；熔点高于450℃的称为硬钎料，具有较高的强度，可以连接承受重载荷的零件，应用较广。

（2）钎料型号

GB/T 6208—1995对钎料的型号做了规定。

1）钎料型号由两部分组成。钎料型号两部分间用隔线“—”分开。

2）型号中第一部分用一个大写英文字母表示钎料的类型：“S”表示软钎料；“B”表示硬钎料。

3）钎料型号中的第二部分由主要合金组分的化学元素符号组成。

①在这部分中第一个化学元素符号表示钎料的基本组成，其他化学元素符号按其质量分数顺序排列，当几种元素具有相同质量分数时，按其原子序数顺序排列。

②软钎料每个化学元素符号后都要标出其公称质量分数。硬钎料仅第一个化学元素符号后标出。

例如，一种含锡量60%、含铅量39%、含锑量0.4%的软钎料，型号表示为

S—Sn60Pb40Sb。

二元共晶钎料含银 72%，含铜 28%，型号表示为 B—Ag72Cu。

（3）钎料牌号

《焊接材料产品样本》中，钎料的牌号有两种表示法。一种是前冶金部的编号方法：前面冠以 H1 表示钎料，其次用两个元素符号表示钎料的主要元素，最后用一个或数个数字标出除第一个主要元素外钎料主要合金元素含量，如 H1SnPb10。另一种是原机械电子工业部的编号方法：头两个大写拼音字母 HL 表示钎料，第一位数字表示钎料化学组成类型，第二、第三位数字表示同一类型钎料的不同编号，如 HL302（原一机部的标准是用汉字“料”加上三位数表示钎料的，三位数字的含义同前，如料 103）。

2. 钎剂

钎剂是钎焊时使用的熔剂。它的作用是清除钎料和焊件表面的氧化物，并保护焊件和液态钎料在钎焊过程中免于氧化，以改善液态钎料对焊件的润湿性。

钎剂与钎料类似，也可分为软钎剂和硬钎剂。常用的硬钎剂主要是硼砂、硼酸及它们的混合物，还常加入某些碱金属或碱土金属的氟化物、氯化物，如 QJ102、QJ103 等。

钎剂牌号的编制方法：QJ 表示钎剂；QJ 后的第一位数字表示钎剂的用途类型，如“1”为铜基和银基钎料用钎剂，“2”为铝及铝合金钎料用钎剂；QJ 后的第二、第三位数字表示同一类钎剂的不同牌号。

各种金属材料火焰钎焊的钎料和钎剂的选用见表 6—1—1。

表 6—1—1　各种金属材料火焰钎焊的钎料和钎剂的选用

钎焊金属材料	钎料	钎剂
碳钢	铜锌钎料 B—Cu54Zn 银钎料 B—Ag45CuZn	硼砂或 w（硼砂）60% + w（硼酸）40% 或 QJ102 等
不锈钢	铜锌钎料 B—Cu54Zn 银钎料 B—Ag50CuZnCdNi	硼砂或 w（硼砂）60% + w（硼酸）40% 或 QJ102 等
铸铁	铜锌钎料 B—Cu54Zn 银钎料 B—Ag50CuZnCdNi	硼砂或 w（硼砂）60% + w（硼酸）40% 或 QJ102 等
硬质合金	铜锌钎料 B—Cu54Zn 银钎料 B—Ag50CuZnCdNi	硼砂或 w（硼砂）60% + w（硼酸）40% 或 QJ102 等
铜及铜合金	铜磷钎料 B—Cu80AP 铜锌钎料 B—Cu54Zn 银钎料 B—Ag45CuZn	硼砂或 w（硼砂）60% + w（硼酸）40% 或 QJ103 等（铜磷钎料钎焊纯铜时可不用钎剂）
铝及铝合金	铝钎料 B—Al67CuSi	QJ201

四、技能操作——低碳钢板搭接手工火焰钎焊

1. 焊前准备

（1）试件材料

20 钢管接头，如图 6—1—2 所示。

(2) 钎料和钎剂

钎料采用 B—Cu62Zn，直径 2mm，丝状；钎剂为硼酸（75%）、硼砂（25%）。

(3) 焊接设备及工具

氧气瓶、减压器、乙炔瓶、焊炬（H01—6 型）、橡胶软管。

(4) 辅助器具

护目镜、点火枪、通针、钢丝刷等。

2. 焊前清理

将低碳钢管件待焊表面的氧化皮、铁锈、油污、脏物等用钢丝刷、砂布或抛光的方法进行清理，直至露出金属光泽。然后用毛刷或脱脂棉蘸酒精清洗待焊表面。同时，将钎料用15% ~20% 硫酸铵水溶液在常温下清洗，或者用12. 5% 硫酸和1% ~3% 硫酸钠水溶液在30 ~77℃下清洗，并要求在4 h 之内进行钎焊。

3. 装配定位焊

清理好的管件按图样规定进行装配，采用搭接接头，以增强接头抗剪切的能力。同时，为了保证钎焊时钎料能充分均匀地填满间隙，提高接头的致密性和强度，应注意钎焊间隙不能过大或过小，要均匀一致。低碳钢管件的钎焊间隙为 0. 05 ~0. 1 mm。

将装配好的低碳钢管件置于如图 6—1—3 所示的专用工作台上，用轻微的碳化焰进行定位钎焊。根据管径不同，定位钎焊 1 ~3 点。

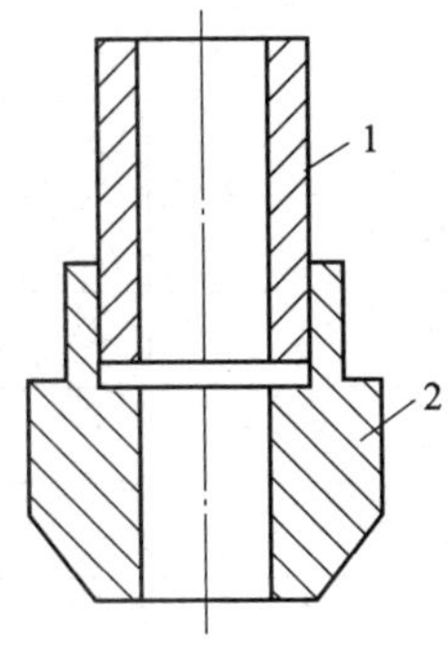

图 6—1—2 钢管接头

1—导管 2—套接接头

图 6—1—3 火焰钎焊的专用工作台

4. 操作要点及注意事项

(1) 钎焊

用中性焰或轻微的碳化焰，火焰焰心距离钎焊件表面 15 ~20 mm，火焰的外焰加热焊件。钎焊时，一方面操作转动机构使工作台上方的焊件匀速转动；另一方面焊炬沿接头的搭接部位作上下移动，使整个接头均匀加热。当接头表面变成橘红色时（钎焊温度），用钎料蘸上钎剂，沿着接头处涂抹，钎剂便开始流动填满间隙。然后加入钎料，用焊炬的外焰沿着管件圆周的搭接部分均匀加热，如图 6—1—4 所示，使钎料均匀地渗入钎焊间隙，整个钎缝形成饱满的圆根。最后，用火焰沿钎缝再加热两遍，然后慢慢地将火焰移开。钎焊结束后，不允许立即搬动焊件或将焊件的夹具卸下。

若钎焊较粗的管件，钎料可以分几次沿钎缝加入，如图 6—1—5 所示。某一段钎料渗完后，再钎焊下一段。

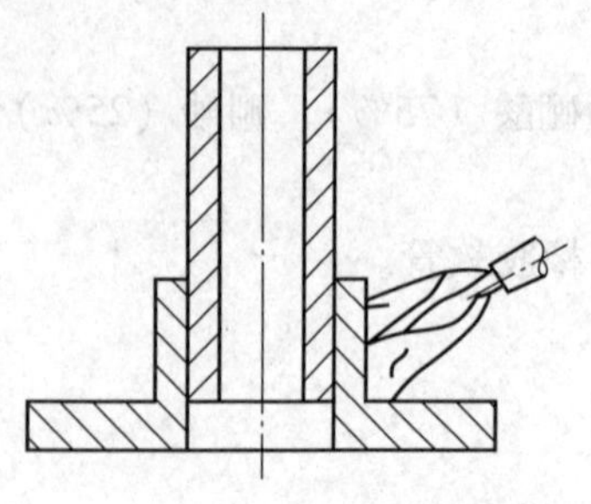

图 6—1—4 钎焊火焰加热

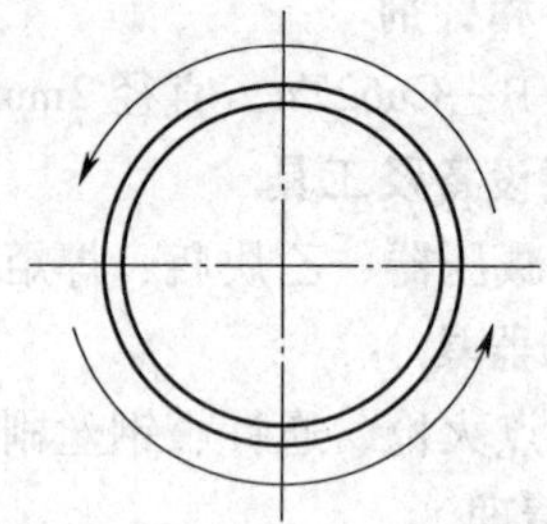

图 6—1—5 粗直径管件的分段钎焊

（2）钎焊后清洗

钎剂残渣大多数对钎焊接头起腐蚀作用，也妨碍对钎缝的检查，需清除干净。碳钢钎焊用的硼砂和硼酸钎剂残渣基本上不溶于水，很难去除，一般用喷砂去除。比较好的方法是将已钎焊的工件在热态下放入水中，使钎剂残渣开裂而易于去除。

5. 评分标准（见表 6—1—2）

表 6—1—2　　低碳钢板搭接手工火焰钎焊评分表

项目	分值	评分标准	得分	备注
钎焊设备、工具的安装和使用	10	使用方法不正确扣 1 ~ 10 分		
钎焊参数的选择	10	不正确不得分		
焊前清理	10	不清理不得分		
装配定位焊	10	不正确不得分		
钎焊火焰的调节	15	不正确不得分		
焊炬角度	10	不正确不得分		
未焊透	10	出现不得分		
未熔合	10	出现不得分		
有关安全操作规程规定	5	违反有关规定扣 1 ~ 5 分		
有关文明生产规定		违反规定倒扣 10 ~ 20 分		
时间定额 60 min	10	超过时间定额扣 1 ~ 10 分		
合计	100			

课后练习

一、填空题

1. 钎焊根据钎料熔点不同可分为________、________两大类，其熔点分别________、和________________。

2. 钎剂的作用是________、________和________。

3. 按照热源种类和加热方式不同，通常可将钎焊分为________、________、

________、________、________、________、________、________等。

4. 钎料 B—Ag72Cu 是________钎料，含银量为________，含铜量为________。

5. 钎焊采用对接接头时，接头的________比母材差，所以钎焊一般采用________接头。

二、判断题

1. 钎焊和焊条电弧焊、埋弧焊一样，焊缝都是由填充金属（焊条、焊丝、钎料）和母材共同熔合而成的。 （ ）

2. 钎焊常采用搭接接头，目的是增大焊件接触面积，提高焊接强度。 （ ）

3. 钎焊时，由于钎料熔化，焊件不熔化，所以焊件金属组织和性能变化较少，焊接应力和变形也较小。 （ ）

三、选择题

1. 钎焊温度一般比钎料熔点高（ ）℃。

A. 25～60　　B. 5～15　　C. 150～250

2. QJ203 是用于钎焊（ ）的钎剂。

A. Ag　　B. Al　　C. Cu　　D. Sn

四、简答题

1. 钎焊的原理是什么？钎焊与其他熔焊方法相比有何特点？

2. 什么是钎料？什么是钎剂？其型号或牌号各是如何编制的？

课题 2　车刀刀体与硬质合金刀片的火焰钎焊

学习目标

1. 能够正确选择钎焊的工艺和焊接工艺参数。
2. 掌握车刀刀体与硬质合金刀片的火焰钎焊。

一、钎焊工艺

1. 钎焊接头形式

钎焊时钎缝的强度比母材低，若采用对接接头，则接头的强度比母材差。所以，钎焊大多采用增加搭接面积来提高承载能力的搭接接头，一般搭接接头长度为板厚的 3～4 倍，但不超过 15 mm。常用钎焊接头形式如图 6—2—1 所示。除火焰钎焊、烙铁钎焊外，大多数方法钎料都是预先放置在接头上的，使其熔化后，在重力与毛细作用下易填满钎缝。

2. 焊前准备

焊接前应使用机械方法或化学方法，除去焊件表面氧化膜。为防止液态钎料随意流动，常在焊件非焊表面涂阻流剂。

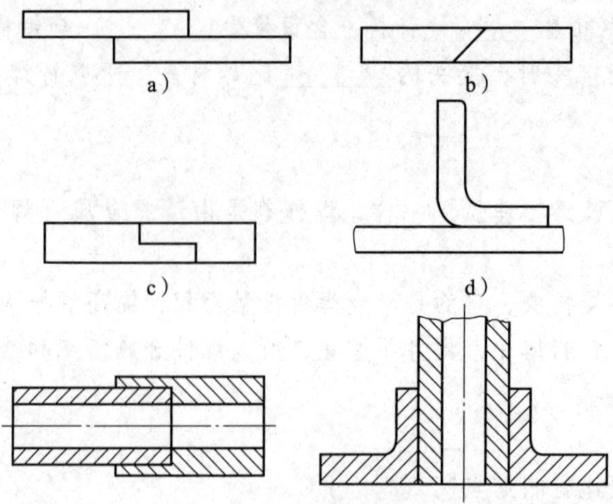

图 6—2—1　接头形式

a）搭接　b）、c）对接接头局部搭接　d）T 形接头局部搭接

e）管件的套接接头　f）管件与管座套管接头

3. 装配间隙

钎焊间隙应适当，间隙过小，钎料流入困难，在钎缝内形成夹渣或未钎透，导致接头强度下降；间隙过大，毛细作用减弱，钎料不能填满间隙，使钎缝强度降低，同时钎缝过大也使钎料消耗过多。各种材料钎焊时，钎焊接头间隙见表 6—2—1。

表 6—2—1　各种材料钎焊接头间隙　mm

钎焊金属材料	钎料	间隙	钎焊金属材料	钎料	间隙
碳钢	铜	0.01～0.05	不锈钢	铜	0.01～0.05
	铜锌	0.05～0.20		银基	0.05～0.20
	银基	0.03～0.15		锰基	0.01～0.05
	锡铅	0.05～0.20		镍基	0.02～0.10
铜及铜合金	铜锌	0.05～0.20		锡铅	0.05～0.20
	铜磷	0.03～0.15	铝及铝合金	铝基	0.10～0.25
	银基	0.05～0.20		锌基	0.10～0.30

4. 钎焊工艺参数

钎焊工艺参数主要是钎焊温度和保温时间。

钎焊温度一般高于钎料熔点 25～60℃，温度过高过低都不利于保证钎缝质量。

钎焊保温时间应使焊件金属与钎料发生足够的作用，钎料与基体金属作用强的取短些；间隙大的、焊件尺寸大的则取长些。

5. 钎焊后清洗

大多数钎剂残渣对钎焊接头有腐蚀作用，并影响外观、妨碍检查，应当清除干净。软钎剂松香无腐蚀作用，可不必清除。表 6—2—2 是不同钎剂生成的残渣的特点和清除方法。

表 6—2—2　　不同钎剂生成的残渣的特点和清除方法

钎剂组成	残渣特点	清除方法
松香	无腐蚀性	可不清除
松香＋活性元素	有腐蚀性，不溶于水	用有机溶剂清洗，有机溶剂为异丙醇、酒精、汽油、三氯乙烯
有机酸和盐	溶于水	用热水冲洗
含凡士林膏状	不溶于水	用有机溶剂酒精、丙酮、三氯乙烯清洗
无机盐软钎剂	溶于水	用热水冲洗
含碱土金属及氯化物（氯化锌）	金属氧化物和氯化锌复合物，不溶于水	用2%盐酸洗涤，再用氢氧化钠热水溶液中和盐酸残液。若钎剂含凡士林油脂，需先用有机溶剂除油

6. 钎焊安全操作事项

火焰钎焊过程中除严格遵守气焊的有关安全操作规程以外，还应注意以下问题：

（1）钎焊过程中接触的化学溶液较多，应严格遵守使用和保管有关化学溶液的规定。

（2）钎焊过程中要防止锌、镉等蒸气及氟化氢的毒害。凡使用含锌、镉等钎料及氟化物钎剂进行钎焊时，应在通风流畅的条件下进行，操作时要戴防毒口罩。凡钎焊工作区域天花板的高度低于5 m时，或在妨碍对流通风的场合进行钎焊时，必须安装通风装置，以防有毒物质的积聚。

（3）盐浴钎焊时，焊件进入高温熔盐槽前，应充分烘干，否则水分带入熔盐槽会发生爆炸。

（4）采用还原性气体作为保护气体进行炉中钎焊时，为防止还原性气体中的氢气与空气混合引起爆炸，炉子在加热前先通10～15 min的还原性气体，以充分排出空气，直到还原性气体出管口的火焰或经炉子出口排的气体正常燃烧后，再开始加热。

（5）不仅要避免含有锌、锰、铝等元素的钎料所产生的氧化物对操作者造成伤害，而且还要防止火焰钎焊时所用钎剂中含有的氧化物等直接影响操作者身体健康。

二、技能操作——车刀刀体与硬质合金刀片的火焰钎焊

1. 焊前准备

（1）试件

车刀刀体与硬质合金刀片如图6—2—2所示。

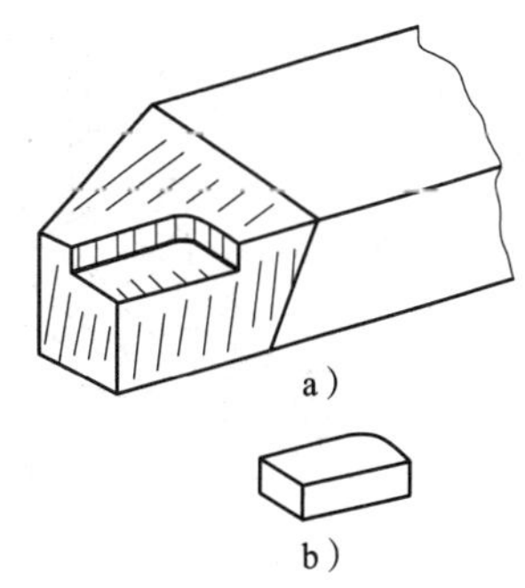

图6—2—2　车刀刀体与硬质合金刀片
a）车刀刀体　b）硬质合金刀片

（2）钎料和钎剂

车刀刀体与硬质合金刀片钎焊采用钎料为B—Cu62Zn，直径2～3 mm，丝状或厚度0.5 mm的薄片状。钎剂为硼酸（40%）和脱水硼砂（60%）或硼砂（100%）。

（3）焊接设备及工具

同本模块课题一。

2. 焊前清理

刀片采用喷砂处理，清除其表面的氧化层、油漆等，

或者将刀片在碳化硅砂轮上轻磨。

3. 操作要点及注意事项

根据钎料的加入方式不同，分为预埋钎料法和熔入法两种。

(1) 预埋钎料法

将0.5 mm厚的薄片状钎料裁成与刀片大小相同的形状，与钎剂一起置于刀槽中，如图6—2—3所示。然后把刀杆放在工作台的耐火砖上固定起来，刀头伸出一定的长度。采用中性焰或轻微碳化焰加热。钎焊时，首先加热刀体至暗红色，如图6—2—4a所示，然后用火焰的外焰加热刀片和刀槽，如图6—2—4b所示，使钎剂全部熔化，继续加热至钎料全部熔化，并沿钎缝溢出。在钎料熔化过程中，当产生微小的蓝色火焰并冒白烟时，要马上用加压杆拨动刀片往复移动，如图6—2—4c所示。最后，使刀片停在正常的位置，然后用加压杆在刀片中间施加压力，如图6—2—4d所示，钎料进一步均匀地渗透扩散。

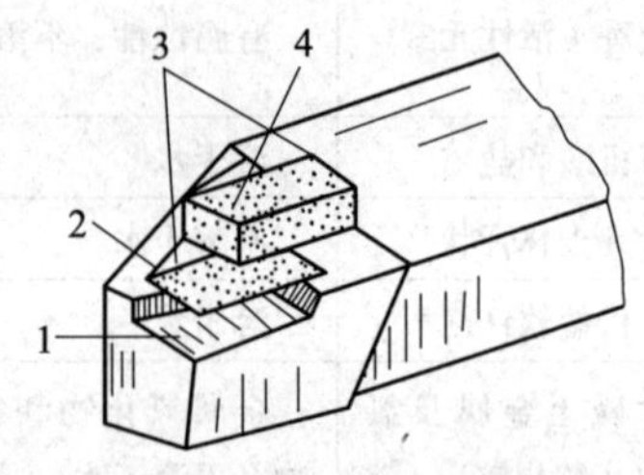

图6—2—3　钎料与钎剂的放置图
1—刀槽　2—钎料　3—钎剂　4—刀片

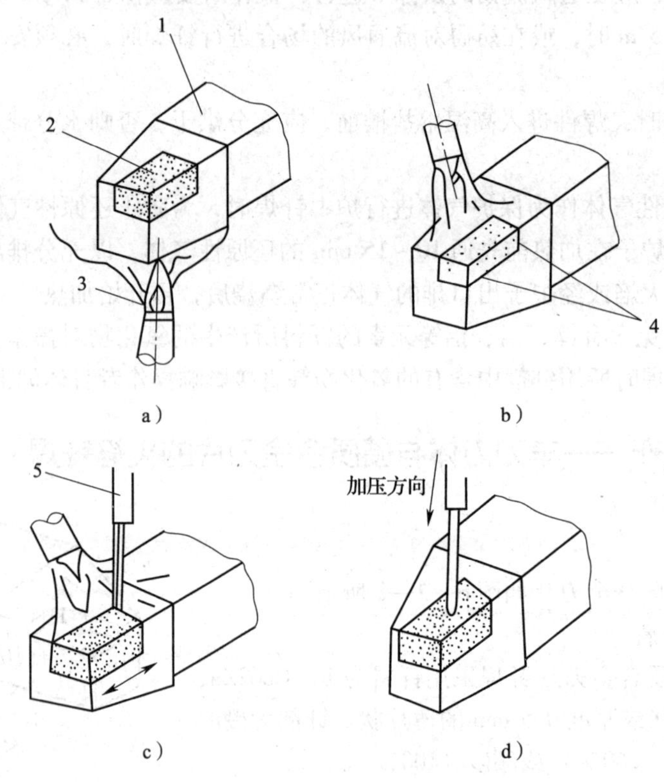

图6—2—4　预埋钎料法
a) 加热刀体　b) 加热刀片及刀槽　c) 拨动刀片　d) 加压
1—刀体　2—刀片　3—火焰　4—熔化的钎料及钎剂　5—加压杆

钎焊结束后，立即将刀具放入石棉灰中缓冷，或者在350～380℃的炉火中进行低温回火，提高刀具的使用寿命，改善刀具的使用性能。

（2）熔入法

将刀片直接置于刀槽中，采用中性焰或轻微碳化焰对刀槽四周均匀加热。当刀槽四周变成暗红色时，再用火焰的外焰加热刀片，同时，用预热过的丝状钎料端部不断蘸钎剂送入钎缝，钎剂熔化流动，渗入钎缝。随之将蘸有钎剂的钎料快速送入火焰下的钎缝接头处，钎料立即被熔化渗入钎缝，填满间隙，完成钎焊过程。

4. 焊接质量要求

硬质合金刀具要求刀片的位置准确，无裂纹，刀片与刀槽连接处的四周有均匀的钎料溢出。

5. 评分标准（见表6—2—3）

表6—2—3　　评分表

项目	分值	评分标准	得分	备注
钎焊设备、工具的安装和使用	10	使用方法不正确扣1～10分		
钎焊参数的选择	10	不正确不得分		
焊前清理	10	不清理不得分		
刀片的位置准确	10	不准确不得分		
钎焊火焰的调节	15	不正确不得分		
无裂纹	10	有裂纹不得分		
未焊透	10	出现不得分		
未熔合	10	出现不得分		
有关安全操作规程规定	5	违反有关规定扣1～5分		
有关文明生产规定		违反规定倒扣10～20分		
时间定额60 min	10	超过时间定额扣1～10分		
合计	100			

课后练习

一、填空题

1. 钎焊时钎缝的强度比母材________，若采用________接头，则接头的强度比母材________。所以，钎焊大多采用增加搭接面积来提高承载能力的________，一般搭接接头长度为板厚的________倍，但不超过________ mm。

2. 钎焊工艺参数主要是________和________。

二、判断题

1. 钎焊时，若接头间隙过小，则毛细作用减弱，使钎料流入困难，易在钎缝内形成夹

渣或产生未钎透现象。 ( )

2. 由于钎剂残渣大多对钎焊接头起腐蚀作用，故焊后常需将其清除干净。 ( )

三、简答题

钎焊安全操作事项有哪些？

模块七 电阻焊

课题1 低碳钢薄板的电阻点焊

学习目标

1. 了解电阻焊的原理、特点及应用。
2. 熟悉电阻焊焊机的使用。
3. 掌握低碳钢薄板的电阻点焊操作方法。

电阻焊的发展迅速，被广泛应用于航空、航天、汽车、仪表，以及量具、刃具制造业。焊件组合后，通过电极施加压力，利用电流通过接头的接触面及邻近区域产生的电阻热进行焊接的方法称为电阻焊。电阻焊曾称为接触焊，它是压力焊中应用最广的一种焊接方法。

一、电阻焊的原理、特点及设备

1. 电阻焊的原理

电阻焊是将焊件压紧于两电极间并施加压力，利用电流流过接头的接触面及邻近区域产生的电阻热将其加热到熔化或塑性状态，使之形成金属结合的一种焊接方法。

电阻焊与电弧焊不同，电弧焊是利用外部电弧作为热源，局部加热焊件使其熔化，冷却凝固后形成焊缝；电阻焊则是利用焊件通电时在其内部产生的电阻热作为热源，来加热焊件，并且在外力作用下（压力）使焊件达到塑性变形而完成焊接。

2. 电阻焊的特点

与普通的熔焊工艺相比，电阻焊的特点如下：

(1) 优点

1）热量集中，加热时间短，热影响区小，焊接变形和焊接应力较小。

2）节省材料，一般不需要焊丝、焊条及熔剂，也不需要保护气体，因此成本较低。

3）能适应同种及异种金属间的焊接，生产率高，污染小。

4）工艺过程简单，易于实现机械化及自动化，上岗前不需要对焊工进行长期培训。

(2) 缺点

1）设备复杂，一次性投资费用大，并且维修困难。

2）设备用电容量大，且多数为单相焊机，电网负载大，易造成电网不平衡，必须接入容量较大的电网。

3）电阻焊的质量检查，目前还缺乏可靠的无损检测方法，只能靠破坏性试验检测其焊接质量。

3. 电阻焊的分类及所用设备

（1）电阻焊的分类

按焊件的接头形式、工艺方法和所用电源种类不同，电阻焊可分为电阻点焊、缝焊、电阻对焊和凸焊。

（2）电阻焊设备及分类

电阻焊机的旧称为接触焊机，主要包括点焊机、缝焊机、对焊机和凸焊机。按电极加压机构和供电形式还可以分为其他种类，这里将主要介绍以下几种：

1）点焊机和凸焊机的结构及种类

①点焊机和凸焊机的主要结构。凸焊是点焊的一种变形，所以点焊机和凸焊机的结构基本相同，都是由机身、电阻焊变压器、加压机构、控制箱、主电源电路、二次回路等组成，如图7—1—1所示为点焊机的结构示意图。

②点焊机和凸焊机的种类。点焊机和凸焊机按用途可分为普通型、专用型和特殊型；按安装方法可分为固定式和移动式；按主电源类型可分为工频、电容储能、二次整流、逆变电源焊机；按电极运动方式可分为垂直运动式和圆弧运动式。

点焊机和凸焊机都是以强大电流短时间通过被圆柱电极压紧的搭接工件，在电阻热及压力作用下形成焊点，主要用于金属板材的搭接连接，以代替铆接。

2）缝焊机的结构及种类

①缝焊机的结构。缝焊机与点焊机的区别主要是由旋转的滚轮电极代替了固定的电极。缝焊机的结构示意图如图7—1—2所示。

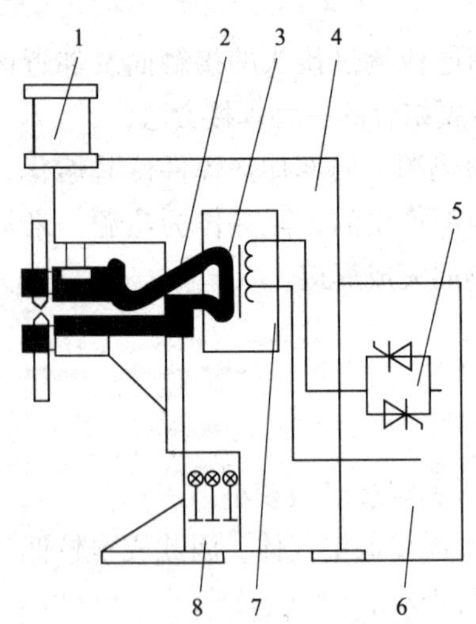

图7—1—1　点焊机的结构示意图

1—加压机构　2—二次回路　3—电阻焊变压器　4—机身　5—主电源电路　6—控制箱　7—功率调节机构　8—冷却系统

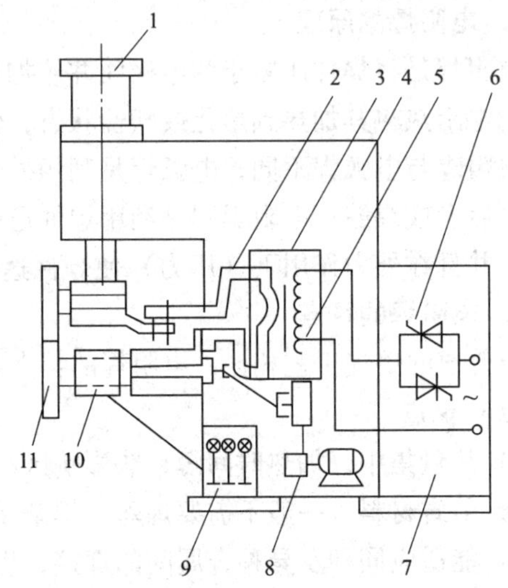

图7—1—2　缝焊机的结构示意图

1—加压机构　2—二次回路　3—电阻焊变压器　4—机身　5—功率调节机构　6—主电源电路　7—控制箱　8—传动机构　9—冷却系统　10—机头　11—滚轮电极

②缝焊机的种类。缝焊机按焊缝数，分为单缝、双缝及多缝焊机；按滚轮电极转动方向，分为纵向缝焊机和横向缝焊机；按滚轮数目，分为单滚轮缝焊机和双滚轮缝焊机。

缝焊机的电流一般是断续的，各个焊点彼此部分相互重叠形成连续焊缝，主要用于薄板和气密性容器的焊接。

3）对焊机的结构及种类

①对焊机的结构。对焊机除了有与点焊机相似的电力系统和加压机构外，还有工件的夹紧机构，以及使工件轴向移动并加压的装置和控制电路，其结构示意图如图 7—1—3 所示。

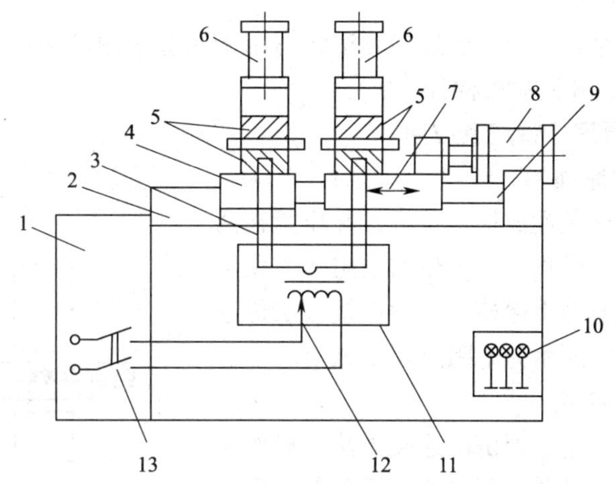

图 7—1—3　对焊机的结构示意图

1—控制箱　2—机身　3—二次回路　4—固定台板　5—钳口（电极）　6—夹紧机构　7—可动台板　8—送进机构　9—导轨　10—冷却系统　11—电阻焊变压器　12—功率调节装置　13—主电力开关

②对焊机的种类。对焊机按零件的加热方法可分为电阻对焊机、连续闪光对焊机、预热闪光对焊机等。对焊机的电流和压力都比较大，主要用于棒材、线材的对接焊。

4. 电阻焊安全技术

（1）遵守安全用电规定，焊机要有可靠的接地或接零装置，尤其是晶闸管电阻焊机一般为水冷式，水柱带电，故焊机必须可靠接地。

（2）电容放电类焊机如采用高压电容则应在门上加装开关，在开门后自动切断电源。

（3）开启焊机时，应该先开冷却水阀门，以防焊机烧坏。

（4）所有电阻焊设备的起动装置必须妥善安置或保护，以免误操作。

（5）使用闪光焊设备时，必须提供由耐火材料制成的闪光屏蔽，并应采取适当的措施。

（6）在点焊或多点焊操作中，当操作者的手需进入设备操作区域，可能受到伤害时，必须采取有效措施进行保护。

（7）控制箱的检修与调整应由专业人员进行。

（8）高压储能与电阻焊设备及其控制面板，必须配置合适的绝缘及完整的外壳保护。

（9）工作地点严禁堆放可燃性材料。

（10）缝焊作业时，焊工必须注意电极的转动方向，防止滚轮切伤手指，并且不要用手触摸电极头球面，以免灼伤。

（11）加强个人防护，戴无色护目镜、手套，防止灼伤。

（12）焊接工作结束后，应关闭电源、气源，冷却水应延长 10 min 再关闭。

二、电阻点焊

电阻点焊是一种高速、经济的连接方法，适用于制造采用搭接接头、不要求气密、厚度小于 3 mm 的冲压、轧制薄板构件。

1. 电阻点焊的原理、特点及应用

（1）电阻点焊的原理

电阻点焊是将焊件装配成搭接接头，并压紧在两电极间，利用电流通过焊件时，产生的电阻热熔化母材金属，冷却后形成扁球形熔核，这种焊接方法称电阻点焊。如图 7—1—4 所示为电阻点焊示意图。

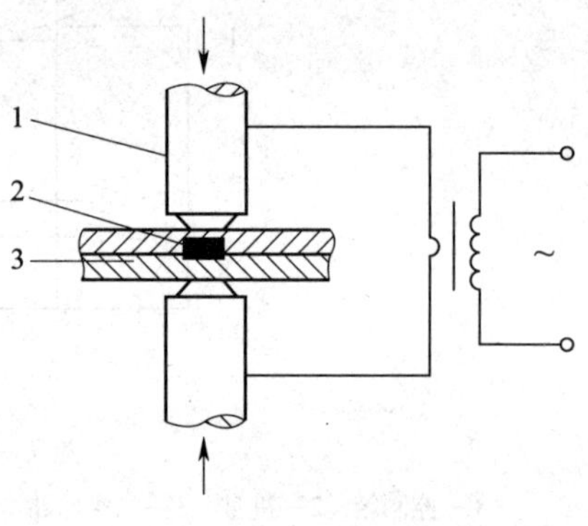

图 7—1—4　电阻点焊示意图
1—电极　2—熔核　3—焊件

（2）电阻点焊的特点

电阻点焊是一种高速、经济的连接方法，操作简单，易实现机械化和自动化，所以劳动强度低，生产率高，同时焊件的变形量也很小。但是，由于电阻点焊时通电、焊接在很短时间内完成，需要用大电流并施加压力，所以焊接过程的程序控制较复杂，焊机电容量大，设备价格高。

（3）电阻点焊的应用

电阻点焊适用于冲压薄板搭接、薄板与型钢结构连接，广泛应用于汽车驾驶室、金属车厢复板等低碳钢产品的焊接。在航空航天工业中，多用于连接飞机、火箭、喷气发动机中用不锈钢、铝合金、钛合金等材料制成的部件。

2. 电阻点焊的种类

电阻点焊通常分为双面点焊和单面点焊两大类，在大批量生产中单面多点焊获得了广泛应用。

（1）双面点焊

电极由工件的两侧向焊接处馈电，可分为双面多点焊和双面单点焊，典型的双面点焊方式如图 7—1—5 所示。

（2）单面点焊

单面点焊时，电极由工件的同一侧向焊接处馈电，可分为单面单点焊和单面双点焊等，如图 7—1—6 所示。

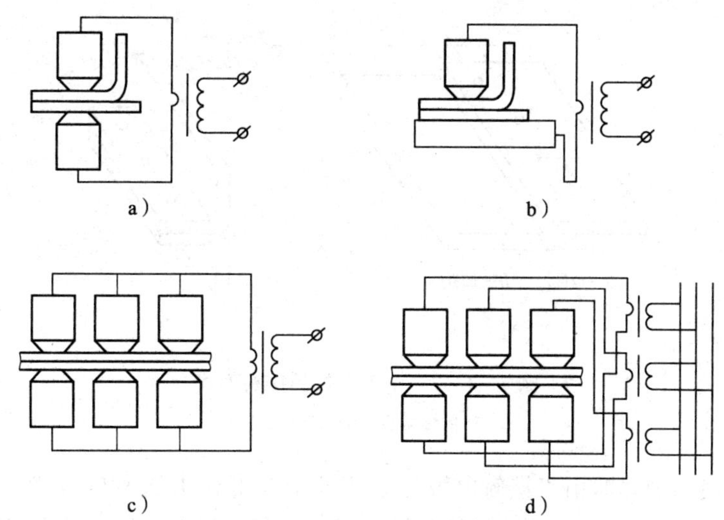

图 7—1—5 典型的双面点焊方式

a）常用双面点焊 b）大接触面双面点焊 c）双面多点焊 d）多变压器双面多点焊

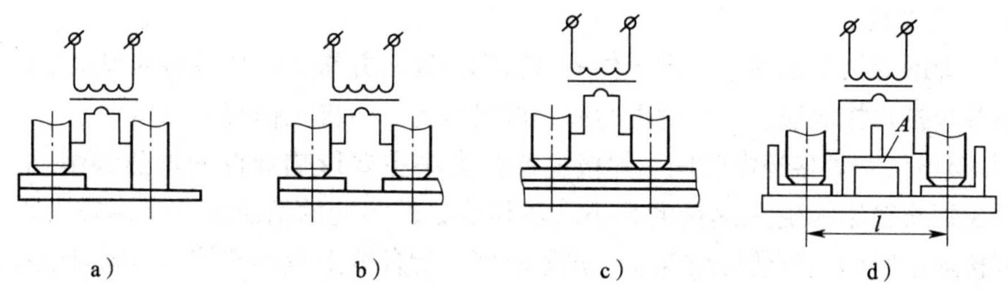

图 7—1—6 单面点焊

a）单面单点焊 b）单面双点焊 c）分流单面双点焊 d）铜桥式单面双点焊

3. 电阻点焊工艺及焊接参数

（1）焊前清理

工件在焊接前应彻底清理工件表面或坡口及坡口两侧各 20 ~ 50 mm 范围内的油污、水、锈等影响焊接的物质。清理方法有机械清理、化学清理等。

1）机械清理。采用旋转钢丝刷、金刚砂、毡轮、砂布、锉刀进行处理或进行喷砂处理。

2）化学清理。化学清理时，焊件不得有搭接焊缝或其他缝隙，以免腐蚀液冲洗不净而使焊件受到腐蚀，常用的化学清理方法有去油、酸洗等。

（2）接头形式

通常，电阻点焊的接头形式如图 7—1—7 所示，采用搭接接头和折边接头，可以由两个或两个以上等厚度或不等厚度的工件组成，但在重要结构上，同时进行电阻点焊的焊件数目不可超过两件。

（3）焊接过程

焊接过程可分为三个阶段，即加压阶段、加热阶段和冷却结晶阶段。

1）加压阶段。它的作用是使焊件的焊接部位形成紧密接触点，这是形成局部熔核的前提，并要求电极压力在焊接电流接通之前就应达到焊接参数规定的数值。

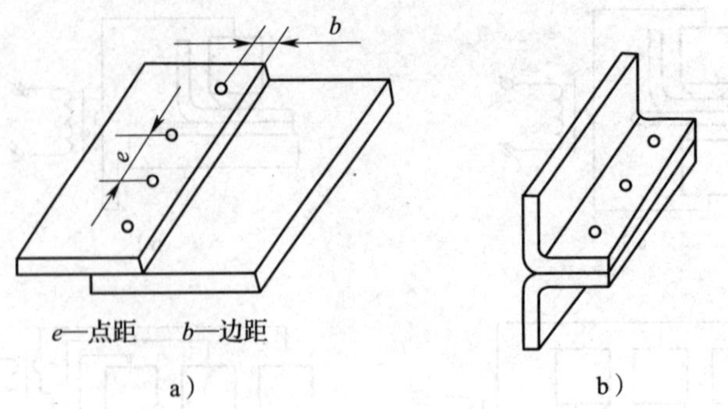

图 7—1—7 电阻点焊的接头形式

a）搭接接头 b）折边接头

2）加热阶段。加热时由于接触电极柱中间的金属部位电流密度最大，所以该处加热最强烈，使得焊点核心加热最快，经熔化结晶后，在两个焊件之间形成牢固的结合。

3）冷却结晶阶段。冷却结晶阶段又称为锻压阶段，由于电极的挤压可使熔核冷却结晶，使正在结晶的金属变得致密，不致产生缩孔及裂纹。

（4）焊接参数

电阻点焊的焊接参数通常根据工件的材料和厚度，并参考该种材料的焊接条件来选取，其主要参数包括焊接电流、焊接通电时间、电极压力、电极工作端面的尺寸等。

1）焊接电流和焊接通电时间。焊接电流的大小主要影响焊件的加热和熔化。焊接通电时间的长短直接影响输入热量的大小。在其他参数不变的情况下，采用较大焊接电流、较短的焊接通电时间，可使压坑深度、热影响区、焊件变形量等都较小，同时电极磨损慢、耗电量小、生产率高。

2）电极压力。电极压力应保证能顺利通电和消除焊点不应有的疏松和裂纹。一方面，电极压力的大小影响电阻的数值，也影响焊点吸收热量的多少；另一方面，影响焊件向电极的散热，电极压力稍大能使焊点质量稳定，但压力过大使焊件电阻变小，向焊点析出的热量也少，此时应加大焊接电流或焊接通电时间。强度较高和较厚的焊件宜采用较大的电极压力。

3）电极工作端面的形状和尺寸。焊接各种钢材用平面电极，焊接纯铝、铝合金、钛合金采用球面电极。通常焊点直径为电极表面直径（指平面电极）的 0.9～1.4 倍。

三、技能操作——低碳钢薄板的电阻点焊

1. 焊前准备

点焊工件的表面必须清理，去除表面的油污、氧化膜。冷轧钢板的工件，表面无锈蚀，只需去油；对铝及铝合金等金属表面，必须用机械或化学清理方法去除氧化膜，并且必须在清理后规定的时间内进行焊接。

2. 优选焊接工艺参数

焊接工艺参数包括焊接电流（I）、焊接时间（t）、电极压力（P）、电极端部直径（$d_{极}$）等。不同材料的点焊工艺参数见表 7—1—1。根据材料厚度和结构形式进行点焊试片试验，确定最佳工艺参数。

表 7—1—1　　　　低碳钢、不锈钢、铝合金点焊工艺参数

板厚 (mm)	低碳钢					不锈钢					铝合金				
	$d_{\text{极}}$ (mm)	P (kN)	t (周波)	$d_{\text{核}}$ (mm)	I (kA)	$d_{\text{极}}$ (mm)	P (kN)	t (周波)	$d_{\text{核}}$ (mm)	I (kA)	$d_{\text{极}}$ (mm)	P (kN)	t (周波)	$d_{\text{核}}$ (mm)	I (kA)
0.5	4.8	0.9	9	4.0	5.0	4.0	1.5～2.0	3～4	3.5～4.5	—	—	—	—	—	—
0.8	4.8	1.25	13	4.8	6.5	5.0	2.4～3.6	5～7	—	5～6.5	75	2.0～2.5	2.0	—	25～28
1.0	6.4	1.50	17	5.4	7.2	5.0	3.6～4.2	6～8	—	5.8～6.5	100	2.5～3.6	2.0	—	29～32
1.2	6.4	1.75	19	5.8	7.7	6.0	4.0～4.5	7～9	—	6.0～7.0	—	—	—	—	—
1.5	6.4	2.40	25	6.7	9.0	6～6.5	5.0～5.6	9～12	—	6.5～8.0	150	3.5～4.0	3.0	—	35～40
2	8.0	3.00	30	7.6	10.3	7.0	7.5～8.5	11～13	—	8～10	200	4.5～5.0	5.0	—	45～50

3. 修磨、调整电极端头

修磨好电极端头直径，尽量使表面光滑；调整好上下电极的位置，保证电极端头平面平行，轴线对中。

4. 定位焊

零件较大时应进行定位焊，保证焊点位置准确，防止变形。对点焊质量要求高的结构件进行定位焊要选用有精确控制（如恒流控制）的点焊机，并在点焊前、焊接过程中、焊接结束时分别做好焊接试验试片，及时检验点焊质量。

5. 点焊工艺及注意事项

（1）点焊的搭接宽度选择应以满足焊点强度为前提。厚度不同的材料，所需焊点直径也不同，即薄板，焊点直径小；厚板，焊点直径大。因此，不同厚度的材料搭接宽度就不同，一般规定见表 7—1—2。

表 7—1—2　　　　点焊搭接宽度及焊点间距最小值　　　　mm

材料板厚	结构钢		不锈钢		铝合金	
	搭接宽度	焊点间距	搭接宽度	焊点间距	搭接宽度	焊点间距
0.3 + 0.3	6	10	6	7		
0.5 + 0.5	8	11	7	8	12	15
0.8 + 0.8	9	12	9	9	12	15
1.0 + 1.0	12	14	10	10	14	15
1.2 + 1.2	12	14	10	14	12	15
1.5 + 1.5	14	15	12	12	18	20
2.0 + 2.0	18	17	12	14	20	25
3.0 + 3.0	20	24	18	18	26	30
4.0 + 4.0	22	26	20	22	30	35

（2）熔核偏移是不等厚度、不同材料点焊时，熔核不对称于交界面而向厚板或导电、导热性差的一边偏移。其结果造成导电、导热性好的工件焊透率小。防止熔核偏移的原则是：增加薄板或导电、导热好的工件产热，加强厚板或导电、导热差的工件散热。

（3）表面有镀层的零件点焊时，由于镀层金属的物理、化学性能不同于零件金属本身的性能，必须根据镀层性能选择点焊设备、电极材料和焊接工艺参数，尽量减少对镀层的破坏。

（4）点焊时工件应放平，焊接顺序的安排要使焊点交叉分布，使焊接应力均匀分布，避免变形积累。

（5）随时观察焊点表面状态，及时修理电极端头，防止工件表面粘住电极或烧伤。

（6）对于工件表面要求无压痕或压痕很小时，应使表面要求高的一面放于下电极上，尽可能加大下电极表面直径，或选用平板定位焊机进行焊接。

（7）焊前、焊接过程中及焊接结束时，应分阶段进行点焊试层检验。

（8）焊接工作结束后，关闭焊接电源开关，关闭气路和冷却水。

6. 评分标准（见表7—1—3）

表7—1—3　　低碳钢薄板电阻点焊评分表

项目	分值	评分标准	得分	备注
钎焊设备、工具的安装和使用	10	使用方法不正确扣1～10分		
电阻焊参数的选择	10	不正确不得分		
焊前清理	10	不清理不得分		
焊点表面形状	10	酌情扣分		
表面飞溅	15	出现不得分		
压坑深度	10	深度不平滑不得分		
环状或径向裂纹	10	出现缺陷不得分		
黏附铜电极合金	10	出现不得分		
焊点直径≥75%d（d为电极端部直径）	5	不符合要求不得分		
有关文明生产规定	10	违反有关文明生产规定扣1～10分		
合计	100			

课后练习

一、填空题

1. 电阻焊的特点有＿＿＿＿＿＿、＿＿＿＿＿＿、＿＿＿＿＿＿、＿＿＿＿＿＿、＿＿＿＿＿＿、＿＿＿＿＿＿。

2. 目前常用的电阻焊方法主要有＿＿＿＿＿＿、＿＿＿＿＿＿、＿＿＿＿＿＿和＿＿＿＿＿＿。

3. 确定下图各是什么焊接方法。

a) ____________，b) ____________，c) ____________，d) ____________。

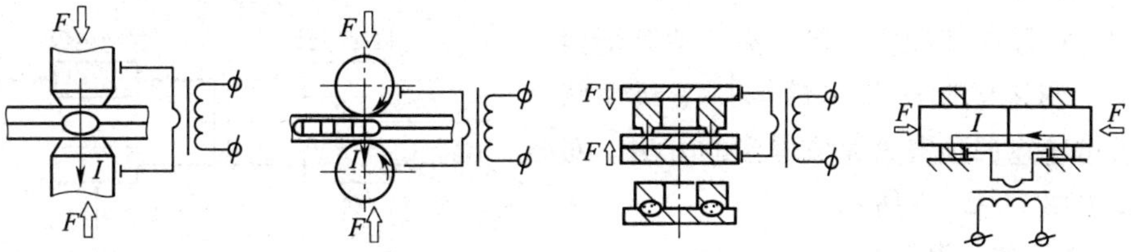

a) b) c) d)

4. 点焊按工件供电方式分为____________点焊和____________点焊两种。按一次形成的焊点数，可分为____________、____________和____________点焊。

5. 缝焊实际上是____________的延伸，用一个旋转的____________代替点焊时的圆柱形电极。

6. 钎料B—Ag72Cu是__________钎料，含银量为__________，含铜量为__________。

7. 钎焊采用对接接头时，接头的__________比母材差，所以钎焊一般采用__________接头。

二、判断题

1. 电阻焊焊后没有简单易行的无损检测手段。 （ ）
2. 对焊一般用于有气密性要求的构件焊接。 （ ）
3. 缝焊是点焊的延伸，也是搭接形式。 （ ）
4. 对焊一般为搭接形式。 （ ）

三、选择题

1. 常用的点焊机的型号为（ ）等。

A. DN—10型　　B. ZX5—300型　　C. UN2—16型

2. 电阻焊用电源变压器的特点是（ ）。

A. 电流大、电压高　　B. 电流大、电压低　　C. 电流小、电压低

四、简答题

1. 简述电阻焊的原理、特点。
2. 电阻焊操作规程安全技术有哪些？

课题2　钢筋的闪光对焊

学习目标

1. 了解电阻焊对焊的原理、特点及应用。
2. 熟悉电阻焊对焊机的使用。
3. 掌握钢筋的闪光对焊操作方法。

一、对焊的原理、特点及应用

1. 对焊的原理

对焊是将焊件装配成对接接头，使其端面紧密接触，利用电阻热将焊件加热至塑性状态，然后迅速施加顶锻力完成焊接的方法。对焊示意图如图 7—2—1 所示。

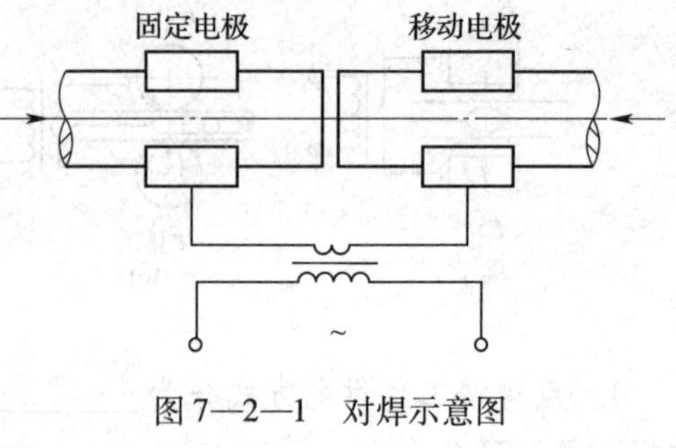

图 7—2—1　对焊示意图

2. 对焊的特点及应用

对焊的生产率高，易于实现自动化，一般应用于长工件焊接、环形焊接和异种金属焊接。例如，直径在 20 mm 以下的低碳钢棒料和管件、板材、钢筋、电子元器件触点、汽车轮缘等。

二、对焊的分类

对焊可以分为电阻对焊和闪光对焊两大类。

1. 电阻对焊

电阻对焊是将两工件端面相对放置，焊接电流通过焊件产生的电阻热加热，并施加压力完成焊接。

2. 闪光对焊

闪光对焊是将焊件装配成对接接头，接通电源后使其端面逐渐移近达到局部接触，利用电阻热加热这些接触点使端面金属熔化（呈火花射出），焊件不断移近形成连续闪光，直至端部在一定深度范围内达到预定温度分布时，迅速施加顶锻力完成焊接。闪光对焊又可分为连续闪光焊和预热闪光焊。连续闪光焊由两个主要阶段组成，闪光阶段和顶锻阶段；预热闪光焊则是在闪光阶段前增加了预热阶段。

三、对焊工艺及焊接参数

1. 电阻对焊工艺及焊接参数

(1) 工件准备

电阻对焊时，两工件的端面尺寸和形状应该基本相同，以保证两焊件的加热和塑性变形一致，圆棒直径、方棒边长和管件壁厚相差不应超过 15%。工件端面与夹钳接触的表面应进行严格清理，否则端面的氧化物和污物会直接影响接头质量，例如，与夹钳接触的工件表面的氧化物和污物会增大接触处的电阻，使工件表面烧伤，并增大功率耗损。

(2) 电阻对焊过程

1）预压。为了建立良好且分布均匀的物理接触点。

2）加热。使接触点迅速加热变形，导致接触面积增大，最后扩展到整个结合面，从而使接触电阻趋向于零。

3）顶锻。使金属交界面消失，组成共晶粒，从而形成接头。

4）维持。使焊件在加压下冷却，避免收缩应力所产生的缺陷。

5）休止。用于设备复位。

（3）主要焊接参数

电阻对焊的焊接参数主要有伸出长度、焊接电流、焊接通电时间、焊接压力和顶锻压力。

1）伸出长度 L_o。伸出长度是指工件伸出夹钳电极端面的长度，选择伸出长度时应同时考虑工件的稳定性和夹钳的散热问题，一般为焊件直径的 1.5 倍。例如，对于直径为 d 的工件，低碳钢工件 L_o = （0.5 ~1） d，铝和黄铜工件 L_o = （1 ~2） d。

2）焊接电流 I_w（电流密度）。电阻对焊时，焊接电流常以电流密度来表示。焊接电流密度和焊接通电时间是决定工件加热状况的两个重要因素，可以采用强规范（大电流密度、短通电时间），也可以采用弱规范（小电流密度、长通电时间）。但规范过强时，易产生未焊透的缺陷，而影响接头强度。对于碳素钢，焊接电流一般取 9 000 ~70 000 A/cm^2，当焊件截面较小时取上限值，焊件截面较大时应取下限值。

3）焊接通电时间 t_w。对于碳素钢，焊接通电时间一般取 0.5 ~15 s。

4）焊接压力 F_w和顶锻压力 F_v。减小焊接压力有利于产生热量，但不利于塑性变形。因此，宜选用较小的焊接压力进行加热，而以大得多的顶锻压力进行焊接。但焊接压力过小会引起飞溅，端面易氧化，接口附近易疏松。低碳钢的顶锻压力一般取 10 ~30 MPa，有色金属取 3 ~45 MPa。

2. 闪光对焊的主要焊接参数

闪光对焊的主要焊接参数有伸出长度、闪光电流、顶锻电流、闪光留量、闪光速度、顶锻速度、顶锻留量、顶锻压力、夹持力等。

（1）连续闪光焊主要焊接参数

1）伸出长度 L_o。伸出长度是闪光对焊的一个主要参数，影响沿工件轴向的温度分布和接头的塑性变形，另外，随着伸出长度的增大使焊接回路的阻抗增大，所需功率也增大。一般情况下，棒材和厚壁管材的 L_o = （0.7 ~1.0） d（d 为圆棒料的直径或方棒料的边长）；对于薄板（δ =1 ~4 mm），一般取 L_o = （4 ~5） δ。

2）闪光电流 I_f和顶锻电流 I_u。闪光电流取决于工件的断面面积和闪光所需要的电流密度。电流密度的大小，又与被焊金属的物理性能、闪光速度、工件断面的面积和形状，以及端面加热状态有关。在闪光过程中，随着闪光速度的提高和接触电阻的逐渐减小，闪光电流将增大；顶锻时，接触电阻迅速消失，电流将增大到顶锻电流。

当焊接大截面钢件时，为增加工件的加热深度，应采用较小的闪光速度，所采用的平均电流密度不超过 5 A/mm^2。

3）闪光留量 δ_f。闪光留量应满足在闪光结束时整个工件端面有一熔化金属层，同时在一定深度上达到塑性变形温度。如果 δ_f过小，会影响焊接质量；δ_f过大，又会浪费金属材料。一般情况下，闪光留量随截面积的增大而增大。预热闪光焊的闪光留量比连续闪光焊小 30% ~50% 。

4）闪光速度 V_f。闪光速度应足够大才能保证闪光的强烈和稳定，除少量小截面、焊接性良好的焊件外，一般均采用加速闪光。闪光速度过大，会使加热区过窄，增加塑性变形的难度，从而降低接头质量。当对焊含有氧化元素多的材料（如含铝、锰、钛、铬等元素较多的材料，或导热性好的材料）时，闪光速度应较大。

5）顶锻速度 V_u。顶锻的目的之一是将氧化物挤出接头，且氧化物必须在接头冷却到某温度之前才能被挤出，因而顶锻速度应越快越好，以避免接头处金属冷却而造成液态金属排除及塑性变形困难，且防止端面金属氧化。最小的顶锻速度取决于金属的性能，例如，焊接奥氏体钢的最小顶锻速度约为焊接珠光体钢的两倍。表 7—2—1 为闪光对焊的最小顶锻速度。

表 7—2—1　　闪光对焊的最小顶锻速度

材料	最小顶锻速度（mm/s）	材料	最小顶锻速度（mm/s）
铸铁	20~30	铝合金	>200
高碳钢	50~60	纯铜	>200
低碳钢	60~80	黄铜	200~300
复杂合金钢	80~100	镍	>60

6）顶锻留量 δ_u。顶锻留量由四部分组成：封闭间隙所需要的距离、排除端面液体金属层所需要的距离、补偿凹坑不平所需要的距离和保证材料获得必要的塑性变形所需要的距离。因此，顶锻留量过小时，液态金属残留在接头中，易形成疏松、缩孔、裂纹等缺陷；顶锻留量过大时，晶纹弯曲严重，接头的冲击韧性降低。顶锻留量根据工件截面积选择，随着截面积的增大而增大。

7）顶锻压力 F_u。顶锻压力是为了达到预定的塑性变形量而施加的力，顶锻压力受材料的热强性能和加热温度分布的影响。通常以单位面积的压力即顶锻压强来表示。顶锻压力的大小，应能保证挤出接头内的液态金属，并在接头外产生一定的塑性变形。顶锻压强过小，则变形不足，接头性能下降；顶锻压强过大，则变形过大，会降低接头冲击韧性。表 7—2—2 为各种材料闪光对焊的顶锻压力。

表 7—2—2　　各种材料闪光对焊的顶锻压力

材料	顶锻压力（N）	
	连续闪光焊	预热闪光焊
低碳钢	60~80	40~60
中碳钢	80~100	40~60
高碳钢	100~120	40~60
低合金钢	100~120	40~60
奥氏体钢	150~220	100~140
纯铜	250~300	不采用
黄铜	140~180	不采用
青铜	140~180	40
纯铝	120~150	不采用
铝合金	150~300	不采用
纯钛	30~60	30~40

8）夹持力 F_c。必须保证工件在顶锻时不打滑，通常 F_c = （1.5 ~4.0） F_u，低碳钢取下限，冷轧不锈钢板取上限。

（2）预热闪光焊主要焊接参数

除上述焊接参数外，还应考虑预热温度和预热时间。预热温度应根据工件截面积和材料性能选择，例如，焊接低碳钢时，预热温度一般不超过 700 ~900℃。随着工件截面积增大，预热温度应相应提高。预热时间与焊机功率、工件截面积及材料性能有关，且预热时间取决于所需预热温度。

四、技能操作——钢筋的闪光对焊

1. 焊前准备

对对接接头处进行处理，清除端部的油污、锈蚀；弯曲的端头不能装夹，必须切掉。

2. 闪光对焊工艺参数

闪光对焊工艺参数选择见表 7—2—3。

表 7—2—3　　闪光对焊工艺参数

钢筋直径（mm）	顶锻压力（MPa）	伸出长度（mm）	烧化留量（mm）	顶锻留量（mm）	烧化时间（s）
5	60	9	3	1	1.5
6	60	11	3.5	1.3	1.9
8	60	13	4	1.5	2.25
10	60	17	5	2	3.25
12	60	22	6.5	2.5	4.25
14	70	24	7	2.8	5
16	70	28	8	3	6.75
18	70	30	9	3.3	7.5
20	70	34	10	3.6	9
25	80	42	12.5	4.0	13
30	80	50	15	4.6	20
40	80	66	20	6.0	45

3. 操作过程

（1）按焊件的形状调整钳口，使两钳口中心线对准。

（2）调整好钳口距离。

（3）调整好行程螺钉。

（4）将钢筋放在两钳口上，并将两个夹头夹紧、压实。

（5）手握手柄将两钢筋接头端面顶紧并通电，利用电阻热对接头部位预热，加热至塑性状态后，拉开钢筋，使两接头中间有 1 ~2 mm 的空隙。焊接过程进入闪光阶段，火花飞溅喷出，排出接头间的杂质，露出新的金属表面。此时，迅速将钢筋端头顶紧，并断电继续加压，但不能造成接头错位、弯曲。加压使接头处形成焊包，焊包的最大凸出量高于母材 2 mm 左右为宜。

(6) 卸下钢筋，焊接完成。

4. 评分标准（见表 7—2—4）

表 7—2—4　　钢筋闪光对焊评分表

项目	分值	评分标准	得分	备注
钎焊设备、工具的安装和使用	10	使用方法不正确扣 1 ~ 10 分		
电阻焊参数的选择	10	不正确不得分		
焊前清理	10	不清理不得分		
焊点表面形状	10	酌情扣分		
表面飞溅	15	出现不得分		
压坑深度	10	深度不平滑不得分		
环状或径向裂纹	10	出现缺陷不得分		
黏附铜电极合金	10	出现不得分		
焊点直径≥75% d（d 为电极端部直径）	5	不符合要求不得分		
有关文明生产规定	10	违反有关文明生产规定扣 1 ~ 10 分		
合计	100			

课后练习

一、填空题

1. 对焊一般为________接形式。

2. 对焊一般按加压及通电方式的不同分为________和________。

3. 电阻闪光对焊常用于重要的________对接件，并且所有________几乎都可以采用电阻闪光对焊。

4. 凸焊是________的一种变形，是利用工件的贴合面上预先加工出一个或多个________，从而形成焊点的电阻焊方法。

5. 固定式点焊机是由________、________、________、________和________所组成。

6. 目前常用的________焊机有 DN—10 型、DN—25 型等。

7. 对焊机是由________、________、________、________和________等部分组成。

8. 常用的________焊机有 UN2—16 型、UN2—40 型等。

9. 电阻焊电源具有________、________的特点。

10. 点焊主要用于汽车、飞机等________冲压件________网和________交叉点等的焊接。

11. 用一个旋转的圆形滚盘代替点焊时的圆柱形电极，焊接时电极一面通电、加压，同时滚动，即可得到连续焊缝，这种电阻焊为________焊。

12. 缝焊一般用于有气密性要求的构件焊接，例如________、________等。

13. 凸焊的种类很多，除了板件凸焊外，还有____________凸焊、____________凸焊、____________凸焊和板材____________凸焊等。

二、判断题

1. 电阻对焊与闪光对焊均是基本的对焊方法。 (　　)
2. 凸焊本质就是点焊。 (　　)
3. 点焊电极均采用不锈钢制造。 (　　)
4. 缝焊适用于厚板的搭接焊。 (　　)
5. 一般弧焊变压器均可作为电阻焊电源。 (　　)

三、选择题

1. 点焊用电极材料是（　　）。

A. 铜合金　　B. 耐热合金　　C. 不锈钢

2. 常用的对焊机有（　　）等。

A. DN—10 型　　B. ZX5—300 型　　C. UN2—16 型

四、简答题

1. 简述电阻对焊的原理、特点。
2. 闪光对焊的主要焊接参数有哪些？

课题 3　低碳钢薄板的缝焊

学习目标

1. 了解缝焊原理、特点及应用。
2. 熟悉缝焊机的使用。
3. 掌握低碳钢薄板的缝焊操作方法。

缝焊是用一对圆柱形滚轮作电极，滚轮加压，与工件作相对运动，连续或断续放电，从而产生一条连续焊缝的电阻焊方法。

一、缝焊的原理、特点

1. 原理

缝焊是电阻点焊的一种演变，用圆柱形滚轮代替了电阻点焊柱状电极，它是将焊件装配成搭接接头，并置于两旋转的滚轮电极之间，滚轮加压焊件，并作相对转动，连续或断续送电，从而产生一条连续的焊缝，如图 7—3—1 所示。

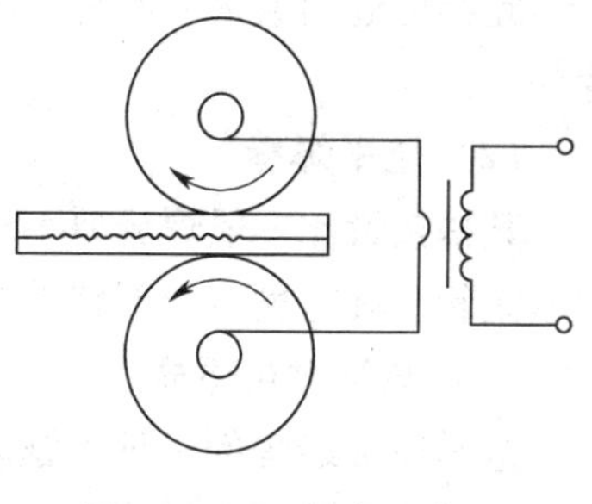

图 7—3—1　缝焊示意图

2. 特点

缝焊除具有与电阻点焊相同的特点外，还有如下特点：

（1）生产率高，并能获得强度大、气密性好的焊缝。

（2）要求缝焊的焊接参数比电阻点焊的焊接参数更稳定。

（3）缝焊实际上是连续进行的电阻点焊，各个焊点是相互重叠起来的，焊点间重叠部分约有5%。

二、缝焊的种类及应用

按滚轮运动与馈电方式，缝焊可分为连续缝焊、断续缝焊和步进缝焊。

1. 连续缝焊

焊件在两滚轮间连续移动，焊接电流连续通过。每半周形成一个焊点。

这种方法易使工件表面过热，电极磨损严重，故实际应用性有限，主要适用于不重要的焊件或薄钢件。

2. 断续缝焊

滚轮连续转动，焊接电流断续通过，这种情况下滚轮和工件有冷却的时间，所形成的焊缝由彼此搭叠的熔核组成。

断续缝焊应用较为广泛，适用于各种钢材、铝及铝合金、异种金属、不等厚焊件和精密件的焊接。

3. 步进缝焊

电极滚轮断续转动，电流在滚轮静止时接通，滚轮转动时断电，交替地进行焊接，由于熔核处在整个结晶过程中有锻压力存在，所以焊缝比较致密。

这种方法多用于铝镁合金的焊接。当焊接硬铝以及厚度为 4 mm 以上的各种金属时，必须采用步进焊缝。

三、缝焊焊接工艺及焊接参数

1. 缝焊接头的形式

最常用的缝焊接头形式是卷边接头和搭接接头，其中，搭接接头应用更为广泛，其搭接长度一般为 12 ~ 18 mm。卷边接头不宜过小，板厚为 1 mm 时，卷边不应小于 12 mm；板厚为 1.5 mm 时，卷边不应小于 16 mm。

2. 缝焊焊缝的分类

按接头形式，缝焊焊缝可分为搭接焊缝、压平焊缝、垫箔对接焊缝和铜线电极焊缝。

（1）搭接焊缝

此类焊缝中最常见的是双面焊缝，此外还有单面单焊缝、单面双焊缝、小直径圆周焊缝等。

（2）压平焊缝

其搭接量比一般焊缝要小得多，为板厚的 1 ~ 1.5 倍。焊接时将接头压平，通常采用圆柱形滚轮，其宽度应全部覆盖接头的搭接部分。

（3）垫箔对接焊缝

这是厚板缝焊的一种焊缝。当板厚为 3 mm 时，焊接速度很慢，焊接电流及压力都比较大，造成焊件表面过热及电极黏附，使焊接困难。如图 7—3—2 所示，先将两板件边缘对接，在接头通过滚轮时，不断地将两条箔带铺垫于滚轮与板件之间，由于箔带增加了焊接区电阻，使散热困难，因而有利于熔核的形成。这种方法的优点是焊接成形好、飞溅小，但这种焊接方法对焊接精度要求较高。

（4）铜线电极焊缝

铜线电极焊缝是镀层钢板焊接时避免镀层粘连滚轮的有效方法。缝焊时，将铜线不断地输送到滚轮与板件之间，铜线呈卷状连续输送，经过滚轮后，又连续绕在另一绕线盘上，镀层仅黏附在铜线上，而不会污染滚轮，如图 7—3—3 所示。

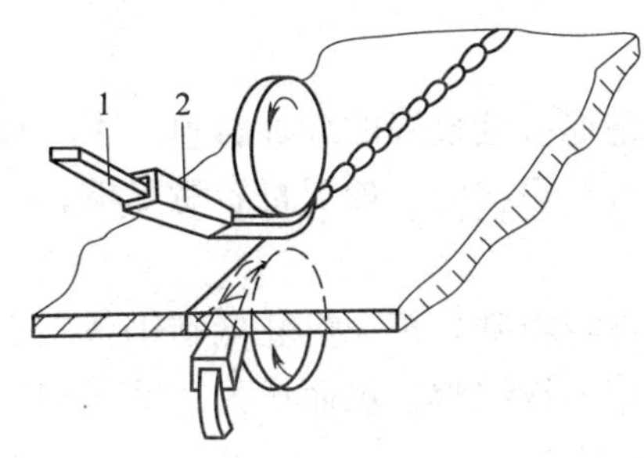

图 7—3—2　垫箔对接焊缝
1—箔带　2—导向嘴

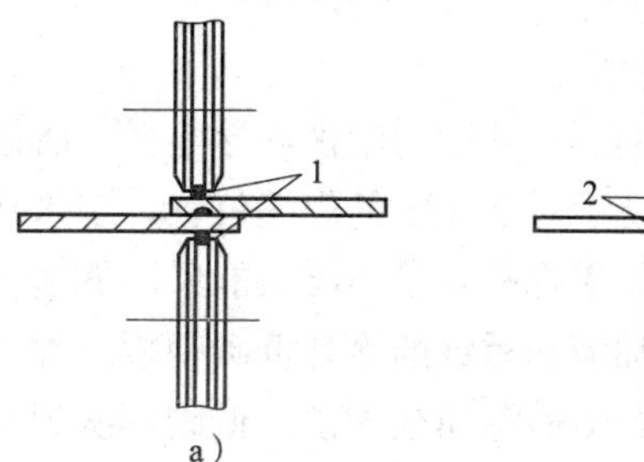

图 7—3—3　铜线电极缝焊
a）圆铜线电极缝焊　b）扁平铜线电极缝焊
1—圆铜线　2—扁平铜线

3. 缝焊前的表面清理

缝焊前，应对接头两侧附近约 20 mm 处进行表面清理，清理的方法与电阻点焊前表面清理方法相同。

4. 缝焊焊接参数选择

缝焊的主要焊接参数有焊接电流、电极压力、焊接速度、焊接时间和休止时间、滚轮电极工作表面形状等。

（1）焊接电流

缝焊的焊接电流取决于被焊材料的种类、厚度和焊接速度，当焊件厚度相同时，缝焊的焊接电流比电阻点焊大 20% ~60%。当焊接电流超过某一数值时，继续增大电流只能增大熔核的焊透率和重叠量而不会提高接头强度。

（2）电极压力

当滚轮电极压力增大时，缝焊质量稳定性好，焊接时所需功率要提高，但电极压力过高，会使压痕过深，同时也会增加电极的变形和损耗；压力过小会产生缩孔，并会因接触电阻过大，易使滚轮烧损而缩短其使用寿命。电极压力在整个焊接过程中是不变的。

（3）焊接速度和点距

焊接速度与被焊金属材料以及对焊缝强度和质量的要求有关。选择焊接速度时，应保证熔核点距或重叠率符合密封性要求。当焊接不锈钢和有色金属时，为了避免飞溅和获得致密性好的焊缝，必须采用较小的焊接速度。当焊接速度增大时，为了获得足够的热量，必须增大焊接电流，此时点距增大，焊点不再重叠。

(4) 焊接时间和休止时间

通常通过焊接时间来控制熔核尺寸，用休止时间和焊接速度控制熔核重叠率，焊接时间与休止时间之比为1.25∶1～2∶1时可获得满意结果。

(5) 滚轮电极工作表面形状

滚轮电极工作表面形状有圆柱形和球面形两种，圆柱形工作表面的滚轮常用于焊接钢件，球面形的则用于焊接铝及铝合金，以及有色金属等。

四、技能操作——低碳钢薄板的缝焊

1. 操作过程

由于低碳钢具有适度的塑性和导电性，所以低碳钢是焊接性最好的缝焊材料。手工移动工件时，为便于对准预定的焊缝位置，多采用中速；自动焊接时，如焊机容量足够，可以采用高速，如果焊机容量不够只能采用低速。

对于没有油渍和锈蚀的冷轧低碳钢板，焊前可以不进行特殊处理。热轧低碳钢板则必须在焊接前进行喷砂除锈或酸洗。低碳钢缝焊虽然可采用连续缝焊，然而最为广泛采用的还是断续缝焊。表7—3—1为低碳钢板断续缝焊的焊接参数。

表7—3—1　　低碳钢板断续缝焊的焊接参数

类别	每块板厚（mm）	滚轮宽度（mm）		电极压力（N）	最小搭边（mm）	焊接时间（s）		焊接速度（m/min）	焊点数（点/10cm）	焊接电流（A）
		工作面	总宽			脉冲时间	休止时间			
高速缝焊	0.4	5	11	2 200	10	2	1	2.8	4.2	12 000
	0.8	6	13	3 300	12	2	1	2.6	4.6	15 500
	1.0	7	14	4 000	13	2	2	2.5	3.6	18 000
	1.2	7.7	14	4 700	14	2	2	2.4	3.7	19 000
	2.0	10	17	7 200	17	3	1	2.2	4.2	22 000
	3.2	13	20	10 000	22	4	2	1.7	3.4	27 500
中速缝焊	0.4	5	11	2 200	10	2	2	2.0	4.5	9 700
	0.8	6	13	3 300	12	3	2	1.8	4.9	13 000
	1.0	7	14	4 000	13	3	3	1.8	3.4	14 500
	1.2	7.7	14	4 700	14	4	3	1.7	3.0	16 000
	2.0	10	17	7 200	17	5	5	1.4	2.5	19 000
	3.2	13	20	10 000	22	11	7	1.1	1.8	22 000
低速缝焊	0.4	5	11	2 200	10	3	3	1.2	5.1	8 600
	0.8	6	13	3 300	12	2	4	1.1	5.7	11 700
	1.0	7	14	4 000	13	2	4	1	6.0	13 000
	1.2	7.7	14	4 700	14	3	4	0.9	5.3	14 000
	2.0	10	17	7 200	17	6	6	0.7	3.9	16 500
	3.2	13	20	10 000	22	6	6	0.6	5.2	20 000

2. 评分标准（见表 7—3—2）

表 7—3—2　　低碳钢薄板的缝焊评分表

项目	分值	评分标准	得分	备注
钎焊设备、工具的安装和使用	10	使用方法不正确扣 1～10 分		
电阻焊参数的选择	10	不正确不得分		
焊前清理	10	不清理不得分		
焊件表面形状	10	酌情扣分		
表面飞溅	15	出现不得分		
压坑深度	10	深度不平滑不得分		
环状或径向裂纹	10	出现缺陷不得分		
黏附铜电极合金	10	出现不得分		
焊点直径≥75%d（d 为电极端部直径）	5	不符合要求不得分		
有关文明生产规定	10	违反有关文明生产规定扣 1～10 分		
合计	100			

课后练习

一、填空题

1. 电阻点焊的__________清理、__________的选择、__________时间、__________大小等因素关系到焊接质量。

2. 板与板点焊时可采用__________和__________的形式，棒与棒可采用__________和__________棒间点焊形式。

3. 工件表面要求无压痕或压痕很小时，则使表面要求高的一面放于__________上，尽可能加大下电极__________，或选用在__________上进行焊接。

4. 在电阻点焊时，熔核不对称于交界面而向一边偏移的现象为__________。

5. 指出下图电阻对焊接头哪些是合理的，哪些是不合理的。

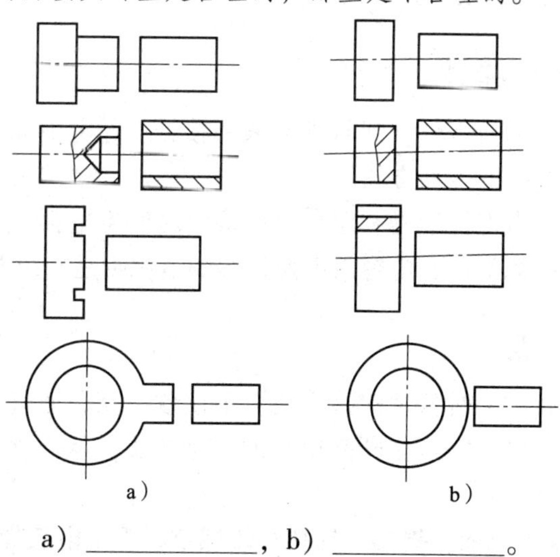

a）__________，b）__________。

二、判断题

1. 点焊不同厚度钢板的主要困难是熔核偏移。（　）
2. 闪光对焊主要是利用闪光产生的热量来加热焊件的一种方法。（　）
3. 防止熔核偏移要加强薄板或导电、导热好的焊件的散热。（　）
4. 电阻对焊最适用于焊接大截面的焊件。（　）

三、选择题

1. 点焊不同厚度钢板的主要困难是（　）。
A. 分流太大　B. 产生缩孔　C. 熔核偏移
2. 在生产中，圆形焊件闪光对焊时工件的直径差不应超过（　）。
A. 15%　B. 10%　C. 20%
3. 点焊用电极材料是（　）。
A. 铜合金　B. 耐热合金　C. 不锈钢
4. 闪光对焊时，矩形和管形焊件的差别不应超过（　）。
A. 15%　B. 10%　C. 20%

四、简答题

1. 简述缝焊的原理、特点。
2. 缝焊焊接工艺及焊接参数有哪些?

课题4　螺柱焊

学习目标

1. 了解螺柱焊的原理、特点及应用。
2. 熟悉电弧螺柱焊焊机的使用。
3. 掌握螺柱焊操作方法。

一、螺柱焊的工作原理

螺柱焊是指将螺柱一端与板件（或管件）表面接触，通电引弧，待接触面熔化后给螺柱施加一定压力，完成焊接的一种方法。

电弧螺柱焊和电容放电螺柱焊是利用直流焊接电源产生电弧。电弧螺柱焊的焊接电源与手工电弧焊用的直流电源类似，电容放电螺柱焊的电源则是一组储能电容器。

二、螺柱焊的特点

螺柱焊是固定紧固件的一种快速焊接方法，不仅效率高，而且可以通过专用设备对接头质量进行有效的控制，能够得到全断面熔合的焊接接头，从而保证接头的导热性、导电性和接头强度。其特点如下：

1. 电弧螺柱焊通常可以取代铆接、钻孔和攻螺纹、手工电弧焊、电阻焊或钎焊。螺柱焊完全克服了传统焊接易变形等缺陷。

2. 螺柱焊工艺简单，单面操作，并且焊接时间短，生产率高（16～20个/min）。

3. 采用电弧螺柱焊可将紧固件焊到曲面上，如焊到管件上、圆形容器上，或焊炬能够达到的结构部件的内外拐角部位上。

4. 当焊接排列较密集的紧固件组时，采用螺柱焊可使紧固件之间的距离达到最小；对于需防渗漏的螺柱的连接，采用螺柱焊其密封性更有保证。

5. 可焊接同种和异种金属，如黄铜件和锌件的焊接。

三、螺柱焊的分类

工业上广泛应用的螺柱焊有电弧螺柱焊和电容放电螺柱焊两大类。

1. 电弧螺柱焊

电弧螺柱焊是电弧焊的一种特殊应用。焊接时，首先在螺柱与工件间引燃电弧，使螺柱端面和相应的工件表面被加热到熔化状态，达到适宜的温度时，将螺柱挤压到熔池中去，使两者熔合形成焊缝。

2. 电容放电螺柱焊

电容放电螺柱焊是依靠一组储能电容器释放电能的一种螺柱焊方法。根据引燃电弧的方式不同，可以将电容放电螺柱焊分为三种方式，即预接触式、预留间隙式和拉弧式。

四、螺柱焊设备

螺柱焊设备通常包括直流焊接电源、焊接时间控制器和螺柱焊枪。螺柱焊所用直流焊接电源也称为螺柱焊机，如图7—4—1所示为电弧螺柱焊机。

1. 电弧螺柱焊设备

（1）螺柱焊枪

螺柱焊枪是螺柱焊设备中实现螺柱焊接的执行机构。焊枪有手提式和固定式两种，其工作原理是相同的。手提式焊枪的应用较为普遍，结构上比固定式焊枪轻便，其质量为1.5～3 kg，常用的有大、小两种类型，小型焊枪用于焊接直径在12 mm以下的螺柱，应用较为广泛，如我国生产的JL—A型螺柱焊枪，其枪壳为硬塑料制成，质量约为1.5 kg。大型手提式焊枪为金属壳体，用于焊接大尺寸螺柱，如国产JL—B型螺柱焊枪，可焊螺柱的最大直径为25 mm，焊枪质量约为2 kg。如图7—4—2所示为手提式螺柱焊枪。

图7—4—1　电弧螺柱焊机

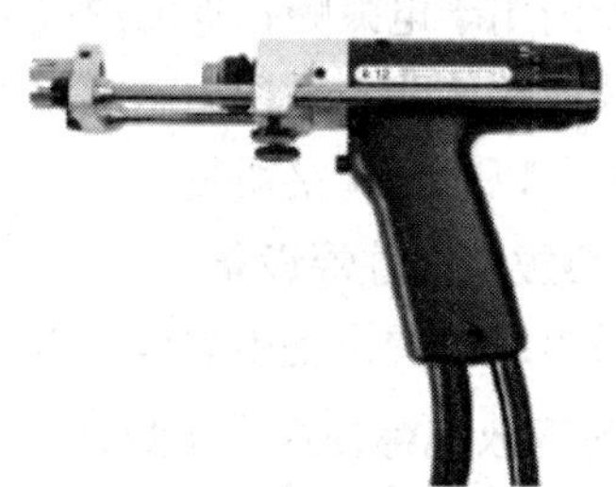
图7—4—2　手提式螺柱焊枪

固定式焊枪是为焊接某些特定产品而专门设计的。焊枪被固定在支架上，在一定工位上完成螺柱焊。

焊枪均设有启动焊接用的开关，装有控制线与焊接电缆，主要构成部分为夹持机构、磁力提升机构、弹簧压下机构（有时还有阻尼机构）等。

焊枪的可调参数是提离高度、螺柱外伸长度，及螺柱夹头与陶瓷套圈夹头的同心度。

夹持机构即为焊枪前端的螺柱夹头和陶瓷套圈夹头，两者的相对位置可通过支架粗调；通过陶瓷套圈夹头在焊枪端部轴向位置精调，可以固定螺柱外伸长度和调整螺柱与陶瓷保护套圈的同心度。

磁力提升机构由离合器、线圈与弹簧构成。采用离合器可以分别调整提离高度和螺柱外伸长度，可调的提升量常在 3.2 mm 以下。利用弹簧压下机构可在焊接开始前保持螺柱伸出端与工件表面的接触预压，而在伸出端表面完全熔化后可将螺柱压入焊接熔池。当焊接大尺寸螺柱时，为了控制螺柱压入熔池的速度，需要在焊枪中安装阻尼机构，以适当降低此速度，从而减小飞溅，改善焊缝成形和保证焊缝质量。

（2）螺柱焊机（直流电源）

电弧螺柱焊要求使用直流电源，以便得到稳定的电弧。对螺柱焊电源的要求是：

1）较高的空载电压，其范围为 70 ~ 100 V。

2）陡降外特性。

3）输出电流能迅速达到设定值。

4）能在短时间内输出大电流。

能满足上述要求的直流焊接电源可以用于螺柱焊。

通常以手工电弧焊直流电源（应具有陡降外特性）作为电弧螺柱焊电源时，能获得良好的效果，但同时还要配备一台分离式焊接控制器，它包括一个时间控制器和一个焊接电流接触器。例如，我国自行设计制造的 QZ—1000 型螺柱焊控制器，配用于 AB—500 系列旋转式直流焊机即可焊接直径在 12 mm 以下的螺柱。对于大直径的螺柱，可以采用两台普通直流电源并联。

由于螺柱焊的电流比一般手工电弧焊的焊接电流要大得多，但负载持续率却很低（相当于手工电弧焊的 1/5 ~ 1/3），因此，采用为电弧螺柱焊专门设计制造的焊接电源就显得十分必要。与手工电弧焊直流电源相比，相同尺寸和质量的专用电弧螺柱焊电源的焊接电流输出可提高 1 ~ 2 倍。

新型专门用于电弧螺柱焊的焊接电源通常为晶闸管整流式，其控制系统与主电路可以做成分离式或整体式。采用固态电路可省去机械式电流接触器。有的电源还配备有焊接能量控制装置，以确保焊接质量。

2. 电容放电螺柱焊设备

电容放电螺柱焊设备由焊枪、电源和控制装置组成。

（1）电容放电螺柱焊常用焊枪

预接触式电容放电螺柱焊枪的结构最简单，由夹持螺柱机构和将螺柱压入熔池的弹簧压下机构组成，而预留间隙式电容放电螺柱焊枪则须加提离机构。

(2) 电源与控制装置

电源与控制装置制成一体式结构。电源是一个蓄电池组，焊接能量在低电压下储存于大容量的电容器组内。因为能量是预先储存的，故所需输入功率较低。电容输出容量大多在（5～20）$\times 10^4$ μF。我国生产的电容放电螺柱焊机电容输出容量可达 40×10^4 μF。采用电容放电螺柱焊设备可以焊接 ϕ2～ϕ12 mm 碳钢、不锈钢螺柱，以及 ϕ2～ϕ8 mm 铜、铝螺柱及其合金螺柱。

五、技能操作——螺柱焊

1. 电弧螺柱焊操作工艺

电弧螺柱焊的操作步骤如下：

(1) 焊前准备

根据被焊螺柱的尺寸调整好焊接电流和燃弧时间。然后，将待焊螺柱装入螺柱焊枪夹头中，并将相配的陶瓷保护套圈装入陶瓷套圈夹头中。调整好螺柱伸出陶瓷套圈的长度和提弧长度，调整焊机电压输出，确认设备能够正常运行后，准备工作完成。

(2) 焊接过程

1）将焊枪置于工件上。

2）施加预压力使焊枪内的弹簧压缩，直到螺柱与陶瓷保护套圈同时紧贴工件表面。

3）扣压焊枪上的扳机开关，接通焊接回路使枪体内的电磁线圈励磁，螺柱被自动提升，在螺柱与工件表面之间引弧。

4）螺柱处于提升位置时，电弧扩展到整个螺柱端面，并使端面少量熔化，电弧热同时使螺柱下方的工件表面熔化，并形成熔池。

5）电弧按预定时间熄灭时，电磁线圈去磁，靠弹簧压力快速地将螺柱熔化端压入熔池，焊接回路断开。

6）稍作停顿后，将焊枪从焊好的螺柱上抽起，打碎并除去陶瓷保护套圈。

2. 电容放电螺柱焊操作工艺

(1) 预接触式电容放电螺柱焊的焊接过程

1）使螺柱小凸台端部与工件接触。

2）按下焊接启动开关，使电容器中的巨大电能通过小凸台释放出来，小凸台端熔化，从而产生电弧，在焊枪弹簧压力作用下，螺柱开始向下运动。

3）电弧热将螺柱整个端面和相应的工件表面熔化，同时螺柱继续向下运动。

4）螺柱插入熔池时，电弧熄灭。

5）焊接过程结束。

提示：

为了减轻熔融金属被氧化的程度和防止螺柱插入前焊缝金属发生凝固，应调好定时器使螺柱在电容器能量未全部释放完和电弧仍在燃烧时插入熔池，以确保接头质量。

(2) 预留间隙式电容放电螺柱焊的焊接过程

1）焊前将螺柱从工件表面提起一定距离。

2）按下焊接启动开关，螺柱与工件间即加上放电电压，同时在焊枪加压机构作用下，螺柱开始向工件运动。

3）螺柱小凸端与工件接触，电容放电将小凸端熔化从而产生电弧，同时螺柱继续下降。

4）电弧热将螺柱整个端面和相应的工件表面熔化，同时螺柱继续下降。

5）螺柱插入熔池时，电弧熄灭。

6）焊接结束。

提示：

比较上述两种焊接过程，不难看出预留间隙法的螺柱下降运动早在小凸端熔化前即已开始，预接触法则在小凸端开始熔化后才开始。因此，预留间隙法的焊接时间更短。

3. 螺柱焊安全操作技术

（1）开机前的检查

1）检查所有的电气和气动电缆是否有损伤。

2）检查主机和各附属设备的连接是否可靠，有无松动。

3）开机前关好设备门，防止焊接飞溅物及灰尘进入。

4）开机前检查周边环境，是否有易燃易爆物品及强腐蚀性物品。

（2）使用中的注意事项

1）使用过程中，严禁拽拉电缆。

2）使用过程中，要保证焊接参数无误，非专业人员不得随意更改焊接参数，以及在焊接过程中严禁插拔插头。

3）焊接过程中，若出现设备故障要及时和相关维修人员联系，停止焊接，关闭电源，并做好故障记录。

4）焊接过程中要保证螺柱和工件保持垂直，焊接完毕后拔枪的方向应与焊钉的中心线方向一致。

（3）焊接完毕后

1）整理好现场，整理好焊枪，各电缆线不要绞在一起。

2）关闭主电源，拉下电闸。

（4）定期保养

1）保证设备的干燥，在移动过程中严禁有大的振动。

2）一周对设备除一次灰尘，机箱外部可用软布蘸酒精擦洗。设备内部的灰尘和金属粉末用风枪远距离吹除，防止电路出现故障。

4. 评分标准（见表 7—4—1）

表 7—4—1　　螺柱焊评分表

项目	质量检查内容	质量检查要求	配分	评分标准	扣分	得分
焊前准备	各种设备、工具的安装和使用	正确使用和安装各种设备、工具	10	使用和安装方法不正确扣 1～10 分		
	焊接参数的选择	正确选择焊接参数	6	不正确不得分		

续表

项目	质量检查内容	质量检查要求	配分	评分标准	扣分	得分
工件尺寸精度	焊缝边缘直线度	焊缝边缘直线度误差≤2 mm	6	每超差 1 mm 扣 3 分 超差严重不得分		
	焊缝形状	360°范围内焊缝高 >1 mm，焊缝宽 >0.5 mm	18	每超差 1 mm 扣 3 分 超差严重不得分		
焊缝外观质量	焊缝表面平面度	焊缝表面平面度误差≤2 mm	12	每超差 1 mm 扣 3 分 超差严重不得分		
	焊缝质量	无气泡和夹渣	12	每处扣 3 分		
	焊缝外观	熔合深度≤0.5 mm，并以打磨去掉熔合处的锋锐部位	12	每处扣 3 分		
	螺钉焊后的高度	焊后高度尺寸极限偏差为 ±2 mm	6	超差不得分		
	焊接质量检验	敲击螺柱 30°，检验根部有无裂纹	6	出现裂纹不得分		
安全文明生产	安全操作规程有关规定	达到规定标准	6	违反有关规定扣 1～6 分		
	文明生产有关规定					
时间定额	90 min	按时完成	6	每超过时间定额的 5% 扣 1 分		
合计			100			

课后练习

一、填空题

1. 工业上广泛应用的螺柱焊有__________和__________两大类。

2. 螺柱焊是指将__________一端与__________（或管件）表面__________，通电引弧，待接触面__________后给螺柱施加__________，完成焊接的一种方法。

3. 螺柱焊枪有__________和__________两种。

二、简答题

1. 简述螺柱焊的原理、特点。

2. 对螺柱焊电源的要求是什么？

模块八 压力焊

通过压力焊的培训学习，能掌握压力焊初级基本操作技能，掌握扩散焊焊接工艺、电渣压力焊接工艺在操作中所需的相关原理和特点工艺知识，进一步提高压力焊基本操作技能。

课题1 扩散焊焊接工艺

1. 了解扩散焊的原理、特点及应用。
2. 熟悉扩散焊所用钎料和钎剂。
3. 掌握扩散焊焊接工艺及其操作。

扩散焊也称扩散连接，是指在一定温度和压力下，使待焊表面相互接触、相互靠近，使焊件局部发生微观塑性变形，或通过待焊表面产生的微量液相而扩大连接表面的物理接触，然后经较长时间的原子相互扩散而形成整体接头的过程。

一、扩散焊的原理

扩散焊是压焊的一种，在金属表面不熔化的情况下，要形成焊接接头，就必须使结合表面紧密接触至（1 ~5）$\times10^{-8}$ mm 以内的距离，金属原子间才能相互吸引而结合成金属键，形成有一定强度的接头。但实际的接触表面总是起伏不平的，且存在着氧化膜、表面吸附层；油脂、尘埃、吸附的气体、潮气等杂质，如图8—1—1所示。但形成优质焊缝应满足的必要条件是必须使金属待焊接表面紧密接触，对焊件表面污染物加以破坏或分散，所以扩散焊的过程可分为以下三个阶段。

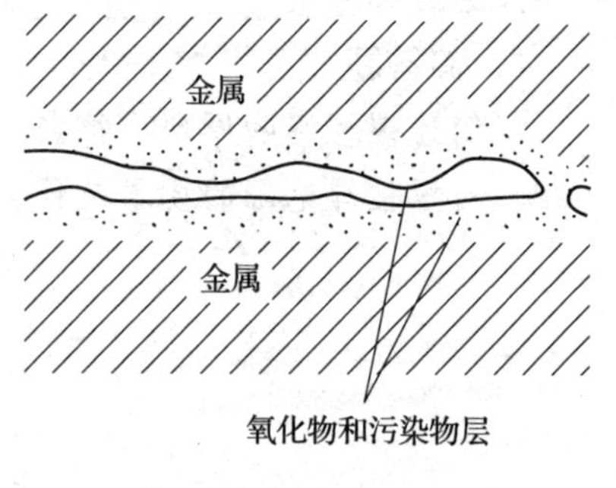

图8—1—1 金属表面特征

1. 物理接触阶段

在温度和外加压力作用下，接触表面的微观凸起部位首先接触而产生塑性变形，变形过程中表面吸附层和氧化层被挤开和挤碎，微观凸起点被挤平，从而达到金属间的紧密接触而形成金属键连接。

2. 接触面原子间的相互扩散，形成牢固的结合层

微观凸起点接触变形时，未结合部分形成的空洞残留在接触面，由于晶界处原子持续扩散使大部分微孔消失，而形成焊缝。

3. 原子扩散向纵深发展

原始界面逐渐消失，结合面形成冶金连接，接头成分趋向稳定。

以上三个过程是相互交叉的，最终在接头连接区域经过扩散、再结晶等过程而形成固态冶金连接。

二、扩散焊的特点

1. 优点

(1) 焊接后零件变形很小，焊后不需要机械加工。

(2) 扩散接头显微组织的性能与母材相近或相同，不存在各种熔化缺陷，也不存在具有过热组织的热影响区。

(3) 可焊接结构复杂、封闭型焊缝，以及厚薄相差悬殊，并且精度要求很高的各种焊件。

(4) 可焊接大断面接头和同时焊接多个接头，并可焊接不同种类的材料。

(5) 能够焊接其他焊接方法无法焊接的难熔金属、异种金属、耐热材料、塑性差或熔点高的材料、复合材料等。

(6) 由于扩散焊是非熔化焊接，无熔焊时产生的裂纹、气孔等缺陷。

2. 缺点

(1) 对零件待焊表面的制备和装配要求较高。

(2) 设备复杂，一次性投资较大。

(3) 焊接热循环时间长、生产率低，在某些情况下会产生晶粒粗大等副作用。

(4) 对工件表面粗糙度、平行度、间隙的均匀程度及表面清洁程度要求很高。

(5) 对焊缝的焊接质量尚无可靠的无损检测手段。

三、扩散焊的分类

由于加热方法、保护方法、加压方式和激活扩散的机理不同，扩散焊可分为以下几类。

1. 同种材料扩散焊

同种材料扩散焊通常是指不加中间层的两种同种金属直接接触的扩散焊，适用于焊接钛、铜等金属。

2. 异种材料扩散焊

异种材料扩散焊是指两种不同的金属与合金，或金属与陶瓷等非金属材料的扩散焊。只要结构条件许可，异种材料的焊接可考虑采用扩散焊方法，许多情况下是采用加中间层的扩散焊。

3. 共晶反应扩散焊

共晶反应扩散焊是利用某一温度下待焊异种金属之间会形成低熔点共晶物的特点来加

速扩散焊过程的方法。该方法可用于焊接熔点很高的同种材料。

4. 扩散钎焊

扩散钎焊又称液相扩散连接或活性扩散连接，将金属加热到适当温度，用填充金属或待焊界面产生的液相而形成连接。在扩散过程中，中间层与母材发生共晶反应，形成一层极薄的液相薄膜，此薄膜填充整个接头间隙后，再使之等温凝固并进行均匀化扩散处理，从而获得均匀的扩散焊焊接接头。此方法适用于焊接尺寸大而复杂的组合件。扩散钎焊完成之后，接头中不存在明显的填充金属，但压力过大时，在某些情况下可能导致液态金属被挤出。

5. 超塑性成形扩散焊

在高温下具有超塑性的金属材料，可以在高温下用较低的压力实现成形和连接。超塑性成形扩散焊的特点是扩散压力较低，扩散时间较长，可长达数小时。

四、扩散焊的应用

由于扩散焊的工艺特点，它已在特种材料和特殊结构的焊接中得到成功的应用，很多同种或异种金属的组合可以采用扩散焊组装连接。

采用扩散焊焊接钛合金容易得到优良的接头性能，钛合金不需要特殊的表面准备和工艺控制就可进行扩散焊。钛是一种强度高、质量小、耐腐蚀、耐高温的高性能材料，目前被广泛应用在航空航天工业中。

对镍基合金实施扩散焊较为困难，因为它的氧化膜是难熔解于母材的铬、铝的复杂氧化物。扩散焊时应选用合适的中间层金属，以避免在接头处形成稳定的金属间沉淀物，使接头强度降低。

由于铝与氧的亲和力很大，所以在常温下铝易与氧化合，生成致密的三氧化二铝薄膜，这使铝的焊接发生困难，所以，在对铝材实施扩散焊时需要较高的加热温度、较大的压力和高真空度。

扩散焊还适用于复合材料的焊接，如金属和陶瓷、金属和玻璃、金属和石英、金属和石墨间的焊接等。

五、技能操作——扩散焊的焊接

1. 工件待焊表面的制备、清理和装配

(1) 表面机械加工

为了获得平整光洁的表面，保证接头间隙极小，使紧密接触点尽可能多，对普通金属零件可采用精车、精刨和磨削等加工方法来减小其表面粗糙度。冷轧板表面粗糙度较小，可不用机械加工。

(2) 焊前清理

焊前清理是为了去除油污和表面氧化膜。去除油污是任何表面清理工序的必要步骤。去除油污的方法很多，可采用乙醇、三氯乙烯、丙酮、洗涤剂等溶剂除油，也可采用在真空中加热的方法来获取清洁的表面，但真空清洁处理后的零件要求随即在真空或抑制气体中保存，以免重新形成吸附层或化学吸附层。

扩散焊时，表面氧化膜除了机械破碎外，还可通过熔解和球化聚集作用去除。氧化物的熔解是通过氧离子向金属母材扩散而发生的，氧化物球化聚集借氧化物薄膜的扩散而实现。钛合金材料的表面氧化物可在焊接过程中熔解去除，铁铜合金材料的氧化物可通过球化聚集作用去除。

(3) 工件装配

工件装配是扩散焊最终得到质量良好的焊接接头的关键。待焊表面紧密接触可以使连接表面在较低的温度和压力下实现完整、可靠的结合。

2. 中间层的选择

在两待焊工件之间增加中间层是异种材料扩散焊的有效手段之一，中间层的主要作用是改善材料的表面接触状态、降低对待焊表面的制备要求、降低所需的焊接压力、加速扩散过程、缩短焊接时间；改善冶金反应，避免形成脆性金属间化合物；避免或减少因被焊材料的物理化学性能差异过大而引起的应力过大或出现扩散孔等现象。通常中间层是熔点较低、塑性较好的纯金属，如铜、镍、铝、银等，所以中间层材料应满足以下要求：

（1）容易发生塑性变形，并含有加速扩散的元素，如硼、铍、硅等。

（2）不与母材发生不良冶金反应，以免影响焊缝力学性能。

（3）与母材物理化学性能的差异比与被焊材料之间的差异小，并且不会在接头处出现电化学腐蚀问题。

中间层的厚度一般为几十微米，厚度为 30 ~ 100 μm 时，可以以箔片的形式夹在待焊表面间。不能轧制成箔片的中间层材料，可以采用等离子喷涂的方法，直接将中间层材料涂覆在待焊表面，镀层厚度可仅为几微米。

3. 阻焊剂

扩散焊时，为了防止压头与工件或工件之间某些待定区域被扩散黏结在一起，需加阻焊剂，这种辅助材料应具备以下性能：

（1）具有高于焊接温度的熔点或软化点。

（2）具有较好的高温化学性能，在高温下不与夹具或压头发生化学反应。

（3）不释放出有害气体污染附近待焊表面，不破坏保护气体或真空度。例如，钢件与钢件扩散焊时，可涂一层氮化硼或氧化钇粉。

4. 扩散焊的主要焊接参数

(1) 加热温度

加热温度是扩散焊最重要的焊接参数，在一定温度范围内，温度越高，扩散过程越快，接头强度越高。一般金属材料的加热温度为（0.6 ~ 0.8）T_m（T_m为母材熔点）。

(2) 压力

施加压力的主要作用是使结合面微观凸起点产生塑性变形，达到紧密接触，同时促进界面区的扩散，加速再结晶过程。在其他参数固定时，采用较大压力能形成质量较好的焊接接头。压力过小时则表面塑性变形不足，导致表面物理接触过程不彻底，结合面残留孔洞多。通常扩散焊压力为 0.5 ~ 50 MPa。

(3) 保温时间

扩散焊各个阶段的进行需要充足的时间，在焊接时间内必须保证扩散过程全部完成，以达到所需的强度。因此，在加热温度下的保温时间对接头质量有较大意义，但时间过长对接头性能的改善没有意义，反而会使母材晶粒长大，而影响接头性能。保温时间并非一个独立的参数，它与温度、压力是密切相关的，温度较高或压力较大时，时间可缩短。对于加中间层的扩散焊，保温时间还取决于中间层的厚度、材料成分及冶金性能等因素。实际焊接过程中，保温时间可在一个非常宽的范围内变化，在保证强度的前提下，保温时间越短越好。

（4）保护气体

焊接保护气体的纯度、流量、压力或真空度、漏气率均会影响焊接接头的质量。常用氩气作为保护气体，其压力或真空度为（1～20）$\times 10^{-3}$ Pa。有些材料也可采用高纯度氮气、氢气或氦气。

5．评分标准（见表8—1—1）

表8—1—1　　扩散焊焊接评分表

项目	分值	评分标准	得分	备注
设备、工具的安装和使用	10	使用方法不正确扣1～10分		
参数的选择	20	不正确不得分		
焊前清理	10	不清理不得分		
装配间隙	10	不正确不得分		
焊接操作	25	不正确不得分		
残留孔洞	10	出现不得分		
有关安全操作规程规定	5	违反有关规定扣1～5分		
有关文明生产规定		违反规定倒扣10～20分		
时间定额60 min	10	超过时间定额扣1～10分		
合计	100			

课后练习

一、填空题

1．扩散焊也称____________，是指在一定____________和____________下，使待焊表面相互____________、相互靠近，使焊件局部发生微观____________，或通过待焊表面产生的____________而扩大连接表面的____________，然后经较长时间的____________而形成整体接头的过程。

2．扩散焊的过程可分为____________、____________、____________。

二、判断题

1．扩散焊焊接后零件变形很小，焊后不需要机械加工。（　　）

2．扩散焊对工件表面粗糙度、平行度、间隙的均匀程度及表面清洁程度要求很高。（　　）

3．扩散焊设备复杂，一次性投资较大。（　　）

4．扩散焊焊接热循环时间长、生产率低，在某些情况下会产生晶粒粗大等副作用。（　　）

5. 由于扩散焊是非熔化焊接，无熔焊时产生的裂纹、气孔等缺陷。 ( )

三、简答题

1. 简述扩散焊的原理、特点。
2. 扩散焊由于加热方法、保护方法、加压方式和激活扩散的机理不同，可分为几类？

课题 2 电渣焊焊接工艺

学习目标

1. 了解电渣焊的原理、特点及应用。
2. 熟悉电渣焊所用的电极和焊剂。
3. 掌握电渣焊焊接工艺及其操作。

随着重型机械制造工业的发展，许多大厚度的构件若采用埋弧焊，不但焊接效率低，而且质量也难以保证。如大型轧钢设备的机架、大型发电机的转子和机轴、高炉的炉壳等的焊接，电渣焊焊接大厚度构件具有独特优势。

一、电渣焊的基本原理

电渣焊是利用电流通过液态熔渣所产生的电阻热作为热源，将焊件和填充金属熔合成焊缝的垂直位置的焊接方法。

电渣焊基本原理（见图 8—2—1）：把电源的一端接在电极上，另一端接在焊件上，电流经过电极并通过渣池后再到焊件。当电流通过电阻较大的液态熔渣时，会产生大量的电阻热，渣池被加热到很高温度（1 700 ~ 2 000℃），将电极和焊件与渣池接触的部位熔化。由于熔化的金属密度较熔渣大，故下沉在底部而渣池始终浮于金属熔池上部。随着焊丝的不断送给，渣池和熔池不断升高，温度逐渐降低的熔池金属在冷却滑块的作用下，强迫凝固形成焊缝。

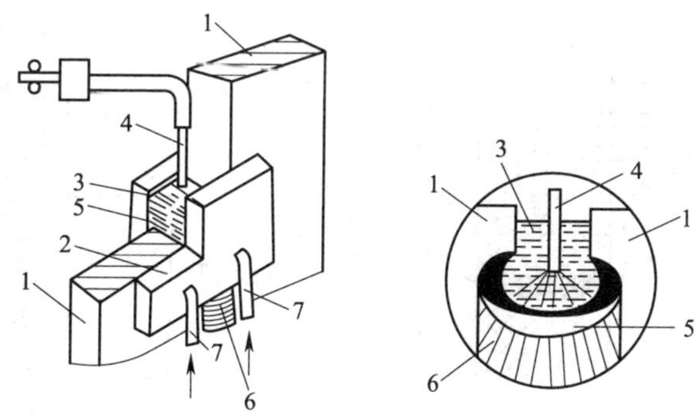

图 8—2—1 电渣焊基本原理示意图

1—焊件 2—冷却滑块 3—渣池 4—电极（焊丝） 5—金属熔池 6—焊缝 7—冷却水管

二、电渣焊的特点

1. 当焊缝中心线处于垂直位置时，电渣焊形成熔池及焊缝成形条件最好，故适合于垂直位置焊缝的焊接。

2. 由于整个渣池均处于高温下，热源体积大，故焊接板厚40 ~ 2 000 mm的焊件可以不开坡口，与开坡口的焊接方法比，生产率高，节省钢材，消耗焊接材料少。

3. 在整个电渣焊过程中，渣池始终覆盖在焊缝上面，既可以避免空气的侵入，又对焊件有较好的预热作用，使冷却速度减缓，有利于熔池中的气体、杂质充分地析出，所以焊缝不易产生气孔、夹渣，焊接含碳量较高的金属时不易出现淬硬组织并且冷裂倾向较小。

4. 由于焊缝和热影响区在高温停留时间长，易产生粗大晶粒和过热组织，使焊接接头冲击韧性降低。一般焊后要通过正火和回火热处理，细化晶粒，改善组织性能。

三、电渣焊的类型

电渣焊根据所采用的电极形状不同可分为：丝极电渣焊、板极电渣焊、熔嘴电渣焊（包括管极电渣焊）。

1. 丝极电渣焊

使用焊丝作为熔化电极，焊接较厚的焊件可以采用2根或多根焊丝（见图8—2—2）。还可使焊丝在接头间隙中往复摆动以获得均匀的熔宽和熔深且易于控制。这种方式适用于中小厚度及较长焊缝的焊接。

2. 板极电渣焊

使用一条或多条金属板条作为熔化电极（见图8—2—3）。焊接时，电极不需横向摆动，只通过送进机构将板极不断向熔池中送给。板极可以是铸造的也可以是锻造的，还可以利用边角料作电极，但要求板极材料的化学成分与焊件相同或相似，同时要求板极长度为焊缝长度的4 ~ 5倍（这使送进设备高大，造成操作的不方便）。目前多用于模具钢的堆焊、轧辊的堆焊等。

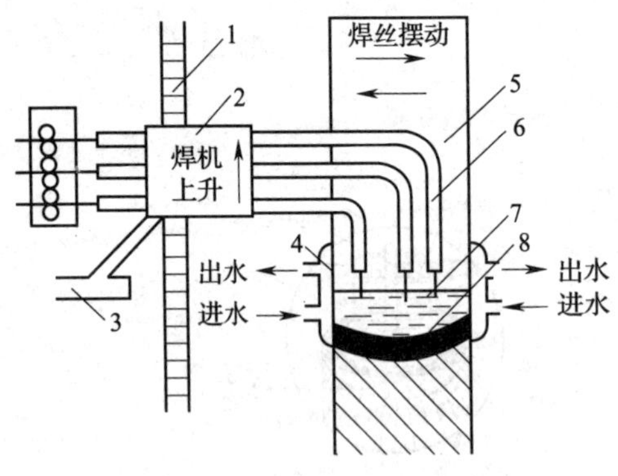

图8—2—2　丝极电渣焊示意图

1—导轨　2—焊机机头　3—控制台　4—冷却滑块　5—焊件　6—导电嘴　7—渣池　8—熔池

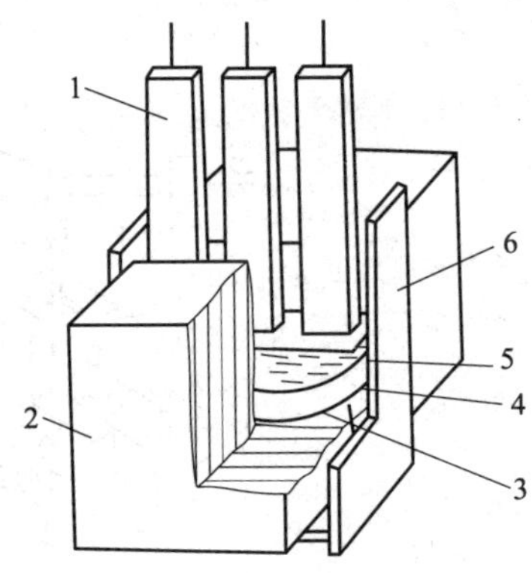

图8—2—3　板极电渣焊示意图

1—板极　2—焊件　3—焊缝　4—熔池　5—渣池　6—冷却滑块

3. 熔嘴电渣焊和管极电渣焊

(1) 熔嘴电渣焊

其电极由固定在接头间隙中的熔嘴（由钢板和钢管点焊而成）和通过此钢管不断向熔池中送进的焊丝构成（见图8—2—4）。熔嘴起着导电、填充金属和送丝的导向作用。熔嘴可以做成各种曲线或曲面形状，以适应于焊接大断面的长焊缝和变断面的焊缝。目前可焊焊件厚度达2 m，焊缝长度在10 m以上。

(2) 管极电渣焊

当焊件厚度较小时，熔嘴可以简化成涂有药皮的钢管（即管状焊条），称为管极电渣焊（见图8—2—5），这是熔嘴电渣焊的一个特例。焊接时，管极熔嘴与由管内不断送给的焊丝均作为填充金属一起熔化，凝固后形成焊缝。钢管外壁所涂的药皮，既起绝缘作用，又可以适当地向焊缝中渗合金，改善焊缝组织（细化晶粒）和力学性能。当焊件较厚时，可以采用多根管极熔嘴。这种方法适用于厚度为18～60 mm焊件的焊接，具有生产率高、焊缝质量好的特点。

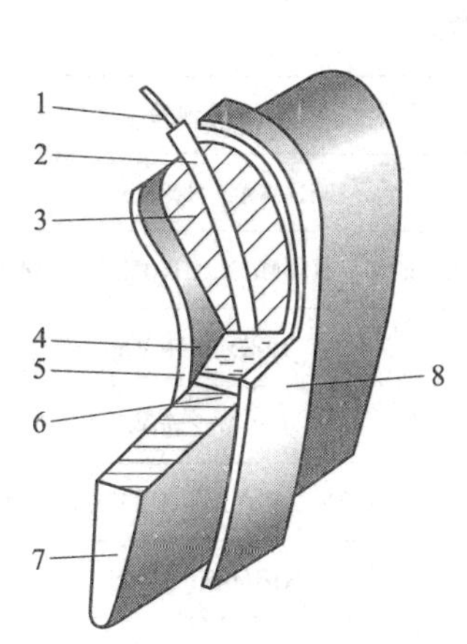

图8—2—4　熔嘴电渣焊示意图

1—焊丝　2—钢管　3—熔嘴　4—渣池
5—熔池　6—焊缝　7—焊件　8—冷却滑块

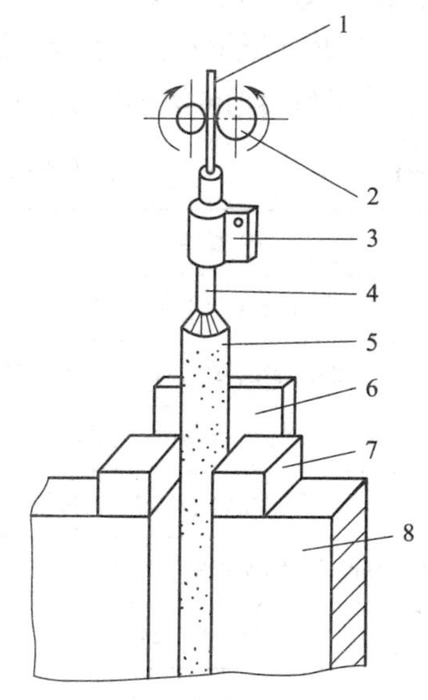

图8—2—5　管极电渣焊示意图

1—焊丝　2—送丝机构　3—导电夹头　4—钢管
5—药皮　6—冷却滑块　7—引出板　8—焊件

四、电渣焊冶金过程的主要特点

1. 金属熔池受到渣池的保护不与空气接触，所以焊缝的含氮量比埋弧焊小。由于熔池冷却缓慢，焊缝结晶是由下向上进行，有利于熔池中气体及杂质的排除，不易产生气孔和夹渣。

2. 电渣焊时，焊剂添加量有限，很难通过焊剂渗合金，主要是通过电极直接渗合金。

3. 焊缝中被熔化的基体金属比例（占10%～20%）比自动埋弧焊焊缝（大于50%）小，因此由基体金属带入焊缝的有害杂质（S、P）要少得多。

4. 电渣焊焊缝的结晶颗粒粗大，而且有一定的方向性，这与其散热情况有关。电弧焊是两向散热，焊缝结晶从两面向中心进行。电渣焊的熔池同时向两边基体金属和两个冷却滑块散热，即焊缝结晶从四个方向同时进行。这种结晶方向使晶粒交界的脆弱面消失或减少，有利于提高焊缝抗热裂性能。

五、电渣焊用焊接材料

电渣焊所用的焊接材料包括电极（焊丝、熔嘴、板极和管极等）、焊剂及管极涂料。

1. 电极

电渣焊焊缝金属的化学成分和力学性能主要是通过电极材料的合金成分来控制。在焊接碳素结构钢及低合金钢时，为使焊缝有良好的抗裂性和抗气孔能力，电极的含碳量通常控制在 0.10% 左右，由此引起焊缝力学性能的降低，可通过提高锰、硅和其他合金元素来补偿。常用的焊丝有 H08MnA、H08Mn2SiA、H10Mn2 等，板极和熔嘴通常用 09Mn2 钢板，熔嘴板厚一般取 10 mm，熔嘴管一般用 ϕ10 mm × 2 mm 的 20 号冷拔无缝钢管制作，熔嘴宽度及板极尺寸应按接头形状和焊接工艺需要确定。管极采用 ϕ14 mm × 2 mm 和 ϕ12 mm × 4 mm 的 15 号或 20 号冷拔无缝钢管，并在外表涂有药皮。

现将几种常用结构钢电渣焊所用的焊丝列于表 8—2—1。

表 8—2—1　　常用结构钢电渣焊所用的焊丝

品种	焊件钢号	焊丝牌号
钢板	Q235A、Q235B、Q235C	H08A、H08MnA
	20g、22g、25g、16Mn、09Mn2	H08Mn2Si、H10MnSi、H10Mn2、H08MnMoA
	15MnV、15MnTi、16MnNb	H08Mn2MoVA
	15MnVN、15MnVTiRe	H10Mn2MoVA
	14MnMoV、14MnMoVN、15MnMoVN、18MnMoNb	H10Mn2MoVA、H10Mn2NiMo
铸锻件	15、20、25、35	H10Mn2、H08Si
	20MnMo、20MnV	H10Mn2、H10MnSi
	20MnSi	H10MnSi

2. 焊剂

目前常用的电渣焊专用焊剂是焊剂 360、焊剂 170。焊剂 360 具有迅速和容易形成电渣过程，并能保持电渣过程的稳定性的特性，常用于焊接低碳钢和某些低合金钢结构。焊剂 170 在固态下具有电子导电性，在电渣开始阶段作导电焊剂，能迅速建立渣池。除上述专用焊剂外，焊剂 431 也被广泛用于电渣焊焊接。

3. 管极涂料

管状焊条外表涂有 2 ~ 3 mm 厚的管极涂料，使焊条具有一定的绝缘性能，防止管极与焊件接触，而且熔入熔池后能保证稳定的电渣过程。表 8—2—2 所列为管极涂料配方一例。

表 8—2—2　管极涂料配方一例

成分	锰矿粉	滑石粉	钛白粉	白云石	石英粉	萤石粉
（%）	36	21	8	2	21	12

六、电渣焊的焊接工艺参数

电渣焊的工艺参数较多，其中焊接电流、焊接电压、渣池深度和装配间隙直接影响电渣过程的稳定性、焊接质量、焊接生产率及焊接成本。这些参数称为主要工艺参数。

焊接电流、焊接电压增大，渣池热量增多，故熔宽增大。另一方面，焊接电流过大，焊丝熔化过快，使渣池上升速度增加，反而会使熔宽减小。焊接电压过大会破坏电渣过程的稳定性。

渣池深度增加，电流分流增加，降低了渣池温度，使焊件边缘的受热量减小，易出现未焊透、未熔合等缺陷。但渣池过浅，焊丝在渣池表面产生电弧，从而破坏电渣过程。

装配间隙增大，渣池上升速度减慢，熔宽增加，焊接应力和变形增大，并且会降低焊接生产率和提高成本。但装配间隙过小，焊丝容易与基体金属出现短路，给操作带来困难。

表 8—2—3 为丝极电渣焊工艺参数选择实例。

表 8—2—3　丝极电渣焊工艺参数选择实例

板厚（mm）	焊丝数目（根）	装配间隙（mm）	焊接电压（V）	焊接电流（A）	渣池深度（mm）	焊丝伸出长度（mm）	焊丝间距（mm）	焊丝摆动速度（m/h）	焊丝距滑块距离（mm）	焊丝停留时间（s）
50	1	28 ~ 35	48 ~ 50	480 ~ 520	60 ~ 70	60	—	—	25	—
80	2	30 ~ 35	40 ~ 42	400 ~ 440	60 ~ 70	60	50	—	15	—
100	2	30 ~ 38	42 ~ 44	420 ~ 460	60 ~ 70	60	60 ~ 65	—	15	—
100	2	30 ~ 38	42 ~ 44	450 ~ 500	60 ~ 70	60	55 ~ 60	39	10	3
120	2	35 ~ 40	46 ~ 48	450 ~ 500	60 ~ 70	60	60 ~ 65	—	20	—
120	2	35 ~ 40	46 ~ 48	500 ~ 520	60 ~ 70	60	55 ~ 60	39	10	3

注：基体材料为 Q235 钢板的立对接接头，采用直径 3 mm 的 H10MnSi 焊丝和焊剂 431。

七、电渣焊设备

电渣焊一般采用较为常用的 HS—1000 型电渣焊机，用于丝极电渣焊，可焊接 60 ~ 500 mm 厚的立对接焊缝，60 ~ 250 mm 厚的 T 形接头、角接接头的垂直焊缝，直径在 3 000 mm 以下、壁厚小于 450 mm 的环缝；还可供板极电渣焊焊接厚度在 800 mm 以下的立对接焊缝。

HS—1000 型电渣焊机可按需要分别使用一至三根焊丝或板极进行焊接，其外形如图 8—2—6 所示。它主要由自动焊机头、导轨、焊丝盘、控制箱和附件组成，并配备 BP1—3 × 1000 型焊接变压器作为电渣焊电源。

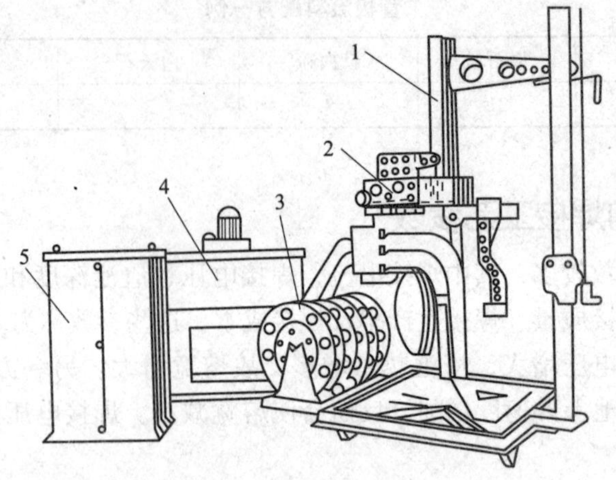

图 8—2—6　HS—1000 型电渣焊机

1—导轨　2—自动焊机头　3—焊丝盘　4—BP1—3×1000 型焊接变压器　5—控制箱

八、技能操作——电渣焊的焊接

1. 电渣焊工作过程

(1) 引弧造渣阶段

电渣焊开始时，将电极与引弧板接触引燃电弧，再不断加入固体焊剂，使之受热熔化形成液态渣池，当渣池达到一定深度后，电弧熄灭转入电渣过程。

(2) 正常焊接阶段

当电渣过程稳定后，渣池产生的热量将电极和焊件熔化，形成熔池汇集在渣池下部。随着电极不断向渣池送进，金属熔池和渣池逐渐上升，要适时地补充焊剂，冷却滑块也要相应上移，使金属熔池的下部远离热源，逐渐凝固形成焊缝。

(3) 引出阶段

在焊件上部装有引出板，以便将渣池和收尾时的那部分焊缝引出焊件。在引出阶段，应逐渐降低送丝速度、焊接电流和焊接电压，焊接结束前断续几次送丝，以减少缩孔和防止裂纹。焊接结束后，不要将渣池完全放掉，以减慢冷却速度，防止裂纹。

焊后将起焊部分和引出部分割除。

2. 电渣焊的热过程

电渣焊的热源是整个渣池。在渣池内，电极的端部与金属熔池间有一锥体状区域的电流密度最大，产生的电阻热也最多，温度可达 2 000℃以上，这个区域的熔渣称为高温锥体（见图 8—2—7）。它是电渣焊的热源中心，温度最高，其他区域的熔渣与这个区域的对流很激烈，将热量很快带到整个渣池，使渣池表面温度达到 1 600～1 800℃。由此可见，渣池与电弧相比，是一个温度较低、热量较均匀、热容量和体积都

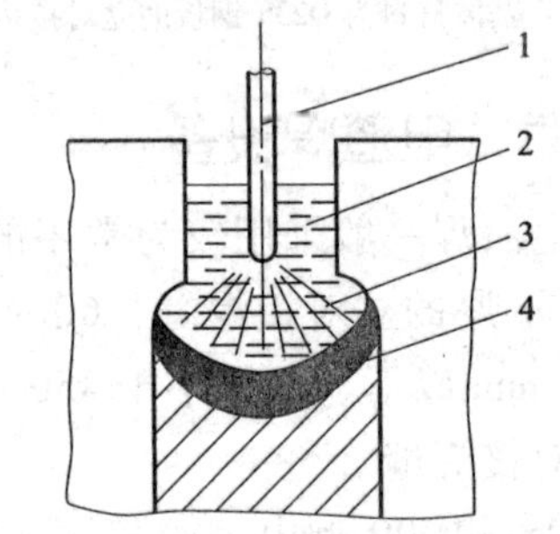

图 8—2—7　渣池中的高温锥体

1—焊丝　2—渣池
3—高温锥体　4—金属熔池

较大的热源。

由于渣池热源的特征，使焊件加热和冷却速度缓慢；焊缝和近缝区在高温下停留时间较长，热影响区较大，这是电渣焊热过程的基本特点。

3. 评分标准（见表 8—2—4）

表 8—2—4　　电渣焊焊接评分表

项目	分值	评分标准	得分	备注
设备、工具的安装和使用	10	使用方法不正确扣 1 ~ 10 分		
参数的选择	20	不正确不得分		
焊前清理	10	不清理不得分		
装配	10	不正确不得分		
电渣焊焊接操作	30	不正确不得分		
有关安全操作规程规定	10	违反有关规定扣 1 ~ 10 分		
有关文明生产规定		违反规定倒扣 10 ~ 20 分		
时间定额 60 min	10	超过时间定额扣 1 ~ 10 分		
合计	100			

课后练习

一、填空题

1. 电渣焊根据所用的电极形状不同可分为__________、__________和__________。

2. 电渣焊的焊接材料有电极和焊剂，常用的电渣焊焊剂有__________和__________。

3. 电渣焊工作过程包括____________、____________和____________三个阶段。

4. 电渣焊的特点是__________、__________、__________、__________、__________等。

5. 电渣焊的焊接工艺参数主要有__________、__________、__________和__________等。

6. 电渣焊的热源是________________________。

二、判断题

1. 由于电渣焊通过焊剂向焊缝金属过渡合金元素比较困难，所以向焊缝过渡合金元素主要靠电极材料。（　　）

2. 电渣焊时，焊件应处于垂直位置，焊接方向应自下而上。（　　）

3. 电渣焊渣池的温度比电弧焊要低得多，所以电渣焊的生产率没有电弧焊高。（　　）

4. 电渣焊焊后冷却速度较慢，所以焊缝及热影响区金属晶粒细小，焊接接头冲击韧性高。（　　）

三、选择题

1. 电渣焊一般是通过（　　）来渗合金的。

A. 熔炼焊剂　　B. 合金焊丝　　C. 合金粉末

2. 在金属焊接方法分类中，电渣焊属于（　　）。

A. 熔焊　　B. 压焊　　C. 钎焊

3. 电渣焊的坡口形式应选择（　　）

A. U 形坡口　　B. 双 V 形坡口　　C. V 形坡口　　D. 不开坡口

4. 电渣焊焊后热处理的目的是（　　）。

A. 降低残余应力　　B. 减小焊接变形　　C. 细化晶粒

5. 电渣焊属于（　　）保护。

A. 气　　B. 渣　　C. 气—渣联合

四、简答题

电渣焊有何特点？其原理是什么？

模块九
气割

课题1　气割设备操作

1. 了解气割的原理、特点及应用。
2. 熟悉气割工作过程和条件。
3. 熟练操作气割设备。

气割是利用气体火焰的能量将金属分离的一种加工方法，是生产中钢材分离的重要手段。

一、气割原理及条件

1. 气割的原理和过程

气割是利用气体火焰的热能，将工件切割处预热到燃烧温度后，喷出高速切割氧流，使其燃烧并放出热量，从而实现切割的方法。氧气切割过程包括下列三个阶段：

（1）气割开始时，用预热火焰将起割处的金属预热到燃烧温度（燃点）。

（2）向被加热到燃点的金属喷射切割氧，使金属剧烈地燃烧。

（3）金属燃烧氧化后生成熔渣和产生反应热，熔渣被切割氧吹除，所产生的热量和预热火焰热量将下层金属加热到燃点，这样继续下去就将金属逐渐地割穿，随着割炬的移动，就切割成所需的形状和尺寸。

因此，氧气切割过程是预热—燃烧—吹渣过程，其实质是铁在纯氧中的燃烧过程，而不是熔化过程。气割过程如图9—1—1所示。

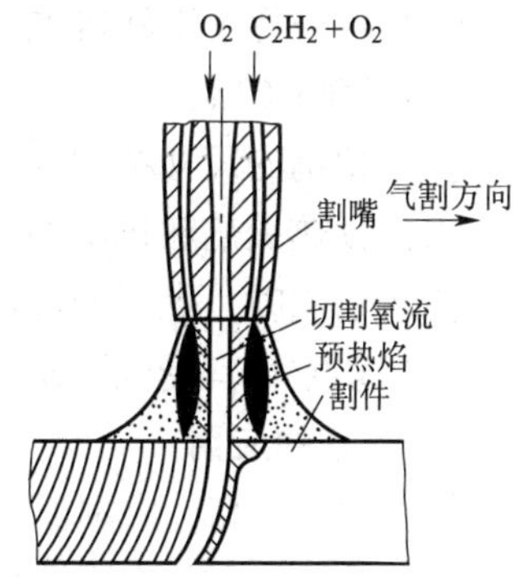

图9—1—1　气割过程示意图

2. 气割的条件

金属进行氧气切割需符合下列条件：

（1）金属在氧气中的燃点应低于熔点，这是氧气切割过程能正常进行的最基本条件。否则金属在燃烧之前已熔化就不能实现正常的气割过程。

（2）金属气割时形成氧化物的熔点应低于金属本身的熔点。氧气切割过程产生的金属氧化物的熔点必须低于该金属本身的熔点，同时流动性要好，这样的氧化物才能以液体状态从切口处被吹除。

（3）金属在切割氧流中燃烧应该是放热反应。因为放热反应的结果是上层金属燃烧产生很大的热量，对下层金属起着预热作用。如气割低碳钢时，由金属燃烧所产生的热量约占70%，而由预热火焰所供给的热量仅为30%。否则，如果金属燃烧是吸热反应，则下层金属得不到预热，气割过程就不能进行。

（4）金属的导热性不应太高。如果被切割金属的导热性太高，则预热火焰及气割过程中氧化所析出的热量会被传导散失，这样气割处温度急剧下降而低于金属的燃点，将使气割不能开始或中途停止。

（5）金属中阻碍气割过程和提高钢的可淬性的杂质要少。被气割金属中，阻碍气割过程的杂质，如碳、铬、硅等要少，同时提高钢的可淬性的杂质，如钨、钼等也要少。这样才能保证气割过程正常进行，同时气割切口表面也不会产生裂纹等缺陷。

金属的氧气切割过程主要取决于上述五个条件。低碳钢、低合金钢能满足上述要求，所以能很顺利地进行气割。

碳钢的气割性能与含碳量有关，钢的含碳量增加，熔点降低，燃点升高，气割性能变差。当含碳量超过0.7%时，必须将割件预热至400～700℃才能进行气割；当含碳量大于1%～1.2%时，割件就不能进行正常气割。

目前，铸铁、高铬钢、铬镍钢、铜、铝及其合金因不符合气割条件，均采用等离子切割。

二、气割的特点及应用

1. 气割的优点

（1）气割钢的速度比其他机械切割方法效率高。

（2）机械切割方法难以切割的截面形状和厚度，采用氧—乙炔焰切割比较经济。

（3）气割设备的投资比机械切割设备的投资低，气割设备轻便，可用于野外作业。

（4）切割小圆弧时，能迅速改变切割方向；切割大型工件时，不用移动工件，只需移动氧—乙炔焰，便能迅速切割。

（5）可进行手工和机械切割。

2. 气割的缺点

（1）切割的尺寸精度低。

（2）预热火焰和排出的炽热熔渣存在发生火灾以及烧坏设备和烧伤操作工的危险。

（3）切割时，燃气的燃烧和金属的氧化，需要采用合适的烟尘控制装置和通风装置。

（4）切割材料受到限制，如铜、铝、不锈钢、铸铁等不能用氧—乙炔焰切割。

3. 气割的应用

气割的效率高，成本低，设备简单，并能在各种位置进行切割和在钢板上切割各种外形复杂的零件，因此广泛地用于钢板下料、开焊接坡口和铸件浇冒口的切割，切割厚度可达300 mm以上。目前，气割主要用于各种碳钢和低合金钢的切割。其中淬火倾向大的高碳钢和强度等级较高的低合金钢气割时，为避免切口淬硬或产生裂纹，应采取适当加大预热火焰能率和放慢切割速度，甚至割前对钢材进行预热等措施。

三、技能操作——气割设备操作

1. 气瓶、减压器的装卸操作

（1）气瓶使用时，如果用手轮按逆时针方向旋转，则开启瓶阀，顺时针方向旋转则关闭。

（2）安装减压器前，先将氧气瓶放出少许的氧气，开启氧气瓶时人要站在出气口的侧面，不能对着出气口。要逆时针方向旋转手轮，并注意不要用力过猛，目的是吹去瓶口附近脏物，随后立即将氧气瓶关闭。

（3）将减压器的螺帽对准氧气瓶的瓶嘴，至少应拧紧 4 扣以上。如发现接嘴漏气，应将减压器拆下，更换新的垫圈后将螺帽上紧。

（4）减压器出气口与氧气胶管接头处必须用金属丝或夹头拧紧，防止送气后胶管脱开。

（5）打开氧气阀门时要缓缓开启，不要用力过猛，以防止气体压力过高损坏减压器及压力表。

（6）工作结束时，先松开减压器上的调节螺丝，再关闭气瓶瓶阀。

2. 割炬的使用

（1）根据割件的厚度选用合适的割炬及割嘴，并将其组装好。割炬的氧气管接头必须与氧气胶管接牢，乙炔管接头与乙炔胶管应避免连接太紧，以不漏气并容易插上、拔下为准。

（2）射吸式割炬使用前必须检查其射吸情况。检查时，先接上氧气胶管，但不接乙炔胶管，打开氧气和乙炔阀门，用手指按在乙炔进气管接头上，如手指上感到有吸力，说明射吸能力正常；如果没有吸力，说明射吸能力不正常，不能使用。

（3）检查割炬射吸能力后，应把乙炔进气管接头与乙炔胶管接好，同时检查割炬其他各气体通路及割嘴处有无漏气现象。

3. 点火、火焰调节

点火时，先稍打开预热氧阀，再打开乙炔气阀，开始点火。手要避开火焰，防止烧伤，将火焰调成中性焰或轻微氧化焰。然后打开割炬上的切割氧开关，并增大氧气流量，使切割氧流的形状（即风线形状）成为笔直而清晰的圆柱体，并有一定的长度。否则，应关闭割炬上所有的阀门，用通针进行修整或者调整内外嘴的同轴度。预热火焰和风线调整好后，关闭割炬上的切割氧开关，准备起割。

4. 气割姿势

一般采用以下操作姿势。双脚呈外八字形蹲在工件的一旁，右臂靠住右膝盖，左臂悬空在两脚中间，以便移动割炬。右手握住割炬手柄，并以右手的拇指和食指控制预热氧的阀门，便于调整预热火焰和当回火时及时切断预热氧气。左手的拇指和食指握住切割氧气的阀门，同时起掌握方向的作用，其余三指平稳地托住混合气管。操作时上身不要弯得太低，呼吸要有节奏，眼睛应注视工件、割嘴和割线。

5. 熄灭

工作时，应迅速关闭切割氧气阀并将割炬抬起，再关闭乙炔阀门，最后关闭预热氧阀门。松开减压器调节螺钉，将氧气放出。应将减压器卸下并将乙炔供气阀门关闭。

6. 评分标准（见表 9—1—1）

表 9—1—1　　　　　　　　　气割设备操作评分表

项目	分值	评分标准	得分	备注
设备、工具的安装和使用	10	使用方法不正确扣 1 ~ 10 分		
参数的选择	10	不正确不得分		
点火	10	有黑烟或点不着火的不得分		
火焰的调节	20	火焰的调节不正确不得分		
握割炬姿势	10	不正确不得分		
熄灭	10	关闭切割氧气阀，再关闭乙炔阀门，最后关闭预热氧阀门。出现错误不得分		
射吸能力检查	10	出现错误不得分		
气瓶、减压器拆装	10	出现错误不得分		
有关文明生产规定		违反有关规定倒扣 1 ~ 10 分		
时间定额 60 min	10	超过时间定额扣 1 ~ 10 分		
合计	100			

课后练习

一、填空题

1. 减压器按构造不同可分为________式和________式两类，按工作原理不同可分为________式和________式两类，目前常用的是________。

2. 气割的热源是________，常用的有________和________。

3. 气割是利用可燃气体的________在焊件表面加热，待达到一定温度后便喷出________，使钢材燃烧并放出热量，从而达到切割目的的一种切割方法。

4. 气割的实质是________、________和________作用的结果。

5. 气割时，先开启________调节阀，再打开________调节阀点火，然后对割件进行________。待割件预热至________时，开启________调节阀，________气流将使割件形成割缝。

二、判断题

1. 气割结束时，应先关闭乙炔和预热氧调节阀，再关闭切割氧调节阀。（　　）

2. 气割时，预热火焰一般采用中性焰或轻微氧化焰。（　　）

3. 氧气纯度对割缝质量及气体消耗量有影响，对气割速度无影响。（　　）

4. 被切割金属材料的燃点高于熔点是保证气割过程顺利进行的最基本条件。（　　）

5. 氧气是不能燃烧的，但它能帮助其他可燃烧物质燃烧。（　　）

三、选择题

1. 氧气切割过程中，金属燃烧应是（　　）反应。

A. 置换　　B. 还原　　C. 吸热　　D. 放热

2. 用氧—乙炔焰气割时，预热火焰应采用（　　）。

A. 碳化焰　　B. 中性焰　　C. 氧化焰

3. 随着含碳量不断增加，钢的熔点（　　），燃点（　　），因此（　　）气割的进行。

A. 升高　　B. 降低　　C. 有利于　　D. 不利于

四、名词解释

1. 回火
2. 碳化焰
3. 中性焰
4. 氧化焰
5. 气割

五、简答题

1. 气割的过程包括哪三个阶段？氧气切割过程的实质是什么？
2. 金属用氧—乙炔焰气割的条件是什么？

课题 2　低碳钢中厚板手工直线气割

学习目标

1. 了解气割所用的设备及使用。
2. 掌握气割工艺参数。
3. 掌握低碳钢中厚板手工直线气割操作技术。

一、气割所用的设备

气割和气焊所用的设备基本相同，只是在气割时使用割炬。割炬的作用是使氧气与乙炔按比例进行混合，并在预热火焰中心喷射切割氧进行气割，割炬是气割的主要工具。

1. 割炬的分类

（1）割炬按可燃气体和氧气的混合方式不同，可分为低压割炬和等压割炬两种。

（2）按用途不同，可分为普通割炬、重型割炬、焊割两用炬等。通常使用的是低压割炬（射吸式割炬）。

2. 射吸式割炬的构造和原理

(1) 射吸式割炬的构造

割炬与焊炬的构造差不多，如图 9—2—1a 所示，只是多了一个切割氧通道。割炬分为两部分：一是预热部分，二是切割部分。主要由切割氧调节阀、切割氧气管以及割嘴等组成，其具体结构如图 9—2—1b 所示。另外，焊炬与割炬的区别在于两者截面形状不同，焊嘴的喷射孔是小圆孔，割嘴的喷射孔有环形和梅花形两种，如图 9—2—2 所示。

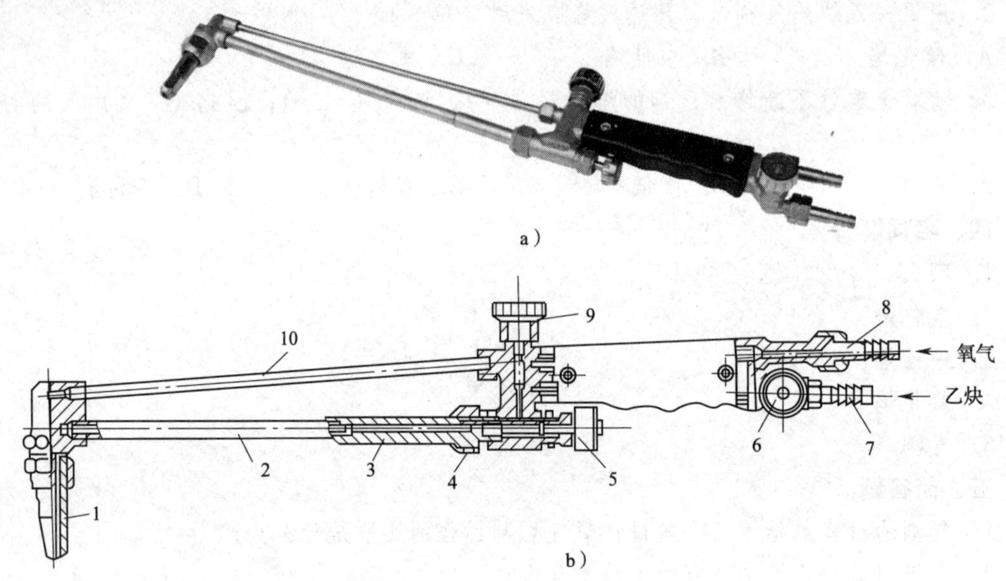

图 9—2—1　射吸式割炬的构造

a）外形　b）结构

1—割嘴　2—混合气管　3—射吸管　4—喷嘴　5—预热氧调节阀　6—乙炔调节阀
7—乙炔接头　8—氧气接头　9—切割氧调节阀　10—切割氧气管

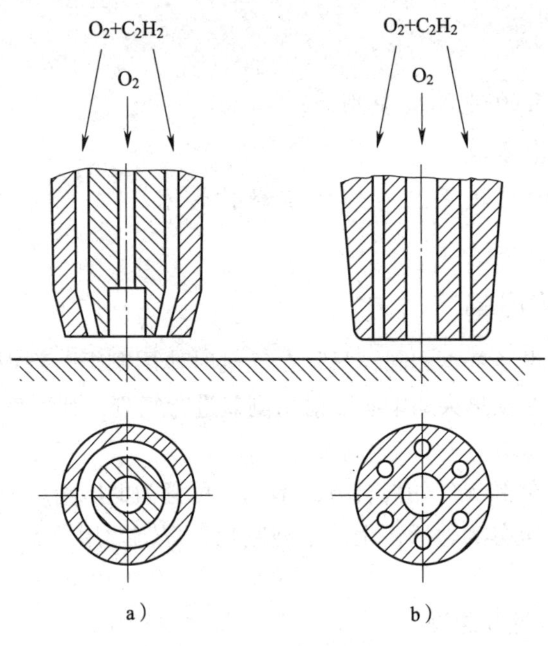

图 9—2—2　割嘴的喷射孔

a）环形　b）梅花形

(2) 射吸式割炬的工作原理

气割时，先逆时针方向稍微开启预热氧调节阀，再打开乙炔调节阀并立即进行点火，然后增大预热氧流量，使氧气与乙炔在喷嘴内混合后，经过混合气体通道从割嘴喷出产生环形预热火焰，对割件进行预热。待割件预热至燃点时，即逆时针方向开启切割氧调节阀，此时高速氧气流将割缝处的金属氧化并吹除，随着割炬的不断移动即在割件上形成割缝。

3. 割炬常见故障及排除方法

割炬常见故障、原因及排除方法见表9—2—1。

表9—2—1　　割炬常见故障、原因及排除方法

故障	原因	排除方法
割嘴漏气	使用过久，割嘴磨损	更换新割嘴
工作中火焰不正常或有灭火现象	管路堵塞或漏气	吹除管路中杂物或用电工胶片粘紧漏气部位
点火后火焰虽调整正常，但一打开切割氧调节阀，火焰立即熄灭	割嘴头和割炬配合不严	1. 拧紧割嘴 2. 拆下割嘴用细砂纸轻轻研磨割嘴头配合面
预热火焰调整正常后，割嘴头发出有节奏的“叭叭”声，但火焰并不熄灭。切割氧调节阀开大时火焰立即熄灭	割嘴外漏气	拆下割嘴外套，轻轻拧紧喷嘴芯，若无效，可拆下外套，用石棉绳垫上

4. 割炬型号编制

割炬的型号由汉语拼音字母G、表示操作方式和结构形式的序号及规格组成。

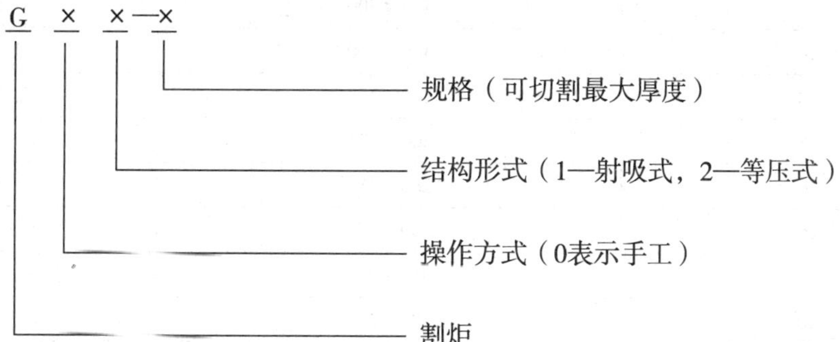

射吸式割炬的型号有G01—30、G01—100、G01—300等，如G01—30表示手工操作的、可切割的最大厚度为30 mm的射吸式割炬。

5. 其他割炬

(1) 氧丙烷割炬

氧丙烷割炬与氧乙炔割炬比较，其预热氧多消耗一倍，常用氧丙烷割炬的型号有G07—100和G07—300两种。

(2) 液化石油气割炬

由于液化石油气与乙炔的燃点不同，因此不能直接使用乙炔割炬，须进行改造，并配液化石油气专用割嘴。等压式割炬不改造也可以用，但需要配专用割嘴。

由于丙烷和液化石油气的性质及燃点相差不多，因此丙烷割炬也可用作液化石油气割炬。

(3) 氧丙烷切割

气割用燃气最早使用的是乙炔，随着工业的发展，人们在探索中发现了许多燃气也可代替乙炔，主要有液化石油气、丙烷、丙烯、煤气和天然气等。

氧丙烷切割比氧乙炔气割安全得多，且它与氧乙炔气割相比，其成本低30%左右，同时，氧丙烷气割具有切口表面光洁、含碳量低、棱角整齐、清渣较容易、切割变形小等优点，许多发达国家早已使用丙烷来代替乙炔进行气割。但是氧丙烷火焰的温度比氧乙炔火焰温度低，所以气焊时预热时间长，氧气消耗量也比氧乙炔气割大得多。

二、气割工艺参数

气割工艺参数主要包括气割氧压力、切割速度、预热火焰性质及能率、割嘴与割件的倾斜角度、割嘴离割件表面的距离等。

1. 气割氧压力

气割氧压力主要根据割件厚度来选用。割件越厚，要求气割氧压力越大。氧气压力过大，不仅造成浪费，而且使切口表面粗糙，切口加大。而氧气压力过小，不能将熔渣全部从切口处吹除，使切口的背面留下很难清除干净的挂渣，甚至出现割不透现象。氧气压力可参照表9—2—2选用。

表9—2—2　钢板气割厚度与切割速度、氧气压力的关系

钢板厚度（mm）	切割速度（mm/min）	氧气压力（MPa）
4	450~500	0.2
5	400~500	0.3
10	340~450	0.35
15	300~375	0.375
20	260~350	0.4
25	240~270	0.425
30	210~250	0.45
40	180~230	0.45
60	160~200	0.5
80	150~180	0.6

氧气纯度对切割速度、气体消耗量及切口质量有很大影响。氧气的纯度低，金属氧化缓慢，使气割时间增加，而且气割单位长度割件的氧气消耗量也增加。例如，在氧气纯度为97.5%~99.5%的范围内，每降低1%时，1 m长的切口气割时间增加10%~15%，而氧气消耗量增加25%~35%。

2. 切割速度

切割速度与割件厚度和使用的割嘴形状有关，割件越厚，切割速度越慢；反之，割件越薄，则切割速度越快。切割速度太慢，会使切口边缘熔化；速度过快，则会产生很大的后拖量（沟纹倾斜）或割不透。切割速度的正确与否，主要根据切口后拖量来判断。所谓后拖量是指切割面上切割氧流轨迹的始点与终点在水平方向的距离，如图 9—2—3 所示。切割速度可参照表 9—2—2 选用。

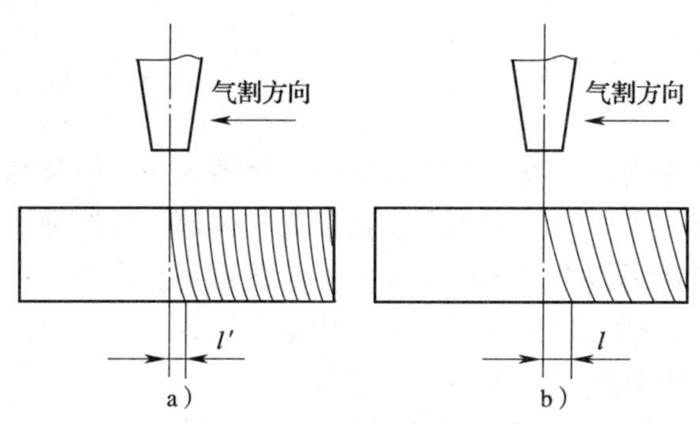

图 9—2—3　后拖量

a）切割速度正常　b）切割速度不正常

3. 预热火焰性质及能率

气割时，预热火焰采用中性焰或轻微氧化焰，不能使用碳化焰，因为使用碳化焰会使切口边缘产生增碳现象。

预热火焰能率是以每小时可燃气体消耗量来表示的。预热火焰能率应根据割件厚度来选择，一般割件越厚，火焰能率越大。但火焰能率过大时，会使切口上缘产生连续珠状钢粒，甚至熔化成圆角，同时造成割件背面粘渣增多而影响气割质量。当火焰能率过小时，割件得不到足够的热量，迫使切割速度减慢，甚至使气割过程发生困难。这在厚板气割时更应注意。

4. 割嘴与割件的倾斜角

割嘴与割件的倾斜角度，直接影响切割速度和后拖量，如图 9—2—4 所示。当割嘴沿气割相反方向倾斜一定角度时（后倾），能使氧化燃烧而产生的熔渣吹向切割线的前缘，这样可充分利用燃烧反应产生的热量来减少后拖量，从而促使切割速度的提高。进行直线切割时，应充分利用这一特性。割嘴与割件倾斜角大小，主要根据割件厚度而定。割嘴与割件倾斜角的大小，可按表 9—2—3 选择。

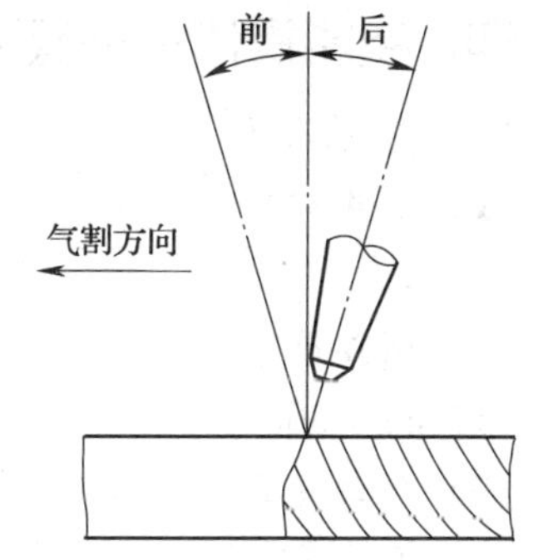

图 9—2—4　割嘴与割件的倾斜角

表 9—2—3　**割嘴与割件倾斜角的选择**

割件厚度	<6 mm	6 ~ 30 mm	>30 mm		
			起割	割穿后	停割
倾角方向	后倾	垂直	前倾	垂直	后倾
倾斜角度	25° ~ 45°	0°	5° ~ 10°	0°	5° ~ 10°

5. 割嘴离割件表面的距离

割嘴离割件表面的距离应根据预热火焰长度和割件厚度来确定，一般为 3 ~ 5 mm。因为这样的加热条件好，切割面渗碳的可能性最小。当割件厚度小于 20 mm 时，火焰可长些，距离可适当加大；当割件厚度大于或等于 20 mm 时，由于切割速度放慢，火焰应短些，距离应适当减小。

三、回火现象

在气焊、气割工作中有时会发生气体火焰进入喷嘴内逆向燃烧的现象，这种现象称为回火。回火可能烧毁焊（割）炬、管路及引起可燃气体储气罐的爆炸。

发生回火的根本原因是混合气体从焊（割）炬的喷射孔内喷出的速度小于混合气体燃烧速度。由于混合气体的燃烧速度一般不变，凡是降低混合气体喷出速度的因素都有可能发生回火。发生回火的具体原因有以下几个方面：

1. 输送气体的软管太长、太细，或者曲折太多，使气体在软管内流动时所受的阻力增大，降低了气体的流速，引起回火。

2. 焊割时间过长或者焊（割）嘴离工件太近，致使焊（割）嘴温度升高，焊（割）炬内的气体压力增大，增大了混合气体的流动阻力，降低了气体的流速而引起回火。

3. 焊（割）嘴端面黏附了过多飞溅出来的熔化金属微粒，这些微粒阻塞了喷射孔，使混合气体不能畅通地流出而引起回火。

4. 输送气体的软管内壁或焊（割）炬内部的气体通道上黏附了固体碳质微粒或其他物质，增加了气体的流动阻力，降低了气体的流速以及气体管道内存在氧—乙炔混合气体等引起回火。

四、技能操作——低碳钢中厚板手工直线切割

1. 气割前准备

(1) 试件材料

Q235。

(2) 试件尺寸

450 mm × 300 mm × 30 mm，如图 9—2—5 所示。

(3) 气割设备及工具

氧气瓶、减压器、乙炔瓶、割炬（G01—100 型）、3 号环形（或梅花形）割嘴、橡胶软管。

(4) 辅助器具

护目镜、点火枪、通针、钢丝刷等。

2. 气割前清理

用钢丝刷等工具将试件表面的铁锈、鳞皮和脏物等仔细清理干净，然后将割件用耐火砖垫空，便于切割。

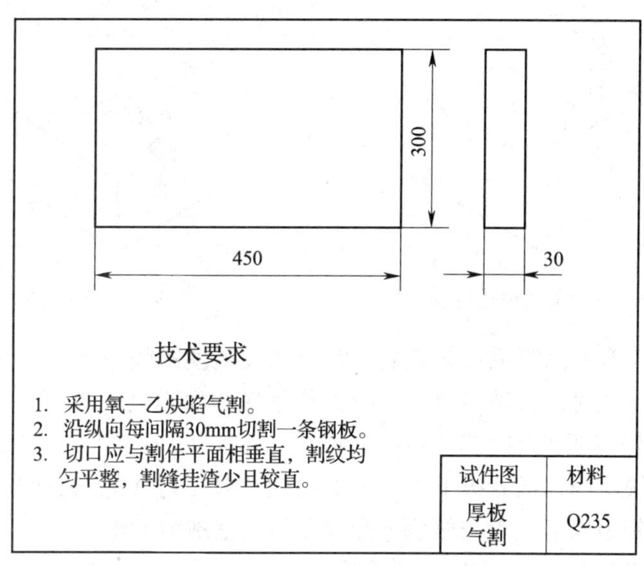

图 9—2—5　厚板气割试件图

3. 点火

点火前应先检查割炬的射吸能力。将割炬的氧气接通，扭开预热氧气调节阀手轮，用左手拇指轻触乙炔气接头，当手指感到有吸力，则说明割炬射吸性能良好，可以使用。

点火时，先稍打开预热氧阀，再打开乙炔气阀，开始点火。手要避开火焰，防止烧伤，将火焰调成中性焰或轻微氧化焰。然后打开割炬上的切割氧开关，并增大氧气流量，使切割氧流的形状（即风线形状）成为笔直而清晰的圆柱体，并有一定的长度。否则，应关闭割炬上所有的阀门，用通针进行修整或者调整内外嘴的同轴度。预热火焰和风线调整好后，关闭割炬上的切割氧开关，准备起割。

4. 操作要点及注意事项

（1）起割

气割姿势参阅课题 1。

开始切割时，先预热钢板的边缘，待边缘呈现亮红色时，将火焰局部移出边缘线以外，同时慢慢打开切割氧气阀门。当看到被预热的红点在氧气流中被吹掉时，进一步开大切割氧气阀门，看到割件背面飞出鲜红的氧化金属渣时，证明割件已被割透，此时应根据割件的厚度以适当的速度从右向左移动进行切割。

对于中厚钢板，应由割件边缘棱角处开始预热，要准确控制割嘴与割件间的垂直度，如图 9—2—6 所示。将割件预热到切割温度时，逐渐开大切割氧压力，并将割嘴稍向气割方向倾斜 5°～10°，如图 9—2—7 所示。当割件边缘全部割透时，再加大切割氧流，并使割嘴垂直于割件，进入正常气割过程。

（2）正常气割过程

起割后，为了保证割缝的质量，在整个气割过程中，割炬移动速度要均匀，割嘴离割件表面的距离要保持一定。若身体需更换位置，应先关闭切割氧气阀门，待身体的位置移好后，再将割嘴对准待割处，适当加热，然后慢慢打开切割氧气阀门，继续向前切割。

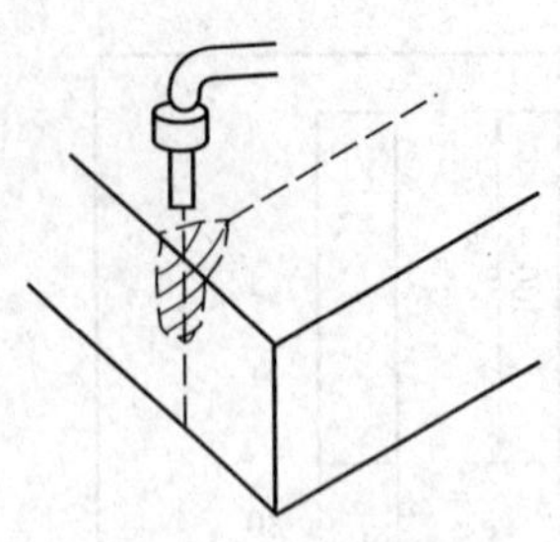

图 9—2—6　预热位置

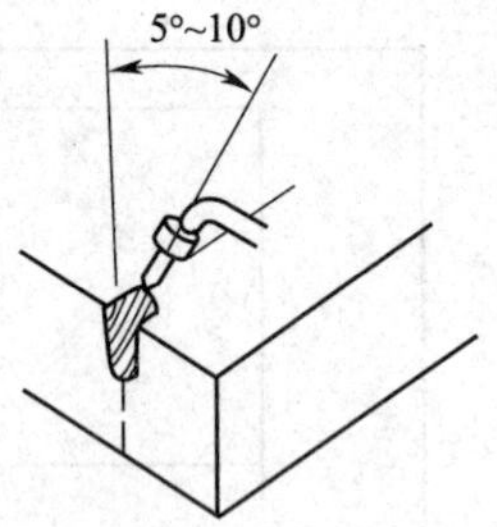

图 9—2—7　起割

在气割过程中，有时因割嘴过热或氧化铁渣的飞溅使割嘴堵塞或乙炔供应不足时，出现鸣爆和回火现象。此时，必须迅速地关闭预热氧气和切割氧气阀门，切断氧气供给，防止出现回火。如果仍然听到割炬里还有“嘶嘶”的响声，则说明火焰没有完全熄灭，此时，应迅速关闭乙炔阀门，或者拔下割炬上的乙炔软管，将回火的火焰排出。以上处理正常后，要重新检查割炬的射吸力，然后才允许重新点燃割炬工作。

在中厚钢板的正常气割过程中，割嘴要始终垂直于割件作横向月牙形或“之”字形摆动，如图 9—2—8 所示。移动速度要慢，并且应连续进行，尽量不中断气割，避免割件温度下降。

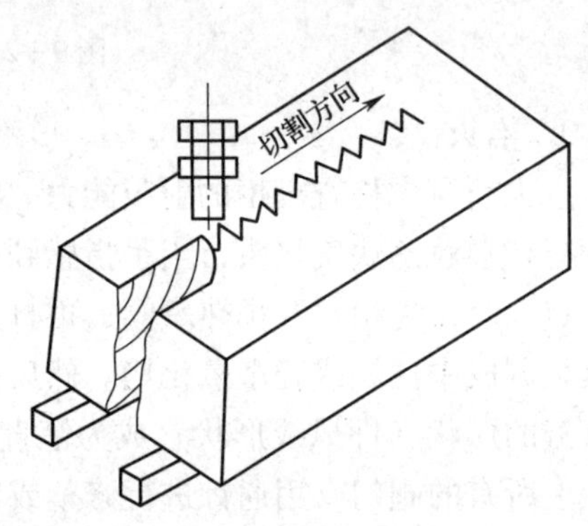

图 9—2—8　割嘴沿切割方向横向摆动示意图

（3）停割

气割过程临近终点时，割嘴应沿气割方向的反方向倾斜一个角度，以便钢板的下部提前割透，使割缝在收尾处整齐美观。当到达终点时，应迅速关闭切割氧气阀并将割炬抬起，再关闭乙炔阀门，最后关闭预热氧阀门。松开减压器调节螺钉，将氧气放出。停割后，要仔细清除割缝边缘的挂渣，便于以后的加工。结束工作时，应将减压器卸下并将乙炔供气阀门关闭。中厚钢板如果遇到割不透时，允许停割，并从割线的另一端重新起割。

5. 评分标准（见表 9—2—4）

表 9—2—4　　　　低碳钢中厚板手工直线切割评分表

项目	质量检查内容	质量检查要求	配分	评分标准	扣分	得分
割前准备	各种设备、工具的安装和使用	正确使用和安装各种设备、工具	5	使用和安装方法不正确扣 1 ~5 分		
	气割参数的选择	正确选择气割参数	3	不正确不得分		
工件尺寸精度	切口边缘直线度	切口边缘直线度误差≤2 mm	9	每超差 1 mm 扣 3 分 超差严重不得分		
	坡口角度 30°	尺寸误差≤2°	20	每超差 1°扣 10 分 超差严重不得分		
	坡口长度尺寸	尺寸极限偏差为 ±2 mm	12	每超差 1 mm 扣 3 分 超差严重不得分		

续表

项目	质量检查内容	质量检查要求	配分	评分标准	扣分	得分
切口外观质量	切割面平面度	切割面平面度误差≤1 mm	10	每超差1 mm扣3分 超差严重不得分		
	缺口		10	每处扣3分		
	上缘熔化		8	根据熔化程度扣1~8分		
	上缘呈现珠链状钢粒		6	出现缺陷不得分		
	下缘粘渣		6	根据粘渣程度扣1~6分		
	试件变形量	试件变形量≤1 mm	6	超差不得分		
安全文明生产	安全操作规程有关规定	达到规定标准	5	违反有关规定扣1~5分		
	文明生产有关规定					
时间定额	50 min	按时完成		每超过时间定额5%倒扣1分		
合计			100			

课后练习

一、填空题

1. 气割工艺参数包括________、________、________、________和________。

2. 氧气压力的选择一般是随割件厚度的增大而________，或随割嘴代号的增大而________。

3. 气割速度主要取决于切割件的________，割件越厚，割速________。

4. 后拖量是指气割面上的________轨迹的始、终点在________方向上的距离。

5. 气割时，预热火焰应采用________焰或________焰。

6. 割炬的作用是将________与________以一定的比例混合形成预热火焰，并在预热火焰的中心喷射________气割。

7. 割炬按可燃气体与氧的混合方式分为________和________两种。

8. 割炬按用途可分为________割炬、________割炬和________割炬。

9. 割炬G01—30型号中G表示________，0表示________，1表示________，30表示________。

10. 射吸式割炬的结构分为________和________两部分。

11. 射吸式割炬的割嘴混合气体的喷射孔有________形和________形两种。

二、判断题

1. 气割时，预热火焰一般采用中性焰或轻微碳化焰。（　　）

2. 气割时，上层金属燃烧产生的热量对下层金属起着预热作用。（　）
3. 氧气纯度对割缝质量及气体消耗量有影响，对气割速度无影响。（　）
4. 氧气瓶阀、氧气减压器、焊炬、割炬和氧气胶管等严禁沾染上易燃物质和油脂。（　）
5. 气割后拖量是指切割面上切割氧流轨迹的始点与终点在水平方向的距离。（　）
6. 被切割金属材料的燃点高于熔点是保证切割过程顺利进行的最基本条件。（　）
7. 氧气本身是不能燃烧的，但它能帮助其他可燃物质燃烧。（　）
8. 钢材含碳量越高，其气割性能越好。（　）
9. 左向焊法与右向焊法相比，前者易使焊缝氧化。（　）
10. 气割低碳钢时，由金属燃烧所产生的热量约占70%。（　）
11. 中性焰适用于焊接一般的低碳钢及要求焊接过程中对熔化金属渗碳的金属材料。（　）

三、选择题

1. 随着含碳量的不断增加，钢的熔点（　），燃点（　），因此（　）气割的进行。

A. 升高　B. 降低　C. 有利于　D. 不利于

2. 用氧—乙炔焰气割时，预热火焰应采用（　）。

A. 碳化焰　B. 中性焰或轻微氧化焰
C. 氧化焰

3. 气割时后拖量过大主要是由于（　）引起的。

A. 切割速度过快　B 切割速度过慢
C. 氧气压力太高

四、名词解释

1. G01—100
2. G01—300
3. G07—300

五、简答题

1. 射吸式割炬的构造和原理及作用是什么？
2. 气割工艺参数有哪些？
3. 气割时产生后拖量的原因主要有哪些？

六、计算题

1. 气割厚度为20 mm的钢板时，乙炔和氧气消耗量的比值为1∶6，切割每米钢板的氧气消耗量为140 L，试求切割长度为3 m的钢板时需要多少升乙炔？

2. 气割厚度为40 mm的钢板时，乙炔和氧气消耗量的比值为1∶8，切割每米钢板的乙炔消耗量为50 L，试求切割长度为6 m的钢板时需要多少升氧气？

课题3　低碳钢板碳弧气刨刨U形坡口

学习目标

1. 了解碳弧气刨的特点及其应用。
2. 认识碳弧气刨设备和合理选择碳弧气刨工艺参数。
3. 掌握碳弧气刨设备操作和低碳钢板碳弧气刨刨U形坡口操作技术。

一、碳弧气刨的特点及其应用

碳弧气刨是利用碳电极（即碳棒）与工件间产生的电弧热将金属局部熔化，同时借助压缩空气的气流将其吹除，实现刨削和切断金属的加工方法，如图9—3—1所示。

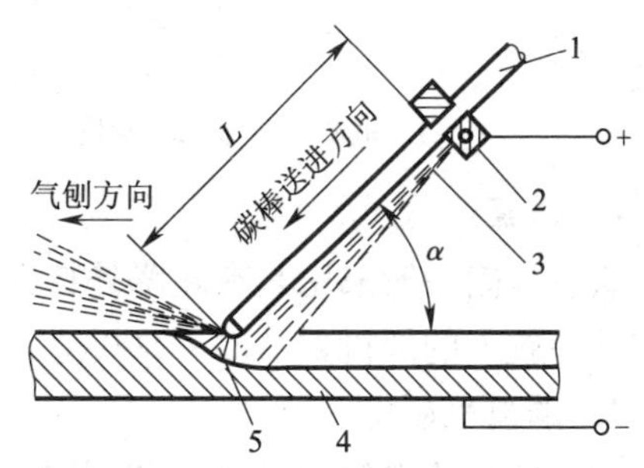

图9—3—1　碳弧气刨示意图
1—碳棒　2—气刨枪夹头　3—压缩空气
4—工件　5—电弧　L—碳棒伸出长度
α—碳棒与工件夹角

碳弧气刨与风铲切削相比，具有生产效率高、噪声小、操作方便等优点。因此在造船、锅炉及压力容器等金属结构制造部门应用广泛。

利用碳弧气刨可以进行焊缝清根、背面开槽和各种形式的坡口加工，还可以用它来刨掉焊缝中的缺陷，并可进行切割，如切割铸件的浇冒口、毛刺，切割不锈钢、铜、铝等金属材料。除手工碳弧气刨外，自动碳弧气刨也开始在生产中应用。图9—3—2所示为碳弧气刨及切割工艺主要应用实例。

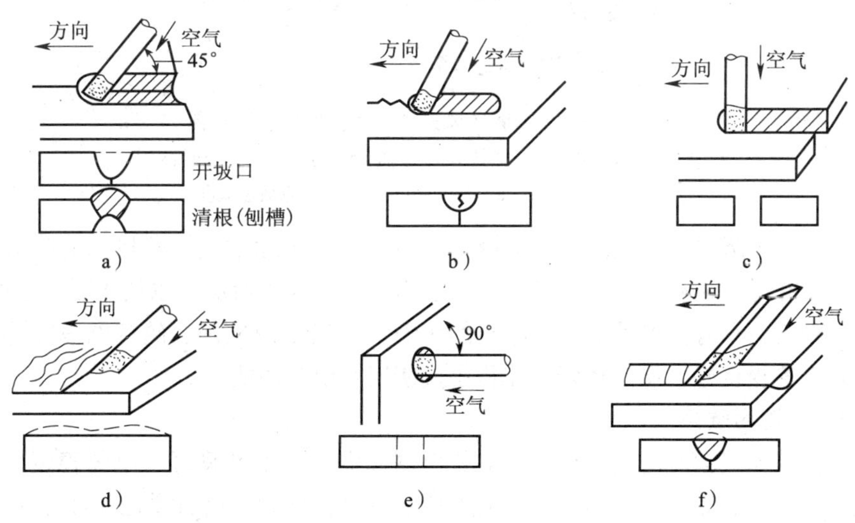

图9—3—2　碳弧气刨及切割工艺应用实例示意图
a）开坡口及清根（刨槽）　b）去除缺陷　c）切割　d）清除表面　e）打孔　f）刨除余高

二、碳弧气刨的设备

碳弧气刨的设备如图9—3—3所示，主要由电源、碳弧气刨枪、碳棒、电缆气管及压缩空气源组成。

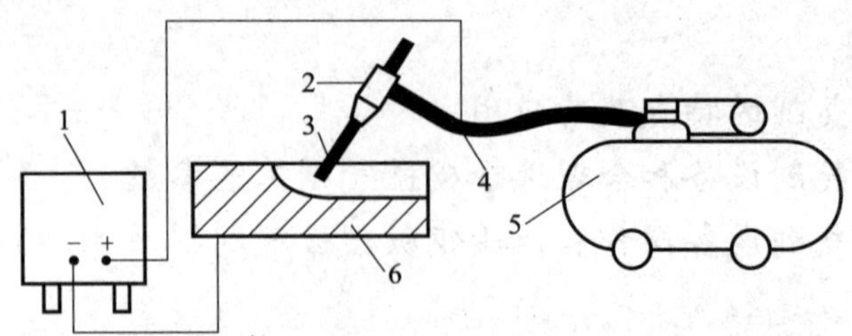

图9—3—3　碳弧气刨的装置示意图

1—电源　2—碳弧气刨枪　3—碳棒　4—电缆气管　5—压缩空气机　6—工件

1. 电源

碳弧气刨一般采用具有陡降外特性的直流电源，由于需要较大的焊接电流，因此，应选用功率较大的焊机如AX1—500型、ZX5—500型等作为碳弧气刨的电源。

2. 碳弧气刨枪

碳弧气刨枪有侧面送风式和圆周送风式两种。图9—3—4所示为侧面送风式碳弧气刨枪。它的特点是送风孔开在钳口附近的一侧，工作时压缩空气从这里喷出，气流恰好对准碳棒的后侧，将熔化的铁液吹走，从而达到刨槽或切割的目的。

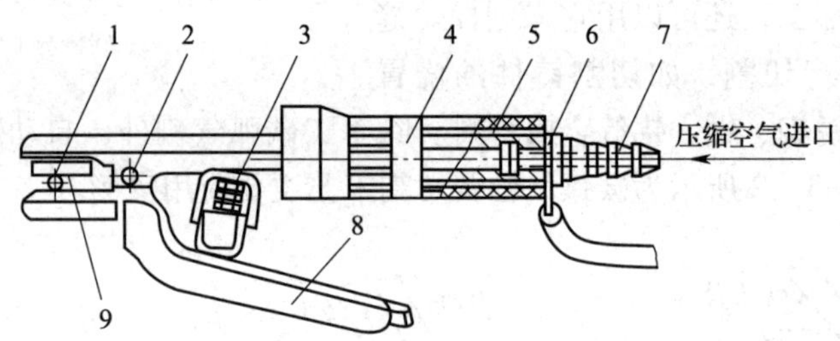

图9—3—4　侧面送风式碳弧气刨枪构造示意图

1—碳棒　2—小轴　3—弹簧　4—手柄　5—通风道　6—导线接头

7—空气管接头　8—活动钳口手柄　9—侧面送风孔

图9—3—5为圆周送风式碳弧气刨枪。它的特点是压缩空气沿碳棒四周喷流，既均匀又冷却碳棒，并对电弧有一定的压缩作用，刨槽前端不堆积熔渣，以便于看清刨槽位置。

碳弧气刨枪应具有导电性良好、吹出的压缩空气集中而准确、碳棒电极夹持牢固且更换方便、外壳绝缘良好、质量较轻、体积小及使用方便等性能。

3. 碳弧气刨用碳棒

碳棒用作碳弧气刨时的电极材料，应具有耐高温、导电性良好、电弧稳定、成本低等特点。碳棒由石墨、碳粉和黏结剂混合后经压制成型，然后经过石墨化处理并在表面镀铜。镀铜层厚度为0.3～0.4 mm，其断面形状多为圆形，用于焊缝的清根、开槽、清除焊接缺陷等；刨宽槽或平面时，可采用矩形碳棒（见图9—3—6）。

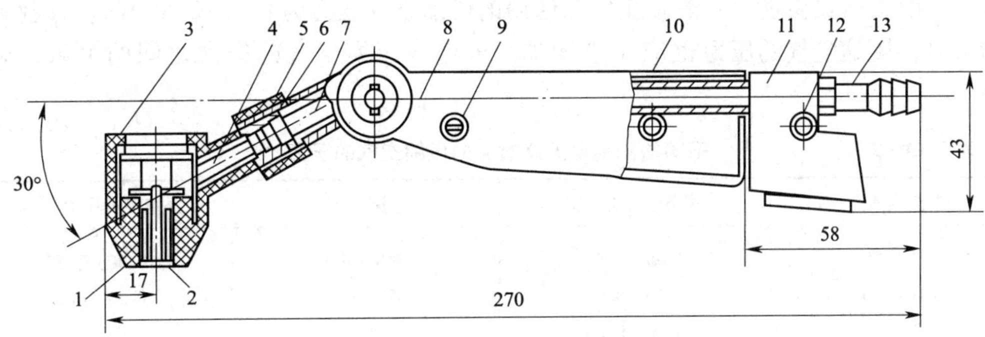

图 9—3—5　圆周送风式碳弧气刨枪构造示意图

1—绝缘喷嘴　2—碳棒弹性夹心　3—腔体　4—下枪体连接件　5—连接螺母
6—玻璃纤维嵌铜心螺母　7—上枪体连接件　8—手柄　9—平头螺母　10—进气管
11—电缆接头　12—固定螺母　13—进气管接头

4. 外部接线

进行碳弧气刨时，若同时采用电风合一软管和电焊电缆线，应有一个专用的接头。该接头的作用是：既要与来自电源的电缆线相连，又要与来自压缩空气气源的胶管相通，然后与电风合一的软管相接。碳弧气刨外部接线如图 9—3—3 所示。

图 9—3—6　碳弧气刨用碳棒

三、碳弧气刨的工艺参数

1. 电源极性

对碳素钢和普通低合金钢进行碳弧气刨时，应采用直流反接，以提高电弧的稳定性，使刨槽表面光滑；但对铸铁碳弧气刨时，应采用直流正接。

2. 碳棒直径与刨削电流

碳棒直径和刨削电流根据钢板厚度来选择，见表 9—3—1。

表 9—3—1　　钢板厚度与碳棒直径、刨削电流的关系

钢板厚度（mm）	碳棒直径（mm）	电流（A）	钢板厚度（mm）	碳棒直径（mm）	电流（A）
1 ~ 3	4	160 ~ 200	10 ~ 16	8	320 ~ 360
3 ~ 5	6	200 ~ 270	16 ~ 20	8	360 ~ 400
5 ~ 10	6	270 ~ 320	20 ~ 30	10	400 ~ 500

3. 刨削速度

刨削速度太快，刨槽深度就会减小，还可能造成碳棒与金属相接触，使碳进入金属中，形成“夹碳”缺陷。所以，一般刨削速度为 0.5 ~ 1.2 m/min。

4. 压缩空气压力

压缩空气压力高，刨削有力，能迅速吹走熔化的金属；反之，吹走熔化金属的作用减弱，刨削表面较粗糙。一般碳弧气刨使用的压缩空气压力为 0.4 ~ 0.6 MPa。且刨削电流增大时，压缩空气的压力也应相应增加。电流与压缩空气的压力之间的关系，见表 9—3—2。

表 9—3—2　　不同的刨削电流所对应的压缩空气的压力

电流（A）	压缩空气压力（Pa）	电流（A）	压缩空气压力（Pa）
140 ~ 190	0.35 ~ 0.40	340 ~ 470	0.50 ~ 0.55
190 ~ 270	0.40 ~ 0.50	470 ~ 550	0.50 ~ 0.60
270 ~ 340	0.50 ~ 0.55		

5. 弧长

碳弧气刨时，如弧长过短，容易引起“夹碳”；过长则电弧不稳定，易引起刨槽高低不平、宽窄不均。碳弧气刨时应尽量保持短弧，通常控制在 1 ~ 2 mm 范围内。

6. 碳棒的倾角和伸出长度

碳棒的倾角如图 9—3—7 所示。倾角的大小主要影响刨槽的深度，倾角增大，槽深增加。一般采用 30° ~ 45°的倾角。

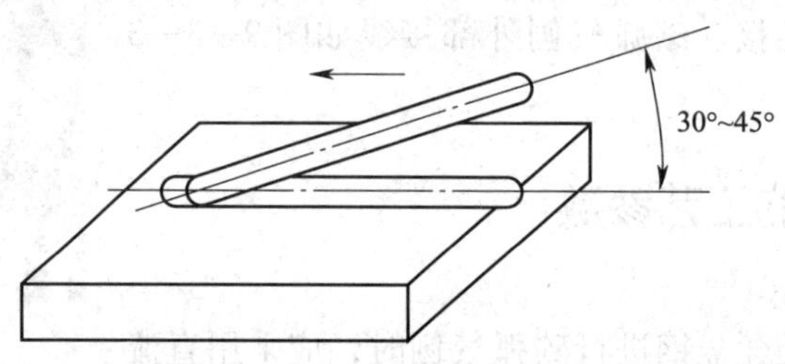

图 9—3—7　碳弧气刨时的倾角示意图

碳弧气刨时碳棒的伸出长度是指从钳口导电嘴到电弧端的碳棒长度，因此伸出长度就是碳棒导电部分的长度。碳棒伸出长度越大，电阻越大，在同样的电流下发热越多，碳棒烧损越快。同时钳口离电弧越远，吹到铁液上的风力也越弱，影响铁液的及时排出。若碳棒伸出长度太短，则钳口离电弧太近，影响操作者的视角，看不清刨槽方向，同时容易造成气刨枪与工件短路。一般碳棒伸出长度以 80 ~ 100 mm 为宜。当碳棒烧损 20 ~ 30 mm 时，就需要及时调整。

7. 刨缝装配间隙

当板厚不大的钢板开坡口时，需要先装配接头后再刨削，其间隙不宜大于 1 mm，否则容易烧穿，或者熔化的金属及氧化物嵌入缝隙，不易去除，影响焊接质量。

四、碳弧气刨过程常见缺陷和解决方法及排渣方式

1. 碳弧气刨过程常见缺陷

碳弧气刨时，经常出现夹碳、粘渣、槽形不正、深浅不均、铜斑等缺陷，如图 9—3—8 所示。

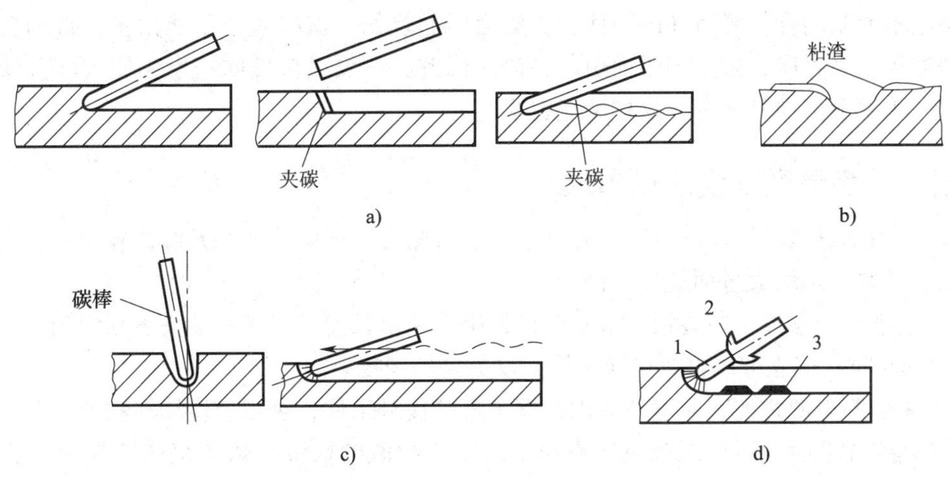

图 9—3—8　常见碳弧气刨缺陷示意图

a）夹碳　b）粘渣　c）槽形不正与深浅不均　d）铜斑

1—碳棒　2—铜皮　3—铜斑

图 9—3—8a 为夹碳缺陷。它产生的原因是刨削速度太快或碳棒送进过猛，使碳棒头部触及铁液或未熔化的金属，电弧就会因短路而熄灭。碳棒端部脱落并粘在未熔化的金属上，产生“夹碳”缺陷；若碳棒处于红热状态时，而引弧前又没有送风冷却碳棒，则此时钢板处于冷态而来不及熔化，也很容易造成夹碳。因此，操作中控制刨削速度在要求范围内，并注意引弧动作，手把操作要稳，严格控制短弧，并掌握正确的操作要领。

图 9—3—8b 为粘渣缺陷。操作时，吹出来的铁液粘在刨槽两侧，即形成所谓的粘渣。产生的原因是压缩空气压力不足；或在大电流时，刨削速度慢。预防方法是保持压缩空气压力在工艺参数范围之内；控制电流小些或适当提高速度；控制碳棒与工件的倾角在30° ~ 45°范围之内。

图 9—3—8c 为槽形不正与深浅不均。碳棒歪向刨槽一侧就会引起槽形不正；碳棒上下波动，操作不平稳就会引起深浅不均。因此操作时，要控制碳棒的中心线与槽口中心线重合，全神贯注操作，控制碳棒移动速度均匀，并只做直线移动，不做上下波动。

图 9—3—8d 为铜斑缺陷。剥落的铜皮呈熔化状态，在刨槽表面形成铜斑。原因是镀铜质量不好或中断压缩空气，使碳棒冷却效果变差。对于这种缺陷，要选择镀铜质量好的碳棒；采用合适的电流，气刨过程中不要中断送风并保持足够的压缩空气压力。

2. 操作过程中发现缺陷时的解决方法

当操作过程中发现有夹碳、粘渣、铜斑等缺陷时，应及时采取措施排除缺陷并对局部凹坑进行必要的补焊。当发现夹碳现象时，应在缺陷的前端引弧然后将夹碳处刨掉，否则在以后的焊接过程中容易出现气孔和夹渣。当发现粘渣时，应及时用扁铲将粘渣铲除，否则在以后的焊接过程中会引起缺陷。当碳棒上的铜皮脱落掉入刨槽中熔化，而形成铜斑时，应及时用钢丝刷将铜斑清理干净，以防焊接时渗铜。

操作过程中力求做到准、平、正。

3. 碳弧气刨过程中的刨削方式

碳弧气刨过程中，通常采用使压缩空气吹偏一点的刨削方式，把大部分渣翻到槽的外侧。但绝不能吹向操作者所在的一侧，否则会引起烧伤。偏吹量也不能太多，否则会使侧面的渣堆积太多太厚，散热困难而引起粘渣。因此，只要稍微偏吹一点，使大部分渣向前翻，另一小部分渣向外侧翻，这样清渣也很容易。

五、碳弧气刨安全注意事项

1. 在刨削进行时，压缩空气不允许中断。否则会造成碳棒急剧升温，外层的镀铜层熔化脱落，导致电阻增大进而烧坏气刨枪。

2. 刨削时，碳棒不断烧损，应及时调整碳棒伸出长度。当碳棒端头离刨枪铜头的距离小于 30 mm 时，应立即调整或更换碳棒，以免烧坏刨枪。

3. 未切断电源之前，应避免气刨枪铜头直接接触工件，否则会烧坏气刨枪。

4. 露天作业时，尽可能顺风向操作，以防止吹散的铁液及熔渣烧坏工作服或将人烧伤。

5. 气刨时使用的电流比较大，应注意防止焊机过载和连续使用导致的发热。

6. 操作者应注意站立位置，以防飞溅金属烫伤。

六、技能操作——低碳钢板碳弧气刨刨 U 形坡口

1. 碳弧气刨前准备

选择 AX1—500 型或 ZX5—500 型焊机；根据图 9—3—9 所示材料板厚，选用镀铜圆形实心碳棒，直径 8 mm，长度 355 mm。同时准备好电焊面罩、碳弧气刨枪及刨削用的辅助工具等。确定碳弧气刨工艺参数（见表 9—3—3）。

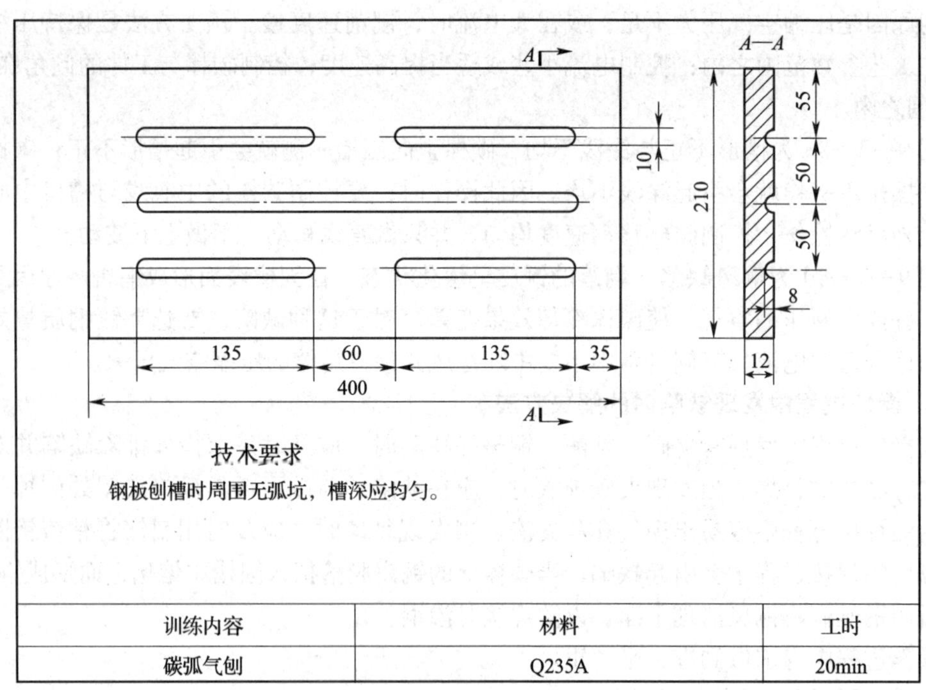

训练内容	材料	工时
碳弧气刨	Q235A	20min

图 9—3—9　碳弧气刨件

表 9—3—3 碳弧气刨工艺参数

钢板厚度（mm）	碳棒直径（mm）	压缩空气压力（MPa）	刨削速度（m/min）	刨削电流（A）
12	8	0.5	0.6～1.0	300～350

2. 工件表面清理

用钢丝刷将工件表面的油污、锈迹彻底清除干净，以保证碳弧气刨时导电良好。

3. 引弧

先在待气刨的工件上沿 400 mm 方向间隔 50 mm 画一条刨削轨迹线。然后夹好碳棒，调节碳棒伸出长度在 80～100 mm 范围内，调节好压缩空气的出口和压力，使风口正好对准碳棒的后侧。调整工作台高度，使之适于站立姿势操作，然后引弧，引弧的操作与焊条电弧焊的引弧方法类似。

4. 正常气刨过程

引弧以后，控制电弧长度为 1～2 mm。碳棒与工件之间的倾角根据要求的槽深而定，刨深槽时，倾角可大些。碳棒移动过程中，既不能横向摆动，也不能前后往复摆动。因为摆动时不容易保持操作平稳，刨出的槽也不会整齐光洁。刨削一段长度后，碳棒因损耗而变短，需停弧调整碳棒的伸出长度。此时，不应停止送风，以便维持碳棒继续冷却。这样，既可避免重新引弧时出现夹碳，也可以减少碳棒损耗。

碳弧气刨操作过程中要求准、平、正。

所谓“准”，就是槽的深浅要掌握准，刨槽的准线要看得准。操作时，眼睛要盯住准线，同时还要顾及到刨槽的深浅。碳弧气刨时，由于压缩空气与工件的摩擦作用发出“嘶嘶”的响声。当弧长变化时，响声也随之变化。因此，可借响声的变化来判断和控制弧长的变化。若保持均匀而清脆的“嘶嘶”声，表示电弧稳定，能获得光滑而均匀的刨槽。

所谓“平”，就是手把要端得平稳，如果手把稍有上、下波动，刨削表面就会出现明显的凹凸不平。同时，还要求移动速度十分平稳，不能忽快忽慢。

所谓“正”，就是指碳棒夹持要端正。同时，还要求碳棒在移动过程中，除了与工件之间有一合适的倾角外，碳棒的中心线要与刨槽的中心线重合，否则刨槽形状不对称。

5. 收弧

收弧时应注意防止熔化的铁液留在刨槽里。因为熔化的铁液中碳和氧的含量都高，而且，碳弧气刨的熄弧处往往也是以后焊接时的收弧处。而一般收弧处容易出现裂纹和气孔。因此，如果不把这些铁液吹净，焊接时就更容易引起弧坑缺陷。因此，碳弧气刨收弧时要先断弧，过几秒钟之后，再把气门关闭。

6. 清渣

碳弧气刨完毕后，应用扁头或尖头锤及时将熔渣清除干净，以便下一步焊接工作的进行。

7. **评分标准（见表9—3—4）**

表9—3—4　　评分表

项目	考核要求	分值	扣分标准	检验结果	得分
气刨参数的选择	气刨参数选择合理	10	不合理不得分		
气刨设备的使用	正确使用气刨设备	10	不正确不得分		
夹碳	无	10	出现一处扣5分		
粘渣	无	10	出现一处扣5分		
槽形	槽形平直	10	出现槽形不正不得分		
宽窄	宽窄均匀	10	出现宽窄不均匀不得分		
深浅	深浅均匀	10	出现深浅不均匀不得分		
刨偏	刨削轨迹端正	10	出现刨偏不得分		
铜斑	无	10	出现一处扣5分		
安全文明生产	符合文明生产有关规定	10	违反有关规定扣分		
合计		100			

课后练习

一、填空题

1. 碳弧气刨是利用________与工件间产生的________将金属局部熔化，同时借助________的气流将其吹除，实现________的加工方法。

2. 碳弧气刨与风铲切削比较，具有生产________、噪声________、操作________等优点。

3. 利用碳弧气刨可以进行焊缝________、背面________和各种形式的________加工，还可以用它来刨掉焊缝中的________，并可切割铸件的________、________和切割____________等金属材料。

4. 碳弧气刨主要由________、________、________、________及________组成。

5. 碳弧气刨枪有________送风式和________送风式两种。

6. 碳弧气刨应选择功率较大的____________弧焊电源。

7. 碳弧气刨操作实践证明：碳棒伸出长度为________mm为宜；电弧长度为________mm较为合适；常用的压缩空气气压为________MPa；刨削速度以________mm/min为宜；碳棒倾角一般为________。

8. 碳棒直径和刨削电流的选择经验公式为____________。

9. 碳弧气刨时，要求槽形宽窄和深浅都要________；槽形要与槽口的________对称；槽口表面________，无粘渣和铜斑。

10. 所谓“准”，就是槽的________要掌握准，刨槽的________要看得准；所谓“平”，就是________要端得平稳；听谓“正”，就是指碳棒________要端正。

11. 当板厚不大的钢板开坡口时，应先装配________后刨削________。

12. 碳弧气刨时，若操作不当很容易产生________、________、________等外形不符合要求的问题。

13. 碳弧气刨时，若操作不当会出现________、________和________缺陷。

14. 操作时，若钢板处于冷态来不及熔化，此时碳棒处于红热状态进行送进，很容易造成________缺陷。

15. 操作时，吹出来的铁水粘在刨槽两侧，即所谓的________。

16. 操作过程中力求做到________、________、________、________以克服刨偏、宽窄不均、深浅不匀等沟槽外形不符合要求的问题。

17. 在刨削进行时，压缩空气不允许中断，否则造成碳棒急剧升温，外层的________层熔化脱落，导致电阻增高进而烧坏________。

二、判断题

1. 碳弧气刨可以进行坡口加工和刨除焊缝缺陷，但不能切割不锈钢、铜、铝等。（　）

2. 圆周送风式碳弧气刨枪的送风孔开在钳口附近的一侧。（　）

3. 圆周送风式碳弧气刨枪的特点是压缩空气既冷却碳棒又沿碳棒四周均匀送风。（　）

4. 碳弧气刨低碳钢时，采用直流正接，刨削过程稳定，刨槽光滑。（　）

5. 碳弧气刨可以使用圆形碳棒在焊件上开 U 形坡口。（　）

三、选择题

1. 碳弧气刨一般采用具有（　）外特性的直流电源。

A. 平　B. 下降　C. 上升

2. 碳弧气刨应选用（　）焊机。

A. 功率较大的　B. 功率较小的　C. 交流

3. 碳弧气刨应选用（　）型焊机作为碳弧气刨的电源。

A. BX1—500　B. ZX5—200　C. ZX5—500

4. 碳弧气刨低碳钢时电源应采用（　）。

A. 直流正接　B. 直流反接　C. 交流

5. 碳弧气刨与工件的倾角，随刨槽的深度增加而（　），一般在（　）之间。

A. 增大　B. 减小　C. 不变

D. 15°～25°　E. 30°～45°　F. 45°～75°

6. 碳棒的断面形状多为（　），用于焊缝的清根、开槽、清除焊接缺陷等。

A. 圆形　B. 扁形　C. 正方形

7. 碳棒表面镀铜层厚度为（　）mm。

A. 0.1～0.3　B. 0.3～0.4　C. 0.6～0.8

8. 碳棒上的铜皮脱落掉入刨槽中熔化，从而形成（　　）。

A. 圆形　　B. 夹碳　　C. 铜斑

四、简答题

1. 简述碳弧气刨时的安全注意事项。
2. 简述碳弧气刨过程中常见缺陷及其解决方式。
3. 碳弧气刨的工艺参数有哪些?

模块十 职业技能鉴定焊工初级考核模拟试卷

理论知识考核模拟试卷一

一、单项选择（第1题～第80题。选择一个正确的答案，将相应的字母填入题内的括号中。每题1分，满分80分。）

1. 正投影是投影线（　　）于投影面时得到的投影。

A. 平行　　B. 垂直　　C. 倾斜　　D. 相交

2. 识读焊接装配图时，应与（　　）相结合。

A. 阅读工艺卡或工艺规程　　B. 工艺规程

C. 现场工艺规程　　D. 阅读工艺卡

3. 图样上一般不需特别表示焊缝（　　）。

A. 但是焊缝尺寸要标注　　B. 只在焊缝处标注焊缝符号

C. 焊缝标注时应注意焊缝位置　　D. 焊缝处标注焊接方法

4. 对于焊后可直接水冷的钢材是（　　）。

A. 15CrMo　　B. 12CrMo　　C. 1Cr5Mo　　D. 1Cr18Ni9Ti

5. 下列钢中，属于奥氏体不锈钢的是（　　）。

A. 0Cr13　　B. 1Cr13　　C. 0Cr19Ni9　　D. 15MnVR

6. 下列钢中，既保证化学成分又保证力学性能的是（　　）。

A. Q235—A　　B. Q235—B　　C. Q235—A·F　　D. Q235—C

7. 09MnV，09表示的含义是（　　）。

A. 含碳量0.09　　B. 含碳量0.9%　　C. 含碳量0.09%　　D. 含锰量0.09%

8. 硬铝的代号是（　　）。

A. LY　　B. LF　　C. LC　　D. LD

9. 在下列退火方法中，钢的组织不发生变化的是（　　）。

A. 完全退火　　B. 球化退火

C. 去应力退火　　D. 完全退火和去应力退火

10. 普通灰铸铁软化退火时，铸件基体中的渗碳体全部或部分石墨化，因而软化退火也叫（　　）。

A. 完全退火　　B. 石墨化退火　　C. 球化退火　　D. 去应力退火

11. 焊接时，使焊条药皮发红的热量是（　　）。

A. 化学热　　B. 电阻热　　C. 电弧热　　D. 气体火焰热

12. 已知电阻 R_1、R_2 串联在电路中，则电路的总电阻为（　　）。

A. $R = R_1 + R_2$　　B. $R = R_1 = R_2$　　C. $R = 1/R_1 + 1/R_2$　　D. $R = 1/R_1 = 1/R_2$

13. 救助触电者脱开带电体应采用的方法是（　　）。

A. 用绝缘物拨开　　B. 直接用手拉开　　C. 用铲车推开　　D. 用链子锁拖开

14. 对触电者进行人工体外心脏按压救护的情况是（　　）。

A. 无呼吸有心跳　　B. 有呼吸无心跳

C. 无呼吸，无心跳　　D. 已无呼吸

15. 焊接时，产生和维持电弧燃烧的必要条件是（　　）。

A. 碰撞电离和热电离　　B. 一定的电流强度

C. 阴极电子发射和气体电离　　D. 较高的空载电压

16.（　　）引弧法一般用于钨极氩弧焊焊接方法中。

A. 高频低压　　B. 高频高压　　C. 低频高压　　D. 低频低压

17. 焊接电弧的正确组成是（　　）。

A. 正极、负极和电弧　　B. 正极、负极和弧柱

C. 阴极区、阳极区和弧柱区　　D. 阴极区、阳极区和电弧

18. 手弧焊时，电弧的静特性曲线在 U 形曲线的（　　）。

A. 下降段　　B. 水平段　　C. 上升段　　D. 陡降段

19. 采用交流弧焊电源进行手工电弧焊时，若弧长拉长，则其（　　）就会增大。

A. 电弧电流　　B. 电弧电压　　C. 电弧电阻　　D. 电弧电感

20. 不能使焊接电弧稳定性提高的是（　　）。

A. 增大焊接电流　　B. 提高空载电压　　C. 采用长弧焊　　D. 严格清理焊件

21. 手工电弧焊时，其弧焊电源的外特性曲线与电弧的静特性曲线共有（　　）个交点。

A. 1　　B. 2　　C. 3　　D. 4

22. 我国生产的弧焊变压器的空载电压一般在（　　）V 以下。

A. 60　　B. 80　　C. 100　　D. 110

23. 焊接电源适应焊接电弧变化的特性叫作焊接电源的（　　）。

A. 动特性　　B. 外特性　　C. 静特性　　D. 调节特性

24. 交流电焊机可动铁芯在焊接时发出嗡嗡响声，其原因是（　　）。

A. 不可动铁芯的制动螺丝弹簧太松　　B. 不可动铁芯的制动螺丝弹簧太紧

C. 可动铁芯的制动螺丝弹簧太紧　　D. 可动铁芯的制动螺丝弹簧太松

25. 采用（　　）时，改变极性必须在空载情况下进行。

A. 脉冲弧焊电源焊接　　B. 直流弧焊电源焊接

C. 变频弧焊电源焊接　　D. 高压弧焊电源焊接

26. 焊机铭牌上负载持续率是表明（　　）的。

A. 焊机的极性　　B. 焊机的功率

C. 焊接电流和时间的关系　　D. 焊机的使用时间

27. 焊工劳动强度大的焊接方法是（　　）。

A. 手弧焊　　B. 全自动埋弧焊
C. 重力焊　　D. 全自动气体保护焊

28. 一般碱性焊条焊接时应采用（　　）电源形式。
A. 直流正接　　B. 直流反接
C. 交流电源　　D. 直流正接或反接皆可

29. 焊接仰角焊缝时，若选用 $\phi3.2$ mm 的电焊条，则应使用的电流强度的推荐值是（　　）A。
A. 70 ~ 85　　B. 90 ~ 120　　C. 120 ~ 160　　D. 150 ~ 180

30. 不能削弱焊缝有效工作截面的焊接缺陷是（　　）。
A. 咬边　　B. 夹渣　　C. 气孔　　D. 焊缝余高超高

31. 焊接区域的（　　）会使焊缝金属产生的焊接缺陷是气孔和冷裂纹。
A. 氧　　B. 氢　　C. 氮　　D. 氦

32. 低合金结构钢及低碳钢的埋弧自动焊可采用（　　）或无锰高硅焊剂与高锰焊丝相配合。
A. 高锰　　B. 中锰　　C. 无锰　　D. 低锰

33. 埋弧自动焊时，若其他工艺参数不变，焊件的装配间隙与坡口角度减小，则会使熔合比增大，同时熔深将（　　）。
A. 增大　　B. 减小　　C. 不变　　D. 不变或减小

34. MZ1—1000 型自动埋弧焊机增大送丝速度则焊接（　　）将增大。
A. 电压　　B. 电流　　C. 电阻　　D. 电枢

35. 埋弧焊时对气孔敏感性大的原因是（　　）。
A. 焊剂埋住熔池、气体无法逸出　　B. 焊接电流大、熔池深
C. 熔化金属黏性大，熔池中气体无法逸出　　D. 焊剂造气量大

36. 熔化极惰性气体保护焊焊接方法的代号是（　　）。
A. 130　　B. 131　　C. 135　　D. 141

37. 下列焊接方法，热源的热量较集中的是（　　）。
A. 气焊　　B. 手弧焊　　C. 氩弧焊　　D. 锻焊

38. 钨极氩弧焊时，常用在焊接回路中（　　）的方法来消除交流回路中产生的直流分量。
A. 串联电容　　B. 并联电容　　C. 串联电阻　　D. 并联电阻

39. NBA—150 型焊机是（　　）。
A. 自动脉冲氩弧焊机　　B. 半自动氩弧焊机
C. 埋弧焊机　　D. 弧焊变压器

40. 手工电弧焊时，焊条既作为电极，在焊条熔化后又作为（　　）直接过渡到熔池，与液态的母材熔合后形成焊缝金属。
A. 热影响区　　B. 接头金属　　C. 焊缝金属　　D. 填充金属

41. 酸性焊条的熔渣由于（　　），所以不能在药皮中加入大量合金。
A. 还原性强　　B. 氧化性强　　C. 黏度太小　　D. 脱渣效果差

42. 碱性焊条的脱渣性比酸性焊条的脱渣性（　　）。

A. 差　　B. 好　　C. 一样　　D. 不能判断

43. 焊接重要的结构时，要求焊芯中磷的含量（　　）。

A. 小于0.03%　　B. 大于0.03%　　C. 小于0.3%　　D. 大于0.3%

44. E5015焊条属于（　　）。

A. 不锈钢焊条　　B. 低温钢焊条　　C. 结构钢焊条　　D. 铸铁焊条

45. E5015焊条要求采用的电源是（　　）。

A. 交流电源　　B. 直流电源正接　　C. 直流电源反接　　D. 直流电源正接或反接

46. 应根据（　　）来选择焊条种类。

A. 焊件材料　　B. 坡口角度　　C. 钝边厚度　　D. 对口间隙

47. 储存焊条的仓库内，相对湿度应小于（　　）。

A. 30%　　B. 40%　　C. 50%　　D. 60%

48. 埋弧焊时，焊剂可以提高（　　）。

A. 焊缝中硫的含量　　B. 焊缝的机械性能

C. 焊缝的冷却速度　　D. 焊缝中氢的含量

49. 能迅速凝固的焊条叫（　　）焊条。

A. 长渣　　B. 短渣　　C. 酸性　　D. 碱性

50. 焊剂431的第二位数字“3”表示焊剂中二氧化硅、氟化钙的平均含量为（　　）。

A. $SiO_2<10\%$、$CaF_2>30\%$　　B. $SiO_2>30\%$、$CaF_2<10\%$

C. $SiO_2<10\%$、$CaF_2\approx10\%\sim30\%$　　D. $SiO_2\approx10\%\sim30\%$、$CaF_2>10\%$

51. 焊接用焊丝按钢种可划分为（　　）。

A. 两大类　　B. 三大类　　C. 四大类　　D. 五大类

52. 焊丝的化学成分应基本上与（　　）相符。

A. 过渡形式　　B. 焊后热处理　　C. 焊件　　D. 预热温度

53. 钨极主要起传导（　　）、引燃电弧和维持电弧正常燃烧的作用。

A. 电感　　B. 电光　　C. 电能　　D. 电流

54. 焊接接头其实是指（　　）。

A. 焊缝、熔合区和热影响区　　B. 焊缝和热影响区

C. 焊缝和熔合区　　D. 焊缝

55. 最常用的接头形式是（　　）。

A. 端接接头　　B. 卷边接头　　C. 套管接头　　D. 对接接头

56. 既减少填充金属，又减少焊接变形的坡口形式是（　　）。

A. V形　　B. U形　　C. 双U形　　D. X形

57. 手工电弧焊焊低碳钢和低合金结构钢，当工件厚度为（　　）mm，对接接头，Y形坡口，坡口角度为40°~60°。

A. 1~6　　B. 3~26　　C. 4~36　　D. 5~66

58. 焊接位置不利，容易造成的焊接缺陷是（　　）。
A. 咬边　　B. 弧坑　　C. 焊瘤　　D. 焊漏

59.（　　）的成形系数是指熔宽比熔深。
A. 熔合区　　B. 焊缝　　C. 热影响区　　D. 正火区

60. 电弧（　　）主要影响焊缝的宽度。
A. 电流　　B. 速度　　C. 吹力　　D. 电压

61. 碳弧气刨用的（　　）表面应该镀的金属是铜。
A. 焊条　　B. 碳棒　　C. 焊丝　　D. 钎料

62. 碳弧气刨时，电弧的适宜长度约为（　　）mm。
A. 1～2　　B. 2～3　　C. 3～4　　D. 4～5

63. 低碳钢碳弧气刨后，在刨槽表面产生的硬化层厚度为（　　）mm。
A. 0.2～0.45　　B. 0.54～0.72　　C. 0.83～1.0　　D. 1.0～1.2

64. 碳弧气刨不锈钢时，在正常工艺参数下，其热影响区约有（　　）mm。
A. 1　　B. 1.5　　C. 2　　D. 2.5

65. 碳弧气刨时，产生粘渣的原因是（　　）。
A. 刨削速度与电流配合不当　　B. 压缩空气的压力太大
C. 刨削速度太快　　D. 碳棒送进过猛

66. 碳弧气刨时，为防止粘渣而采用的方法是（　　）。
A. 加快碳棒的送进速度　　B. 刨削速度与电流配合合适
C. 减少碳棒的倾角　　D. 降低压缩空气压力

67. 为了保证刨槽光滑和电弧的稳定，碳弧气刨操作中弧长应始终保持在（　　）mm范围。
A. 0.5～1　　B. 2～3　　C. 3.5～4　　D. 4～5

68. 将所装配零件的边缘拉到规定尺寸的工具称为（　　）。
A. 夹紧工具　　B. 压紧工具　　C. 撑具　　D. 拉紧工具

69. 焊接变位机，使工件绕工件台的旋转轴旋转的角度，一般应达到（　　）。
A. 90°　　B. 180°　　C. 正、反360°　　D. 正、反720°

70.（　　）几乎可以采用所有的焊接方法来进行焊接，并都能保证焊接接头的良好质量。
A. 高碳钢　　B. 低碳钢　　C. 镁　　D. 铜

71. 焊接时因受条件限制，当低碳钢坡口处的锈迹、油污无法清理干净时，宜选用（　　）焊条。
A. E4303　　B. E4315　　C. E5015　　D. E5016

72. 焊接一般低碳钢的工艺特点之一是（　　）。
A. 预热　　B. 缓冷
C. 锤击焊缝减少应力　　D. 刚度很大时，要进行预热

73. 给戴通风帽的焊工供气时，应使用（　　）。
A. 压缩空气　　B. 氧气

C. 经过处理的压缩空气　　D. 经过处理的氧气

74. 所谓划线就是根据图样要求在毛坯上划出（　　）。

A. 加工界限　　B. 加工方法　　C. 基准线　　D. 基准面

75. 安装锯条时，锯齿的方向与前进方向（　　）。

A. 相同　　B. 保持一致　　C. 相反　　D. 不要求

76. 锉削操作不正确的事项是（　　）。

A. 锉刀必须装柄使用　　B. 不要用新锉刀锉已淬火的钢

C. 锉削时不要用手摸工件表面　　D. 锉刀伸出工作台台面以外锉削

77. 氧气瓶属于（　　）。

A. 低压容器　　B. 中压容器　　C. 高压容器　　D. 超高压容器

78. 不符合氧气切割条件要求的是（　　）。

A. 金属在氧气中的燃烧点低于熔点

B. 金属气割时形成氧化物的熔点低于金属本身

C. 金属在切割氧射流中燃烧反应为放热反应

D. 金属的导热性较高

79. 钢材的矫正一般是在（　　）下进行的。

A. 热态　　B. 冷态　　C. 氮化　　D. 气化

80. 钢材剪切的正确说法是（　　）。

A. 钢材塑性越差，冷作硬化区越宽　　B. 钢材厚度越大，冷作硬化区越宽

C. 压紧力越大，冷作硬化区越大　　D. 剪刀锋越钝，冷作硬化区越小

二、判断题（第 81 题～第 100 题。将判断结果填入括号中。正确的填“√”，错误的填“×”。每题 1 分，满分 20 分。）

81. 剖面图要求画出剖切平面以后所有部分的投影。（　　）

82. 在图样上用于焊接形式、焊缝尺寸和焊缝形式的符号称为焊缝符号。（　　）

83. 合金中含有金属化合物后，其塑性和韧性变好，而强度，硬度降低。（　　）

84. 中碳钢淬火的目的是把奥氏体化的钢件淬成马氏体。（　　）

85. 单液淬火适用于形状复杂的碳钢和合金钢工件。（　　）

86. 温度一定时，导体的电阻跟导体长度成正比，跟导体的横截面积 S 成反比。（　　）

87. 焊机型号 ZXG—200 中，200 是表示焊接电流 200 A。（　　）

88. 选择坡口的钝边尺寸时主要是保证第一层焊透和防止烧穿。（　　）

89. 酸性焊条都是交、直流两用焊条；碱性焊条则仅限于采用直流电源。（　　）

90. 手弧焊收弧时，为防止产生弧坑裂纹应填满弧坑。（　　）

91. 气体保护电弧焊是利用外加气体作为保护介质的。（　　）

92. 氮气、氢气是焊接中的有害气体，所以它们绝不能用来作保护气体。（　　）

93. 由于氩弧焊是以惰性气体为保护介质的，所以它特别适宜于焊接化学性质不活泼的金属和合金。（　　）

94. 碱性低氢型焊条的烘干温度一般为 350～400℃，时间为 1～2 h。（　　）

95. 珠光体耐热钢在碳弧气刨时须预热至200℃后，气刨性能良好。 （ ）
96. 常见的焊接方法都可用于16Mn钢的焊接。 （ ）
97. 电弧焊时，产生触电危险性最大的是在焊接电源的二次端。 （ ）
98. 錾削硬材料时，楔角一般应为60°~70°。 （ ）
99. 气焊用焊接材料包括氧气、乙炔、焊丝和气焊熔剂。 （ ）
100. 碳化焰适用于焊接一般低碳钢。 （ ）

理论知识考核模拟试卷二

一、单项选择（第1题~第80题。选择一个正确的答案，将相应的字母填入题内的括号中。每题1分，满分80分。）

1. 简单物体的剖视方法有（　　）。

A. 全剖视图和局部剖视图　　B. 全剖视图、半剖视图和局部剖视图
C. 半剖视图和局部剖视图　　D. 全剖视图和半剖视图

2. 识读（　　）时，应与阅读工艺卡或工艺规程相结合。

A. 阅读工艺卡　　B. 工艺规程
C. 现场工艺规程　　D. 焊接装配图

3. 图样上一般不需特别表示（　　），只在焊缝处标注焊缝符号。

A. 焊接　　B. 焊点　　C. 接头　　D. 焊缝

4. 在焊缝基本符号的上边标注（　　）。

A. 焊角尺寸 K　　B. 焊缝长度 L　　C. 焊缝宽度 C　　D. 坡口角度

5. 下列钢中，属于奥氏体不锈钢的是（　　）。

A. 0Cr13　　B. 1Cr13　　C. 15MnVR　　D. 0Cr19Ni9

6. 作为碳素工具钢，含碳量一般应为（　　）。

A. 大于0.7%　　B. 小于0.6%　　C. 小于0.7%　　D. 0.6% ~0.7%

7. 09MnV，09表示的含义是（　　）。

A. 含碳量0.09　　B. 含碳量0.9%　　C. 含碳量0.09%　　D. 含锰量0.09%

8. 在低合金结构钢中，能提高钢的淬透性的元素是（　　）。

A. Mn　　B. Cr　　C. Si　　D. Ti

9. 将钢材或钢件加热到 Ac_3 或 Ac_{cm} 以上30 ~50℃，保温适当的时间后，在静止的空气中冷却的热处理工艺称为（　　）。

A. 正火　　B. 回火　　C. 淬火　　D. 退火

10. 电位差符号常用带双脚标的字母来表示的是（　　）。

A. V　　B. A　　C. U　　D. F

11. 自耦变压器初、次级（　　）比与初、次级匝数比之间的关系是相等。

A. 电阻　　B. 电容　　C. 电感　　D. 电压

12. 高频高压引弧法一般用于（　　）焊接方法中。

A. 钨极氩弧焊　　B. 埋弧焊
C. 手弧焊　　D. CO_2 气体保护焊

13. 手弧焊时，电弧的静特性曲线在U形曲线的（　　）。

A. 水平段　　B. 下降段　　C. 上升段　　D. 陡降段

14. 磁偏吹最弱的焊机是（　　）。

A. 弧焊变压器　　B. 弧焊发电机

C. 弧焊整流器　　D. 逆变弧焊整流器

15. 下列属于熔焊的焊接方法是（　　）。

A. 锻焊　　B. 冷压焊　　C. 电弧焊　　D. 钎焊

16. 手工电弧焊时，其弧焊电源的外特性曲线与电弧的静特性曲线共有（　　）个交点。

A. 1　　B. 2　　C. 3　　D. 4

17. 我国生产的弧焊整流器的空载电压一般在（　　）V 以下。

A. 60　　B. 90　　C. 80　　D. 100

18. MZ—1000 型焊机是（　　）。

A. 埋弧自动焊机　　B. 电阻焊机　　C. CO_2焊焊机　　D. 氩弧焊机

19. 动圈式弧焊变压器是依靠漏磁来获得（　　）的。

A. 水平外特性　　B. 下降外特性

C. 上升外特性　　D. 平硬外特性

20. 采用直流弧焊电源焊接时，（　　）必须在空载情况下进行。

A. 改变频率　　B. 改变磁场　　C. 改变极性　　D. 改变电阻

21. 如果在 5 分钟的工作时间周期内，负载的时间为 4 分钟，那么负载持续率为（　　）。

A. 40%　　B. 80%　　C. 120%　　D. 20%

22. 当选择焊接材料合适时，（　　）的方法是手弧焊。

A. 只可以进行水平位置焊接

B. 不可能进行空间平、立、横、仰及全位置焊接

C. 不可进行空间平、立、横、仰及全位置焊接

D. 可进行空间平、立、横、仰及全位置焊接

23. 选择坡口的钝边尺寸时主要是保证第一层焊透和（　　）。

A. 防止咬边　　B. 防止未焊透　　C. 防止烧穿　　D. 防止焊瘤

24. 不允许使用交流焊接电源的焊条是（　　）。

A. E4303　　B. E5016　　C. E4315　　D. E4301

25. 焊接仰角焊缝时，若选用 $\phi3.2$ mm 的电焊条，则应使用的电流强度的推荐值是（　　）A。

A. 70 ~ 85　　B. 90 ~ 120　　C. 120 ~ 160　　D. 150 ~ 180

26. 手工电弧焊时，焊接（　　）应根据焊条性质进行选择。

A. 焊条直径　　B. 电源的种类　　C. 焊件材质　　D. 焊件厚度

27. 降低（　　）焊条的水分含量，主要是为了防止焊接过程中氢致裂纹的产生。

A. 铁粉　　B. 钛钙　　C. 酸性　　D. 碱性

28. 焊接区域的氢会使焊缝金属产生的焊接缺陷是（　　）。

A. 气孔和冷裂纹　　B. 裂纹和夹渣　　C. 气孔和夹渣　　D. 夹渣和焊透

29. 低合金结构钢及低碳钢在埋弧自动焊时可采用（　　）高硅焊剂与低锰焊丝相配合。

A. 低锰 B. 中锰 C. 高锰 D. 无锰

30. 24 ~ 30 mm 厚钢板埋弧焊时应选择的坡口形式为（ ）。

A. I 形 B. U 形 C. Y 形 D. X 形

31. 埋弧焊时对气孔敏感性大的原因是（ ）。

A. 焊剂埋住熔池、气体无法逸出 B. 焊接电流大、熔池深

C. 熔化金属黏性大，熔池中气体无法逸出 D. 焊剂造气量大

32. 用（ ）作为电弧介质并保护电弧和焊接区的电弧焊称为气体保护焊。

A. 外加液体 B. 外加固体 C. 外加电源 D. 外加气体

33. 气体保护焊时，使用保护气体成本最高的是（ ）。

A. 氩气 B. 二氧化碳 C. 氦气 D. 氢气

34. 钨极惰性气体保护焊焊接方法的代号是（ ）。

A. 131 B. 141 C. 151 D. 311

35. 采用钨极氩弧焊焊接铝及其合金薄板时，一般选择的电源和接法是（ ）。

A. 直流正接 B. 直流反接

C. 交流电 D. 直流正接或反接

36. NBA—150 型焊机是（ ）。

A. 自动脉冲氩弧焊机 B. 半自动氩弧焊机

C. 埋弧焊机 D. 弧焊变压器

37. 钨极氩弧焊焊接不同的黑色金属，当采用 T 型接头的单边 V 形坡口时，坡口角度应为（ ）。

A. 30° B. 45° C. 80° D. 70°

38. 钨极氩弧焊熄弧时采用电流衰减方法的目的是（ ）。

A. 防止产生未焊透 B. 防止产生内凹

C. 防止产生弧坑裂纹 D. 防止未熔合

39. 焊条就是涂有药皮的供（ ）用的熔化电极。

A. 气焊 B. 手弧焊 C. 埋弧焊 D. CO_2气体保护焊

40. 手工电弧焊时为了使焊接电弧能稳定燃烧，应该（ ）。

A. 提高电源的空载电压 B. 降低电源的空载电压

C. 在焊条或焊剂中添加稳弧剂 D. 缩短焊接电缆线

41. 铁粉焊条的熔敷率一般在（ ）以上。

A. 65% B. 95% C. 105% D. 110%

42. 焊芯牌号末尾注有“A”字，表示焊芯含硫磷均小于（ ）。

A. 0.025% B. 0.03% C. 0.04% D. 0.3%

43. E5015 焊条属于（ ）。

A. 酸性焊条 B. 碱性焊条

C. 堆焊焊条 D. 铜及铜合金焊条

44. E4303 焊条前两位数字表示熔敷金属抗拉强度的最小值为（ ）MPa。

A. 40 B. 400 C. 4 000 D. 4

45. 对焊缝无特殊要求时，应采用（　　）。

A. 酸性焊条　　B. 碱性焊条　　C. 铁粉焊条　　D. 重力焊条

46. 焊条必须垫高（　　）mm 以上分层堆放。

A. 200　　B. 300　　C. 400　　D. 500

47. 埋弧焊时，焊剂可以提高（　　）。

A. 焊缝中硫的含量　　B. 焊缝的机械性能

C. 焊缝的冷却速度　　D. 焊缝中氢的含量

48. 焊剂 431 的第二位数字“3”表示焊剂中二氧化硅、氟化钙的平均含量为（　　）。

A. $SiO_2<10\%$、$CaF_2<10\%$　　B. $SiO_2>10\%$、$CaF_2>10\%$

C. $SiO_2<10\%$、$CaF_2>30\%$　　D. $SiO_2>30\%$、$CaF_2<10\%$

49. 碱性焊剂烘干温度一般为（　　）℃。

A. 100～200　　B. 200～300　　C. 300～400　　D. 450～500

50. H08MnA 焊丝的含碳量为（　　）。

A. 0.8%　　B. 0.08%　　C. 0.008%　　D. 0.000 8%

51. 焊丝的化学成分应基本上与（　　）相符。

A. 过渡形式　　B. 焊后热处理　　C. 焊件　　D. 预热温度

52. 钨极主要起传导电流、（　　）和维持电弧正常燃烧的作用。

A. 引燃电弧　　B. 增强电感　　C. 减弱电能　　D. 熄灭电光

53. 焊接接头其实是指（　　）。

A. 焊缝、熔合区和热影响区　　B. 焊缝和热影响区

C. 焊缝和熔合区　　D. 焊缝

54. 最常用的接头形式是（　　）。

A. 丁字接头　　B. 搭接接头　　C. 对接接头　　D. 十字接头

55. V 形坡口加工容易，但焊后易产生（　　）。

A. 波浪变形　　B. 扭曲变形　　C. 弯曲变形　　D. 角变形

56. 焊接电流一定时，减小焊丝直径，（　　），使熔深增大，焊缝成形系数减小。

A. 电流密度就减小　　B. 电感密度就减小

C. 电流密度就增加　　D. 电感密度就增加

57. 电弧（　　）主要影响焊缝的宽度。

A. 电流　　B. 速度　　C. 吹力　　D. 电压

58. 碳弧气刨用的（　　）应该是纯碳棒。

A. 电压材料　　B. 电感材料　　C. 电弧材料　　D. 电极材料

59. 碳弧气刨时，电弧的适宜长度为（　　）mm。

A. 0.2～0.6　　B. 1～2　　C. 2.5～3　　D. 4～5

60. 低碳钢碳弧气刨的刨槽表面产生硬化层的原因是（　　）。

A. 铜斑　　B. 合金元素被烧损

C. 淬硬倾向大　　D. 金属被加热到高温后急冷

61. 碳弧气刨对不锈钢的（　　）极小。

A. 渗氮作用　　B. 扩散作用　　C. 渗碳作用　　D. 分解作用

62.（　　）时，产生粘渣的原因是刨削速度与电流配合不当。

A. 氧—乙炔气割　　B. 碳弧气刨　　C. 等离子切割　　D. 机械切割

63. 碳弧气刨时防止产生（　　）的操作方法是先送气，再引弧。

A. 未熔合　　B. 焊瘤　　C. 夹渣　　D. 夹碳

64. 利用碳弧气刨开（　　）形坡口较为方便。

A. V　　B. 钝边 V　　C. X　　D. U

65. 钨极氩弧焊喷嘴常用的材料是（　　）。

A. 铝合金　　B. 不锈钢　　C. 陶瓷　　D. 铜

66. 焊接变位机是用来将焊件（　　）、倾斜，使焊缝处于水平、船形等易焊位置。

A. 夹紧　　B. 回转　　C. 压紧　　D. 撑转

67.（　　）几乎可以采用所有的焊接方法来进行焊接，并都能保证焊接接头的良好质量。

A. 高碳钢　　B. 低碳钢　　C. 镁　　D. 铜

68. 焊接低碳钢时因受条件限制，当坡口处的锈迹、油污无法清理干净时，宜选用（　　）焊条。

A. E4315　　B. E4303　　C. E6015　　D. E7016

69. 常用的焊接方法（　　）16Mn 钢的焊接。

A. 都可用于　　B. 不可以用于　　C. 可选择用于　　D. 不可选择用于

70. 对于比较干燥的环境，我国规定安全电压为（　　）V。

A. 36　　B. 12　　C. 24　　D. 48

71. 从事全位置焊接工作的焊工应配用（　　）工作服。

A. 皮制　　B. 棉布制　　C. 化纤制　　D. 以上三种任选

72. 所谓划线就是根据图样要求在毛坯上划出（　　）。

A. 加工界限　　B. 加工方法　　C. 基准线　　D. 基准面

73. 錾削操作不正确的方法是（　　）。

A. 工件应夹持牢固　　B. 手摸錾头端面

C. 锤头与锤柄之间不应松动　　D. 工件台设有防护网

74. 常用的手锯锯条（切金属用）所用材料是（　　）。

A. 低合金钢　　B. 高合金钢　　C. 碳素工具钢　　D. 有色金属

75. 不正确的锉削操作事项是（　　）。

A. 锉刀必须装柄使用　　B. 不要用新锉刀锉已淬火的钢

C. 锉刀伸出工作台台面以外锉削　　D. 锉削时不要用手摸工件表面

76. 紫铜气焊时所选气焊熔剂是（　　）。

A. 气剂 101　　B. 气剂 201　　C. 气剂 301　　D. 气剂 401

77. 氧气瓶属于（　　）。

A. 低压容器　　B. 中压容器　　C. 高压容器　　D. 超高压容器

78. 中性焰的氧—乙炔混合比是（　　）。

A. 1.1~1.2　　B. <1.3　　C. 1.3~1.6　　D. >1.5

79. 不符合氧气切割条件要求的是（　　）。

A. 金属在氧气中的燃烧点低于熔点

B. 金属气割时形成氧化物的熔点低于金属本身

C. 金属在切割氧射流中燃烧反应为放热反应

D. 金属的导热性较高

80. 钢材的矫正一般是在（　　）下进行的。

A. 热态　　B. 冷态　　C. 氮化　　D. 气化

二、判断题（第81题~第100题。将判断结果填入括号中。正确的填"√"，错误的填"×"。每题1分，满分20分。）

81. 平行投影法中，投影线与投影面垂直时的投影称正投影。（　　）

82. 中碳调质钢，通常含碳在0.35%~0.55%。这类钢淬硬性大，可焊性差，焊后须调质处理才能保证接头性能。（　　）

83. 退火可以降低钢的硬度，提高塑性，利于切削加工及冷变形加工。（　　）

84. 中碳钢淬火的目的是把奥氏体化的钢件淬成马氏体。（　　）

85. 正火主要用于普通结构零件，当力学性能要求很高时可作为最终热处理。（　　）

86. 刀具、量具淬火后，一般都要进行低温回火，使刀具、量具达到高硬度而耐磨的目的。（　　）

87. 温度一定时，导体的电阻跟导体长度成正比，跟导体的横截面积 S 成反比。（　　）

88. 单相变压器主要由一个闭合的软磁铁芯和两个套在铁芯上而又互相绝缘的绕组所构成。（　　）

89. 当发现有人触电时，首先应用手将触电者拉起，使其脱离电源。（　　）

90. 电弧是一种气体放电现象。（　　）

91. 焊接电弧中，阳极斑点的温度总是高于阴极斑点的温度。（　　）

92. BX1—330型弧焊变压器的电流粗调节是改变接线板上的接线，即改变次极绕组的匝数和分布，细调节是改变可动铁芯的位置。（　　）

93. 当电流过大或焊条角度不当时，易造成咬边，其主要危害在根部造成应力集中。（　　）

94. 自动焊弧焊的主要焊接工艺参数为焊接电流、电弧电压和焊接速度。（　　）

95. 按化学成分可把焊剂分为熔炼型焊剂和烧结型焊剂。（　　）

96. 对于V形坡口，坡口角度总是等于坡口面角度。（　　）

97. 垂直固定管子对接的焊接位置叫立焊位置。（　　）

98. 碳弧气刨过程中常见的缺陷有夹碳、粘渣、刨槽不正和深浅不均、刨偏和铜斑。（　　）

99. 16Mn钢手弧焊时，焊条应采用E5015。（　　）

100. 中、薄板材的直线形切料最适宜用机械剪切。（　　）

理论知识考核模拟试卷三

一、单项选择（第1题～第80题。选择一个正确的答案，将相应的字母填入题内的括号中。每题1分，满分80分。）

1. 劳动者通过诚实的劳动，（　　）。

A. 主要是为了改善自己的生活

B. 在改善自己生活的同时，也为增进社会共同利益而劳动

C. 不是为改善自己的生活，只是为增进社会共同利益而劳动

D. 仅仅是为了个人谋生，而不是为建设国家而劳动

2. 职业道德首先要从（　　）的职业行为规范开始。

A. 爱岗敬业、忠于职守　　B. 诚实守信、办事公道

C. 服务群众、奉献社会　　D. 遵纪守法、廉洁奉公

3. 企业在市场经济中赖以生存的重要依据是（　　）。

A. 高产量　　B. 社会关系　　C. 降低价格　　D. 信誉

4. 坚持（　　），创造一个清洁、文明、适宜的工作环境，塑造良好的企业形象是焊工必须遵循的守则。

A. 主动配合工作　　B. 重视岗位技能训练

C. 文明生产　　D. 工作认真负责

5. 绘图时应尽量采用（　　）的比例，直接反映实物的大小。

A. 1∶3　　B. 1∶1　　C. 3∶1　　D. 5∶1

6. 读装配图时，（　　）不是其目的。

A. 了解机器或部件的工作原理　　B. 了解零件的全部尺寸

C. 了解零件之间的装配关系　　D. 各零件的结构特点

7. 钢和铸铁都是（　　），碳的质量分数等于2.11%～6.67%的（　　）称为铸铁。

A. 铬铁合金；铬铁合金　　B. 铬铁合金；铁碳合金

C. 铁碳合金；铬铁合金　　D. 铁碳合金；铁碳合金

8. 低碳钢的（　　）为珠光体+铁素体。

A. 高温组织　　B. 中温组织　　C. 室温组织　　D. A_1线以上组织

9. 钢材在拉伸时，材料在拉断前所承受的最大应力称为抗拉强度，用（　　）来表示。

A. σ_s　　B. σ_b　　C. $\sigma_{0.2}$　　D. δ

10. 合金钢中，合金元素的质量分数的总和（　　）的钢称为高合金钢。

A. >5%　　B. >7%　　C. <10%　　D. >10%

11. 根据GB/T 1591—94规定，（　　）牌号由代表屈服强度的字母“Q”、屈服强度数值、质量等级符号三部分按顺序排列。

A. 不锈钢　　B. 优质碳素结构钢

C. 合金结构钢　D. 低合金高强度结构钢

12. 珠光体耐热钢是以铬、钼为基础的具有高温强度和抗氧化性的（　　）。

A. 优质碳素结构钢　B. 高合金钢　C. 中合金钢　D. 低合金钢

13. 电流强度是在单位时间内通过（　　）的电量，简称为电流。

A. 导体纵截面　B. 导体横截面　C. 导体长度　D. 导体体积

14. 在一段无源电路中，电流的大小与电压成正比，而与（　　），这就是部分电路欧姆定律。

A. 电阻率成正比　B. 电阻率成反比

C. 电阻值成正比　D. 电阻值成反比

15. 在并联电路中的总电阻值小于各并联电阻值，并联电阻越多其总电阻越小，电路中的总电流（　　）。

A. 不变　B. 近似　C. 越小　D. 越大

16. 变压器是利用电磁感应原理工作，无论是升压或降压，变压器（　　）而不能改变交流电的频率。

A. 不能改变电压　B. 只能改变电压

C. 不能改变电流　D. 只能改变电阻

17. 原子是由居于中心的（　　）和核外带负电的电子构成的，原子本身呈中性。

A. 带负电的原子核　B. 带正电的原子核

C. 带正电的质子　D. 不带电的中子

18. 压焊形式之一是将被焊金属接触部分加热至塑性状态或局部熔化状态，然后施加一定压力，使（　　）而形成牢固的焊接接头，如锻焊、电阻焊、摩擦焊等。

A. 金属分子间相互结合　B. 金属原子核之间相互结合

C. 金属原子间相互结合　D. 金属电子间相互结合

19.（　　）是指人触电后自已能摆脱电源的最大电流，交流约10 mA，直流为50 mA。

A. 感知电流　B. 危险电流　C. 致命电流　D. 摆脱电流

20. 对于平均温度（　　）的炎热高温天气属于触电的危险环境。

A. 不超过30℃　B. 接近30℃　C. 偶尔超过30℃　D. 经常超过30℃

21. 气焊有色金属时，有时会产生（　　）、锌等有毒气体。

A. 硅　B. 钼　C. 铅　D. 镍

22. 国家标准规定工业企业的噪声最高不能超过（　　）dB。

A. 70　B. 80　C. 90　D. 100

23. 焊工应有足够的作业面积，作业面积应不小于（　　）m^2。

A. 6　B. 5　C. 4　D. 3

24. 在焊接夹具中，属于夹紧工具的是（　　）。

A. 带铁棒的压紧夹板　B. 带楔条的压紧夹板

C. 楔口夹板　D. 导链

25. 使用行灯照明时，其电压不应超过（　　）V。

A. 1.5　B. 24　C. 36　D. 50

26．焊条直径为 ϕ3.2 mm 时，其长度为（　　）mm。

A．200～250　B．250～300　C．350～450　D．400～500

27．当母材中 C、S、P 等元素含量较高，且焊件形状复杂、刚性大时，应选用（　　）。

A．工艺性能好的酸性焊条　B．抗裂性能好的酸性焊条

C．抗裂性能好的碱性焊条　D．工艺性能好的碱性焊条

28．焊条偏心则表明焊芯直径方向的（　　）有差异。

A．药皮成分　B．药皮厚度　C．药皮密度　D．药皮质量

29．直径不小于 5 mm 的焊条，其偏心度不应大于（　　）。

A．7%　B．6%　C．5%　D．4%

30．碱性焊条裸露在外一天受潮就很严重，因此碱性焊条使用前（　　）。

A．必要时可进行烘干　B．可放在炉子上烘烤

C．可用火焰直接烧烤　D．必须放在烘干箱内烘干

31．在坡口尺寸名称及代表字母中，钝边高度用（　　）来表示。

A．*h*　B．*H*　C．*P*　D．*b*

32．坡口中的根部间隙是为了保证（　　）。

A．防止根部变形　B．根部应力小

C．根部不产生缺陷　D．根部能够焊透

33．在焊缝尺寸符号中，焊缝长度用符号（　　）来表示。

A．*d*　B．*S*　C．*L*　D．*h*

34．在焊接结构图上，钨极惰性气体保护焊的代号为（　　）。

A．131　B．141　C．135　D．311

35．动圈式弧焊变压器电流的粗调是通过改变（　　）来实现的。

A．一次线圈输入电压　B．一次线圈、二次线圈匝数

C．二次线圈截面积　D．一次线圈、二次线圈的距离

36．在室外临时使用弧焊电源时，其动力线（　　）。

A．可以沿地面铺设　B．可用地面金属构件代替

C．可沿地面小范围拖拉　D．不得沿地面拖拉

37．焊条电弧焊是手工操作焊条进行焊接的（　　）方法。

A．电渣焊　B．电阻焊　C．摩擦焊　D．电弧焊

38．焊条电弧焊在气渣联合保护下，通过高温下熔化金属与熔渣间的（　　），还原和净化金属得到优质的焊缝。

A．溶解反应　B．渗透反应　C．物理反应　D．冶金反应

39．焊条电弧焊与气焊及埋弧焊相比，其（　　），接头性能好。

A．金相组织粗，热影响区大小相同　B．金相组织粗，热影响区小

C．金相组织细，热影响区小　D．金相组织细，热影响区大

40．焊接电弧顺利引燃与否与（　　）是无关的。

A．焊接电流强度　B．电弧中的电离物质

C. 电源的空载电压　　D. 电源容量大小

41. 电弧紧靠正电极的区域为阳极区，阳极区比阴极区宽，但也只有（　　），在阳极的表面也有一个明亮的斑点，称阳极斑点。

A. 10^{-4} ~ 10^{-3}cm　B. 10^{-4} ~ 10^{-3}mm　C. 10^{-3} ~ 10^{-2}mm　D. 10^{-3} ~ 10^{-2}cm

42. 焊条电弧焊时，阳极温度比阴极温度高一些，这是由于阴极发射电子要（　　）所致。

A. 消耗一部分质量　　B. 消耗一部分强度

C. 增加一部分能量　　D. 消耗一部分能量

43. CO_2保护焊时，气体对阴极有较强的冷却作用，这样就要求阴极具有更高的温度及（　　），故阴极温度比阳极温度高。

A. 更大的电子吸收能力　　B. 更小的电子发射能力

C. 更低的电子吸收能力　　D. 更大的电子发射能力

44. 弧柱的径向温度（　　），其中心温度最高，离开弧柱中心线温度逐渐降低。

A. 几乎无差别　　B. 分布是均匀的

C. 分布是相同的　　D. 分布是不均匀的

45. 在电极材料、气体介质和弧长一定的情况下，电弧稳定燃烧时，焊接电流与电弧电压变化的关系，称为（　　）。

A. 电弧动特性　B. 电弧外特性　C. 电弧调节特性　D. 电弧静特性

46. 当焊接电流较大时，电弧静特性属水平特性区，即电压随着电流的（　　）。

A. 增加而减小　B. 增加而升高　C. 减小而升高　D. 增加而不变

47. 广泛应用电弧静特性水平段的焊接方法中不包括（　　）。

A. 焊条电弧焊　　B. 大电流密度埋弧焊

C. 埋弧焊　　D. 钨极氩弧焊

48. 当电弧长度增加时，电弧电压升高，其电弧静特性的（　　）。

A. 形状几乎不变　B. 位置几乎不变　C. 位置随之下降　D. 位置随之上升

49. 焊条电弧焊选择焊接电流时，主要考虑的因素中不包括（　　）。

A. 焊接位置　B. 焊道层次　C. 焊条直径　D. 环境湿度

50. 同一厚度的中厚钢板焊接时，其他条件不变，（　　），有利于提高焊接接头的塑性和韧性。

A. 焊接层次增加，热输入减小　　B. 焊接层次增加，热输入增加

C. 焊接层次减少，热输入减小　　D. 焊接层次减少，热输入不变

51. 定位焊时对所使用的焊条及对焊工操作技术熟练程度的要求是（　　）。

A. 可比正式焊缝焊接放宽　　B. 应与正式焊缝焊接完全一样

C. 与正式焊缝焊接可以不一样　　D. 比正式焊缝焊接还要高

52. 平板试件定位焊的焊缝位置应在坡口内两端，始焊端少焊些，终焊端可多焊些，防止焊接过程中因收缩造成未焊段（　　）而影响焊接。

A. 坡口处扭曲　B. 坡口间隙变宽　C. 坡口间隙变窄　D. 坡口上翘

53. 为防止焊后变形，板的横焊位组装时应预留反变形（　　）。

A. 6°~7° B. 5°~6° C. 3°~4° D. 1°~2°

54. 氧气是一种（ ）的气体，分子式为 O_2，比空气重，氧气本身不能燃烧，但它是一种活泼的助燃气体。

A. 无色无味无毒 B. 有色无味无毒

C. 无色有味无毒 D. 有色有味无毒

55. 液化石油气在气态时是一种（ ），比空气重。

A. 略带臭味的无色气体 B. 略带臭味的白色气体

C. 无臭味的有色气体 D. 略带香味的无色气体

56. 中性焰由于（ ），没有过剩的氧和乙炔，内焰具有一定的还原性，适用于焊接一般低碳钢，低合金钢和有色金属。

A. 氧和乙炔充分燃烧 B. 氧和乙炔不完全燃烧

C. 氧和乙炔充分混合 D. 氧和乙炔不完全混合

57. 氧化焰中（ ），并具有氧化性，焊钢件时，焊缝易产生气孔和变脆，一般只用于焊接黄铜、锰钢及镀锌铁皮。

A. 有过剩的碳 B. 有过剩的氢 C. 有过剩的氧 D. 无过剩的氧

58. 氧乙炔焰的温度沿长度和横方向上都有变化，沿火焰（ ），越向边缘温度越低。

A. 轴线的温度较高 B. 轴线的温度较低

C. 轴线的温度无变化 D. 轴线的温度相同

59. 低碳钢和低合金钢的气焊火焰应选用（ ）。

A. 中性焰 B. 碳化焰 C. 氧化焰 D. 轻微氧化焰

60. 气焊的基本原理是利用可燃和助燃气体，在焊炬里（ ），并利用它们剧烈氧化燃烧后的热量去熔化工件接头部位的金属和焊丝，使之形成熔池，冷却后形成焊缝。

A. 进行混合 B. 进行反应 C. 进行化合 D. 进行分解

61. 气焊的缺点之一是（ ）。

A. 气焊火焰中氧、氢等气体与熔化金属不发生作用，会提高焊缝性能

B. 气焊火焰中氧、氢等气体与熔化金属发生作用，会提高焊缝性能

C. 气焊火焰中氧、氢等气体与熔化金属发生作用，会降低焊缝性能

D. 气焊火焰中氧、氢等气体与熔化金属不发生作用，会降低焊缝性能

62. 由于气割效率高、成本低、设备简单，并（ ）进行切割和在钢板上切割各种外形复杂的零件，因此广泛用于钢板下料、开焊接坡口等方面。

A. 能在各种位置上 B. 只能在平焊位

C. 只能在立焊位 D. 只能在平、仰焊位

63. 液化石油气瓶工业上目前常采用的规格为 30 kg，气瓶最大工作压力为 1.6 MPa，瓶外表面涂（ ）漆。

A. 白色 B. 蓝色 C. 绿色 D. 银灰色

64. 选择气焊火焰能率应考虑的因素中不包括（ ）。

A. 工件厚度 B. 材料的熔点和导热性

C. 材料的燃点　　D. 焊件空间位置

65. 气焊时焊丝倾角是指在焊接过程中焊丝与工件表面之间的夹角，一般这个倾角为30°～40°，而（　　）的夹角为90°～100°。

A. 焊丝与工件垂直之间　　B. 焊丝与工件表面之间
C. 焊丝相对焊嘴之间　　D. 焊嘴与工件之间

66. 气割时随着割件厚度的增加，选择的割嘴号码应增大，使用的切割氧压力（　　）。

A. 没有变化　　B. 可略小些　　C. 也相应减小　　D. 也相应要加大

67. 气割时预热火焰能率以（　　）来表示，预热火焰能率与割件厚度有关。

A. 助燃气体每小时消耗量　　B. 助燃气体每分钟消耗量
C. 可燃气体每小时消耗量　　D. 可燃气体每分钟消耗量

68. 在气割约20 mm中厚板时，火焰要长些，割嘴离割件表面的距离（　　）。

A. 应减小　　B. 可不变　　C. 应略小些　　D. 可增大

69. 气焊、气割时引起爆炸事故的原因中不包括（　　）。

A. 气瓶受到剧烈振动　　B. 可燃气体与空气或氧气混合比例不当
C. 氧与油脂类物质接触　　D. 气体通道过长

70. 乙炔气瓶一般应在（　　）℃以下使用，当环境温度超过此温度时，应采取有效的降温措施。

A. 20　　B. 30　　C. 40　　D. 50

71. 气瓶瓶阀发生冻结现象时，可用（　　）℃热水解冻，严禁火烤。

A. 100　　B. 80　　C. 60　　D. 40

72. 碳弧气刨是利用碳极与金属之间产生的高温电弧把金属局部加热到熔化状态，并利用压缩空气的高速气流把这些（　　），从而实现对金属母材进行刨削和切割。

A. 半熔化金属吹掉　　B. 脆化金属吹掉
C. 塑性状态金属吹掉　　D. 熔化金属吹掉

73. 碳弧气刨的应用范围很广，但不包括（　　）。

A. 焊缝挑焊根　　B. 切割不锈钢厚板
C. 开坡口　　D. 在板材工件上开孔

74. 碳弧气刨时电源极性对不同的材料的气刨过程稳定性和质量是不同的，不宜采用正接的材料是（　　）。

A. 铸铁　　B. 铜　　C. 低合金钢　　D. 铜合金

75. 气刨时，碳棒的直径是根据被刨削的金属板厚来决定的，对厚度8～12 mm的钢板，碳棒直径一般选（　　）mm。

A. 6～8　　B. 8～10　　C. 10　　D. 10～12

76. 气刨时伸出长度越长钳口离电弧越远，压缩空气吹到（　　），不能将熔化金属吹掉。

A. 熔池的吹力很大　　B. 熔池的吹力会增加
C. 熔池的吹力就不足　　D. 熔池的吹力没有变化

77. 气刨刨削过程中，碳棒不应横向摆动和前后往复移动，(　　)。

A. 可以沿任何方向作直线运动　　B. 可以沿任何方向作旋转运动

C. 只能沿刨削方向作直线运动　　D. 只能沿刨削方向作旋转运动

78. 对某些强度等级高对冷裂十分敏感的低合金钢厚板（　　）碳弧气刨。

A. 可以采用　　B. 最好采用　　C. 不宜采用　　D. 尽量采用

79. 产生咬边的原因中不包括（　　）。

A. 角焊缝焊条角度不当　　B. 焊接电流过大

C. 电弧长度不当　　D. 钝边过大

80. 焊缝的返修工作应由考试合格的焊工担任，并（　　）的焊接工艺。

A. 应根据实际情况来选择　　B. 可采用不经评定

C. 应采用焊工班长规定　　D. 采用经评定验证

二、判断题（第 81 题～第 100 题。将判断结果填入括号中。正确的填“√”，错误的填“×”。每题 1 分，满分 20 分。）

81. 职业道德的意义也包括有利于社会体制改革。（　　）

82. 渗碳体是铁和碳的化合物，分子式为 Fe_3C，其性能软而韧。（　　）

83. 某些钢在淬火后，再进行中温回火的连续热处理工艺称为“调质”处理。（　　）

84. 人们把所有元素按其核电荷数（由小到大）的顺序给元素编号，这种序号叫作该元素的原子序数。（　　）

85. 原子核里具有相同质子数和不同中子数的同种元素的原子互称为同素异晶。（　　）

86. 为避免过度消耗钢材塑性，冷态矫正的最大变形量要有一定限制，对于 Q235A 钢在冷矫正时变形量最大为 2%。（　　）

87. 压焊的另一种形式是不进行加热仅在被焊金属的接触面上施加足够大的压力，借助压力所引起的塑性变形使原子间相互接近而获得牢固的熔焊接头。（　　）

88. 手到脚是电流通过人体的危险途径，其次是脚到脚的电流途径。（　　）

89. 焊接烟尘不同于一般机械性粉尘，它的特点是烟尘粒子大，温度高，烟尘黏性小。（　　）

90. 局部通风所需风量小，烟气刚散出来就被排风罩有效地吸出，因此烟气易经过作业者呼吸带，也不影响周围环境，通风效果好。（　　）

91. 对接接头从受力的角度看是比较理想的接头形式，因为它的受力状况好，应力集中较小。（　　）

92. 在稳定的工作状态下，弧焊电源输入端电压与输入电流之间的关系称为弧焊电源的外特性。（　　）

93. 弧焊变压器和弧焊整流器的基本规格都是以数字来表示最大允许电流。（　　）

94. 动铁式弧焊变压器通过手柄使活动铁心向里移动时，漏磁减小，电流增加。（　　）

95. 氧气的纯度对气焊、气割质量和效率有很大影响，因此焊接用氧气纯度一般不应低于 99.8%。（　　）

96. 焊丝和焊炬都是从焊缝的右端向左端移动，焊丝在焊炬的前方，火焰指向金属的待焊部分，这种操作方法叫右焊法。（　）

97. 钳式侧面送风刨枪在钳口端部钻有小孔，压缩空气从小孔喷出并集中吹在碳棒电极的后侧。（　）

98. 位于焊缝外表面，用目测或高倍放大镜可以看到的缺陷叫外部缺陷。（　）

99. 弧坑是指焊道末端产生的凹陷，是一种无关紧要的焊接缺陷。（　）

100. 压力容器同一部位的返修次数一般可以超过 2 次。（　）

技能操作考核模拟试卷一

V形坡口板对接平焊，见下图。

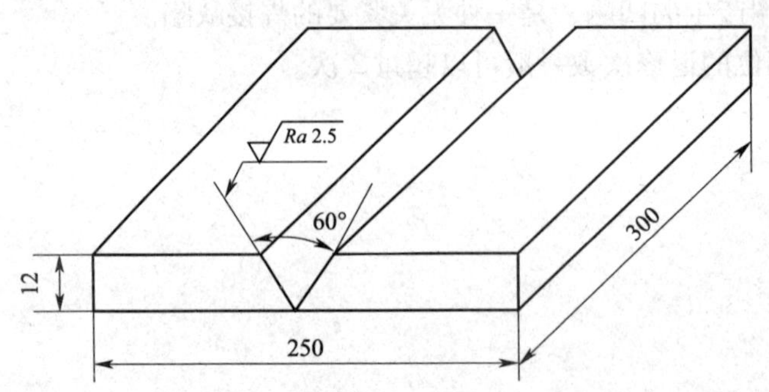

图1　V形坡口板对接平焊

技术要求

1. 单面焊双面成形。
2. 钝边高度与间隙自定。
3. 焊件坡口两端不得安装引弧板。
4. 焊件一经施焊，不得任意更换和改变焊接位置。
5. 点固焊时允许做反变形。
6. 单位：mm。

一、焊接材料及要求

焊接方法	手工电弧焊
焊件母材	Q235
焊件形式	板板对接
焊件尺寸	$S\times B\times L$ =12 mm×250 mm×300 mm
焊接位置	平位
焊件坡口形式	V形坡口
焊接材料	E4303
时限	45 min

二、时限

45 min。时限指引弧开始至最后焊完熄弧，包括过程清理及最终清理，不包括施焊前的清理、装焊。

三、使用的场地、设备、工量具

1. 场地

有良好的采光及排尘条件，具有适合各种焊接位置以及各种焊件形式的焊接胎夹具。

2. 设备、工量具

(1) 设备：ZX7—400 型或 ZXG—300 型电焊机均可。

(2) 工量具：锤子、敲渣锤、錾子、钢丝刷、毛刷、焊条盒、钢直尺、焊缝测量器。

四、考核配分及评分标准

考核配分及评分标准

项目	序号	考核技术要求	配分	评分标准
焊缝的外观质量	1	焊缝外形尺寸：焊缝余高 0 ~ 3 mm，余高差≤2 mm。焊缝宽度比坡口每侧增宽 0.5 ~ 2.5 mm，宽度差≤3 mm	15	焊缝外形尺寸有 1 项不符合本考核要求者扣 3 分，直至扣完
	2	焊缝咬边深度≤0.5 mm；焊缝两侧咬边累计总长不超过焊缝有效长度范围内的 40 mm	10	焊缝两侧咬边累计总长度每 5 mm 扣 1 分，咬边深度 >0.5 mm 或累计总长度 >40 mm，此项分扣光
	3	未焊透深度≤1.5 mm，总长度不超过焊缝有效长度的 26 mm	10	未焊透累计总长度每 5 mm 扣 2 分，未焊透深度 >1.5 mm 或累计总长度 >26 mm，此焊件按不及格处理
	4	背面凹坑≤2 mm，累计总长度不超过焊缝有效长度范围内的 26 mm	10	背面凹坑累计总长度每 5 mm 扣 2 分，背面凹坑深度 >2 mm 或累计总长度 >26 mm，此项分扣光
焊后变形		试件焊后变形的角度≤3°，焊件的错边量≤1.2 mm	5	焊后变形的角度 >3°扣3 分；错边量 >1.2 mm 扣2 分
焊缝的内部质量		焊件经 X 射线探伤后，焊缝的质量达到 GB 3323—87 标准中的Ⅲ级	30	Ⅰ级片 30 分；Ⅱ级片 25 分；Ⅲ级片 18 分；Ⅳ级片以下的为不及格
焊缝的抗弯曲性能		将试样冷弯至 90°，其拉伸面上不得有任何一个横向（沿试样宽度方向）裂纹或缺陷长度 >1.5 mm 或纵向（沿试样长度方向）裂纹或缺陷的长度 >3 mm	20	面弯补样后才合格扣 8 分，背弯补样后才合格扣 12 分，两个试样均不合格，此项分扣光
焊缝的表面状态	1	焊缝的表面应是原始状态，不允许有加工或补焊、返修焊等		焊缝表面若有加工或补焊、返修焊等扣除该焊件焊缝外观质量的全部配分
	2	焊缝表面不得有裂纹、未熔合、夹渣、气孔和焊瘤等缺陷		焊缝表面有裂纹、未熔合、夹渣、气孔和焊瘤等缺陷均按不及格处理
安全文明生产		按国颁安全生产法规中有关本工种规定或企业自定有关规定考核		根据现场记录，违反规定扣 1 ~ 10 分
时限		焊件必须在考核时限内完成		在考核时限内完成不加分，超出考核时限≤5 min 扣 2 分；超出≤10 min 扣 5 分；超出 >10 min，按不及格处理

五、操作要点

1. 看清题目内容，了解技术要求。
2. 选择合适的焊条直径，检查焊条的质量。
3. 开机前检查各接线部分是否正确，牢固可靠。
4. 选择合适的焊接规范。
5. 用砂纸或钢丝刷打光焊件待焊处，直至露出金属光泽。
6. 定位焊时注意根部间隙及位置。

技能操作考核模拟试卷二

管板（骑座式）垂直俯位焊，见下图。

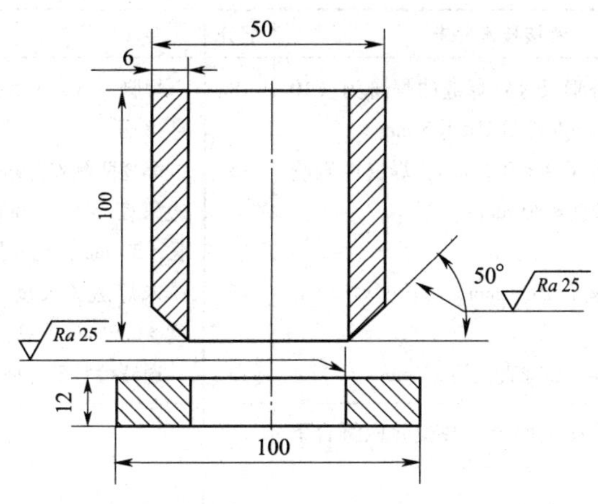

图 2　管板（骑座式）垂直俯位焊

技术要求

1. 单面焊双面成形。
2. 钝边高度与间隙自定。
3. 焊件一经施焊，不得任意更换和改变焊接位置。
4. 打底焊接头时允许修磨。

一、焊接材料及要求

焊接方法	手工电弧焊
焊件母材	20 钢
焊件形式	T 形接头（管板骑座式）
焊件尺寸	$D \times S \times L = 50$ mm × 6 mm × 100 mm $S \times B \times B = 12$ mm × 100 mm × 100 mm
焊件位置	垂直俯位
焊件坡口形式	单边 V 形
焊接材料	E5015

二、时限

40 min。时限指引弧开始至最后焊完熄弧。包括过程清理及最终清理，不包括施焊前的清理、装焊。

三、使用的场地、设备、工量具

1. 场地

有良好的采光及排尘条件，具有适合各种焊接位置以及各种焊件形式的焊接胎夹具。

2．设备、工量具

（1）设备：ZX7—400ST 型或 ZXG—300 型电焊机均可。

（2）工量具：锤子、敲渣锤、錾子、钢丝刷、毛刷、焊条盒、角尺、焊缝测量器。

四、考核配分及评分标准

考核配分及评分标准

项目	序号	考核技术要求	配分	评分标准
焊缝的外观质量	1	焊缝的外形尺寸：焊缝的焊脚为（10 ±1）mm，凸度或凹度≤1.5 mm	18	焊脚不符合尺寸扣 5～10 分，凸凹度不符扣 4～8 分
	2	焊缝咬边深度≤0.5 mm，焊缝两侧咬边累计总长度≤30 mm	15	焊缝两侧咬边累计总长度每 5 mm 扣 2 分。咬边深度＞0.5 mm 或焊缝两侧咬边累计总长＞30 mm，配分扣光
	3	未焊透深度≤0.9 mm，总长度≤15 mm	15	未焊透总长度每 5 mm 扣 3 分，未焊透深度＞0.9 mm 或总长度＞15 mm，配分扣光
	4	通球检验，通球直径为 37 mm	15	通球检验不合格，配分扣光
焊缝的内部质量		金相试样检查面经宏观检验应符合下列要求：		
	1	没有裂纹和未熔合	15	若有裂纹和未熔合按不及格计
	2	未焊透深度≤0.9 mm	12	未焊透深度＞0.9 mm，配分扣光
	3	气孔或夹渣的最大尺寸不超过 1.5 mm；当气孔或夹渣大于 0.5 mm、不大于 1.5 mm 时，其数量不多于 1 个；当只有小于或等于 0.5 mm 的气孔或夹渣时，其数量不多于 3 个	10	此项考核中凡有 1 项不符合要求者扣 3 分
焊缝的外表状态	1	焊缝表面应是原始状态，不允许有加工或补焊、返修焊等		焊缝表面若有加工或补焊、返修焊等，扣除该焊件焊缝外观质量的全部配分
	2	焊缝表面不允许有裂纹、来熔合、夹渣、气孔和焊瘤等缺陷		焊缝表面有裂纹、未熔合、夹渣、气孔和焊瘤等缺陷，均按不及格处理
安全文明生产		按国颁安全生产法规中有关本工种规定或企业自定有关规定考核		根据现场记录，按违反规定的严重程度扣 1～10 分
时限		焊件必须在考核时限内完成		在考核时限内完成不加分；超出考核时限≤5 min 扣 2 分；超出≤10 min 扣 5 分；超出＞10 min 按不及格处理

五、操作要点

1．看清题目内容，了解技术要求。

2．选择合适的焊条直径，检查焊条的质量。

3．开机前检查各接线部位是否正确、牢固可靠。

4．选择合适的焊接规范。

5．用砂纸或钢丝刷打光焊件待焊处。

6．定位焊时注意管子与孔板相垂直。

技能操作考核模拟试卷三

V形坡口板对接横焊，见下图。

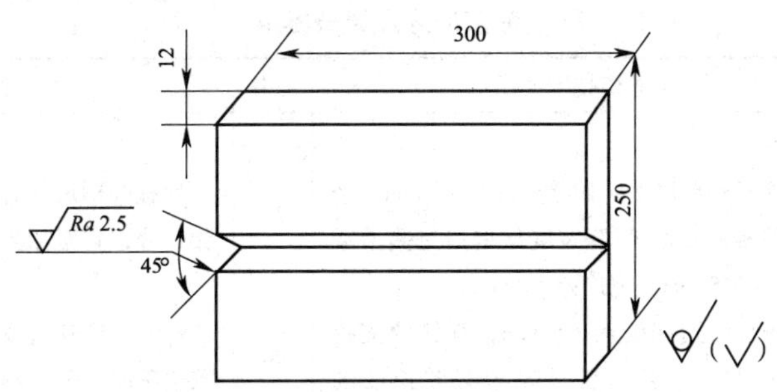

图3　V形坡口板对接横焊

技术要求

1. 双面手弧焊。
2. 钝边高度与间隙自定。
3. 焊件坡口两端一律不得安装引弧板。
4. 焊件一经施焊，不得任意更换和改变焊接位置。
5. 点固时允许做反变形。
6. 反面碳弧气刨清根。
7. 单位：mm。

一、焊接材料及要求

焊接方法	手工电弧焊
焊件母材	Q235
焊件形式	板对接
焊件尺寸	$S \times B \times L$ =12 mm×250 mm×300 mm
焊接位置	横位
焊件坡口形式	V形坡口
焊接材料	E4315

二、时限

45 min。时限指引弧开始施焊至最后焊完熄弧。包括过程清理及最终清理，不包括施焊前的清理、装焊。

三、使用的场地、设备、工量具

1. 场地

有良好的采光及排尘条件，具有适合各种焊接位置以及各种焊件形式的焊接胎夹具。

2. 设备、工量具

（1）设备：AX—320 型或 ZXG—300 型电焊机。

（2）工量具：锤子、敲渣锤、錾子、钢丝刷、毛刷、焊条盒、钢直尺、角相砂轮机、焊缝测量器。

四、考核配分及评分标准

考核配分及评分标准

项目	序号	考核技术要求	配分	评分标准
焊缝的外观质量	1	焊缝外形尺寸：焊缝余高 0 ~ 4 mm，余高差≤3 mm。焊缝宽度比坡口每侧增宽 0.5 ~ 2.5 mm，宽度差≤3 mm	25	焊缝外形尺寸有 1 项不符合本考核要求者扣 3 分，直至扣光
	2	焊缝咬边深度≤0.5 mm；焊缝两侧咬边累计总长度不超过焊缝有效长度的 40 mm	20	焊缝两侧咬边累计总长度每 5 mm 扣 1 分，咬边深度 >0.5 mm 或累计总长度 >40 mm，此项分扣光
焊后变形		焊件焊后变形的角度≤3°；焊件的错边量≤1.2 mm	5	焊后变形的角度 >3° 扣 3 分，错边量 >1.2 mm 扣2 分
焊缝的内部质量		焊件经 X 射线探伤后，焊缝的质量达到 GB 3323—87 标准中的Ⅲ级	30	Ⅰ级片 30 分；Ⅱ级片 25 分；Ⅲ级片 18 分；Ⅳ级片以下得分不超过 18 分
焊缝的抗弯曲性能		将试样冷弯至 180°后，其拉伸面上不得有任何一个横向（沿试样宽度方向）裂纹或缺陷长度 >1.5 mm；也不得有任何一个纵向（沿试样长度方向）裂纹或缺陷长度 >3 mm	20	面弯经补样后才合格扣 8 分，背弯经补样后才合格扣 12 分，两个试样均不合格，则此项分全部扣光
焊缝的表面状态	1	焊缝的表面应是原始状态，不允许有加工或补焊、返修焊等		焊缝表面若有加工或补焊、返修焊等，扣除该焊件焊缝外观质量的全部配分
	2	焊缝表面不得有裂纹、未熔合、夹渣、气孔和焊瘤以及未焊透和凹坑等缺陷		焊缝表面有裂纹、未熔合、夹渣、气孔和焊瘤以及未焊透和凹坑等缺陷均视为不及格
安全文明生产		按国颁安全生产法规中有关本工种规定或企业自定有关规定考核		根据现场记录，按违反规定程度扣 1 ~ 10 分
时限		焊件必须在考核时限内完成		在考核时限内完成不加分；超出考核时限≤5 min 扣 2 分；超出≤10 min 扣 5 分；超出 >10 min 视为不及格

五、操作要点

1. 看清题目内容，了解技术要求。

2. 选择合适的焊条直径，检查焊条的质量。

3. 开机前检查各接线部位是否正确、牢固可靠。

4. 选择合适的焊接规范。

5. 用砂纸或钢丝刷打光焊件待焊处，直至露出金属光泽。

6. 注意横杆变形量较大，定位焊时做好反变形。

7. 正面焊缝焊完后，碳弧气刨反面清根一定要将缺陷刨除干净。

8. 注意采用正确的操作方法，防止熔化金属下淌、焊缝的上边缘发生咬边、下边缘出现焊瘤和未熔合等缺陷。

理论知识考核模拟试卷参考答案

试卷一

1. B　2. A　3. B　4. D　5. C　6. D　7. C　8. A　9. C
10. A　11. B　12. A　13. A　14. B　15. C　16. B　17. C　18. B
19. B　20. C　21. B　22. B　23. A　24. D　25. B　26. C　27. A
28. B　29. B　30. D　31. B　32. D　33. B　34. B　35. B　36. B
37. C　38. A　39. B　40. D　41. B　42. A　43. A　44. C　45. C
46. A　47. D　48. B　49. B　50. B　51. B　52. C　53. D　54. A
55. D　56. C　57. B　58. C　59. B　60. D　61. B　62. A　63. B
64. A　65. A　66. B　67. B　68. D　69. C　70. B　71. A　72. D
73. C　74. A　75. B　76. D　77. C　78. D　79. B　80. B　81. ×
82. √　83. ×　84. √　85. ×　86. √　87. ×　88. √　89. ×　90. √
91. √　92. ×　93. ×　94. √　95. √　96. √　97. ×　98. √　99. √
100. ×

试卷二

1. B　2. D　3. D　4. D　5. D　6. A　7. C　8. B　9. A
10. C　11. D　12. A　13. A　14. A　15. C　16. B　17. B　18. A
19. B　20. C　21. B　22. D　23. C　24. C　25. B　26. B　27. D
28. A　29. C　30. D　31. B　32. D　33. C　34. B　35. B　36. B
37. B　38. C　39. B　40. A　41. C　42. B　43. B　44. B　45. A
46. B　47. B　48. D　49. C　50. B　51. C　52. A　53. A　54. C
55. D　56. C　57. D　58. D　59. B　60. D　61. C　62. B　63. C
64. D　65. C　66. B　67. B　68. B　69. A　70. A　71. A　72. A
73. B　74. C　75. C　76. C　77. C　78. A　79. D　80. B　81. √
82. ×　83. √　84. √　85. ×　86. √　87. √　88. √　89. ×　90. √
91. √　92. √　93. √　94. √　95. ×　96. ×　97. ×　98. √　99. √
100. √

试卷三

1. B　2. A　3. D　4. C　5. B　6. B　7. D　8. C　9. B
10. D　11. D　12. D　13. B　14. D　15. D　16. B　17. B　18. C

19. D　20. D　21. C　22. C　23. C　24. C　25. C　26. C　27. C
28. B　29. D　30. D　31. C　32. D　33. C　34. B　35. B　36. D
37. D　38. D　39. C　40. D　41. A　42. D　43. D　44. D　45. D
46. B　47. B　48. D　49. D　50. A　51. B　52. C　53. B　54. A
55. A　56. A　57. C　58. A　59. A　60. A　61. C　62. A　63. D
64. C　65. C　66. D　67. C　68. D　69. D　70. C　71. D　72. D
73. B　74. C　75. A　76. C　77. C　78. C　79. D　80. D　81. ×
82. ×　83. ×　84. √　85. ×　86. ×　87. ×　88. ×　89. ×　90. ×
91. √　92. ×　93. ×　94. ×　95. ×　96. ×　97. √　98. ×　99. ×
100. ×